Technische Physik
in Einzeldarstellungen
Herausgegeben von W. Meissner
9

Kleinste Drucke
ihre Messung und Erzeugung

Von

Dr. Rudolf Jaeckel

apl. Professor der Physik an der Universität Bonn
und Leiter der Hochvakuumabteilung der Firma
E. Leybold's Nachf. Köln-Bayental

unter Mitarbeit von

Dr. Helmut Schwarz und Dr. Elisabeth Schüller

Mit 301 Textabbildungen

Springer-Verlag Berlin Heidelberg GmbH
1950

ISBN 978-3-662-01205-5   ISBN 978-3-662-01204-8 (eBook)
DOI 10.1007/978-3-662-01204-8

Vorwort.

Die vorliegende Monographie über die Physik des Hochvakuums (insbesondere Pumpen und Meßinstrumente) ist entstanden im Zusammenhang mit der eigenen Tätigkeit des Verfassers auf diesem Spezialgebiet. Ich hoffe, daß das, was ich für den täglichen eigenen Gebrauch bei diesen Arbeiten zurechtzulegen als notwendig erachtete, durch seine Veröffentlichung anderen auf diesem Gebiete Tätigen die Arbeit erleichtern und Zeit ersparen wird. Ich habe bei der Abfassung der Monographie weniger Wert auf bibliographische Vollständigkeit als darauf gelegt, unter kritischer Sichtung des in der Literatur vorliegenden Materials und der eigenen Erfahrungen ein möglichst klares Bild der daraus resultierenden Anschauungen zu geben.

Die ersten Arbeiten an der vorliegenden Monographie reichen bis in das Jahr 1940 zurück. Damals lagen die letzten grundlegenden Zusammenfassungen über das in Frage stehende Gebiet etwa 15 Jahre zurück, und es schien dringend an der Zeit, dem inzwischen eingetretenen Fortschritt durch eine neue zusammenfassende Darstellung Rechnung zu tragen. Aus zeitbedingten Gründen gingen die Arbeiten aber nur langsam vorwärts, so daß das Manuskript der vorliegenden Monographie zu Anfang des Jahres 1945 das erstemal druckreif vorlag. Die durch die Zeitumstände bedingte Unmöglichkeit, damals die Drucklegung durchzuführen, hatte den Vorteil, daß es inzwischen möglich war, auch die wichtigsten der während der Bearbeitung im Auslande erzielten Fortschritte und neueren Veröffentlichungen zu berücksichtigen.

Bei der großen Vielzahl der Veröffentlichungen war es nicht möglich das Literaturverzeichnis, insbesondere bezüglich der ausländischen Veröffentlichungen in den Jahren 1940—45 lückenlos zu halten; trotzdem hoffe ich, von den wesentlichsten Arbeiten so viel gebracht zu haben, daß ein geschlossenes Bild des derzeitigen Standes hieraus resultiert. Die Zitierung von Patentschriften im Literaturverzeichnis soll keineswegs Prioritäten begründen oder ein vollständiges Bild der Patentlage geben. Sie erfolgte nur, weil in einzelnen Fällen Literaturnachweise des betreffenden Gegenstandes in anderer Form schwieriger erschienen. Ebenso erhebt die Angabe von Lieferfirmen keinerlei Anspruch auf Vollständigkeit, noch soll sie ein Werturteil darstellen. Die Angaben, soweit sie dem Verfasser gegenwärtig waren, wurden nur gemacht, um dem auf diesem Gebiete Tätigen das Arbeiten zu erleichtern.

Ich hoffe, daß die vorliegende Monographie nicht nur für die auf diesem Gebiete arbeitenden Physiker manchen Hinweis enthalten wird, sondern daß sie auch im Hinblick darauf, daß die Hochvakuumtechnik

immer mehr Anwendungen, auch in den Nachbarwissenschaften —
Chemie, Pharmazie und in der reinen Ingenieurtechnik — findet, auch
für die auf diesen Gebieten Arbeitenden nützliche Unterlagen liefert.
Aus diesem Grunde habe ich mich auch entschlossen, an die Spitze ein
Kapitel über kinetische Gastheorie zu stellen, da das hierin Enthaltene
den von den Nachbarwissenschaften und der reinen Technik Kommenden nicht immer so geläufig sein dürfte wie den Fachphysikern, diese
Unterlagen aber bei den in den späteren Kapiteln behandelten Gegen-
ständen gebraucht werden.

Ich bin der Ansicht, daß die grundsätzlichen Darlegungen, ganz abgesehen von den praktischen Hinweisen, in dem Umfange, wie sie in der
vorliegenden Monographie gebracht werden, das unbedingt notwendige
Rüstzeug für alle darstellen, die mit Erfolg auf dem Gebiete der Hochvakuumtechnik arbeiten wollen. Zur Erleichterung der praktischen
Arbeit sollen auch einige Tabellen und Diagramme im Anhang dienen.

Herr Dr. HELMUT SCHWARZ hat das Kapitel D vollständig selb-
ständig bearbeitet. Die Kapitel E und F entstanden unter intensiver
Mitarbeit von Frl. Dr. ELISABETH SCHÜLLER.

Allen Firmen, die Abbildungen zur Verfügung gestellt haben, möchte
ich auch an dieser Stelle meinen herzlichen Dank aussprechen, insbesondere aber der Firma E. Leybold's Nachfolger, Köln, darüber hinaus
für die Zurverfügungstellung wesentlicher Unterlagen. Dem Verlag
danke ich für alle Bemühungen, die Drucklegung trotz der zeitbedingten
Schwierigkeiten ordnungsgemäß durchzuführen, den Herren Prof.
Dr. W. MEISSNER, Dr. M. DUNKEL und Dr. G. SCHUBERT für die kritische
Durchsicht des Manuskriptes und meiner Frau, Dr. BARBARA JAECKEL,
für die Hilfe bei den Korrekturen.

Köln-Bayenthal, März 1950.

R. Jaeckel.

Inhaltsverzeichnis.

Tabelle 1.

Häufig gebrauchte Formelzeichen und Maßeinheiten.

Benennung	Formelzeichen	Maßeinheit
Zahl der Moleküle pro cm^3	n	cm^{-3}
Zahl der Moleküle pro Mol .	N	
Thermische Geschwindigkeit der Moleküle	c	$cm\ sec^{-1}$
Komponenten von c	$\xi \cdot \eta \cdot \zeta$	$cm\ sec^{-1}$
Translationsgeschwindigkeit, Dampfgeschwindigkeit . .	w	$cm\ sec^{-1}$
Masse eines Moleküls. . . .	m	g
Molekulargewicht	M	
Gaskinetischer Wirkungsradius	a	cm
Mittlere freie Weglänge. . .	$\varLambda$	cm
Energie eines Moleküls . . .	ε	cal bzw. erg
Anzahl der Stöße in der Zeiteinheit pro cm^2 der Wandung	A	$sec^{-1}\ cm^{-2}$
Länge	l	cm
Fläche, Querschnitt	F	cm^2
Umfang des Querschnitts. .	U	cm
Masse.	m	g
Kraft.	K	dyn
Zeit	t	sec
Radius	r	cm
Durchmesser	d, D	cm
Beschleunigung	b	$cm\ sec^{-2}$
Arbeit	A oder L	erg
Spezifische Arbeit	l	$erg\ g^{-1}$
Leistung	N	$erg\ sec^{-1}$ bzw. Watt
Druck	p	Torr bzw. $dyn\ cm^{-2}$
Gasvolumen bzw. Durchflußvolumen pro Sekunde . .	v, V	cm^3 bzw. $cm^3\ sec^{-1}$
Temperatur	T	Grad
Gaskonstante	R	$erg\ grad^{-1}\ Mol^1$ bzw. $cal\ grad^{-1}\ Mol^{-1}$
BOLTZMANNsche Konstante .	k	$erg\ grad^{-1}$
Wärmemenge bzw. Wärmemenge pro Sekunde . . .	Q	cal bzw. cal/sec
	$q = \dfrac{Q}{F}$	$cal\ cm^{-2}$ bzw. $cal\ cm^{-2}\ sec$

Tabelle 1. (Fortsetzung.)

Benennung	Formelzeichen	Maßeinheit
Wärmeleitfähigkeit	λ	cal sec⁻¹ cm⁻¹ grad⁻¹
Koeffizient der inneren Reibung	η	g cm⁻¹ sec⁻¹
Diffusionskoeffizient	D	cm² sec⁻¹
Kinematische Zähigkeit. . .	$\nu = \dfrac{\eta}{\varrho}$	cm² sec⁻¹
Spezifische Wärme bei konstantem Volumen	C_v	cal Mol⁻¹
Spezifische Wärme bei konstantem Druck	C_p	cal Mol⁻¹
Adiabaten-Koeffizient . . .	$\varkappa = \dfrac{C_p}{C_v}$	
Akkomodationskoeffizient . .	γ	
Sauggeschwindigkeit	S	l sec⁻¹ bzw. m³ h⁻¹
Spezifische Sauggeschwindigkeit	s	l · cm⁻² sec⁻¹ bzw. m³ cm⁻² h⁻¹
Strömungswiderstand . . .	$W = W_1 + W_2 + .$	sec cm⁻³
Leitwert	$L = \dfrac{1}{W}$	cm³ sec⁻¹
Gewichtsmenge pro Zeiteinheit	G	g sec⁻¹

Weitere Formelzeichen und Maßeinheiten siehe auch Tab. 10, S. 128, und Tab. 15, S. 140.

Gaskonstante $R = 8,315 \cdot 10^7$ erg grad⁻¹ Mol⁻¹ $= 1,987$ cal grad⁻¹ Mol⁻¹.

Strahlungskonstante $\sigma\,(Q = \sigma\,T^4) = 5,68 \cdot 10^{-5}$ erg cm⁻² grad⁻⁴ sec⁻¹
$$= 1,36 \cdot 10^{-12} \text{ cal cm}^{-2} \text{ grad}^{-4} \text{ sec}^{-1}$$

Mechanisches Wärmeäquivalent 1 erg $= 2,39 \cdot 10^{-8}$ cal.

A. Kinetische Gastheorie.

Bei der Behandlung der Vorgänge in Gasen soll in folgendem weitgehend von den Methoden der kinetischen Gastheorie Gebrauch gemacht werden. Nach dieser sind die Gasmoleküle kleine Teilchen, die sich auf nahezu geradlinigen Bahnen mit weitgehend konstanter Geschwindigkeit frei im Raum bewegen. Sie üben nur bei starker Annäherung (den Stößen) aufeinander bzw. auf die Wandungen der Gefäße Kräfte aus. Dieses Modell kommt der Wirklichkeit um so näher, je länger die Bahnen der Moleküle zwischen den Stößen (freie Weglänge Λ) im Vergleich zum Moleküldurchmesser $(2a)$ sind, d. h. es gilt insbesondere für Gase unter niedrigen Drucken, da hierbei die Beeinflussung der frei im Raum verlaufenden Molekülbahnen außerhalb der Stöße gering ist.

Da wir es weiterhin vor allem mit den Erscheinungen in Gasen bei niedrigen Drucken zu tun haben werden, so können wir daher mit Erfolg die Methoden der kinetischen Gastheorie anwenden. Bei sehr niedrigen Drucken (im Hochvakuum) ist jedoch zu beachten, daß dann die Zahl der Stöße der Moleküle untereinander klein wird im Vergleich zur Zahl der Stöße auf die Wand. Dieser Fall tritt dann ein, wenn die auf Grund der Zahl der im Gasraum vorhandenen Moleküle errechnete mittlere freie Weglänge (Λ) größer ist als der Durchmesser des Gefäßes.

Im folgenden sollen einige für die Erscheinungen in Gasen unter niedrigen Drucken besonders wichtige Ergebnisse der kinetischen Gastheorie zusammengestellt und, soweit dies ohne allzu großen Aufwand möglich ist, auch abgeleitet oder doch wenigstens anschaulich klar gemacht werden.

Von einer Berücksichtigung der durch die Quantentheorie bedingten Modifikationen der kinetischen Gastheorie insbesondere bei Stoßvorgängen werden wir absehen, da sie für die Anwendungen in der Hochvakuumtechnik im allgemeinen ohne wesentliche Bedeutung sind. Auf eine andere Korrektur soll aber schon gleich an dieser Stelle hingewiesen werden. Bei den elementaren gaskinetischen Betrachtungen werden wir als Geschwindigkeitsverteilung der Moleküle die MAXWELLsche Verteilung zugrunde legen. Von der Störung dieser Verteilung durch z. B. Geschwindigkeits- oder Temperatur-Gefälle und den Berechnungen der für diese Fälle geltenden Verteilungsfunktionen nach ENSKOG und CHAPMAN [2, 3, 4, 10, 11, 12] werden wir bei der Durchführung unserer Ableitungen absehen. Die Ergebnisse dieser Störungsrechnungen werden wir aber bei dem für die praktische Verwendung angegebenen Endformeln vielfach berücksichtigen.

Nähere Einzelheiten finden sich in zahlreichen zusammenfassenden Darstellungen der kinetischen Gastheorie [1, 13, 14, 16, 17, 18, 19, 20, 21, 31, 32, 33].

1

I. Gleichgewichtszustände.

a) Zahl der Stöße auf die Wand.

Zur Berechnung der mittleren Zahl (A) der Gasmoleküle, die in der Zeiteinheit auf die Flächeneinheit der Wand treffen, betrachten wir von den über alle Richtungen verteilten Molekülbahnen zunächst nur diejenigen, die aus einer bestimmten Richtung (ϑ, φ, Abb. 1) und zwar aus dem Winkelbereich

$$d\omega = d\vartheta \sin\vartheta \, d\varphi$$

kommen. Ihre Zahl pro cm³ ist:

$$n\,\frac{d\omega}{4\pi}\cdot$$

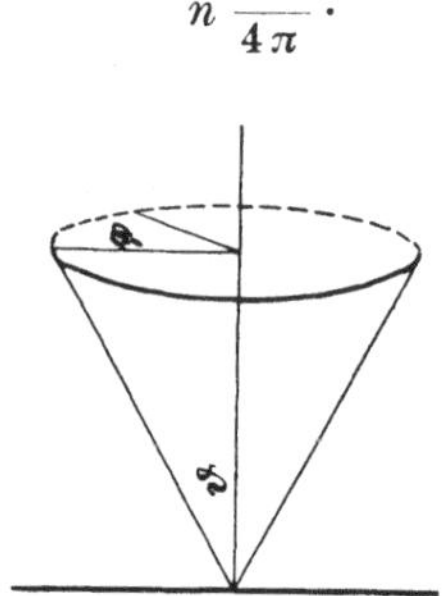

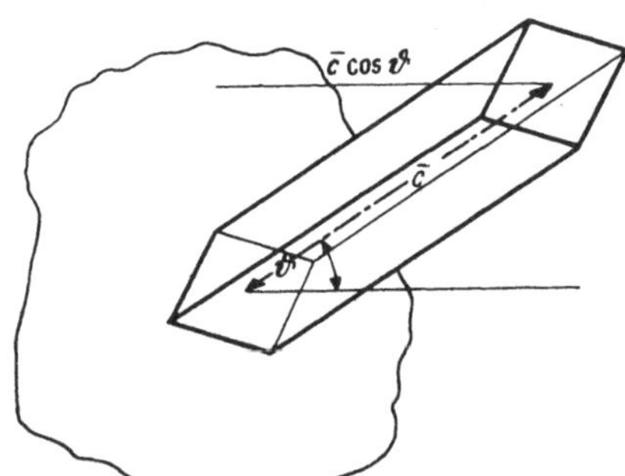

Abb. 1. Richtung beim Stoß von Molekülen auf die Wandung.

Abb. 2. Anzahl der Molekülstöße auf die Wandung in der Zeiteinheit aus einer bestimmten Richtung ϑ.

Davon erreichen (Abb. 2) alle diejenigen Moleküle in der Zeiteinheit die Wand, die von ihr um die Strecke $\bar{c}$ (mittlere Molekulargeschwindigkeit) entfernt sind. Die Zahl der Stöße pro sec auf 1 cm² der Wandung aus der Richtung ϑ, φ ist also

$$n\,\frac{d\omega}{4\pi}\,\bar{c}\cos\vartheta$$

und die Gesamtzahl (A) der Stöße:

$$A = \frac{n\bar{c}}{4\pi}\int_0^{\pi/2}\cos\vartheta \, \sin\vartheta \, d\vartheta \int_0^{2\pi} d\varphi = \frac{n\bar{c}}{4}\cdot \tag{1}$$

b) Druckformel.

In analoger Weise berechnet sich der Druck p, wenn man berücksichtigt, daß jedes Molekül bei einem Stoß auf die Wand den doppelten Wert der Normalkomponente seines Impulses ($mc\cos\vartheta$) überträgt.

$$p = \int_0^{\pi/2}\int_0^{2\pi} 2\,mc\cos\vartheta \, \frac{nc}{4\pi}\cos\vartheta \sin\vartheta \, d\vartheta \, d\varphi = \frac{nm\bar{c^2}}{3}\cdot \tag{2}$$

Setzt man hierin n in cm⁻³, m in g und c in cm/sec ein, so erhält man p in dyn/cm². Es ist 1 Torr $= 1333$ dyn/cm².

c) Geschwindigkeitsverteilung und Geschwindigkeitsmittelwerte.

Da die Moleküle eines Gases nicht alle dieselbe Geschwindigkeit haben, ihre Geschwindigkeitswerte vielmehr über alle möglichen Größen von den kleinsten bis zu den größten verteilt sind, so ist es natürlich infolge der endlichen Anzahl (n) der Moleküle auch nicht möglich, anzugeben, wieviele Moleküle eine ganz bestimmte Größe der Geschwindigkeit c haben, sondern nur bei wieviel Molekülen (dn) die Geschwindigkeit einen Wert zwischen c und $c + dc$ hat.

$$dn = n\,f(c)\,dc. \tag{3}$$

Im Falle des Gleichgewichtes einer bestimmten Gasmasse mit ihrer Umgebung — also beim Fehlen einer äußeren Kraft — hat $f(c)$ die Form des MAXWELLschen Geschwindigkeitsverteilungsgesetzes.

$$f(c) = 4\,\pi\,c^2 \left(\frac{m}{2\,\pi\,kT}\right)^{\frac{3}{2}} e^{-\frac{m}{2}\frac{c^2}{kT}} * \tag{4}$$

Fragt man nicht nach der Anzahl der Moleküle, die einen bestimmten Wert der Geschwindigkeit c haben, sondern nach den Molekülen, bei denen die x-Komponente der Geschwindigkeit zwischen ξ und $\xi + d\xi$ liegt, die y-Komponente zwischen η und $\eta + d\eta$, und die z-Komponente zwischen ζ und $\zeta + d\zeta$, dann gilt:

$$dn = nF(\xi, \eta, \zeta)\,d\xi\,d\eta\,d\zeta\,. \tag{5}$$

$$F(\xi,\eta,\zeta) = \sqrt{\frac{m}{2\,\pi\,kT}}\,e^{-\frac{m}{2}\frac{\xi^2}{kT}}\sqrt{\frac{m}{2\,\pi\,kT}}\,e^{-\frac{m}{2}\frac{\eta^2}{kT}}\sqrt{\frac{m}{2\,\pi\,kT}}\,e^{-\frac{m}{2}\frac{\zeta^2}{kT}} \tag{6}$$

Im Nicht-Gleichgewicht beim Vorhandensein einer äußeren Kraft, eines Temperaturgefälles usw. gelten für F kompliziertere Formeln. ENSKOP [10, 11, 12] und CHAPMAN [2, 3, 4] sind in diesen Fällen (Reibung, Wärmeleitung, Diffusion usw.) so vorgegangen, daß sie zunächst einen Ansatz für eine geringe Störung der Maxwell-Verteilung gemacht und dann durch eine Störungsrechnung die Verteilungsfunktion für den je-

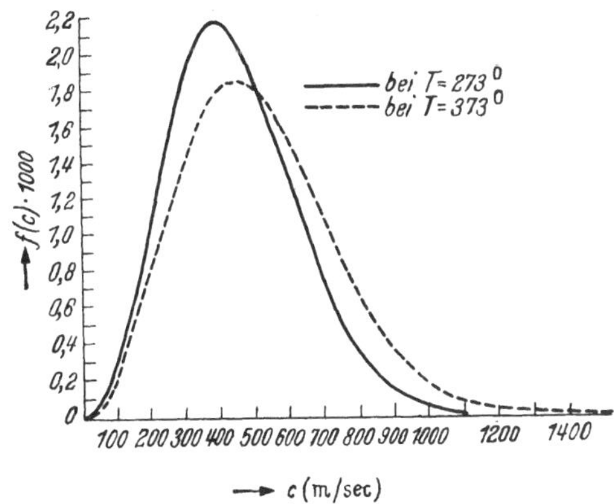

Abb. 3. MAXWELLsche Geschwindigkeitsverteilung in Luft für verschiedene Temperaturen.

weils vorliegenden Fall des Nicht-Gleichgewichtes berechnet haben.

Die Funktion $f(c)$ Gl. (4) wächst von 0 anfangend zunächst (mit c^2) bis zu einem Maximalwert, um dann mit zunehmenden Werten der

* Darin ist k die BOLTZMANNsche Konstante $k = R/N$. Die MAXWELLsche Geschwindigkeitsverteilung soll hier nicht abgeleitet, sondern nur erläutert werden. Näheres siehe [1, 16, 17, 27, 28, 29].

Geschwindigkeit wieder (mit e^{-c^2}) abzunehmen (Abb. 3). Die zu dem Maximum gehörige Geschwindigkeit c_{max} ergibt sich aus:

$$\frac{d}{dc}\left(e^{-\frac{mc^2}{2kT}}\cdot c^2\right) = 0$$

als *wahrscheinlichste Geschwindigkeit* zu:

$$c_{max} = \sqrt{\frac{2kT}{m}} = \sqrt{\frac{2RT}{M}} = 1{,}29\cdot 10^4\sqrt{\frac{T}{M}}\left[\frac{cm}{sec}\right].\tag{7}$$

Zur Berechnung der mittleren kinetischen Energie der Gasmoleküle $\frac{m}{2}\overline{c^2}$ haben wir jeden Wert der kinetischen Energie $\frac{m}{2}c^2$ mit seiner Häufigkeit dn zu multiplizieren, über alle Geschwindigkeiten c zu integrieren und durch die Gesamtzahl der Moleküle n zu dividieren:

$$\frac{m}{2}\overline{c^2} = \frac{\int\limits_0^\infty \frac{m}{2}c^2\, e^{-\frac{mc^2}{2kT}}\, c^2\, dc}{\int\limits_0^\infty e^{-\frac{mc^2}{2kT}}\, c^2\, dc} = kT\,\frac{\int\limits_0^\infty x^2\, e^{-x^2}\, x^2\, dx}{\int\limits_0^\infty e^{-x^2}\, x^2\, dx} = \frac{3}{2}kT.\tag{8}$$

Daraus errechnet sich die *Wurzel aus dem mittleren Geschwindigkeits-quadrat* $\sqrt{\overline{c^2}}$ zu:

$$\sqrt{\overline{c^2}} = \sqrt{\frac{3RT}{M}} = \sqrt{\frac{3}{2}}\,c_{max} = 1{,}223\,c_{max} = 1{,}58\cdot 10^4\sqrt{\frac{T}{M}}\left[\frac{cm}{sec}\right].\tag{9}$$

In analoger Weise errechnet sich die *mittlere Geschwindigkeit* $\overline{c}$ zu:

$$\overline{c} = \frac{\int\limits_0^\infty c\, e^{-\frac{mc^2}{2kT}}\, c^2\, dc}{\int\limits_0^\infty e^{-\frac{mc^2}{2kT}}\, c^2\, dc} = \sqrt{\frac{2kT}{m}}\,\frac{\int\limits_0^\infty x^3\, e^{-x^2}\, dx}{\int\limits_0^\infty x^2\, e^{-x^2}\, dx} = \sqrt{\frac{8kT}{\pi m}},\tag{10}$$

$$\overline{c} = \sqrt{\frac{8RT}{\pi M}} = 1{,}128\,c_{max} = 0{,}922\sqrt{\overline{c^2}} = 1{,}455\cdot 10^4\sqrt{\frac{T}{M}}\left[\frac{cm}{sec}\right]$$

(siehe Tabelle 2).

Tabelle 2.

Gasart	Molekular-gewicht	T	Mittlere Molekular-geschwindigkeit $\overline{c}$
		°K	cm/sec
H_2	2,016	293	175 700
Luft	28,8	293	46 200
Hg {	200,6	293	17 500
		550	24 100
Apiezonöl {	340	293	13 500
		500	17 600

Einseitig gerichtete Geschwindigkeit c_x nach Formel (1) gilt

$$c_x = \frac{\bar{c}}{4} = \sqrt{\frac{RT}{2\pi M}} = \frac{c_{\max}}{2\sqrt{\pi}} = \sqrt{\frac{\overline{c^2}}{6\pi}} = 3{,}63 \cdot 10^3 \sqrt{\frac{T}{M}} \left[\frac{\text{cm}}{\text{sec}}\right]. \quad (11)$$

Die Mittelwerte der Molekulargeschwindigkeit sind also nur von der Temperatur und dem Molekulargewicht abhängig.

Schließlich ersetzen wir zur Vereinfachung in Formel (4) die Größe

$$\frac{2\,kT}{m} \quad \text{durch} \quad c^2_{\max}:$$

$$dn = \frac{4\,n}{\sqrt{\pi}} \left(\frac{c}{c_{\max}}\right)^2 e^{-\left(\frac{c}{c_{\max}}\right)^2} d\left(\frac{c}{c_{\max}}\right) = n\,g\left(\frac{c}{c_{\max}}\right) d\left(\frac{c}{c_{\max}}\right) \quad (12)$$

(siehe Abb. 4 und Tabelle 3, S. 6).

Daraus ergibt sich die Anzahl n_1 derjenigen Moleküle, deren Geschwindigkeit größer ist als eine Minimalgeschwindigkeit zu:

$$n_1 = n \int\limits_{\frac{c}{c_{\max}}}^{\infty} g\left(\frac{c}{c_{\max}}\right) d\left(\frac{c}{c_{\max}}\right) \quad (13)$$

(siehe Abb. 4 und Tabelle 3).

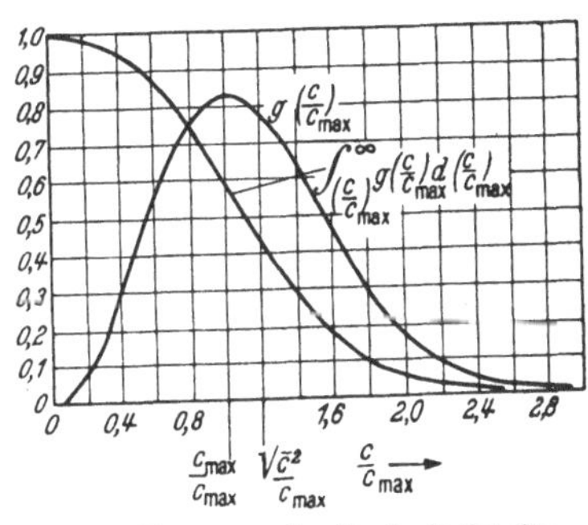

Abb. 4. MAXWELLsche Geschwindigkeitsverteilung $g\left(\dfrac{c}{c_{\max}}\right)$ und Zahl der Moleküle $\dfrac{n_1}{n}$, die eine Geschwindigkeit haben, die größer ist, als ein vorgegebener Wert $\left(\dfrac{c}{c_{\max}}\right)$.

d) Mittlere freie Weglänge.

Wir betrachten zunächst folgenden einfachen Fall (Abb. 5). Moleküle der Sorte A mit dem Molekülradius a_2 seien ruhend und unregelmäßig mit einer Dichte n_2 über den Raum verteilt. Eine zweite Sorte B von Gasmolekülen mit der Gesamtzahl N_1 und dem Molekülradius a_1 bewege sich auf parallelen Bahnen (Molekularstrahl) durch die unregelmäßig im Raum verteilten Moleküle der Sorte A hindurch. Wir fragen zunächst danach, wieviel Moleküle der Sorte B (dN_1) beim Durchlaufen einer Schicht von der Dicke dz und der Fläche 1 cm² durch Stöße mit Molekülen der Sorte A aus dem parallelen Molekularstrahl hinausgeworfen werden*. Der bei einem Stoß der Moleküle der Sorte B mit Molekülen der Sorte A wirksame Querschnitt ergibt sich aus Abb. 6.

---

* Insbesondere bei den hier vorzugsweise behandelten verdünnten Gasen und bei dünnen Schichten [$(dz) \ll 1$] sind einige Voraussetzungen erfüllt, die wir in der weiter folgenden Ableitung stillschweigend gemacht haben:

1. Die Zahl der Moleküle A, deren Mittelpunkte innerhalb der Schicht dz liegen und die über die Grenzen dieser Schicht hinausragen, ist klein, d. h. $4\,a_2 \ll dz$.

2. Die Zahl der Moleküle A innerhalb der Schicht dz, deren Querschnitte sich in der Projektion überdecken, ist klein oder anders formuliert, die Summe der Molekülquerschnitte innerhalb der Schicht dz ist klein gegen den Querschnitt dieser Fläche ($1 \gg \pi\,a_2^2\,n_2\,dz$).

Tabelle 3. MAXWELLsche Geschwindigkeitsverteilung.

$\dfrac{c}{c_{\max}}$	$g\left(\dfrac{c}{c_{\max}}\right)$ (Gl. A 12)	$\dfrac{n_1}{n} = \int\limits_{\left(\frac{c}{c_{\max}}\right)}^{\infty} g\left(\dfrac{c}{c_{\max}}\right) d\left(\dfrac{c}{c_{\max}}\right)$ (siehe Gl. A 13)
0,0	0,0000	1,000
0,1	0,0224	0,999
0,2	0,0866	0,994
0,3	0,186	0,983
0,4	0,308	0,956
0,5	0,440	0,919
0,6	0,567	0,869
0,7	0,678	0,806
0,8	0,761	0,734
0,9	0,813	0,655
1,0	0,831	0,572
1,1	0,814	0,490
1,2	0,770	0,411
1,3	0,702	0,336
1,4	0,623	0,271
1,5	0,534	0,212
1,6	0,446	0,1633
1,7	0,362	0,1229
1,8	0,286	0,0906
1,9	0,220	0,0652
2,0	0,165	0,0460
2,1	0,121	0,0320
2,2	0,0864	0,0215
2,3	0,0601	0,0142
2,4	0,0408	0,0092
2,5	0,0272	0,0058
2,6	0,0177	0,0036
2,7	0,0112	0,0022
2,8	0,0069	0,0012
2,9	0,0040	0,0007
3,0	0,0024	0,0004

Wir wollen danach zunächst annehmen, daß die bewegten Moleküle B keine räumliche Ausdehnung und statt dessen die ruhenden Moleküle A den Wirkungsradius $(a_1 + a_2)$ hätten.

Die relative Anzahl der Moleküle B, die beim Durchlaufen der Schicht dz aus dem Parallelstrom hinausgeworfen werden,

$$\frac{dN_1}{N_1} = - (a_1 + a_2)^2\, \pi n_2\, dz$$

ist also gleich dem Verhältnis der durch die Moleküle A innerhalb der Schicht dz versperrten Fläche zum Gesamtquerschnitt. Daraus ergibt sich also:

$$N_{1,z} = N_{1,0}\, e^{-(a_1 + a_2)^2\, \pi n_2\, z}. \tag{14}$$

$N_{1,z}$ = Anzahl der Moleküle B an der Stelle z,
$N_{1,0}$ = Anzahl der Moleküle B an der Stelle $z = 0$.

Hierin bezeichnen wir die Größe

$$\frac{1}{\pi\,(a_1 + a_2)^2\,n_2} = \Lambda.\tag{15}$$

als mittlere freie Weglänge und erhalten damit die vereinfachte Beziehung

$$N_{1,z} = N_{1,0}\,e^{-\frac{z}{\Lambda}}.\tag{16}$$

Die Begründung für die Bezeichnung der Strecke Λ als mittlere freie Weglänge liegt in folgendem: Die Moleküle B werden im allgemeinen die verschiedensten Strecken z durchlaufen, ehe sie durch einen Stoß

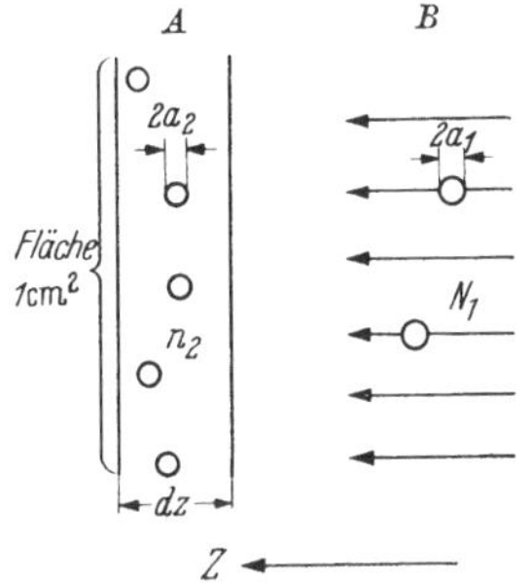

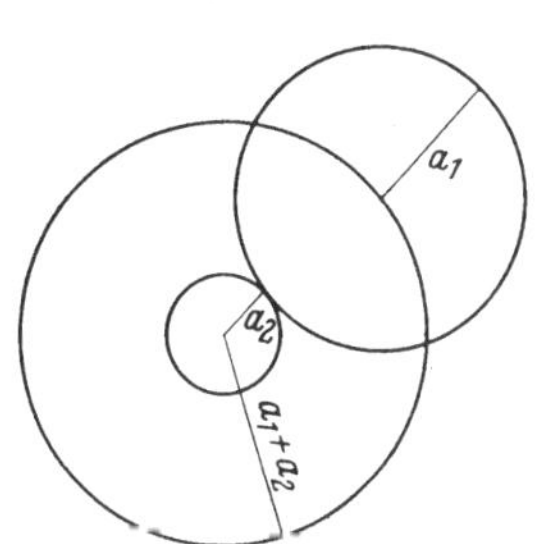

Abb. 5. Zur Ableitung der mittleren freien Weglänge: Molekularstrahl B durchsetzt Molekularschicht A.

Abb. 6. Zur Addition der Stoßradien.

aus dem parallelen Molekularstrahl hinausgeworfen werden. Gl. (16) zeigt, daß diese Wegstrecken z nach einem Exponentialgesetz verteilt sind. Der Mittelwert dieser Wegstrecken errechnet sich zu:

$$\frac{\int\limits_0^\infty z\,e^{-z/\Lambda}\,dz}{\int\limits_0^\infty e^{-z/\Lambda}\,dz} = \Lambda\,,$$

wodurch also die Begründung für die Bezeichung von Λ als mittlere freie Weglänge gegeben ist.

Sieht man von den bei der obigen Ableitung gemachten Vereinfachungen ab und berücksichtigt 1. die Mitbewegung der Moleküle A und 2. die Verteilung der Bahnrichtungen B über alle möglichen Richtungen und setzt außerdem jetzt $a_1 = a_2$, so ergibt sich:

$$\Lambda = \frac{1}{\sqrt{2}\,\pi\,(2a)^2\,n}.\tag{17}$$

Es ist also ganz allgemein:

$$\Lambda \sim \frac{1}{p}.\tag{18}$$

Für die mittlere freie Weglänge der Ionen Λ_i ergibt sich, da die Ionengeschwindigkeit groß ist gegen die Geschwindigkeit der Gasmoleküle, letztere also als ruhend betrachtet werden können:

$$\Lambda_i = \sqrt{2}\,\Lambda.\tag{19}$$

Bei Elektronen ist außerdem zu beachten, daß der Elektronenradius klein ist gegen den Molekülradius (a).

$$\Lambda_e = \frac{1}{\pi \, a^2 \, n} = 4 \sqrt{2}\, \Lambda. \tag{20}$$

Abhängigkeit der freien Weglänge von der Temperatur.

Nach den bisherigen Ableitungen müßte der Wert der mittleren freien Weglänge unabhängig von der Temperatur des Gases sein. Die experimentellen Beobachtungen zeigen aber, daß die freie Weglänge mit sinkender Temperatur abnimmt. Dies ist ohne weiteres verständlich, wenn man nicht — wie in unseren bisherigen Betrachtungen — annimmt, daß der gaskinetische Stoßradius (a) für alle Geschwindigkeiten einen festen Wert hat, sondern berücksichtigt, daß derselbe mit wachsender Geschwindigkeit abnimmt.

$$\Lambda = \frac{\Lambda_\infty}{1 + \dfrac{T_v}{T}}. \tag{21}$$

$$a_\infty^2 = \frac{a^2}{1 + \dfrac{T_v}{T}}. \tag{22}$$

$\Lambda,\ a =$ Freie Weglänge und Molekülradius bei der Temperatur T.

$\Lambda_\infty,\ a_\infty =$ Freie Weglänge und Molekülradius bei unendlich hoher Temperatur.

$T_v =$ Verdopplungstemperatur, d. h. bei Abnahme der Temperatur T von hohen Werten auf den Wert T_v verdoppelt sich nach (22) der Wert des gaskinetischen Molekülquerschnitts. T_v heißt auch SUTHERLANDsche Konstante.

Zusammenstellung von Werten Λ, Λ_∞, a, a_∞, T_v siehe Tabelle I, (Anhang).

Mittlere freie Weglänge bei Gasgemischen.

Bei mehreren Komponenten errechnet sich aus der Zahl der Stöße pro cm³ und sec die mittlere freie Weglänge Λ_1 der ersten Komponente:

$$\Lambda_1 = \frac{1}{\pi \, \Sigma \, n_\nu \, 4\, a_{1,\nu}^2 \, \sqrt{1 + M_1/M_\nu}}. \tag{23}$$

II. Transporterscheinungen.

Als Transporterscheinungen bezeichnen wir solche Vorgänge (Wärmeleitung, innere Reibung usw.), bei denen in einem örtlich veränderlichen Feld (Temperaturfeld, Geschwindigkeitsfeld) ein Transport einer Größe (Energie, Bewegungsgröße) von einer Stelle des Gases zu einer anderen stattfindet.

Zur Ableitung der allgemeinen Transportgleichung behandeln wir ein eindimensionales Gefälle einer Größe H in der z-Richtung. H kann hierbei irgendeine Bestimmungsgröße des Moleküls (Energie, Impuls usw.) sein. Wir betrachten einen Ausschnitt von der Fläche 1 cm² aus einer Ebene parallel zur xy-Ebene in der Höhe z (s. Abb. 7). Durch diese Fläche fliegen sekundlich $n^+ c^+$ Moleküle von oben nach unten und $n^- c^-$ Moleküle von unten nach oben. Die einfachste Annahme ist die, daß sich im Mittel ein Drittel aller Moleküle in der x-Richtung, ein Drittel in der y-Richtung und ein Drittel in der z-Richtung bewegt*. Ein Sechstel aller Moleküle läuft also in der z-Richtung von oben nach unten und die gleiche Anzahl von unten nach oben. Es gilt also die Beziehung

$$n^+ c^+ = n^- c^- = \frac{n\,\bar c}{6}.$$

Bezüglich des Wertes der Größe H, die die Moleküle beim Durchfliegen an der Stelle z mit sich führen, ist

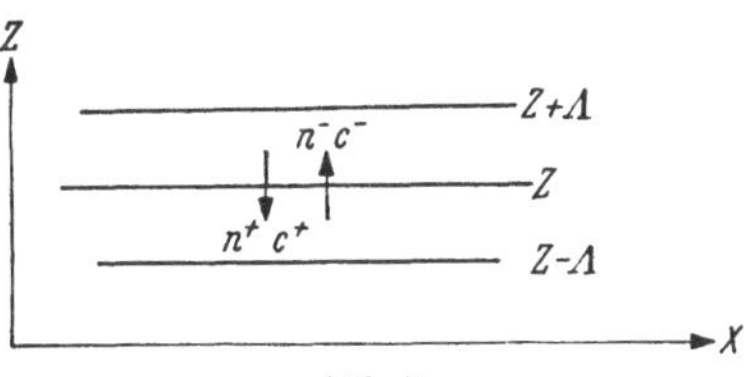

Abb. 7.
Transporterscheinung im eindimensionalen Fall.

zu beachten, daß die von oben nach unten fliegenden Moleküle ihren letzten Zusammenstoß an der Stelle $z + \Lambda$ erlitten haben. Die mitgeführte Größe von H hat also bei ihnen den Wert $H(z) + \dfrac{\partial H}{\partial z}\Lambda$. Dagegen haben die von unten nach oben fliegenden Moleküle ihren letzten Zusammenstoß an der Stelle $z - \Lambda$ erlitten.

Daraus ergibt sich dann schließlich für den Transport in der positiven z-Richtung:

$$n^- c^- \left[H(z) - \frac{\partial H}{\partial z}\Lambda \right] - n^+ c^+ \left[H(z) + \frac{\partial H}{\partial z}\Lambda \right]$$
$$= -\frac{n\,\bar c}{3}\Lambda\frac{\partial H}{\partial z}. \tag{24}$$

Der Transport ist also unabhängig vom Gasdruck, da ja n dem Druck direkt, Λ umgekehrt proportional und $n \cdot \Lambda$ also unabhängig vom Druck ist. Der physikalische Grund für diese Erscheinung ist der, daß mit kleiner werdendem n die mittlere freie Weglänge Λ und damit der Unterschied der Transportgröße pro Stoß zunimmt. Der Gesamttransport, der gleich ist der Zahl der Stöße mal dem Unterschied der Transportgröße pro Stoß, bleibt also konstant. Dies gilt so lange, bis Λ mit dem Maximalabstand vergleichbar wird. Von da an bleibt der Unterschied der Transportgröße pro Stoß konstant, und kleineres n bedingt also geringeren Transport.

---

* Die folgende Ableitung ist nicht streng aber anschaulich einfach. Bei einer strengeren Ableitung wäre zu berücksichtigen, daß sich die Geschwindigkeiten nicht nach drei Richtungen aufteilen lassen, sondern über alle Richtungen verteilt sind, und daß außerdem die Geschwindigkeitswerte der MAXWELLschen Verteilung gehorchen. Bei einer noch strengeren Rechnung, wie sie ENSKOG [10, 11, 12] und CHAPMAN [2, 3, 4] aufgestellt haben, wäre zu berücksichtigen, daß die MAXWELLsche Geschwindigkeitsverteilung durch das Gefälle selbst gestört wird.

a) Innere Reibung.

Wir betrachten (Abb. 8) ein eindimensionales Gefälle der Translationsgeschwindigkeit w^* eines Gases in der z-Richtung. In der Ebene senkrecht zur z-Richtung an der Stelle $z = 0$ sei die Geschwindigkeit $w = 0$. Mit zunehmenden Werten von z nehme auch die Geschwindigkeit w zu. Die Transportgröße H ist hier die Komponente mw, d.h. der translatorische Anteil an der Bewegungsgröße der Gasmoleküle. Also ist der

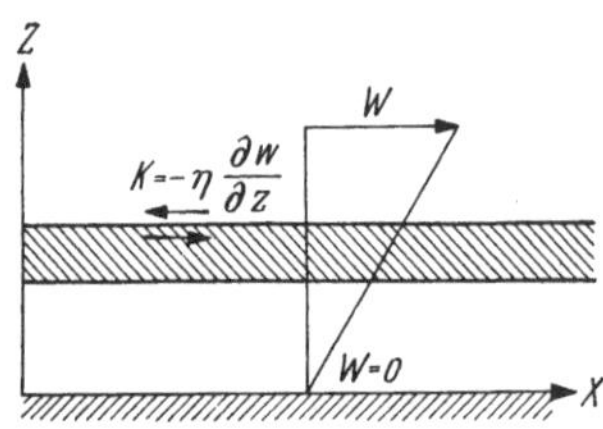

Abb. 8. Eindimensionales Geschwindigkeitsgefälle, erzeugt durch eine Platte, die sich im Abstand z mit konstanter Geschwindigkeit parallel zur xy-Ebene bewegt.

$$\text{Transport} = -\frac{n\,\bar{c}}{3}\,\varLambda\,\frac{\partial\,(m\,w)}{\partial z}.$$

Die in einer senkrecht zur z-Richtung liegenden Gasschicht auftretende Reibungskraft K

$$K = -\eta\,\frac{\partial w}{\partial z}$$

ist gleich dem Überschuß des in der Zeiteinheit in der z-Richtung durch diese Fläche hindurch übertragenen translatorischen Impulses, d. h. gleich dem Transport von $H = mw$.

$$K = -\eta\,\frac{\partial w}{\partial z} = -\frac{n\,\bar{c}}{3}\,\varLambda\,\frac{(\partial\,m\,w)}{\partial z}.$$

$$\eta = \frac{n\,\bar{c}}{3}\,\varLambda\,m. \tag{25}$$

Die innere Reibung (Reibungskoeffizient η) ist als Transporterscheinung proportional $n \cdot \varLambda$, also unabhängig vom Druck. Dies gilt aber nur solange, wie die mittlere freie Weglänge $\varLambda$ klein ist gegen die räumliche Ausdehnung des Geschwindigkeitsgefälles in der Transportrichtung (z. B. hier der z-Richtung).

Die Abhängigkeit des Koeffizienten der inneren Reibung η von der Temperatur T rührt einmal von der Temperaturabhängigkeit der mittleren Molekulargeschwindigkeit $\bar{c}$ Gl. (10) und außerdem von der Temperaturabhängigkeit der mittleren freien Weglänge $\varLambda$ [SUTHERLANDsche Konstante Gl. (21)] her.

Bei der Ableitung der Formel (25) sind wir — wie das schon dargelegt wurde — nicht streng verfahren. Die exakte Formel, bei der auch die Störung der Geschwindigkeitsverteilung berücksichtigt ist, unterscheidet sich aber nur im Zahlenwert des Koeffizienten und lautet:

$$\eta = \frac{5\,\sqrt{\pi}\cdot 1{,}016}{64}\,\frac{\sqrt{m\,k\,T}}{\pi\,a^2} = 21{,}2\cdot 10^{-22}\,\frac{\sqrt{M\,T}}{\pi\,a^2}\left[\frac{\text{g}}{\text{sec}\cdot\text{cm}}\right]. \tag{26}$$

$$\eta = 21{,}2\cdot 10^{-22}\,\frac{\sqrt{M}}{\pi\,a_\infty^2}\,\frac{T^{3/2}}{T+T_v}. \tag{27}$$

---

* Von der Translationsgeschwindigkeit w ist die Molekulargeschwindigkeit c wohl zu unterscheiden.

Zusammenstellung von η-Werten für verschiedene Gase siehe Anhang Tabelle I, Kolonne 9.

Für Gasmischungen aus zwei Komponenten ergibt sich analog zu Gl. (25)

$$\eta = \frac{1}{3}\, n_1 \bar{c_1}\, \Lambda_1\, m_1 + \frac{1}{3}\, n_2 \bar{c_2}\, \Lambda_2\, m_2 \,.$$

Hierin sind für Λ_1 und Λ_2 die Werte nach Gl. (23) einzusetzen. Führen wir ferner

$$\frac{\bar{c_1}\, m_1}{3\,\sqrt{2\,\pi}\,(2\,a_1)^2} = \eta_1\,, \qquad \frac{\bar{c_2}\, m_2}{3\,\sqrt{2\,\pi}\,(2\,u_2)^2} = \eta_2$$

und außerdem den Molenbruch $\alpha = \dfrac{n_2}{n_1 + n_2}$ ein, so ergibt sich:

$$\eta = \frac{\eta_1}{1 + \dfrac{\alpha}{1-\alpha}\,\dfrac{a_{1,\,2}^2}{a_1^2}\,\sqrt{\dfrac{m_1+m_2}{2\,m_2}}} + \frac{\eta_2}{1 + \dfrac{1-\alpha}{\alpha}\,\dfrac{a_{1,\,2}^2}{a_2^2}\,\sqrt{\dfrac{m_1+m_2}{2\,m_1}}} \,. \tag{28}$$

Die Abhängigkeit dieser Formel von α stimmt gut mit der Erfahrung überein.

b) Gasströmungen durch Röhren und Öffnungen *, **.

Technische Bedeutung für die Messung und Erzeugung tiefer Drucke haben von den Erscheinungen der inneren Reibung vor allem die Strömungsvorgänge in Leitungen (Röhren). Bei der Gasströmung durch Röhren treten einerseits Druckunterschiede zwischen den Enden der Röhren auf, und andererseits wird durch den Strömungswiderstand der Röhren die Strömungsgeschwindigkeit und damit auch die wirksame Pumpgeschwindigkeit von angeschlossenen Pumpen herabgesetzt.

Wir haben bei der Gasströmung durch Röhren grundsätzlich zwei Fälle zu unterscheiden, je nachdem, ob die Vorgänge bei hohen oder niedrigen Gasdrucken vor sich gehen:

1. Den Vorgang der eigentlichen inneren Reibung bei hohen Drucken. Hierbei ist die mittlere freie Weglänge Λ klein gegen den Durchmesser $2\,r$ der Rohre. Die Gasmoleküle stoßen vorwiegend miteinander zusammen.

2. Den Vorgang der Molekularströmung bei niedrigen Drucken. Hierbei ist die mittlere freie Weglänge Λ groß gegen den Durchmesser $2\,r$ der Rohre. Die Gasmoleküle stoßen praktisch nur mit der Wand und nicht untereinander zusammen.

1. $\Lambda \ll 2\,r$ Poiseuillesche Strömung.
(Vorgang durch innere Reibung im Gas bedingt.) $l \gg r_0$.

An einem Rohr von der Länge l und dem Radius r_0 wirke an dem einen Ende ein Druck p_1 und am anderen Ende ein Druck p_2. Infolge des Druckgefälles strömt das Gas mit einer Geschwindigkeit $w(r)$, die an den Wandungen des Rohres gleich 0 und in der Mitte am größten ist, durch das Rohr hindurch.

---

* Zusammenstellung der Formeln für den praktischen Gebrauch der Leitungsberechnung s. Kap. E S. 265 ff.

** vergl. [6, 7, 8, 9, 15, 22, 24, 25, 26].

Das Geschwindigkeitsprofil ist dabei bekanntlich ein paraboloidisches, solange die Strömung laminar ist. Es ist:

$$w\,(r) = \frac{p_1 - p_2}{4\,\eta\,l}\,(r_0^2 - r^2)\,.$$

Integration liefert die Durchflußmenge:

$$v = \int\limits_0^{r_0} w\,2\,\pi\,r\,d\,r = \frac{\pi\,r_0^4}{8\,\eta\,l}\,(p_1 - p_2)\,,$$

oder genauer, da das Gas bei der Strömung eine Expansion erleidet, für *isotherme Expansion*

$$v = \frac{\pi\,r_0^4}{8\,\eta\,l}\;\frac{p_1^2 - p_2^2}{2\,p}\,. \tag{29}$$

Das Volumen v ist dabei bei dem Druck p gemessen $\left(\text{z. B. } p = \frac{p_1 + p_2}{2}\right)$ und ergibt sich in cm³/sec, wenn p in dyn/cm² eingesetzt wird.

2. $\Lambda \gg 2r$ *Molekularströmung nach* KNUDSEN.

α) Lange Röhren. $l \gg r$.

Wir betrachten eine Röhre von der Länge l und dem Durchmesser $2r$*. An dem einen Ende der Röhre sei ein Raum mit n_1 Molekülen/cm³ und an dem anderen ein Raum mit n_2 Molekülen/cm³ angeschlossen. Würden die Moleküle bei ihren Zusammenstößen mit den Wandungen innerhalb des Rohres vollkommen elastisch reflektiert, so würde jedes Molekül, das auf der einen Seite in die Röhre eintritt, auch auf der anderen Seite aus dieser austreten, und der Überschuß der Moleküle, die pro Sekunde mehr in der einen Richtung laufen als in der anderen, ergäbe sich daher unabhängig von der Länge l zu:

$$\frac{\bar{c}}{4}\,(n_1 - n_2)\,r^2\,\pi\,.$$

Diese Unabhängigkeit von der Länge steht aber im Widerspruch zur Erfahrung. Die Annahme elastischer Reflektion trifft nicht zu. Statt dessen ist der Vorgang etwa folgendermaßen zu beschreiben: Für jedes auf die Wand treffende Molekül kehrt auch ein Molekül von der Wand zurück. Die von der Wand abgehenden Moleküle sind aber gleichmäßig über alle Richtungen verteilt. Infolgedessen fliegen auch einige der von einer Seite in die Röhre eingetretenen Moleküle nach derselben Seite zurück, und zwar um so mehr, je länger die Röhre ist.

Hierdurch wird die durchströmende Gasmenge verkleinert. Der Überschuß $\varDelta\mathfrak{M}$, der sekundlich in einer Richtung mehr durch die Röhre hindurchfliegenden Moleküle als in der entgegengesetzten ist, also ein fester Bruchteil der an den Enden eintretenden Moleküle. Er ist außerdem umgekehrt proportional der Länge l des Rohres. Daraus folgt

$$\varDelta\,\mathfrak{M} = \frac{1}{2}\,A\,\frac{\bar{c}}{4}\,\frac{n_1 - n_2}{l}\,. \tag{30}$$

---

* Weiterhin wollen wir den Rohrradius mit r statt wie im vorhergehenden Abschnitt mit r_0 bezeichnen.

A ist hierin ein Proportionalitätsfaktor, dessen Wert von der Größe und der Form des Querschnitts der Röhre abhängig ist.

$$A = \frac{32}{3}\,\frac{F^2}{U}\,. \tag{31}$$

$F =$ Querschnittsfläche; $U =$ Umfang der Querschnittsfläche.

Zur Elimination der Größen $\Delta\mathfrak{N}$, n_1, n_2 und $\bar{c}$ aus Gl. (30) benutzen wir die Beziehungen:

$$\frac{\mathfrak{N}}{N} = \frac{pv}{RT}\,, \qquad \frac{n\bar{c}}{4} = \frac{n}{4}\sqrt{\frac{8RT}{\pi M}}\,, \qquad p = \frac{nm}{3}\cdot\frac{3RT}{M}\,.$$

In Gl. (30) eingesetzt ergibt sich:

$$\frac{pv}{RT} = \frac{1}{2}\,A\,\frac{1}{\sqrt{2\pi MRT}}\,\frac{p_1-p_2}{l}\,,$$

$$v = \frac{8}{3}\sqrt{\frac{2}{\pi}\cdot\frac{1}{l}\cdot\frac{F^2}{U}\cdot\frac{p_1-p_2}{p}}\cdot\sqrt{\frac{RT}{M}} = \frac{1}{W_1}\,\frac{p_1-p_2}{p}\,. \tag{32}$$

$\beta)\ A \gg 2r$ **Öffnung in sehr dünner Wand.** $l \ll r$.

Im Gegensatz zu dem gerade unter $\alpha)$ behandelten Fall fliegt jetzt jedes Molekül, das auf die Öffnung auftritt, auch ungehindert hindurch. Für den Überschuß der pro Sekunde in einer Richtung mehr durch die Öffnung hindurchfliegenden Moleküle als in der anderen ergibt sich also:

$$\Delta\mathfrak{N} = F\,\frac{\bar{c}}{4}\,(n_1 - n_2)\,.$$

Daraus folgt dann weiterhin:

$$v = \frac{1}{\sqrt{2\pi}}\,F\,\frac{p_1-p_2}{p}\sqrt{\frac{RT}{M}} = \frac{1}{W_2}\,\frac{p_1-p_2}{p}\,. \tag{33}$$

$\gamma)\ A \gg 2r$ **Kurze Röhren** [5]. $l \cong 2r$.

Nach Gl. (32) geht mit $l \to 0$, $v \to \infty$. Da aber nach Gl. (33) v selbst für eine reine Öffnung endlich bleibt, kann also Gl. (32) nur für großes l, also lange Röhren, gelten. Bei kurzen Röhren handelt es sich um das Übergangsgebiet zwischen den beiden im Vorhergehenden behandelten Fällen $2\,\alpha$ und $2\,\beta$. Es gelten hier folgende Beziehungen:

$$v = L\,\frac{p_1-p_2}{p} = \frac{1}{W_1+W_2}\,\frac{p_1-p_2}{p} = \frac{1}{\dfrac{3}{8}\sqrt{\dfrac{\pi}{2}}\,\dfrac{l}{F^2}\,\sqrt{\dfrac{M}{RT}} + \dfrac{\sqrt{2\pi M}}{F\sqrt{RT}}}\,\frac{p_1-p_2}{p}\,. \tag{34}$$

$$v = F\sqrt{\frac{RT}{2\pi M}}\,\frac{1}{\dfrac{3}{16}\dfrac{l}{F}\dfrac{U}{F} + 1}\,\frac{p_1-p_2}{p}\,. \tag{35}$$

Man sieht leicht, daß (35) für $l \gg r$ in (32) und für $l \ll r$ in (33) übergeht.

3. Strömungsformel für das gesamte Druckgebiet für lange kreiszylindrische Röhren. $l \gg r$.

Durch Kombination von Gl. (29) mit Gl. (32) ergibt sich für kreisförmigen Querschnitt:

$$v = \frac{p_1 - p_2}{p} \frac{r^3}{l} \left(\frac{\pi r}{8\eta} \frac{p_1 + p_2}{2} + \frac{8}{3} \sqrt{\frac{\pi RT}{2M}} \right) = \frac{p_1 - p_2}{p} L. \qquad (36)$$

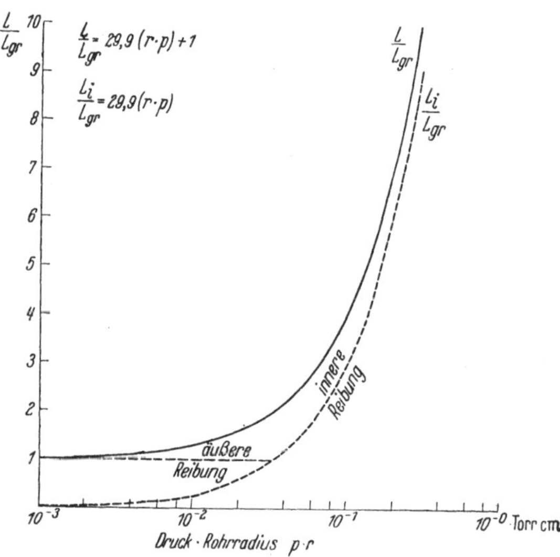

Abb. 9. Leitwert L zum Grenzleitwert L_{gr} in Abhängigkeit von Druck mal Rohrradius für den Fall der inneren und der äußeren Reibung.

Für sehr niedrige Drucke wird in Gl. (36) das erste Glied in der Klammer klein gegen das zweite, L geht in einen druckunabhängigen Wert L_{gr} über.

Für $p \to 0$

$$L \to L_{gr} = \frac{r^3}{l} \frac{8}{3} \sqrt{\frac{\pi RT}{2M}}.$$

Das Gas erfährt jetzt nur noch äußere Reibung an den Wänden. Abb. 9 zeigt das Verhältnis von L/L_{gr} in Abhängigkeit vom Druck (ausgezogene Kurve) und außerdem den Übergang zwischen innerer und äußerer Reibung (strichlierte Kurven) und zwar für Luft von 20° C.

c) Wärmeleitung.

1. Erscheinungen bei höheren Drucken.

Bei dem Vorgang der Wärmeleitung handelt es sich, wie bereits dargelegt wurde, um eine Transporterscheinung. Die transportierte Größe H ist die Energie ε der Gasmoleküle. Es gilt also nach Gl. (24)

$$\text{Transport} = - \frac{n\bar{c}}{3} \Lambda \frac{\partial \varepsilon}{\partial z} \qquad (37)$$

zum Vergleich mit dem durch die allgemeine Wärmeleitungsgleichung gegebenen Wärmestrom:

$$q = \frac{Q}{F} = - \lambda \frac{\partial T}{\partial z}. \qquad (38)$$

$q = $ Wärmestrom/cm² [cal sec⁻¹ cm⁻²]
$\lambda = $ Wärmeleitfähigkeit [cal sec⁻¹ cm⁻¹ °C⁻¹],
$F = $ Querschnitt des Wärmestroms [cm²].

Aus (37) und (38) ergibt sich:

$$q = -\frac{n\bar{c}}{3} \Lambda \frac{\partial \varepsilon}{\partial z} = -\lambda \frac{\partial T}{\partial z}, \tag{39}$$

$$\lambda = \frac{n\bar{c}}{3} \Lambda \frac{\partial \varepsilon}{\partial T} .$$

und mit

$$\varepsilon = \frac{C_v}{N} T$$

folgt daraus:

$$\lambda = \frac{n\bar{c}}{3} \Lambda \frac{C_v}{N} = \eta \frac{C_v}{M} . \tag{40}$$

Die Wärmeleitfähigkeit (λ) ist also bei hohen Drucken als Transporterscheinung nur abhängig von $n\Lambda$, also unabhängig vom Druck.

Die soeben durchgeführte Ableitung für den Koeffizienten der Wärmeleitung (λ) ist nun aber keineswegs streng. Bei der Ableitung der hier benutzten allgemeinen Transportgleichung haben wir bereits darauf hingewiesen, daß durch das Vorhandensein des Gefälles die Geschwindigkeitsverteilung an den einzelnen Orten gestört wird und damit von der MAXWELLschen Verteilung abweicht. Andererseits aber haben wir von einer Berücksichtigung dieser Störung abgesehen. Bei den Berechnungen für die innere Reibung sind die hierdurch bedingten Fehler noch eher tragbar, da dort die transportierte Größe, nämlich die Bewegungsgröße mw in der x-Richtung unabhängig von der Transportgeschwindigkeit $\bar{c}$ in der z-Richtung ist. Bei der Wärmeleitung hängt aber die transportierte Größe, d. i. in diesem Falle die kinetische Energie der Moleküle $\frac{m}{2} c^2$, unmittelbar mit der Transportgeschwindigkeit $\bar{c}$ zusammen. Die Abweichungen von der MAXWELLschen Geschwindigkeitsverteilung machen sich also hier erheblich bemerkbar. Die strenge Durchführung der Rechnung unter Berücksichtigung der durch das Gefälle bedingten Störung der Geschwindigkeitsverteilung ergibt daher nach CHAPMAN abweichend von unserem obigen Resultat für einatomige Gase:

$$\lambda = 2{,}52 \frac{C_v}{M} \eta . \tag{41}$$

Nach EUCKEN ist diese Vergrößerung um den Faktor 2,52 dadurch bedingt, daß diejenigen Moleküle, die eine besonders große kinetische Energie $\frac{mc^2}{2}$ haben, diese auch besonders schnell transportieren.

Gl. (39) ergibt für die Wärmeleitung zwischen zwei ebenen Platten von der Fläche F, dem Abstand d und den Temperaturen T_1 bzw. T_2:

$$Q = qF = \lambda F \frac{T_2 - T_1}{d} . \tag{42}$$

In derselben Weise folgt für die Wärmeleitung zwischen zwei Zylindern der Länge l mit den Radien r_1 bzw. r_2 und den Temperaturen T_1 bzw. T_2:

$$Q = 2\pi r l \lambda \frac{dT}{dr},$$

$$Q = 2\pi l \lambda \frac{T_2 - T_1}{\ln(r_2/r_1)} . \tag{43}$$

Im Anhang, Tabelle I, Kolonne 10 sind die Werte für die Wärmeleitfähigkeit (λ) einiger Gase zusammengestellt. Q ergibt sich in cal/sec, wenn λ in cal/(sec cm Grad) eingesetzt wird.

2. Erscheinungen bei mittleren und niedrigen Drucken.

Die im vorhergehenden Abschnitt für die Wärmeleitung durchgeführten Überlegungen gelten im Fall der ebenen Platten nur solange wie die mittlere freie Weglänge klein ist gegen den Abstand ($\Lambda \ll d$) bzw. im zylindrischen Fall solange $\Lambda \ll r_2 - r_1$ und $\Lambda \ll r_1$, d. h. also bei höheren Drucken. Bei niedrigen Drucken, bei denen diese Bedingungen nicht mehr erfüllt sind, tritt an den Wänden ein Temperatursprung auf.

Wir betrachten hierzu zunächst die einfache Anordnung der Wärmeleitung zwischen ebenen Platten im Extremfall ganz niedriger Drucke, so daß sogar $\Lambda \geq d$. Jetzt erreicht jedes von der oberen Platte wegfliegende Molekül ohne Zusammenstöße im Gasraum die untere Platte und umgekehrt. Es sei $\dfrac{nc+}{6}$ die Zahl der pro Sekunde von oben nach unten fliegenden Moleküle und $\dfrac{nc-}{6}$ die Zahl der pro Sekunde von unten nach oben fliegenden

$$\frac{nc+}{6} = \frac{nc-}{6} = \frac{n\bar{c}}{6} \,.$$

Dann ergibt sich unter der Annahme des vollständigen Wärmeaustausches der Moleküle mit der getroffenen Wand für den Wärmestrom:

$$Q = qF = \frac{n\bar{c}}{6} \, F \, \frac{C_v}{N} \, (T_2 - T_1) \,. \tag{44}$$

Dieser Wert ist halb so groß wie derjenige, der sich formal aus Gl. (40) und Gl. (42) mit $d = \Lambda$ ergeben würde. Das hat zur Folge, daß im allgemeinen Fall, in dem Λ nicht $\geq d$, sondern $\Lambda < d$ aber nicht $\Lambda \ll d$, an den Wänden ein Temperatursprung auftritt.

Berücksichtigt man, daß die energiereicheren Moleküle diese auch schneller transportieren, so ergibt sich statt (44):

$$Q = \frac{n\bar{c}}{4} \, \frac{C_v + 0{,}5\,R}{N} \, (T_2 - T_1) F \,. \tag{45}$$

Das Vorhandensein eines solchen Temperatursprunges ist leicht zu verstehen. Wir betrachten hierzu den Wärmestrom in der Nähe der unteren Platte (Abstand $\ll \Lambda$). Der Wärmestrom ergibt sich hier dadurch, daß die von oben kommenden Moleküle eine Energie entsprechend der Temperatur im Abstand Λ von der unteren Platte und die von unten kommenden Moleküle eine Energie entsprechend der Temperatur der unteren Platte, also praktisch entsprechend der Bezugsfläche haben. Im allgemeinen Fall dagegen ergibt sich der Wärmestrom an der Stelle z dadurch, daß die von oben kommenden Moleküle eine Energie entsprechend der Temperatur an der Stelle $z + \Lambda$ und die von unten kommenden Moleküle entsprechend der Stelle $z - \Lambda$ haben. Im allgemeinen Fall ist also der Wärmestrom bei gleichem Temperaturgefälle doppelt so groß wie in der Nähe der festen Wand, da im allgemeinen Fall auch die von unten kommenden Moleküle eine andere Temperatur haben als die der Bezugsfläche entsprechende und damit zum Energietransport beitragen. Da aber der Wärmestrom überall gleich groß sein muß, ergibt sich daraus ein Temperatursprung an der Wand.

Bei der Berechnung dieses Temperatursprunges wollen wir weiterhin berücksichtigen, daß sich die Gasmoleküle beim Stoß nicht vollständig ins Temperaturgleichgewicht mit der Wand setzen. Wir machen dazu mit MAXWELL die Annahme, daß der Bruchteil γ mit der Temperatur der Wand, der Bruchteil $1-\gamma$ mit unveränderter Energie reflektiert wird. Es sei ΔT die Temperatur zwischen der Wand und einer Stelle in der Entfernung Λ. Dann ist die durch Stoß der Gasmoleküle in der Zeiteinheit auf die Flächeneinheit der Wand übertragene Energie nicht durch Gl. (42) oder Gl. (44), sondern durch

$$\gamma \frac{n\bar{c}}{6} \frac{C_v}{N} \Delta T$$

gegeben. Diese Energie muß gleich dem Wärmestrom im Inneren sein. Daraus folgt:

$$\gamma \frac{n\bar{c}}{6} \frac{C_v}{N} \Delta T = \frac{n\bar{c}}{3} \Lambda \frac{C_v}{N} \frac{dT}{dz} = \lambda \frac{dT}{dz} .$$

Der Temperaturgradient $\dfrac{dT}{dz}$ ergibt sich aus dem Gefälle

$$(T_2 - \Delta T) - (T_1 + \Delta T) = T_2 - T_1 - 2\,\Delta T$$

auf der Strecke $d - 2\Lambda$ zu:

$$\frac{dT}{dz} = \frac{T_2 - T_1}{d + 2\Lambda \dfrac{2-\gamma}{\gamma}} .$$

Daraus folgt schließlich für die Wärmeleitung zwischen ebenen Platten im Falle des Vorhandenseins eines Temperatursprunges:

$$Q = \lambda F \frac{T_2 - T_1}{d + 2\Lambda \dfrac{2-\gamma}{\gamma}} \tag{46}$$

Im zylindrischen Fall hat jetzt die Wärmeleitung den Wert

$$Q = \frac{2\pi l\lambda \,(\mathrm{T_2 - T_1})}{\ln \dfrac{r_2}{r_1} + \Lambda \dfrac{2-\gamma}{\gamma}\left(\dfrac{1}{r_1} + \dfrac{1}{r_2}\right)} . \tag{47}$$

Als letzten Fall wollen wir noch die Wärmeleitung bei folgender Anordnung betrachten: Im zylindrischen Fall sei die freie Weglänge Λ klein gegen den äußeren und groß gegen den inneren Durchmesser

$$r_1 \ll \Lambda \ll r_2 ,$$

d. h. die Anordnung besteht aus einem dünnen Draht in einem weiteren Rohr. Die auf den Draht zufliegenden Moleküle haben ihren letzten Zusammenstoß in der Entfernung Λ vom Draht erlitten. Betrachten wir nun einen Punkt im Abstand Λ vom Draht, so kommen dort die Moleküle aus allen Richtungen. Die Orte ihrer letzten Zusammenstöße sind über eine Kugel mit der Oberfläche $4\pi\,\Lambda^2$ verteilt. Von dieser Oberfläche nimmt der Draht aber nur einen verschwindend kleinen Bruchteil ein. Die Moleküle an dem Bezugspunkt haben also die Temperatur des Gasraumes. Diese ist, wie man durch Fortsetzung des Schlusses sieht, die Temperatur T_2 der Wand. Die auf den Draht auftreffenden Moleküle haben also die Temperatur der Wand. Die dem Draht zugeführte Wärmemenge ist gleich der Zahl der in der Zeiteinheit auftreffenden Moleküle $\left(\dfrac{n\bar{c}}{4} 2\pi r_1 l\right)$ mal dem Energieüberschuß der auftreffenden Moleküle gegenüber den wegfliegenden [d. h. bei einatomigen Gasen: $\gamma \dfrac{C_v}{N}(T_2 - T_1)$]. Für einatomige Gase gilt also:

$$Q = \frac{n\bar{c}}{4}\,\gamma\,\frac{C_v}{N}\,(T_2 - T_1)\,2\pi r_1 l,$$

mit

$$\frac{n\bar{c}}{4N} = \frac{n}{4N}\sqrt{\frac{8RT}{\pi M}}$$

$$\frac{n}{N} = \frac{p}{RT}$$

$$C_v = \frac{3}{2}R$$

folgt daraus:

$$Q = \frac{3}{8}\sqrt{\frac{8R}{\pi}}\sqrt{\frac{1}{TM}}\,p\,\gamma\,[T_2 - T_1]\,2\pi r_1 l \qquad (48)$$

oder genauer unter Berücksichtigung des schnelleren Energietransportes der energiereichen Moleküle

$$Q = \frac{n\bar{c}}{4}\,\gamma\,\frac{C_v + 0{,}5\,R}{N}\,(T_2 - T_1)\,2\pi r_1 l$$

$$\frac{n}{N} = \frac{p}{RT_1}\,;\quad \bar{c} = \sqrt{\frac{8RT_1}{\pi M}}$$

$$Q = \gamma\,p\,\sqrt{\frac{2\pi}{RT_1 M}}\,(C_v + 0{,}5\,R)\,(T_2 - T_1)\,r_1 l\,. \qquad (49)$$

In Tabelle 4 sind die Formeln für die Wärmeleitung in verschiedenen Druckbereichen zusammengestellt.

Alle Berechnungen über Wärmeleitungsvorgänge bei mittleren und ganz niedrigen Drucken sind mit einer ziemlichen Unsicherheit behaftet, die hauptsächlich von dem Akkomodationskoeffizienten γ herrühren. Der Akkomodationskoeffizient, der ja per definitionem ein Maß für den mehr oder weniger vollständigen Energieaustausch beim Stoß der Moleküle auf die Wände ist, hängt sehr von den Bedingungen des Einzelfalles ab (Gasart und Material der Wände). Aber auch bei einer bestimmten Gasart und einem bestimmten Oberflächenmaterial kann der Akkomodationskoeffizient noch sehr verschiedene Werte haben. Rauhe und geschwärzte Oberflächen haben einen größeren Wert für γ als glatte. Auch die Gasbeladung der Oberfläche durch Gasadsorption vergrößert den Wert für γ. Der Akkomodationskoeffizient ist also auch temperaturabhängig und außerdem verschieden je nach der Vorbehandlung der

Tabelle 4. Wärmeleitung in verschiedenen Druckbereichen.
Die Wärmeleitfähigkeit λ ist nach Gl. A (40) unabhängig vom Druck.

Anordnung	Höhere Drucke Wärmeleitung *unabhängig vom Druck*	Mittlere Drucke Wärmeleitung *druckabhängig*	Ganz niedrige Drucke Wärmeleitung *proportional zum Druck*
Wärmeleitung zwischen ebenen Platten Abstand d Fläche F	$\Lambda \ll d$ $Q = \lambda F \dfrac{T_2 - T_1}{d}$ [cal/sec] Gl. A (42)	Λ nicht klein gegen d $Q = \lambda F \dfrac{T_2 - T_1}{d + 2\Lambda \frac{2-\gamma}{\gamma}}$ Gl. A (46)	$\Lambda \gtrless d$ $Q = \dfrac{n\bar{c}}{4} \dfrac{C_v + 0,5 R}{N} (T_2 - T_1) F \gamma$ vergl. Gl. A (45)
Wärmeleitung zwischen konzentrischen Zylindern Großer Radius r_2 Kleiner Radius r_1 Länge l	$\Lambda \ll r_2 - r_1$ $\Lambda \ll r_1$ $Q = \lambda\, 2\pi l \dfrac{T_2 - T_1}{\ln \frac{r_2}{r_1}}$ [cal/sec] Gl. A (43)	Λ nicht klein gegen $r_2 - r_1$ $\Lambda \ll r_1$ $Q = \lambda\, 2\pi l \dfrac{T_2 - T_1}{\ln \frac{r_2}{r_1} + \Lambda \frac{2-\gamma}{\gamma} \left(\frac{1}{r_1} + \frac{1}{r_2} \right)}$ Gl. A (47)	$\Lambda \gg r_1$ (dünner Draht) $Q = \gamma\, p \sqrt{\dfrac{2\pi}{R T_1 M}} (C_v + 0,5 R)(T_2 - T_1) r_1 l$ Gl. A (49)

Oberfläche. Nähere Einzelheiten über die Werte von γ unter verschiedenen Bedingungen finden sich beispielsweise in [17, 26]. Auf die umfangreichen Arbeiten über den Akkomodationskoeffizienten kann hier aus Raumgründen nicht näher eingegangen werden. Literaturzitate befinden sich z. B. bei H. EBERT, [6, 9].

Praktische Bedeutung hat der Akkomodationskoeffizient insbesondere auch für die Abhängigkeit der Eichkurven der Radiometer-Vakuummeter von der Gasart (s. Kap. B, f).

d) Diffusion.

Bei einem Gemisch zweier Gase mit den Dichten n_1 und n_2 sei das Mischungsverhältnis längs der z-Achse veränderlich. Dann beträgt zufolge einer mehrfach durchgeführten Überlegung der Überschuß der durch ein Flächenelement von 1 cm² parallel zur xy-Ebene an der Stelle z in der Zeiteinheit mehr von oben nach unten als von unten nach oben hindurchtretenden Moleküle der Sorte 1)

$$\frac{\overline{c_1}}{6}\left(n_1 + \frac{\partial n_1}{\partial z}\Lambda_1\right) - \frac{\overline{c_1}}{6}\left(n_1 - \frac{\partial n_1}{\partial z}\Lambda_1\right) = \frac{\overline{c_1}}{3}\frac{\partial n_1}{\partial z}\Lambda_1. \tag{50}$$

Für den Molekültransport durch Selbstdiffusion innerhalb eines einheitlichen Gases gilt also:

$$\text{Transport} = D\frac{dn}{dz} = \frac{\overline{c}}{3}\Lambda\frac{dn}{dz}. \tag{51}$$

Analog gilt für die Moleküle 2)

$$\frac{\overline{c_2}}{3}\frac{\partial n_2}{\partial z}\Lambda_2.$$

Da aber der Gesamtdruck örtlich konstant ist, also:

$$\frac{\partial(n_1 + n_2)}{\partial z} = 0,$$

so hätte man einen Massestrom

$$\left(\frac{\overline{c_1}}{3}\Lambda_1 - \frac{\overline{c_2}}{3}\Lambda_2\right)\frac{\partial n_1}{\partial z}$$

zu erwarten. Da dieser in einer geschlossenen Röhre nicht auftreten darf, so überlagert man dem Strom [Gl. (50)] der Moleküle 1) den Strom

$$-\frac{n_1}{n_1 + n_2}\left(\frac{\overline{c_1}}{3}\Lambda_1 - \frac{\overline{c_2}}{3}\Lambda_2\right)\frac{\partial n_1}{\partial z}$$

und einen analogen Strom den Molekülen 2). Daraus ergibt sich:

$$D\frac{\partial n_1}{\partial z} = -D\frac{\partial n_2}{\partial z} = \left(\frac{1}{3}\overline{c_1}\Lambda_1\frac{n_2}{n_1 + n_2} + \frac{1}{3}\overline{c_2}\Lambda_2\frac{n_1}{n_1 + n_2}\right)\frac{\partial n_1}{\partial z}. \tag{52}$$

Die Diffusionskonstante D ist also umgekehrt proportional zum Druck. Sie hat nach ENSKOG[11] für starre Kugeln den vom Mischungsverhältnis unabhängigen Wert:

$$D = \frac{3}{8\sqrt{2\pi}}\left(RT\frac{m_1 + m_2}{m_1 m_2}\right)^{\frac{1}{2}}\frac{1}{(a_1 + a_2)^2}\frac{1}{n_1 + n_2}. \tag{53}$$

Literaturverzeichnis.

1 BOLTZMANN, L.: Gastheorie I. — 2 CHAPMAN, S.: Phil. Trans. **211**, 433 (1912). 3 CHAPMAN, S.: Phil. Trans. **216**, 279 (1916). — 4 CHAPMAN, S.: Phil. Trans. **217**, 115 (1917). — 5 CLAUSING, P.: Ann. Phys. **12**, 961 (1932). — 6 EBERT, H.: Jahresberichte über Fortschritte der Vakuum-Technik in: Glas u. App. — 7 EBERT, H.: Phys. Z. **33**, 145 u. 453 (1932). — 8 EBERT, H.: Z. Phys. **85**, 561 (1933). — 9 EBERT, H.: Phys. in regelm. Ber. **4**, 93 (1936); **8**, 81 (1940). — 10 ENSKOG, D.: Diss. Upsala 1917. — 11 ENSKOG, D.: Phys. Z. **12**, 56 u. 533 (1911). — 12 ENSKOG, D.: Ark. mat.-astron. Fys. **16**, Nr. 16 (1922). — 13 EUCKEN, A.: Lehrbuch der chemischen Physik, Bd. II, 1. Leipzig 1943. — 14 FOWLER, R. H.: Statistische Mechanik. Leipzig 1931. — 15 GAEDE, W.: Ann. Phys. **41**, 289 (1913). — 16 HERZFELD, K. F.: MÜLLER-POUILLET in Lehrbuch der Physik, Bd. III/2. Braunschweig 1925. — 17 HERZFELD, K. F.: Hand- und Jahrbuch der chemischen Physik, Bd. III, 2, Abschnitt IV. Leipzig 1939. — 18 HILBERT, D.: Theorie der Integralgleichungen, S. 277 ff. Leipzig 1912. — 19 JEANS, J. H.: Dynamische Theorie der Gase (deutsch von R. FÜRTH). Braunschweig 1926. — 20 JOOS, G.: Lehrbuch der theoretischen Physik. Leipzig 1943. — 21 JORDAN, P.: Statistische Mechanik auf quantentheoretischer Grundlage. Braunschweig 1933. — 22 KLOSE, W.: Ann. Phys. **11**, 73 (1931). — 23 KNOLL, M., F. OLLENDORF u. R. ROMPE: Gasentladungstabellen. Berlin 1935. — 24 KNUDSEN, M.: Ann. Phys. **31**, 205 u. 633 (1910). — 25 KNUDSEN, M.: Ann. Phys. **33**, 1435 (1910). — 26 KNUDSEN, M.: Ann. Phys. **83**, 797 (1927). — 27 LORENTZ, H. A.: Arch. néerl. **16**, 1 (1881). — 28 MAXWELL, CL.: Phil. Trans. **157**, 49 (1867). — 29 MAXWELL, CL.: Phil. Mag. (IV) **35**, 129 u. 185 (1868). — 30 TRAUTZ, M.: Ann. Phys. **18**, 816 (1933). — 31 SCHÄFER, CL.: Einführung in die theoretische Physik, Bd. II. Berlin 1929. — 32 WEBER u. GANS: Repertorium der Physik, Bd. I/2. Leipzig 1916. — 33 SCHÄFER, K.: Naturw., **34**, 104, 137, 166 (1947)

B. Vakuummeßinstrumente.

Zur Vakuummessung, d. h. also zur Messung von Drucken unter 760 Torr (= 1 Atmosphäre) sind die verschiedensten Druckeinheiten gebräuchlich. Die wesentlichsten dieser Einheiten sind nach dem Entwurf des A.E.F (DIN 1314) in Tabelle II (Anhang) zusammengestellt. Diese Tabelle enthält außer den in Deutschland gebräuchlichen auch noch die wichtigsten in den angelsächsischen Ländern üblichen Einheiten Engl. Pfund/Quadrat-Zoll, das Mikron und Engl. Zoll Quecksilbersäule. Wir werden im folgenden ebenso wie bisher grundsätzlich nur 2 Einheiten verwenden: im Zusammenhang mit theoretischen Ableitungen die Einheit des C.G.S-Systems dyn/cm^2, bei allen technischen Fragen die Einheit 1 Torr = 1 mm Quecksilbersäule. Zur Umrechnung dieser beiden Maßeinheiten ineinander dienen die Tabellen III und IV. Weitere Umrechnungstabellen für Druckeinheiten siehe Hütte, Bd. 1. Die Einheit Bar ist heute: 1 Bar = 10^6 dyn/cm^2, früher: 1 Bar = 1 $dyn/cm^2 \cdot$ 1 mm Wassersäule ist praktisch gleich 1 kg/m^2 = 10^{-4} kg/cm^2. Zur Angabe relativ geringer Vakua ist vielfach die Berechnung in 0/0 Vakuum üblich. Diese Einheit kommt für höhere Vakua (Drucke unter 1 Torr) nicht in Frage. Der Umrechnungsfaktor dieser Einheit in Torr ist am Kopf der Tabelle II angegeben.

Die niedrigsten derzeit erreichbaren Drucke von technischer Bedeutung liegen bei etwa 10^{-6} Torr.

Zur Vakuummessung läßt sich natürlich grundsätzlich jeder druckabhängige Vorgang verwenden. Folgende Prinzipien werden bisher zur Messung niedriger Drucke ausgenutzt:

    a) Membranmanometer (Federelastische Druckmesser),
    b) U-Rohrmanometer (Flüssigkeitsmanometer),
    c) Kompressionsmanometer;

bei den Kompressionsmanometern werden kleine Drucke, die an und für sich der direkten Messung durch eines der vorhergehenden Prinzipien a) und b) unzulänglich sind, durch Verkleinerung eines abgesperrten Gasvolumens um einen bekannten Faktor soweit vergrößert, daß sie durch eine direkte Messung erfaßt werden können.

    d) Wärmeleitungsmanometer,
    e) Reibungsmanometer.

Nach den Ausführungen in dem Abschnitt über kinetische Gastheorie (A II c und A II a) sind die Erscheinungen der Wärmeleitung und der Gasreibung in Gasen bei hohen Drucken unabhängig vom Gasdruck. Sobald aber bei niedrigen Drucken die mittlere freie Weglänge der Gasmoleküle vergleichbar mit den Apparatedimensionen wird, werden auch Wärmeleitung und Gasreibung druckabhängig. In diesem Gebiet können sie also zur Druckmessung ausgenutzt werden.

f) Manometer nach dem Radiometerprinzip,

g) Ionisationsmanometer.

Bei letzteren Vakuummetern wird die Tatsache, daß bei einem Wege eines Elektrons durch ein verdünntes Gas die Wahrscheinlichkeit für einen ionisierenden Stoß proportional zum Gasdruck ist, zur Druckmessung ausgenutzt.

h) Vakuumanzeige durch Entladungserscheinungen.

Auch die Entladungsformen beim Stromdurchgang durch ein verdünntes Gas sind typisch für den Druck, unter dem das Gas steht.

Torr
10^3 10^2 10^1 1 10^{-1} 10^{-2} 10^{-3} 10^{-4} 10^{-5} 10^{-6}

Membranmanometer
Flüssigkeitsmanometer
Kompressionsmanometer
Alphatron
Wärmeleitungsmanometer
Reibungsmanometer
Radiometervakuummeter
Ionisationsmanometer

beruht auf	Anzeige ist abhängig von Gasart	Anzeige des Totaldruckes von Gasen und Dämpfen
Druck	nein	ja
Druck	nein	ja
Druck nach vorh. Kompression	nein	nein
Ionisation durch α-Strahlen	ja	ja
Wärmeleitung im Gasraum	ja	ja
Innere Reibung der Gase	ja	ja
Thermischer Molekulardruck	nein	ja
Ionisation d. Elektronen	ja	ja

Abb. 10. Meßbereiche der verschiedenen Vakuummeterarten.

Abb. 10 zeigt, in welchen Druckbereichen die soeben aufgezählten Vorgänge jeweils zur Druckmessung ausgenutzt werden können. Bevor wir auf die einzelnen Meßprinzipien näher eingehen, sollen einige grundsätzliche Fragen, die für jede Vakuummmessung wesentlich sind, kurz behandelt werden.

Charakteristisch für alle Vakuummmessungen bei sehr niedrigen Drucken ist die außerordentliche Kleinheit der für die Messung zur Verfügung stehenden Kräfte. So wirkt bei einem Druck von 10^{-6} Torr auf 1 cm² der Wandung eine Kraft von $1{,}333 \cdot 10^{-3}$ dyn. Es ist ohne weiteres einleuchtend, daß die direkte Messung derartig kleiner Kräfte unüberwindliche Schwierigkeiten bietet. Um trotzdem solch kleine Drucke messen zu können, ist es nach einem von GAEDE ausgesprochenen Gedanken notwendig für die Messung zusätzliche Energie zuzuführen. Diese Energie besteht bei den Kompressionsmanometern in der Kompressionsarbeit, bei den Wärmeleitungsmanometern und den Vakuummetern nach dem Radiometerprinzip in der zugeführten Wärmemenge und schließlich bei den Ionisationsmanometern und bei der Vakuumanzeige durch Entladungserscheinungen in der zugeführten elektrischen Energie. Bei den beiden zuerst unter a) und b) aufgeführten Meßprinzipien wird keine zusätzliche Energie zugeführt. Diese eignen sich daher auch nur zur Messung verhältnismäßig hoher Drucke.

Das für die Vakuummessung in Frage kommende Druckgebiet umfaßt von Atmosphärendruck (760 Torr) bis zu den niedrigsten heute praktisch erreichbaren Vakua (10^{-7} Torr) einen Bereich von nicht weniger als 10 Zehnerpotenzen. Um daher bei der Vakuummessung nicht allzuviele Instrumente zu benötigen, ist es von großem Interesse, daß jedes Vakuummeßgerät möglichst viele Zehnerpotenzen erfaßt. Wie Abb. 10 zeigt, umfassen die für die Vakuummessung genannten Prinzipien jedes einzeln auch grundsätzlich mehrere Zehnerpotenzen. Man wird daher bestrebt sein, diesen an und für sich weiten Meßbereich bei einem jeden Vakuummeter auch wirklich auszunutzen. Dies ist natürlich nur möglich unter Verzicht auf Meßgenauigkeit. So mißt natürlich ein Gerät mit einem Meßbereich von 10—10^{-3} Torr und einer sogar hohen Meßgenauigkeit von $\pm 1\%$ des Maximalausschlages schon bei 10^{-2} Torr außerordentlich ungenau. Will man diese durch den weiten Meßbereich bedingte Ungenauigkeit der Messung herabsetzen, so muß man Vakuummeter mit Bereichschaltungen verwenden. Die Meßgenauigkeit ist jedenfalls in keiner Weise mit dem sonst in der Meßtechnik üblichen vergleichbar. Daß aber überhaupt Geräte mit einem sich über mehrere Zehnerpotenzen erstreckenden Meßbereich und der dadurch bedingten geringen Meßgenauigkeit überhaupt sinnvoll sind, liegt daran, daß jede Messung kleiner Drucke mit einer ganzen Reihe grundsätzlicher Fehler behaftet ist, die die Genauigkeit ihrer Messung von vornherein begrenzen.

Nur die unter a), b) und f) genannten Manometerarten messen unmittelbar den Gasdruck, dagegen wird bei den Meßprinzipien d), e), g), h) aus der Änderung einer Größe beispielsweise der Wärmeleitung auf den Druck geschlossen. Nun hängt aber diese druckabhängige Größe nicht allein vom Gasdruck, sondern auch von der Gasart ab. Bei diesen Vakuummetern kann man also aus der Anzeige des Gerätes nicht unmittelbar auf den Gasdruck schließen, sondern es ist außerdem notwendig zu wissen, welche chemische Zusammensetzung das der Messung unterliegende Gas hat. Die Anzeige der Vakuummeter nach dem Radiometerprinzip (f) ist zwar weitgehend unabhängig von der Gasart. Wir werden aber später bei der genaueren Behandlung sehen, daß auch bei dieser Vakuummetertype die Eichkurve von der Zusammensetzung des Gases abhängig sein kann. Für die Vakuummessung bedeutet diese Abhängigkeit der Vakuummeteranzeige von der Gasart eine erhebliche Schwierigkeit, da in den meisten Fällen die Zusammensetzung des der Messung unterliegenden Gases nur ungenau bekannt ist. Dies rührt schon allein daher, daß die im Gasraum vorhandene Zusammensetzung stark von der Gasabgabe der Gefäßwände und der eingebauten Teile beeinflußt wird. Man versucht daher auch durch Ausheizen vor der Messung diese Gasabgabe bei dem später erfolgenden Meßvorgang selbst möglichst weit herabzudrücken.

Während des Pumpvorganges herrscht in den Leitungen der Vakuumapparatur eine Strömung und damit ein Druckgefälle, so daß der Wert des ermittelten Druckes sehr stark von der Stelle abhängig ist, an der gemessen wird. So mißt man in unmittelbarer Nähe der Pumpe im allgemeinen erheblich niedrigere Drucke als unmittelbar in dem Gefäß, das evakuiert wird. Auch Kühlfallen mit einem stark veränderlichen Querschnitt können ein erhebliches Druckgefälle bewirken (siehe S. 241).

Zwischen den Vakuummetern nach den Methoden d) bis h) und den Kompressionsmanometern besteht ein grundsätzlicher Unterschied derart, daß die Anzeige der ersteren von dem Totaldruck, der im Meßraum vorhandenen Gase und Dämpfe abhängig ist, während in den Kompressionsmanometern die Dämpfe durch den Kompressionsvorgang kondensiert und damit bei der Messung entweder gar nicht (bei niedrigem Dampfdruck) oder nicht in richtiger Weise (bei höherem Dampfdruck) erfaßt werden. Sind also in dem Meßraum nur permanente Gase und außerdem Dämpfe mit niedrigem Dampfdruck vorhanden, so wird durch die Messung mit dem Kompressionsmanometer nur der Partialdruck der permanenten Gase erfaßt. Dagegen wird bei der Anwesenheit von permanenten Gasen und Dämpfen mit hohem Dampfdruck aber unbekannter Größe die Messung völlig unkontrollierbar, da sich die Druckanzeige in nicht bekannter Weise aus einem konstanten Wert (dem Dampfdruck) und einem Wert, der von der Höhe des Kompressionsverhältnisses abhängig ist, zusammensetzt.

Schließlich kann durch den Meßvorgang selber der Gasdruck im Meßraum beeinflußt werden. Alle mit Meßflüssigkeiten arbeitenden Vakuummeter geben Dämpfe in den Gasraum ab und erhöhen damit den ursprünglich vorhandenen Gasdruck durch den abgegebenen Dampfdruck. Bei manchen Vakuummeterarten (beispielsweise dem PHILIPs Vakuummeter) tritt in dem Meßraum eine Gasaufzehrung ein, so daß hierdurch der Druck im Meßraum erniedrigt wird. Vakuummeter mit heißen Oberflächen im Vakuum können zu einer thermischen Zersetzung der Gasmoleküle und damit zu einer Druckänderung Anlaß geben.

Bei dieser Fülle der möglichen Fehlerquellen ist es einleuchtend, daß bei einer Vakuummessung ohne besondere Vorkehrungen im allgemeinen nur höchstens die Zehnerpotenz des vorhandenen Druckwertes richtig erfaßt wird. Andererseits genügt für die meisten Zwecke auch diese Kenntnis des vorhandenen Druckgebietes. Schon zu einer Vakuummessung, die bis auf den Faktor 2 richtig ist, ist eine nicht unerhebliche Sorgfalt notwendig. Vakuummessungen, die bis auf einige Prozent genau sein sollen, erfordern einen ganz erheblichen Aufwand und im allgemeinen die gleichzeitige Anwendung mehrerer Meßinstrumente, von denen mindestens eins die Möglichkeit haben muß, verschiedene Meßbereiche einzustellen.

Für die Beurteilung eines Vakuummeters ist es außerdem wesentlich, ob die Messung durch eine direkte Skalenablesung erfolgt oder ob eine zweite Hilfsmessung, beispielsweise einer Schwingungsdauer oder einer Stromstärke, erforderlich ist. Direkt anzeigende Geräte sind für den praktischen Gebrauch handlicher, erreichen aber im allgemeinen unter sonst gleichen Bedingungen nicht die Genauigkeit von Geräten mit

Hilfsmessungen. Für technische Bedürfnisse sind Geräte mit registrierender Druckanzeige, beispielsweise durch Linien- oder Punkt-Schreiber, besonders wertvoll.

Da in Vakuumapparaturen sehr häufig kurzzeitige Druckschwankungen durch Gasausbrüche oder nicht ganz stabiles Arbeiten der Pumpen auftreten, sollen bei einem Vakuummeter die erforderlichen Meßzeiten bzw. seine Einstellzeit möglichst kurz sein. Da aber die zur Verfügung stehenden Kräfte bei niedrigen Drucken sehr klein sind, bedeutet die Forderung nach einem möglichst trägheitsfreien Meßsystem eine erhebliche Erschwerung, die nur durch ganz leichte und empfindliche Systeme erfüllbar ist. Die Forderung, ganz niedrige Drucke genau und trägheitsfrei mit einem robusten technischen Instrument zu messen, ist also unsinnig. Ebenso wie zur Messung sehr kleiner Ströme eben empfindliche Geräte, beispielsweise Galvanometer, benötigt werden, die auch in ihrer Bedienung nicht ganz einfach sind.

a) Federelastische Druckmessung.

Bei den Membranmanometern im allgemeinen Sinn wird der Gasdruck durch die elastische Verformung eines Teiles der Gefäßwandung gemes-

Abb. 11. Bourdonröhre; Meßbereich 30—760 Torr.

Lieferer von beiden Instrumenten:

 Hartmann & Braun;
 Schäffer & Buddenberg.

Abb. 12. Membranmanometer; Meßbereich 10—760 Torr.

sen. Für höhere Drucke zwischen einigen Torr und 760 Torr kann die Verformung der Gefäßwandung auf ein Zeigerwerk übertragen und die Geräte somit für Skalenablesung eingerichtet werden.

Die BOURDON-Rohre nach Abb. 11 sind flache kreisförmig gebogene Rohre, die sich unter der Wirkung des Gasdruckes aufbiegen und damit ihre Krümmung ändern. Dadurch verschiebt sich das Ende der Rohre und betätigt das dort angreifende Zeigerwerk. Empfindlicher als die BOURDON-Rohre sind die eigentlichen Membranmanometer nach Abb. 12.

Durch Verwendung einer Membrandose nach Abb. 13 kann die Empfindlichkeit noch weiter gesteigert werden. Ausführlich berichtet W. WUEST [8] über die federelastischen Druckmesser und ihre Fehlerquellen wie Kriechen, elastische Nachwirkung, Hysterese, Alterung, Temperaturfehler und Temperaturkompensation.

Zur Fernablesung können die oben beschriebenen Zeigerinstrumente dadurch eingerichtet werden, daß man auf der Achse des Zeigers ein Drehpotentiometer anbringt, das seinerseits ein elektrisches Zeigerinstrument mit Kreuzspulmeßwerk betätigt (Fernsender von Hartmann & Braun).

Bei den registrierenden Instrumenten (Hartmann & Braun, Schäffer & Buddenberg) wird mittels des Zeigersystems der Membranmanometer ein Linienschreiber betätigt.

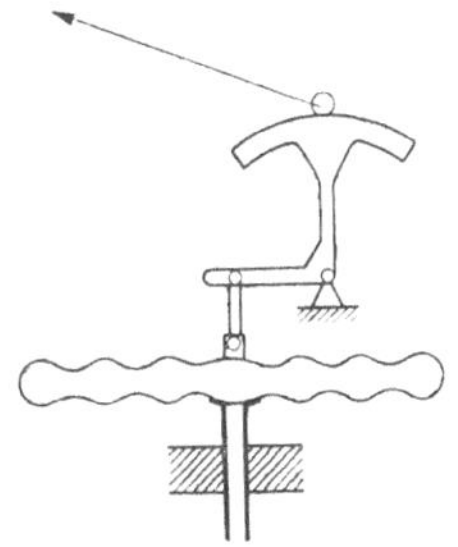

Abb. 13. Membrandose.

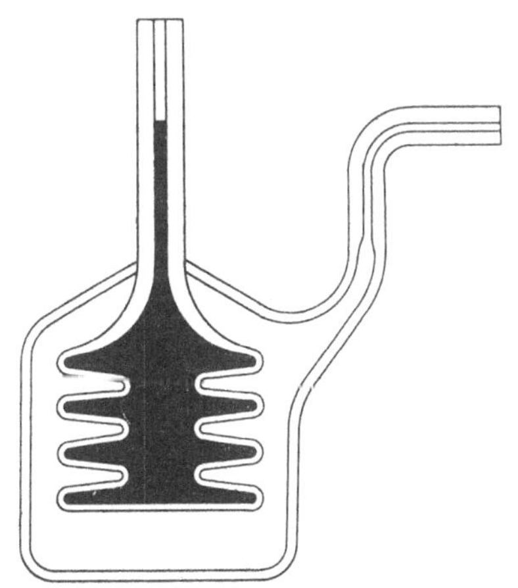

Abb. 14. Glas-Membrankörper als Manometer.

Die Zeigerinstrumente werden auch mit auf bestimmte Skalenwerte einstellbaren elektrischen Kontaktvorrichtungen geliefert (Hartmann & Braun, Schäffer & Buddenberg). Sie können damit bei Erreichung gewisser Druckwerte Alarmvorrichtungen auslösen oder über Relais Absperrventile in den Vakuumleitungen betätigen.

Verwendet man statt Metallmembranen empfindlichere Membrankörper, so kann der Meßbereich der Membranmanometer auch auf niedrigere Drucke ausgedehnt werden. Mit dünnen Quarzmembranen [5] in Verbindung mit mikroskopischer Ablesung der Membrandurchbiegung erreicht man Drucke bis herunter zu 1 Torr [6]. Gummimembranen mit Dicken von 0,6—0,06 mm gestatten sogar bei Messung der Membrandurchbiegung mittels Spiegelablesung die Erfassung von Druckdifferenzen bis zu $3 \cdot 10^{-4}$ Torr [4]. SPENCE [7] benutzt einen mit Quecksilber gefüllten Glasmembrankörper nach Abb. 14, der unter der Wirkung des Gasdruckes zusammengedrückt wird. Er mißt bei dieser Anordnung die Bewegung des Quecksilberfadens in der angeschmolzenen Capillare.

Zur Messung niedriger Drucke können die an für sich unempfindlicheren Metallmembranen auch verwandt werden, wenn die Membrandurchbiegung mit empfindlichen elektrischen Methoden ermittelt wird. Bildet man die Membran als eine Platte eines elektrischen Kondensators aus, so kann die Druckmessung auf eine Kapazitätsmessung zurückgeführt werden[3]. Über eine Induktivitätsmessung[2] erfolgt die Druckmessung, wenn man mit der Membran eine Eisenkernspule verbindet, die sich gegenüber einer festen Spule bewegt (Abb. 15). Letztere Methode gestattet die Messung von Drucken bis herunter zu 0,02 Torr.

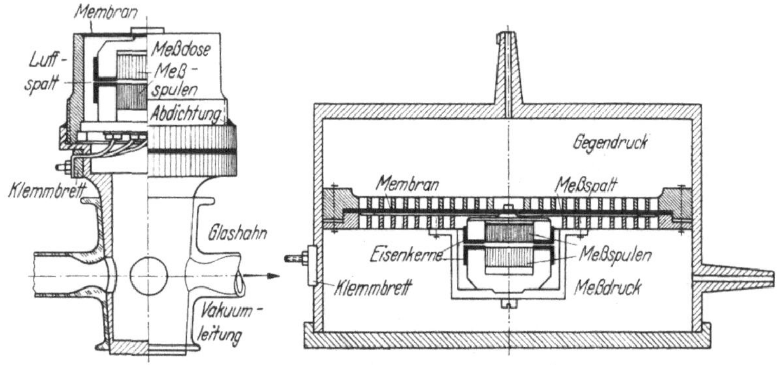

Abb. 15. Membranmanometer mit Induktivitätsmessung.

b) Flüssigkeitsmanometer, insbesondere U-Rohrmanometer.

1. Höhere Drucke.

Bei den U-Rohrmanometern erfolgt die Messung einer Druckdifferenz in der Weise, daß der eine der beiden Drucke auf den einen Schenkel einer Flüssigkeitssäule und der andere Druck auf den anderen Schenkel einwirkt. Die Niveaudifferenz (h) zwischen den beiden Schenkeln (Abb. 16) ist ein Maß für den Druckunterschied. Bei Drucken zwischen 760 und 1 Torr wird als Füllflüssigkeit im allgemeinen Quecksilber verwandt. Durch Spiegelablesung (Abb. 17) oder Noniusablesung kann die Meßgenauigkeit gesteigert werden.

Man unterscheidet offene U-Rohrmanometer (Abb. 16) bei denen auf den einen Schenkel der Flüssigkeitssäule der Atmosphärendruck und auf den anderen Schenkel der Meß-

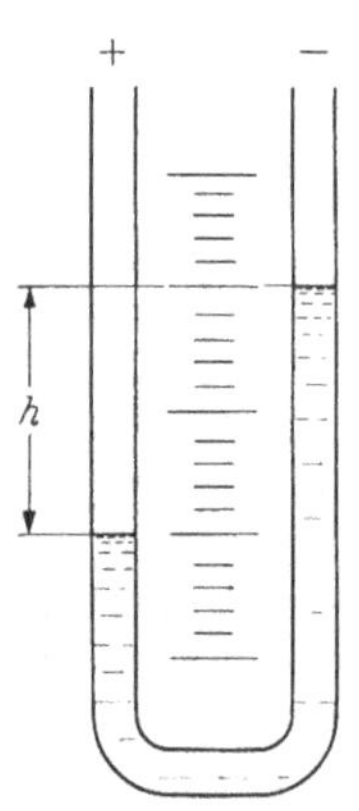

Abb. 16. Offenes U-Rohr-Manometer; Meßbereich 1—760 Torr, Meßgenauigkeit einige Torr.

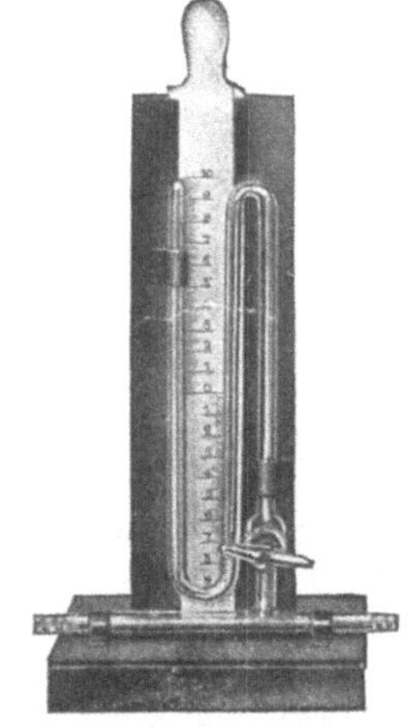

Abb. 17. Abgekürztes U-Rohr-Manometer mit einem geschlossenen Schenkel mit Spiegelablesung; Meßbereich 1—100 Torr, Meßgenauigkeit ± 1 Torr. Lieferer: Hanff & Buest, Leybold, Pfeiffer.

druck wirkt. Diese Manometer messen also den Unterdruck gegen die Atmosphäre und erfordern zur Bestimmung des Absolutdruckes außerdem eine Barometerablesung.

Geschlossene U-Rohrmanometer (Abb. 17) sind in dem abgeschlossenen Schenkel weitgehend bis auf den Dampfdruck der Füllflüssigkeit evakuiert. Ist dieser Dampfdruck (bei Quecksilber 10^{-3} Torr) klein gegen den im offenen Schenkel wirksamen Meßdruck (> 1 Torr), so wird mit diesen Geräten der Absolutdruck bestimmt. Bei kleinen Drucken, insbesondere von Dämpfen, besteht bei den geschlossenen U-Rohrmanometern die Gefahr, daß der zu messende Dampf auf die abgeschlossene Seite verschleppt und damit die Messung gefälscht wird.

Ringwaage-Druckmesser.

Eine Spezialkonstruktion der U-Rohrmanometer sind die Ringwaage-Druckmesser. Bei diesen Geräten (Abbildung 18) ist ein bis zur Hälfte mit Flüssigkeit gefüllter Hohlkörper drehbar gelagert. Der Raum über der Flüssigkeit ist durch eine Trennwand in zwei Kammern geteilt, von denen die eine evakuiert und die andere mit der Meßleitung verbunden ist. Die Druckdifferenz an der Trennwand erzeugt am Waagering ein Drehmoment, wodurch sich dieser durch sich dieser

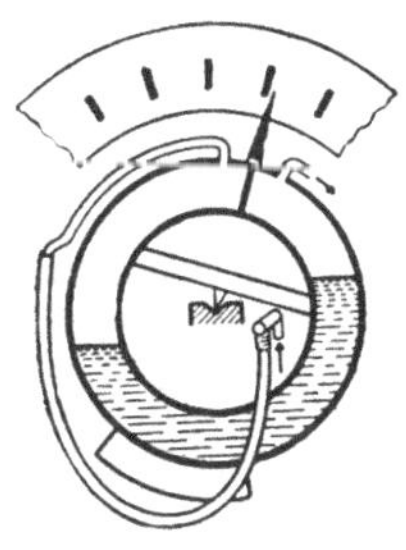

Abb. 18. Schema eines Ringwaagedruckmessers.

Abb. 19. Schreibender Ringwaagedruckmesser; Meßbereich 2—150 Torr. Lieferer: Hartmann & Braun.

so lange dreht, bis er durch die Wirkung des Gegengewichts wieder in der Gleichgewichtslage gehalten wird. Der Drehwinkel kann mittels Zeiger und Skala abgelesen werden und/oder zur Betätigung eines Linienschreibers (Abb. 19) dienen. Die Ringwaagedruckmesser werden auch in der oben beschriebenen Weise mittels eines Drehpotentiometers zur Fernablesung an einem elektrischen Anzeigeinstrument mit Kreuzspulsystem eingerichtet.

2. Kleine Drucke.

Zur Messung kleiner Drucke von einigen Torr verwendet man U-Rohrmanometer, bei denen der eine Schenkel die Form einer schwach gegen die Horizontale geneigten Capillare hat (Abb. 20). Eine kleine Druckdifferenz und der dadurch bedingte Niveauunterschied zwischen beiden Schenkeln macht sich jetzt in einer erheblichen Verschiebung des Quecksilbermeniskus in der Capillare bemerkbar. Ein Nachteil dieser Geräte besteht darin, daß die Capillarkräfte im schrägen Schenkel im Vergleich zu den Druckkräften beträchtliche Werte annehmen können. Zu einer einwandfreien Messung ist daher äußerste Sauberkeit der Glasoberflächen der Capillaren erforderlich, da sich sonst die Capillarkräfte

in unkontrollierbarer Weise verändern und somit eine einwandfreie
Messung unmöglich machen. Diese Anforderung an die Sauberkeit ist
bei Messungen im praktischen Betrieb insbesondere bei Anwesenheit
von Dämpfen sehr häufig nicht erfüllt.

Den Nachteil bei der Messung kleiner Drucke mit U-Rohrmano-
metern, der darin besteht, daß das an sich wegen seines geringen
Dampfdruckes und seines Edel-metallcharakters sehr günstige
Quecksilber ein besonders hohes spezifisches Gewicht hat, hat man
durch Verwendung von Füllflüssig-keiten mit geringem spezifischen
Gewicht zu vermeiden versucht. Da Wasser wegen seines hohen
Dampfdruckes ausscheidet, wurden als Füllflüssigkeiten organische Öle
mit extrem niedrigem Dampfdruck,

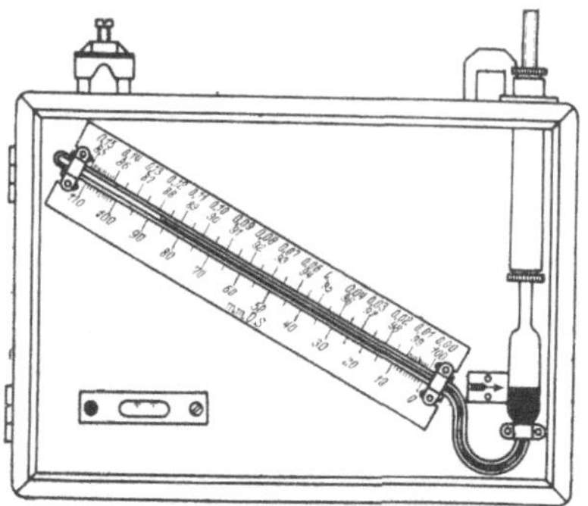

Abb. 20. Abgekürztes U-Rohr-Manometer
mit einem geneigten Schenkel;
Meßbereich 0,3—100 Torr,
Meßgenauigkeit ± 0,3 Torr.
Lieferer: Fueß, Pfeiffer.

Apiezonöl oder Butylphthalat, vorgeschlagen [10, 11] *. Diese organischen
Öle haben aber die Eigenschaft, Gase sehr stark zu lösen, so daß sie
beim Evakuieren erheblich schäumen. Durch Verwendung von bor-
wolframsaurem Cadmium [14] mit einem spezifischen Gewicht von
3,28 g/cm³ als Füllflüssigkeit soll diese Schwierigkeit vermieden werden.

Zur Erhöhung der Ablesegenauigkeit für den
Niveauunterschied zweier Quecksilbermenisken zwecks
Messung kleiner Drucke sind u. a. folgende Wege beschritten
worden:

Bei dem Gerät nach Abb. 21 wird die Änderung der Queck-
silberhöhendifferenz dadurch ge-messen, daß das Quecksilber im
linken Schenkel mit einer leich-teren Flüssigkeit, beispielsweise
Apiezonöl, überschichtet ist [9, 12]. Eine kleine Verschiebung des
Quecksilbermeniskus in dem wei-ten Schenkel macht sich in einer
großen Bewegung des Niveaus der leichteren Flüssigkeit in dem
engen Anschlußrohr bemerkbar.

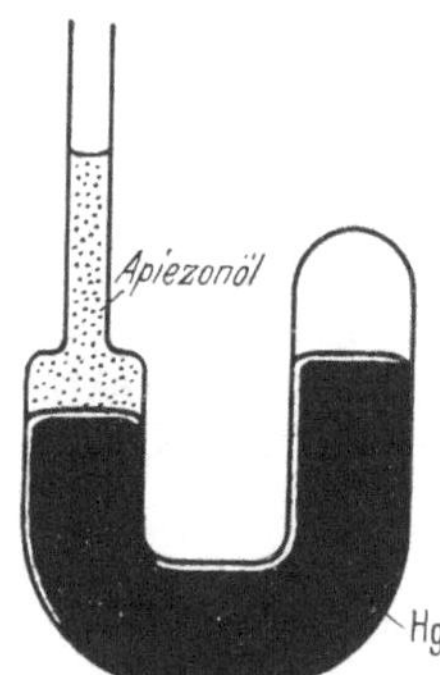

Abb. 21. Ölüberschichtetes
Quecksilber-Manometer;
Meßbereich 0,2 bis 10 Torr,
Meßgenauigkeit ± 0,1 Torr.

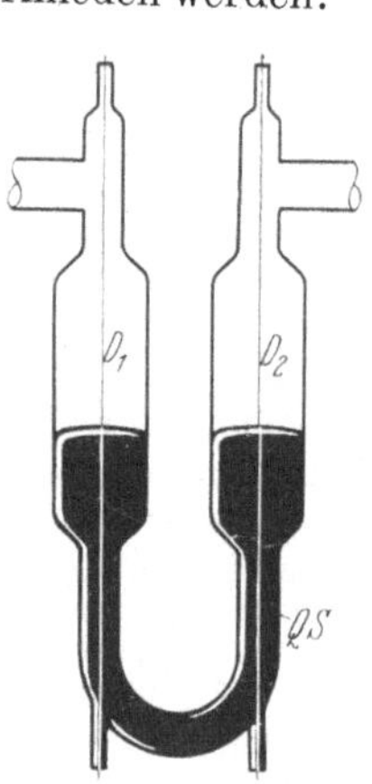

Abb. 22. Kombiniertes
Quecksilber- und
Widerstandsmanometer.

Bringt man in jedem Schenkel eines Quecksilbermanometers einen
Widerstandsdraht an (Abb. 22) so wirken sich kleine Änderungen der
Niveaudifferenz des Quecksilbers als Widerstandsänderungen der beiden

---

* Meßbereich 0,01—5 Torr.

Drähte aus, die mit einer WHEATSTONEschen Brücke genau erfaßt werden können[13].

Abb. 23 zeigt ein Quecksilber-U-Rohrmanometer, bei dem in jedem Schenkel der Quecksilberoberfläche eine Glasspitze gegenübersteht[15]. Bei kleinen Niveaudifferenzen wird das Manometer so lange geneigt, bis beide Glasspitzen gerade die Quecksilberoberfläche berühren. Die Neigung läßt sich mittels Spiegel und Skala genau ablesen. Die Höhe des Quecksilberniveaus kann mittels eines an dem untern Ansatz angebrachten Schlauches mit Klemmschraube einreguliert werden.

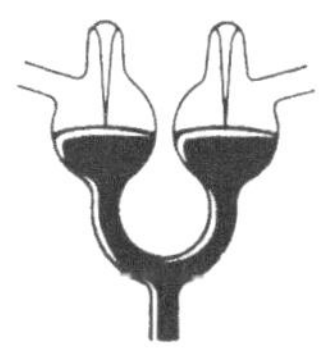

Abb. 23.
Neige-Vakuummeter;
Meßbereich
0,01 bis 5 Torr,
Meßgenauigkeit
± 0,001 Torr.

Schwimmermanometer.

Bei den zahlreichen Arten der Schwimmermanometer wird der Stand eines der beiden Quecksilbermenisken durch einen Schwimmer angezeigt. So verwendet man z. B. einen Schwimmkörper aus Eisen, der sich innerhalb eines Schenkels befindet und bei seiner Bewegung einen außen befindlichen Magneten mitnimmt. Die Bewegung des Magneten wird auf einen Waagebalken übertragen und auf einem Registrierstreifen aufgezeichnet.

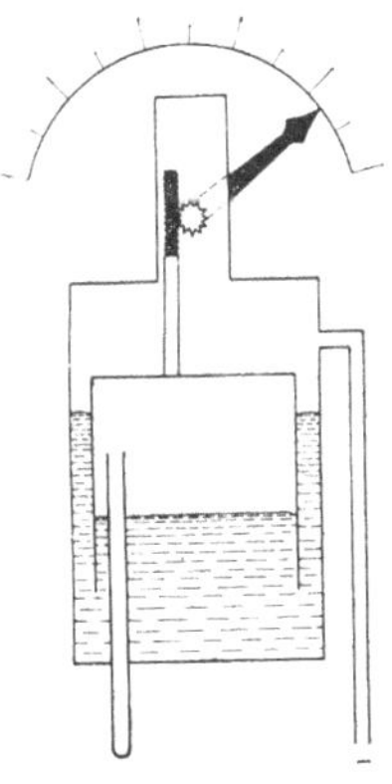

Abb. 24. Schwimmer-Manometer.
(Tauchglockenmanometer).

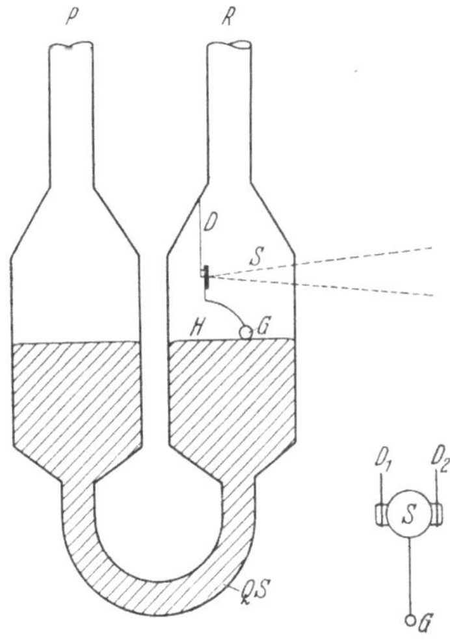

Abb. 25. Quecksilber-Manometer
mit optischer Ablesung.

Ein Schwimmermanometer zur Messung kleiner Drucke ist auch das Tauchglockenmanometer, dessen grundsätzliche Wirkungsweise aus Abb. 24 hervorgeht. Führt man die Tauchglocke so dünnwandig aus, daß sie praktisch als volumenlos angesehen werden kann, so kann man ihren Auftrieb in der Sperrflüssigkeit vernachlässigen und die Flüssigkeit hat nur noch die Aufgabe, den Druckraum unter der Tauchglocke von dem darüber befindlichen Druckraum zu trennen. Die Tauchglocke bewegt sich so lange aufwärts oder abwärts, bis in den beiden Räumen Druckgleichgewicht herrscht. Befindet sich also in dem einen Druckraum eine abgeschlossene Gasmenge, so ist die Eintauchtiefe der Glocke ein Maß für den in dem anderen Druckraum über die Meßleitung angeschlossenen Meßdruck.

Eine Spezialkonstruktion des Schwimmermanometers für kleine Drucke zeigt Abb. 25. Bei diesem Gerät[16] betätigt ein kleiner Schwimmer G auf der Quecksilberoberfläche einen drehbaren Spiegel s und ermöglicht so eine Lichtzeigerablesung.

c) Kompressionsmanometer.

1. Vakuummeter nach McLeod[22].

Bei diesem Vakuummeter (Abb. 26) wird ein Druck p, der so klein ist, daß er an der Niveaudifferenz zweier Quecksilbersäulen nicht mehr

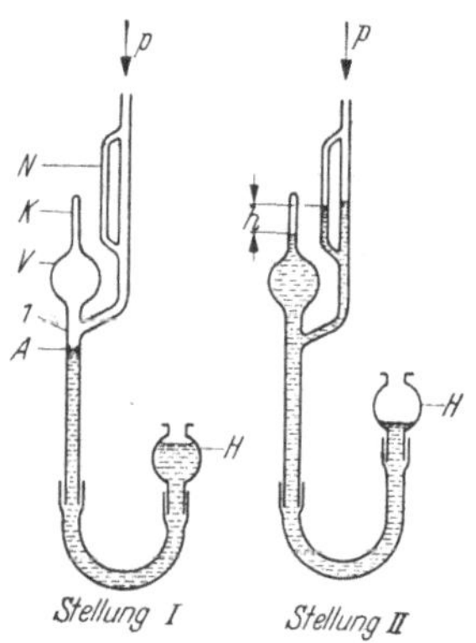

Abb. 26. Schema eines McLeods mit Hebekugel, Lieferer: Hanff & Buest, Labor-Vakuum-Gesellschaft, Leybold, Pfeiffer.

gemessen werden kann, in folgender Weise der Messung zugänglich gemacht: Das Quecksilberniveau A (Stellung I) wird zunächst bis zu der Verzweigungsstelle 1 gehoben. In diesem Augenblick wird die in dem Volumen (V) von Kugel und Capillare unter dem zu messenden Druck befindliche Gasmenge abgeschlossen. Bei weiterem Heben des Quecksilberspiegels wird die Kugel allmählich ganz mit Quecksilber angefüllt, und das Gas in dem oberen Teil der Capillare K zusammengedrängt (Stellung II). Durch diese Verkleinerung des Volumens wird der Druck, unter dem das Gas steht, so stark vergrößert, daß er nun der Messung zugänglich ist. Er tritt in Erscheinung als Höhendifferenz h zwischen den Quecksilberspiegeln in den beiden Capillaren K und N. Die Anbringung einer Vergleichscapillare ist erforderlich, damit die Höhendifferenz der beiden Quecksilberspiegel zwischen Rohren mit gleichem Querschnitt gemessen wird. Bei verschiedenem Querschnitt der Rohre würde die Messung durch die Capillardepression erheblich beeinträchtigt werden.

Der Messung mit dem Vakuummeter nach McLeod liegt das Boyle-Mariottesche Gesetz für isotherme Kompression eines Gases $p_1 v_1 = p_2 v_2$ zu Grunde. Zur Messung sind grundsätzlich zwei Methoden üblich.

α) Lineare Teilung der Meßskala (Abb. 27).

An der Kompressionscapillare K sind Marken angebracht, die angeben, den wievielten Teil des Gesamtvolumens von Kugel und Capillare V der Raum in der Capillare K über der Meßmarke V_c ausmacht. Hebt man das Quecksilberniveau bis zu einer solchen Marke und liest die Höhendifferenz h der Quecksilberniveaus zwischen der Kompressionscapillare K und der Vergleichscapillare N ab, so gilt die Beziehung

$$pV = (p + h)V_c$$

$$p = h \frac{V_c}{V - V_c} \tag{1}$$

und für $\qquad p \ll h \quad$ also $\quad V_c \ll V$

$$p_{[\text{Torr}]} = h_{[\text{mm}]} \frac{V_c}{V} \frac{[\text{cm}^3]}{[\text{cm}^3]} . \tag{2}$$

Der Meßbereich eines solchen Vakuummeters kann aus Abb. 27 entnommen werden, die unteren beiden Geraden geben für verschiedene Capillardurchmesser und damit verschiedene Werte von $V_{c,\min}$

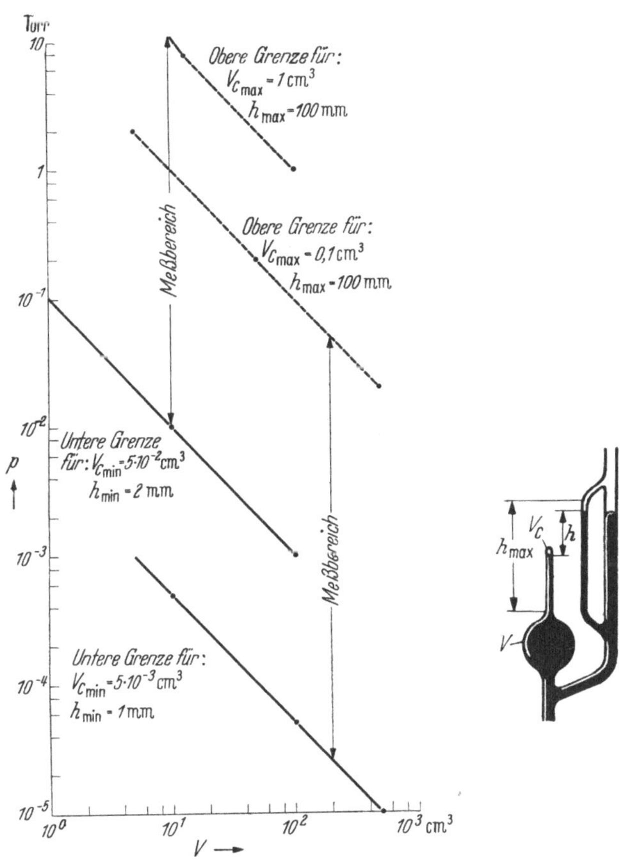

Abb. 27. Meßbereiche der McLeods mit linearer Teilung.

den kleinsten noch meßbaren Druck in Abhängigkeit vom Gesamtvolumen V an. In derselben Weise zeigen die oberen beiden Geraden die Grenze der Meßbereiche nach der Seite der hohen Drucke an. $V_{c,\max}$ ist hierbei durch die Länge der Kompressionscapillare K, $h_{\max}$ durch die Länge der Vergleichscapillare N gegeben. Das Gesamtvolumen V ist nach oben durch das Quecksilbergewicht praktisch auf etwa 500 cm³ begrenzt. Daraus ergibt sich als kleinster noch meßbarer Druck ein Wert von 10^{-5} Torr.

β) Quadratische Teilung der Meßskala (Abb. 28).

Die Quecksilberkuppe in der Vergleichscapillare N wird auf die Höhe des Endes der Kompressionscapillare K eingestellt. Je nach der Größe des zu messenden Druckes wird sich daher in der Kompressions-

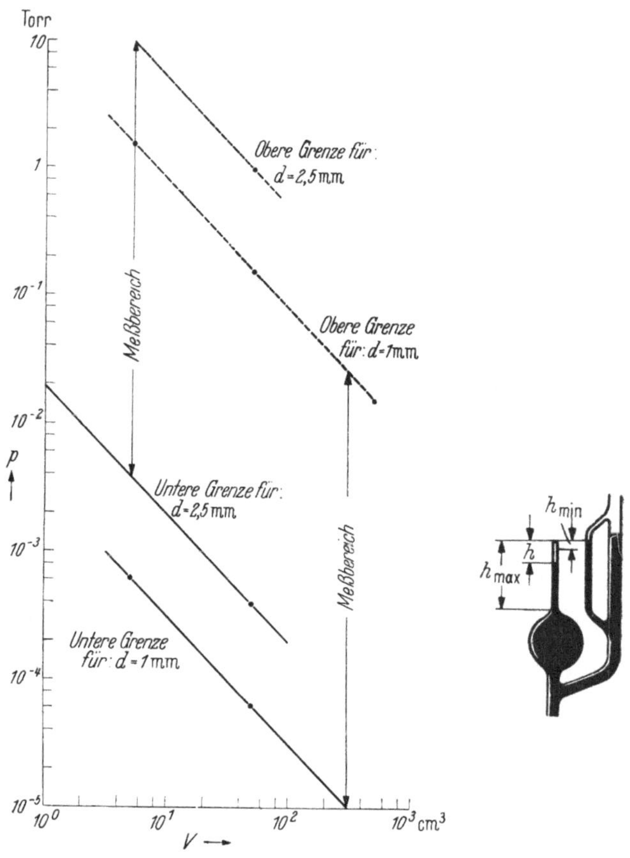

Abb. 28. Meßbereiche der McLeods mit quadratischer Teilung.

capillare K eine bestimmte Höhe h einstellen (s. Abb. 28). Für die Höhendifferenz h zwischen den beiden Quecksilberniveaus gilt die Beziehung:

$$p = h \frac{V_c}{V - V_c},$$

für zylindrische Capillaren ist:

$$V_c = h \frac{\pi}{4} d^2$$

(d Durchmesser der Capillare),

für kleine Drucke

$$p \ll h, \quad V_c \ll V$$

gilt also $\qquad p = h^2 \dfrac{\pi}{4}\dfrac{d^2}{V}\,; \qquad p_{[\text{Torr}]} = h^2_{[\text{mm}]}\dfrac{\pi}{4}\,10^{-3}\dfrac{d^2\,[\text{mm}]}{V\,[\text{cm}^3]}\,.$ (3)

In Abb. 28 ist die Abhängigkeit des Meßbereiches eines solchen Manometers für $h_{\min} = 2$ mm, $h_{\max} = 100$ mm und die Capillardurchmesser $d = 1$ und 2,5 mm in Abhängigkeit vom Gesamtvolumen V aufgetragen.

Zur Messung niedriger Drucke sind McLeods mit großem Gesamtvolumen V erforderlich. Der Meßbereich dieser Geräte reicht aber nach hohen Drucken zu nicht sehr weit. Für die Messung höherer Drucke benutzt man daher McLeods mit kleinem Gesamtvolumen (Abb. 29). Bei diesen ist unter Umständen V_c nicht gegen V vernachlässigbar, so daß zur Berechnung der Meßskala statt der vereinfachten Formeln 2 und 3 die exakte Formel 1 benutzt werden muß.

Einen möglichst großen Meßbereich haben McLeods mit abgesetzter Capillare K_1, K_2 nach Abb. 30. Sie vereinigen zwei McLeods, eins mit hohem Kompressionsverhältnis und eins mit geringem Kompressionsverhältnis. Zur Messung hoher Drucke wird das Quecksilber bis zu einer Marke in dem weiten Teil K_2 und zur Messung niedriger Drucke bis zu einer Marke in dem engen Teil K_1 der Kompressionscapillare gehoben. Gemessen wird dabei gegen den Quecksilberstand in den Vergleichscapillaren N_2 bzw. N_1. Diese Geräte haben den Nachteil, daß man auch zur Messung hoher Drucke die zur Anfüllung einer großen Kugel notwendige große Quecksilbermenge in Bewegung setzen muß. Es ist also besser statt dieser Geräte zwei McLeods mit je einer großen und einer kleinen Kugel nebeneinander zu verwenden.

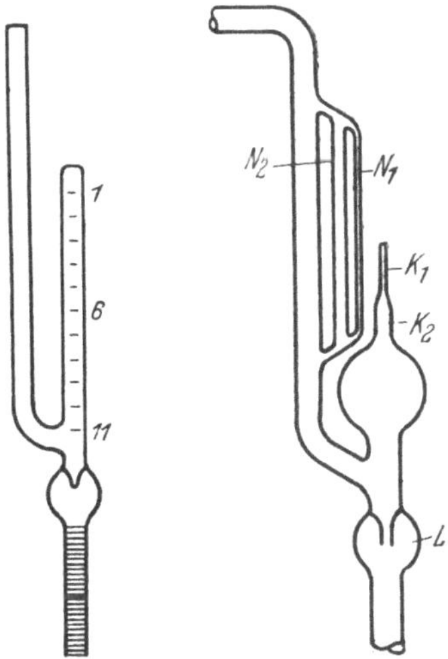

Abb. 29. McLeod für hohe Drucke mit kleinem Gesamtvolumen.

Abb. 30. McLeod für großen Meßbereich mit abgesetzter Capillare.

Die Abb. 26, 31 und 32 zeigen drei verschiedene Verfahren zum Anheben des Quecksilbers. Bei den Geräten nach Abb. 26 wird das Quecksilberniveau mittels einer Hebekugel H bewegt. Abb. 31 zeigt ein Vakuummeter, bei dem ein Verdränger S in das Vorratsquecksilber hineingetrieben und dadurch das Quecksilber gehoben werden kann. Schließlich benutzt man noch Geräte nach Abb. 32, bei denen der Gasraum G über

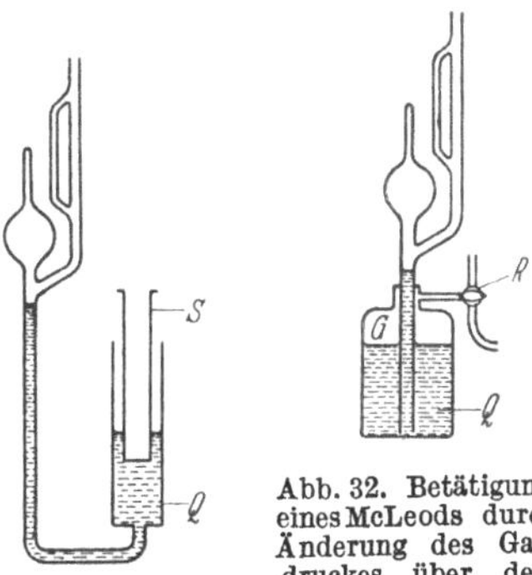

Abb. 31. McLeod durch Verdränger betätigt; Lieferer: Leybold.

Abb. 32. Betätigung eines McLeods durch Änderung des Gasdruckes über dem Vorrats-Quecksilber; Lieferer: Hanff & Büst, Leybold, Pfeiffer.

dem Vorratsquecksilber Q durch Betätigung eines Hahnes R einerseits evakuiert und andererseits mittels desselben Hahnes durch Einlassen von Außenluft unter Druck gesetzt werden kann. Dadurch läßt sich also das Quecksilber in gewünschter Weise heben und senken.

Bei allen McLeods ist die Anbringung einer Luftfalle L nach Abb. 29 ·u. 30 zu empfehlen, damit die aus dem Quecksilber aufsteigenden Luftblasen nicht in die Meßkugel gelangen und damit die Messung verfälschen können.

Um eine Störung der Messung durch insbesondere an den Oberflächen der Capillare adsorbierte Dämpfe zu vermeiden, verwenden die Comp. Gen. de Radiologie sowie Dunoyer Instrumente, die unter Vakuum ausheizbar sind.

Da die Eichkurven der McLeods unmittelbar aus ihren Abmessungen berechnet werden können, benutzt man diese Vakuummeter insbesondere als Standard-Instrumente zur absoluten Druckmessung und zur Eichung von anderen Vakuummetern, deren Eichkurven nicht unmittelbar aus den Dimensionen hervorgehen.

Die oben durchgeführte Berechnung der Eichkurven für die McLeods gilt nur für ideale Gase. Demnach messen die McLeods auch nur den Partialdruck der permanenten Gase richtig und zwar unabhängig von der Gasart (beliebige chemische Zusammensetzung). Dagegen werden etwa vorhandene Dämpfe bei der Messung nicht richtig erfaßt. Das rührt daher, daß bei der Kompression der Dämpfe in der Kompressionscapillare schließlich der Sättigungsdruck erreicht wird, worauf Kondensation eintritt. Ist dieser Sättigungsdruck klein gegen die Höhendifferenz der beiden Quecksilbersäulen im McLeod, so kann er gegen diese vernachlässigt werden und die Druckanzeige des Gerätes ergibt nur den Partialdruck der permanenten Gase. Diese Tatsache führt zu der häufig zu findenden Angabe, daß die McLeods nur den Partialdruck der permanenten Gase messen, was aber nicht streng richtig ist. Ist nämlich der Dampfdruck, der bis zur Kondensation komprimierten Dämpfe nicht klein gegen die Höhendifferenz h, die sich bei der Kompression der permanenten Gase allein ergeben würde, so addiert sich dieser Dampfdruck zu der Höhendifferenz h und die Messung wird in unkontrollierbarer Weise verfälscht. Man kann dies unter Umständen dadurch feststellen, daß man bei verschiedenen Kompressionsverhältnissen V_c/V mißt und jedesmal den Druck nach Formel (1) berechnet. Bei Anwesenheit von permanenten Gasen allein muß sich jedesmal derselbe Druck ergeben, während beim Vorhandensein von Dämpfen mit nicht vernachlässigbarem Dampfdruck jedesmal ein anderer Druck herauskommt. Beim Vorhandensein von Dämpfen ist also bei der Messung mit dem McLeod äußerste Vorsicht geboten.

Die Verwendung des McLeods als *Standard-Instrument setzt außerdem größte Sauberkeit voraus.*

Glasteile reinigt man am besten zunächst mit Flußsäure. Bei besonders starker Verschmutzung eventuell mit Chromschwefelsäure, anschließend mit destilliertem Wasser und reinem Alkohol. Beim Vorhandensein von Fettresten ist Ausspülen mit Leichtbenzin und Alkohol zu empfehlen. Bei der Reinigung besteht eine Schwierigkeit darin, daß sich Flüssigkeitsreste aus der Capillare nur schwer wieder entfernen lassen. Man vermeidet dies, indem man das Glasteil teilweise evakuiert und anschließend die Flüssigkeit unter Lufteinlaß in der Weise in die Capillare schlagen läßt, daß am oberen Ende eine kleine Luftblase übrig bleibt. Bei neuerlicher Evakuierung drückt diese Luftblase die Flüssigkeit wieder aus der Capillare heraus. Zur Reinigung des *Gummischlauches*, der insbesondere von dem Spritzvorgang bei seiner Fertigung immer etwas Puder enthält, empfiehlt ANGERER[17] Auskochen erst in Sodalösung und dann in destilliertem Wasser. Zur Reinigung des Quecksilbers sind bei ANGERER und KOHLRAUSCH[20] eine ganze Reihe von Verfahren angegeben. Grob mechanische Verunreinigungen entfernt man, indem man das Quecksilber durch ein Filtrierpapier laufen läßt, in das man mit einer feinen Nadel an seiner unteren Spitze ein kleines Loch gestoßen hat. Zur Entfernung von insbesondere unedlen Metallen aus dem Quecksilber hat es sich gut bewährt, das Quecksilber mit einer schwach salpetersauren Merkuronitratlösung zu überschichten und mehrere Stunden mit der Wasserstrahlpumpe einen kräftigen Luftstrom hindurchzusaugen. Ganz reines Quecksilber erhält man, wenn man es zum Schluß einer Vakuumdestillation beispielsweise in dem von der Firma E. Leybolds Nachf. gelieferten Apparat nach Abb. 33 unterwirft. Das Quecksilber wird hierbei in dem von außen beheizten Gefäß 5 im Vakuum verdampft, kondensiert in der Kugel 9, gelangt schließlich in das Fallrohr 4 und kann bei 10 abgezapft werden.

Von entscheidender Bedeutung für die richtige Anzeige der McLeods sind die Capillarkräfte in der Kompressionscapillare und der Vergleichscapillare. Es ist also unbedingt für äußerste Sauberkeit und Gleichmäßigkeit der Glasoberflächen in diesen beiden Capillaren Sorge zu tragen. ROSENBERG[27] empfiehlt zur Gewährleistung gleichmäßiger Glasoberflächen in den Capillaren diese durch einen mechanischen Schleifvorgang künstlich aufzurauhen. HAASE[18] führt diese Aufrauhung durch Ätzen mit Flußsäure durch. Bei letzterem findet sich auch eine eingehende Diskussion der zahlreichen Fehlermöglichkeiten der McLeod-Vakuummeter.

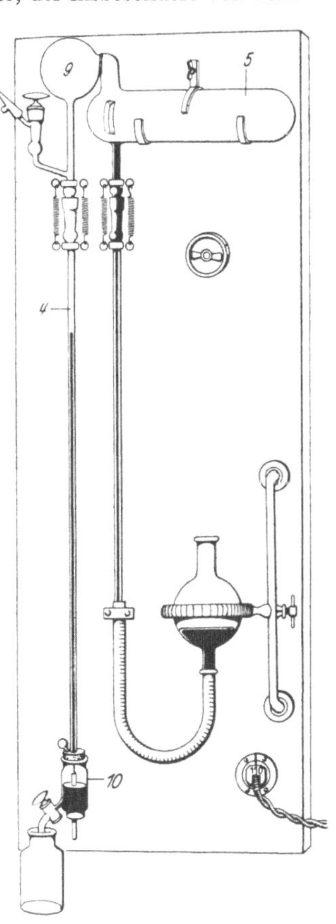

Abb. 33.
Vakuum-Destillationsapparat
für Quecksilber; Lieferer: Leybold.

Die Berechnung der Eichkurve des McLeod setzt die Kenntnis der Volumina V von Meßkugel + Kompressionscapillare und V_c der Kompressionscapillare voraus. Das Volumen der Kompressionscapillare bestimmt man, indem man die Länge eines darin befindlichen Quecksilberfadens zunächst ausmißt und anschließend die Quecksilbermenge durch Auswägen ermittelt. Man beachte dabei, die bei KOHLRAUSCH[20] angegebene Korrektur für die Enden des Fadens. Das Volumen (V) von Meßkugel + Capillare kann man vor dem Zuschmelzen der Capillare leicht durch Ausmessen mit destilliertem Wasser bestimmen.

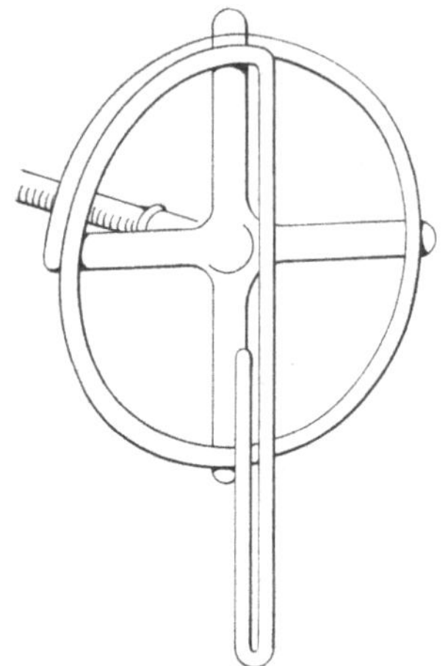

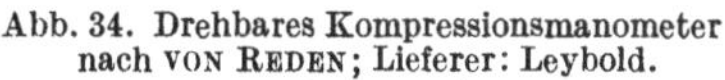

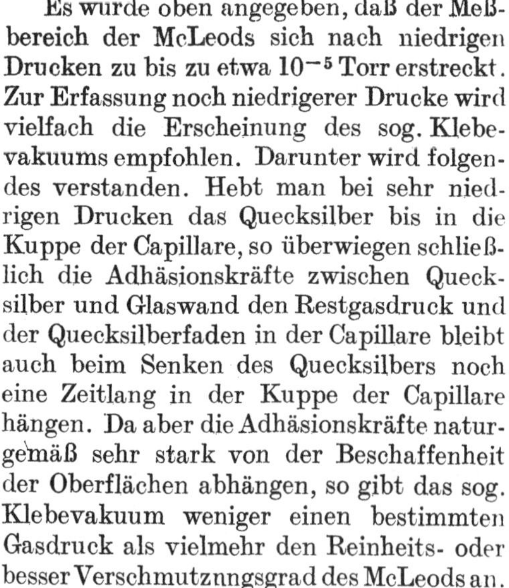

Abb. 34. Drehbares Kompressionsmanometer
nach VON REDEN; Lieferer: Leybold.

Es wurde oben angegeben, daß der Meßbereich der McLeods sich nach niedrigen
Drucken zu bis zu etwa 10^{-5} Torr erstreckt.
Zur Erfassung noch niedrigerer Drucke wird
vielfach die Erscheinung des sog. Klebe-
vakuums empfohlen. Darunter wird folgendes verstanden. Hebt man bei sehr niedrigen Drucken das Quecksilber bis in die
Kuppe der Capillare, so überwiegen schließlich die Adhäsionskräfte zwischen Quecksilber und Glaswand den Restgasdruck und
der Quecksilberfaden in der Capillare bleibt
auch beim Senken des Quecksilbers noch
eine Zeitlang in der Kuppe der Capillare
hängen. Da aber die Adhäsionskräfte naturgemäß sehr stark von der Beschaffenheit
der Oberflächen abhängen, so gibt das sog.
Klebevakuum weniger einen bestimmten
Gasdruck als vielmehr den Reinheits- oder
besser Verschmutzungsgrad des McLeods an.

Zur Messung von Drucken unter 10^{-5}
Torr hat man auch statt der Füllflüssigkeit
Quecksilber Öle mit niedrigem Dampfdruck[21] zur Füllung des McLeods angewandt. Das oben, bei den Flüssigkeits-
manometern erwähnte Schäumen der Öle
infolge gelöster Gase tritt hier natürlich
noch stärker in Erscheinung. Eine andere Methode besteht darin, daß
man zwar als Füllflüssigkeit Quecksilber verwendet, daß man aber

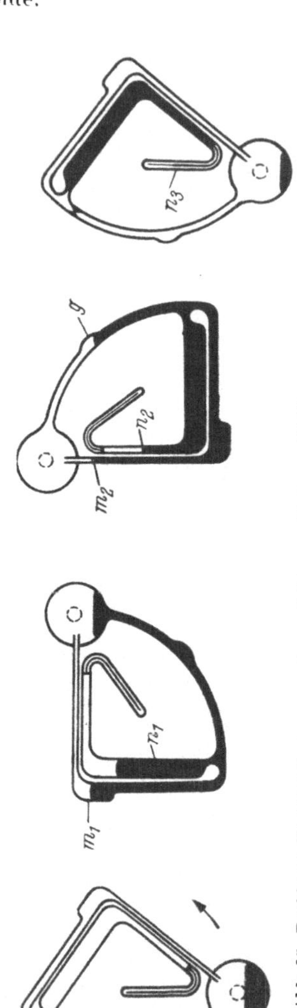

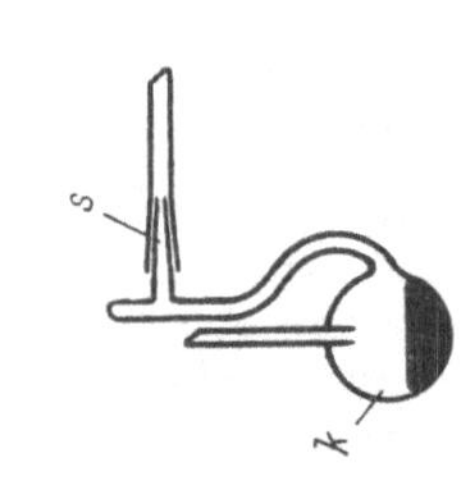

Abb. 35. Drehbares Kompressionsmanometer nach MOSER; Lieferer: Pfeiffer.

den Gasdruck in der Kompressionscapillare durch eine empfindlichere Methode als die visuelle Ablesung der Höhendifferenz der Quecksilbersäulen bestimmt. So hat man den Gasdruck in der Kompressionscapillare in der Weise gemessen, daß man dort ein kleines Wärmeleitungsmanometer[28] untergebracht hat. Eine andere Methode besteht darin, daß man den Gasdruck in der Kompressionscapillare mit einem empfindlichen Membranmanometer[19] ermittelt. Durch Benutzung einer Glimmermembran lassen sich hier noch Drucke von 0,01 Torr messen.

2. Drehbare Kompressionsmanometer.

Diese Geräte gehen auf die Urform von v. REDEN[25] (Abb. 34) und REIFF[26] zurück. Sie sind durch eine Schlauch- oder besser Schliffverbindung drehbar mit der evakuierten Apparatur verbunden. Durch den Drehvorgang wird das Quecksilber in einer Capillare vorwärts getrieben und das durch das Quecksilber abgesperrte Gasvolumen immer

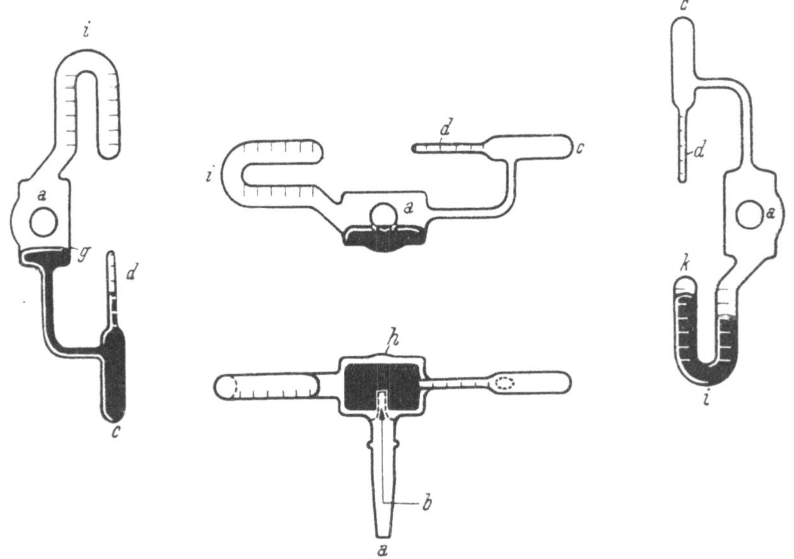

Abb. 36. Vakuskop nach GAEDE; Lieferer: Leybold. Linke Abb. Stellung 1 als Kompressionsmanometer, mittlere Abb. Stellung 2, rechte Abb. Stellung 3 als abgekürztes U-Rohr-Manometer.

weiter verkleinert, bis sein Druck so weit angestiegen ist, daß er an der Höhendifferenz zweier Quecksilberoberflächen abgelesen werden kann. Das Vakuummeter nach MOSER[24] (Abb. 35) hat mehrere Meßbereiche, die dadurch zustande kommen, daß das von dem Quecksilber abgeschlossene Gasvolumen bei dem Drehvorgang in immer engere Capillaren zusammengedrückt wird. Der niedrigste Meßbereich reicht bis zu 10^{-4} Torr. Da das Gerät nur eine Gesamtfüllung von etwa 7 cm³ Quecksilber hat, ist dieser niedrigere Meßbereich nach den obigen Ausführungen über die Abhängigkeit des Meßbereiches von der Quecksilbermenge nur durch eine außerordentlich enge Capillare erreichbar. Der hierdurch bedingte starke Einfluß der Capillarkräfte und ihre Abhängigkeit von dem Reinheitsgrad der Oberflächen muß also in Kauf genommen werden.

Das Vakuskop nach GAEDE[23] (Abb. 36) verzichtet daher bewußt auf die Messung extrem niedriger Drucke, sein Meßbereich reicht bis zu $1 \cdot 10^{-2}$ Torr. In Stellung 2 befindet sich das Vorratsquecksilber in dem mittleren erweiterten Vorratsgefäß. Bei der Drehung um den Schliff a in Stellung 1 wird das in Meßraum c und Capillare d vorhandene Gas zunächst durch das Quecksilber abgesperrt und dann in die Capillare d gedrängt. An dem Stand des Quecksilbers in der Capillare d kann der Druck abgelesen werden. Das zweite Quecksilberniveau befindet sich in dem erweiterten Vorratsgefäß bei g. Infolge des hier vorhandenen großen Querschnittes ist seine Stellung praktisch unabhängig von dem Quecksilberstand in der Capillare d. Das Vakuskop ist also nach den obigen Ausführungen über McLeods (Abb. 28) ein Kompressionsmanometer mit quadratischer Teilung. In Stellung 3 kann das Vakuskop als abgeschlossenes U-Rohrmanometer verwendet werden.

d) Wärmeleitungsmanometer[30].

1. Grundsätzliche Wirkungsweise.

Bei der Behandlung der Wärmeleitung in Gasen in Kapitel A II c haben wir gesehen, daß diese bei höheren Drucken druckunabhängig ist. Sobald aber bei niedrigen Drucken die mittlere freie Weglänge der Gasmoleküle vergleichbar wird mit den Dimensionen der wärmeabführenden Teile, wird auch die Wärmeleitung durch das Gas hierdurch druckabhängig. In diesem Druckgebiet kann also die Wärmeleitung zur Messung des Gasdruckes herangezogen werden.

**Wärmeströmungseffekt
in verschiedenen Druckbereichen.**

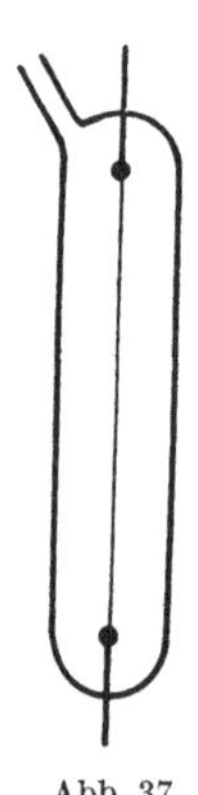

Abb. 37 zeigt die grundsätzliche Anordnung eines solchen Wärmeleitungsmanometers. Ein dünner Draht ist in der Meßröhre, in der der Gasdruck gemessen werden soll, ausgespannt und wird durch einen hindurchgeschickten elektrischen Strom geheizt. Es liegt also der im Kapitel über Wärmeleitung auf S. 17 behandelte Fall eines dünnen Drahtes mit dem Radius r_1 in einem weiten Zylinder mit dem Radius r_2 ($r_1 \ll r_2$) vor (siehe auch Tabelle 4). Bei konstanter Wärmezufuhr durch elektrische Widerstandsheizung stellt sich die Temperatur des Drahtes so ein, daß Gleichgewicht herrscht einerseits zwischen der elektrisch zugeführten Jouleschen Wärme und andererseits zwischen der Wärmeableitung durch das Gas hindurch, der Wärmeabstrahlung, und der Wärmeableitung durch die metallischen Stromzuführungen. Solange die mittlere freie Weglänge Λ der Gasmoleküle klein ist,

Abb. 37.
Schema eines
Wärmeleitungs-
manometers.

$$\Lambda \ll r_1,$$

ist die Wärmeabfuhr und damit die Temperatur des Drahtes druckunabhängig (Abb. 38, Bereich I), (Tabelle 4, Kolonne 1). Sobald aber bei abnehmendem Druck Λ mit r_1 (Tabelle 4, Kolonne 2 und 3) vergleichbar wird, wird auch die Wärmeabfuhr durch das Gas hindurch druckabhängig und zwar nimmt sie mit fallendem Druck ab (Abb. 38, Bereich II). Bei ganz niedrigen Drucken wird die Wärmeableitung durch das Gas hindurch (Q_{Gas}) klein gegen die Wärmeabfuhr durch Strahlung (Q_{Strahl}) und durch Wärmeleitung in den metallischen Stromzuführungen (Q_{Metall}) (Abb. 38, Bereich III). In diesem Gebiet wird also die gesamte

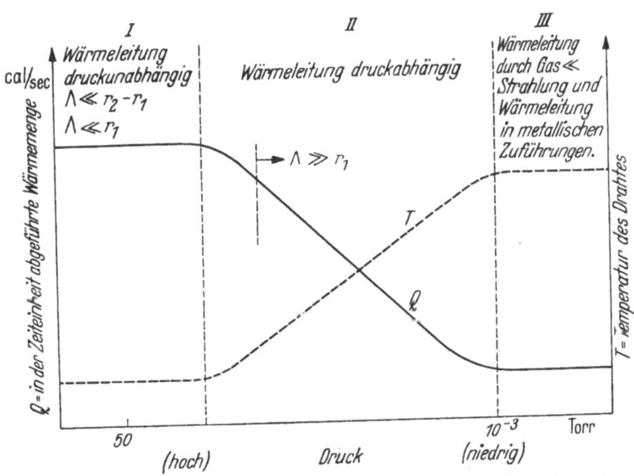

Abb. 38. Übersicht über die Wärmeleitung in verschiedenen Druckbereichen.

Wärmeabfuhr des Drahtes wiederum druckunabhängig und kann also nicht mehr zur Druckmessung im Gasraum ausgenutzt werden*. Bei abnehmender Wärmeleitung durch das Gas (Q_{gas}) (Bereich II) steigt die Drahttemperatur. Die Druckmessung erfolgt durch Bestimmung der Drahttemperatur (T).

2. Technische Formen der Wärmeleitungsmanometer.

Bei den technischen Wärmeleitungsmanometern werden hauptsächlich 2 Methoden zur Temperaturmessung des Drahtes angewandt. Bei den Widerstandsmanometern wird die Temperaturabhängigkeit des Drahtwiderstandes zur Temperaturmessung herangezogen, während bei den thermoelektrischen Vakuummetern die Temperatur des Drahtes mittels eines Thermoelementes bestimmt wird.

α) Widerstandsmanometer (Piranimanometer)[31].

Die grundsätzliche Schaltung eines solchen Gerätes zeigt Abb. 39. Die eigentliche Meßröhre M, deren grundsätzlicher Aufbau aus Abb. 37

---

* Verschiedene Autoren haben die Wärmeleitungsmanometer auch für Messungen bei höheren Drucken (Bereich I) bis 760 Torr eingerichtet. Da in diesem Druckgebiet die Wärmeleitung der Gase unabhängig vom Druck ist, beruhen diese Geräte auf Erscheinungen der Konvektion.

hervorgeht, liegt in dem einen Zweig einer WHEATSTONEschen Brückenanordnung, während die übrigen drei Zweige durch Festwiderstände gebildet werden. Mittels des Widerstandes R_1 wird der von der Spannungs-

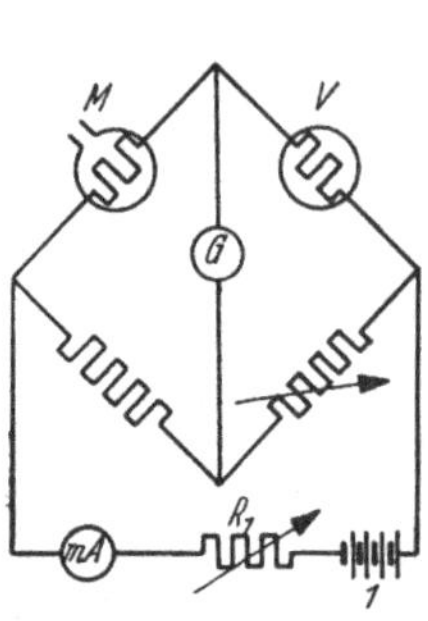

Abb. 39. Schaltung eines Widerstandsmanometers nach PIRANI.

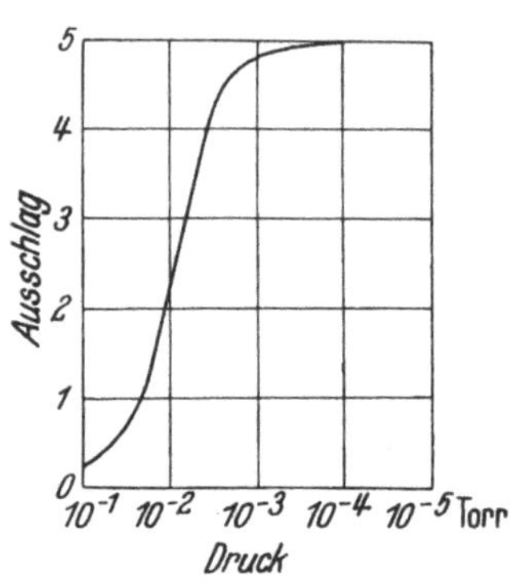

Abb. 40. Eichkurve eines Widerstandsmanometers.

quelle 1 ausgehende Heizstrom am Milliamperemeter mA auf einen konstanten Wert einreguliert. Ändert sich der Druck in der Meßröhre M innerhalb des charakteristischen Druckbereiches (Abb. 38, Bereich II), so ändert sich, wie oben ausgeführt, auch die Temperatur des Drahtes in der Meßröhre und damit sein Widerstand. Das vorher auf Null eingestellte Galvanometer G zeigt einen Ausschlag. In Abb. 40 ist die Abhängigkeit dieses Galvanometerausschlages vom Druck wiedergegeben.

Da die Temperatur des Drahtes in der Meßröhre nicht nur von dem Wärmegleichgewicht in dieser, sondern auch von der Außentemperatur abhängt, führen Schwankungen der Außentemperatur zu Veränderungen der Eichkurve. Man vermeidet dieses, wenn man, wie in Abb. 39, außer der Meßröhre M eine hochevakuierte und abgeschmolzene aber sonst gleichgebaute Vergleichsröhre V verwendet.

Der Ausschlag des Brückeninstrumentes G in Abb. 39 ist natürlich um so größer, je größer die Temperaturabhängigkeit des Widerstandes in der Meßröhre M ist. Man

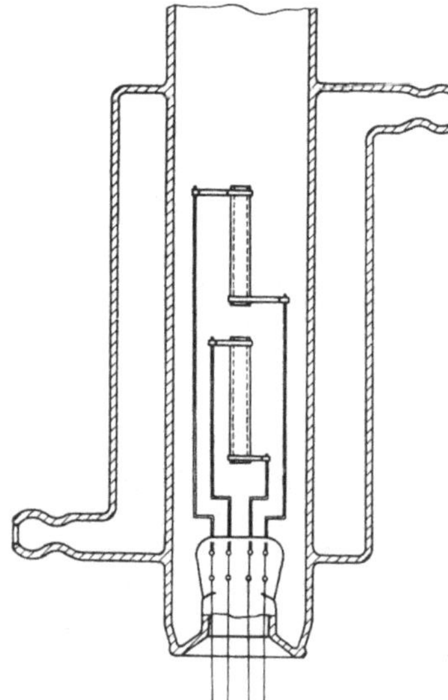

Abb. 41. Meßröhre eines Widerstandsmanometers mit Halbleiter-Widerständen.

verwendet daher hier auch Halbleiterwiderstände [32] (z. B. die bekannten Urdoxwiderstände [34] oder Widerstandskörper aus Erdalkalititanaten [35]), die zwecks möglichst geringer Wärmekapazität des Widerstandskörpers in Form dünner Röhrchen (Abb. 41) ausgebildet werden.

Für den Anschluß an Wechselstrom hat Brown Boveri ein Piranimanometer nach Abb. 42 gebaut. Die Widerstände AD und BC befinden sich im Inneren der Meßröhre und bilden zusammen mit den in
der Außenatmosphäre liegenden
Widerständen BA und CD die
Brückenanordnung. 1 ist ein ferro-
dynamisches Galvanometer, dessen
Feldspule in Serie mit den Widerständen 2,3 und 4 und der Siche-
rung 5 liegt. Über den Widerstand 2
wird die Heizspannung für die
Brückenanordnung des Vakuummeters abgegriffen und an die Klem-
men B und D gelegt. Das ferro-

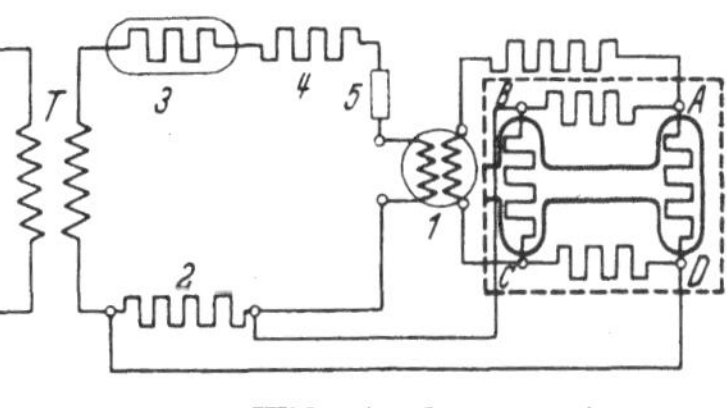

Abb. 42. Widerstandsmanometer
für Wechselstrom-Netzanschluß.
Lieferer: Brown-Boveri.

dynamische Galvanometer 1 mißt die Spannung an den beiden anderen
Eckpunkten der Brücke C und A. 3 ist ein Eisen-Wasserstoff-Widerstand,
der auch bei Netzspannungsschwankungen die Stromstärke konstant
hält (s. auch [33]).

β) Thermoelektrische Vakuummeter [36 bis 53].

Bei diesen Geräten (Abb. 43) wird die Temperatur des Heizdrahtes 1
mittels eines mit ihm unter Zwischenschaltung eines wärmeleitenden
Plättchens 2 verbundenen Thermoelementes 3,4 gemessen. Dabei kann
man durch den Heizdraht 1 einen Wechselstrom schicken und die
an 3,4 erzeugte Thermogleichspannung an einem Millivoltmeter ablesen.

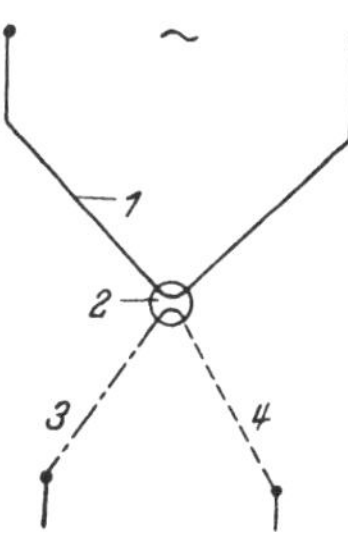

Abb. 43. Schema eines
thermoelektrischen
Vakuummeters.

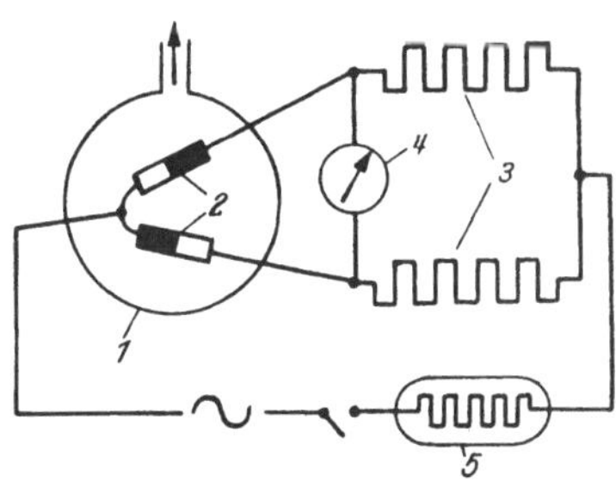

Abb. 44. Thermoelektrisches Vakuummeter in
Brückenschaltung; Lieferer: Leybold.

Anstatt durch einen besonderen Heizdraht kann bei dem thermoelektrischen Vakuummeter auch der zur Erwärmung dienende Wechselstrom unmittelbar durch die Thermoelemente selbst hindurchgeschickt
werden. Man muß dann nur durch entsprechende Schaltungen dafür
Sorge tragen, daß an dem Millivoltmeter nicht außer der Thermogleichspannung auch noch Wechselspannungen auftreten. Die Schaltung
nach Abb. 44 erreicht dies durch Anwendung einer Brückenanordnung.
Die in der Meßröhre 1 befindlichen Thermoelemente 2 bilden 2 Zweige
einer Brücke, deren übrige Zweige aus Festwiderständen 3 bestehen.

Der in der Brückenanordnung fließende und zur Erwärmung der Thermoelemente 2 dienende Wechselstrom wird mittels der Eisen-Wasserstoff-
Röhre 5 konstant gehalten. Durch entsprechende Abgleichung der
Brücke kann man es erreichen, daß an dem Millivoltmeter 4 keine
Wechselspannungen auftreten, so daß dieses Instrument also nur die
Thermospannung der Elemente 2 mißt.

In der Schaltung nach Abb. 45[42] werden die 4 Zweige der Brücke
durch Thermoelemente mit den Lötstellen 4, 6, 8, 10 gebildet, die sich
alle in der Meßröhre 2 befinden. Der Widerstand 28 dient zur Abgleichung der Brücke derart, daß
an dem Millivoltmeter 15 keine
Wechselspannungen auftreten. 29
ist eine Eisen-Wasserstoff-Röhre.

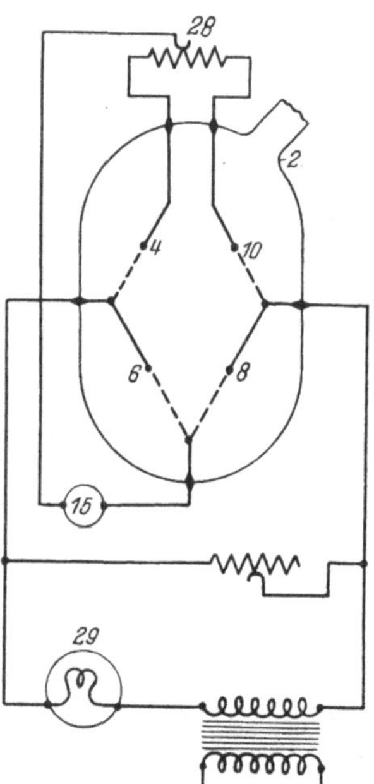

Abb. 45. Thermoelektrisches
Vakuummeter in Brückenschaltung.

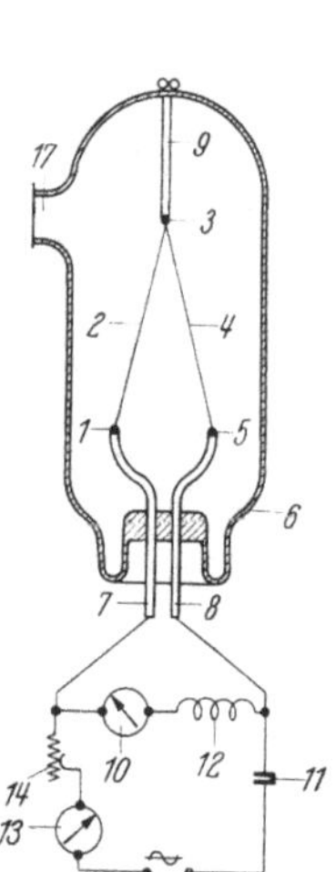

Abb. 46. Thermoelektrisches
Vakuummeter für Wechselstrombetrieb.

Eine weitere Anordnung zeigt Abb. 46[39]. Hier befinden sich in der
Meßröhre 6 zwei Thermoelemente mit den Lötstellen 2 und 4, die durch
Wechselstrom von der Quelle 15 über den Kondensator 11 beheizt
werden. Der Strom wird mittels des Widerstandes 14 einreguliert und
an dem Milliamperemeter 13 abgelesen. Zur Messung der Thermospannung dient das Millivoltmeter 10. Die Drosselspule 12 verhindert, daß
der zur Beheizung dienende Wechselstrom das Millivoltmeter 10 erreichen kann. Andererseits wird der von den Thermoelementen 2 und 4
herrührende Gleichstrom durch den Kondensator 11 in solcher Weise
blockiert, daß er nur durch den Zweig mit der Drossel 12 und dem
Millivoltmeter 10 fließen kann.

Eine technische Ausführungsform eines thermoelektrischen Vakuummeters ist in Abb. 47 wiedergegeben. An den das Millivoltmeter enthaltenden Meßkasten sind über Kabel einerseits die Meßröhre und andererseits die Wechselspannungsquelle angeschlossen. Über dem Millivoltmeter befindet sich eine Finderskala, so daß man aus der An-

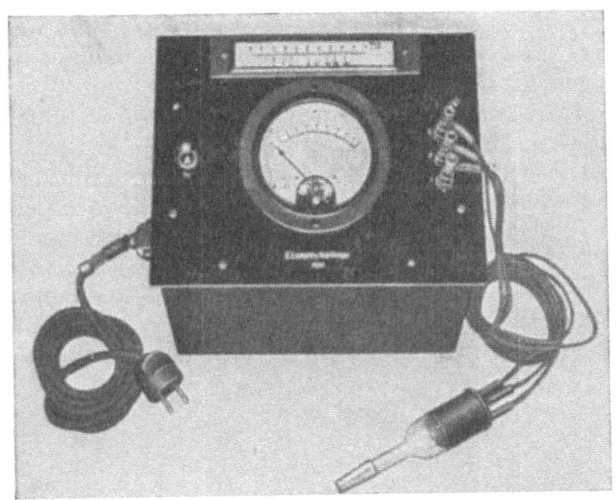

Abb. 47. Ansicht eines thermoelektrischen Vakuummeters; Lieferer: Leybold.

zeige des Instrumentes unmittelbar den Druck in der Meßröhre ermitteln kann. Die Eichkurve dieses Gerätes ist in Abb. 48 wiedergegeben. Alle thermoelektrischen Vakuummeter haben gegen-
über den Widerstands-manometern nach PIRANI den Vorteil, daß ihre Eich-kurve weitgehend unab-hängig von der Außentem-peratur ist, da mit ihnen unmittelbar die Tempe-raturdifferenz zwischen der heißen Lötstelle in der Meß-röhre und der kalten Löt-stelle außerhalb oder an der Wandung der Meß-röhre gemessen wird.

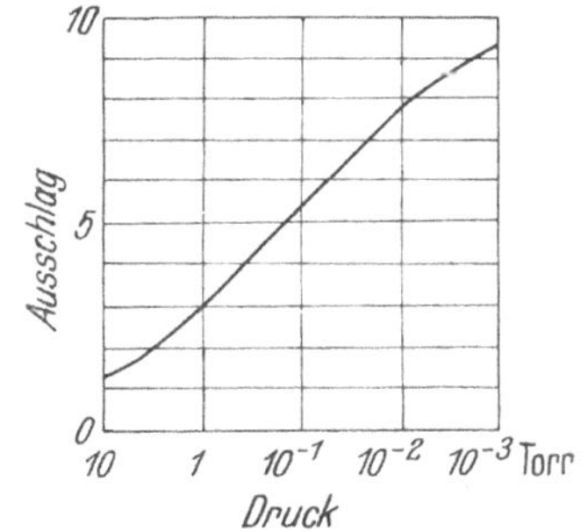

Abb. 48. Eichkurve eines thermoelektrischen Vakuummeters.

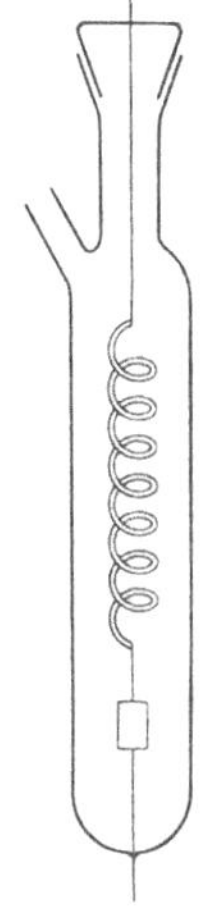

Abb. 49.
Bimetallwendel als Wärmeleitungs-Manometer.

γ) Sonderausführungen von Wärmeleitungsmanometern.

Bei dem Bimetallmanometer[38, 39a, 49] nach Abb. 49 wird eine Bimetallwendel in der Meßröhre elektrisch beheizt. Die Stellung des Endpunktes der Wendel ist ein Maß für ihre Temperatur und damit für den Druck in der Meß-röhre. Sie kann an einem kleinen Spiegel abgelesen werden. Gemessen wird in der Weise, daß der oben an der Meßröhre befindliche Dreh-knopf so langegedreht wird, bis der Spiegel wieder in der Nullstellung steht. Die Stellung des Drehknopfes (α) ist also ein Maß für den Druck in der Meßröhre. Abb. 50 zeigt die Eichkurve dieses Gerätes.

Das Hitzdrahtvakuummeter kann zur unmittelbaren Zeigerablesung eingerichtet werden, wenn man die Temperatur des Drahtes nicht durch seinen Widerstand oder ein Thermoelement, sondern durch seine Längenausdehnung mißt. Die Veränderung der Länge kann in der von elektrischen Hitzdrahtinstrumenten her bekannten Weise unmittelbar zur Betätigung eines Zeigers benutzt werden [45].

Auch die Verdampfungsgeschwindigkeit fester oder flüssiger Stoffe kann zur Druckmessung nach dem Prinzip des Wärmeleitungsmanometers herangezogen werden [43]. Abb. 51 zeigt ein solches Gerät. Der Raum, in dem der Druck gemessen werden soll, steht in Verbindung mit dem Raum zwi-

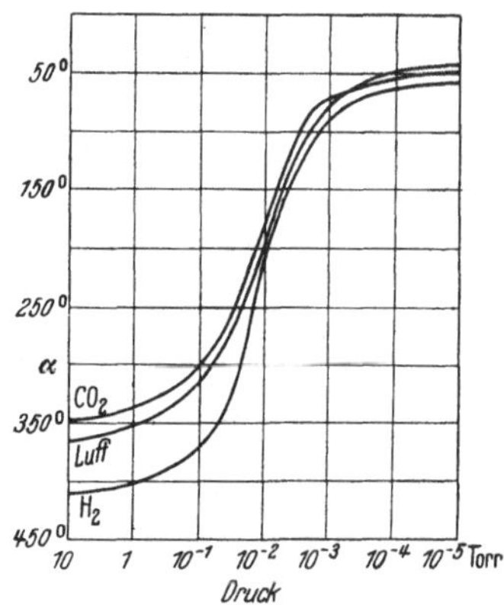

Abb. 50. Eichkurven zu den Bimetall-Manometern nach Abb. 49.

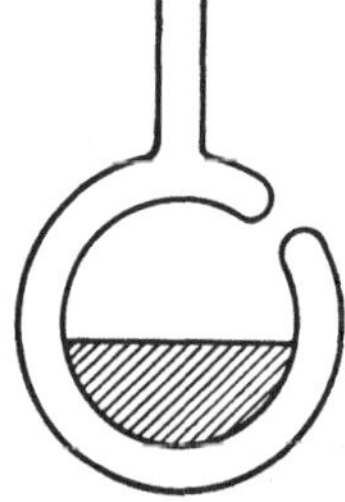

Abb. 51. Dewar-Gefäß als Wärmeleitungs-Manometer.

schen den Wänden einer doppelwandigen Kugel, die innen mit fester Kohlensäure gefüllt ist. Die Kugel stellt also eine Art DEWARsches Gefäß dar, in dem die Kohlensäure um so langsamer verdampft, je kleiner der Gasdruck zwischen den Wänden des Gefäßes ist. Die Verdampfungsgeschwindigkeit ist also ein Maß für den Druck.

Die hier beschriebenen Sonderausführungen von Wärmeleitungsmanometern eignen sich nicht zur Messung schnellverlaufender Druckänderungen, da sie alle eine erhebliche thermische Trägheit besitzen. Beispielsweise das Bimetallmanometer hat eine Einstellzeit von etwa 1 Minute.

3. Wärmebilanz und Diskussion der Eichkurve.

Nach den grundsätzlichen Ausführungen über den Arbeitsbereich der Wärmeleitungsmanometer am Anfang dieses Kapitels (Abb. 38) beginnt dieser Arbeitsbereich bei höheren Drucken (Übergang Bereich I zu Bereich II) dort, wo die mittlere freie Weglänge Λ der Gasmoleküle vergleichbar wird mit den Dimensionen der wärmeabführenden Teile. Nach niedrigen Drucken zu endet der Arbeitsbereich (Übergang Bereich II zu Bereich III) dort, wo die Wärmeableitung durch das Gas hindurch (Q_{Gas}) klein wird gegen die Wärmeabstrahlung (Q_{Strahl}) und die Wärmeleitung durch die metallischen Stromzuführungen (Q_{Metall}). Der Arbeitsbereich der Wärmeleitungsmanometer muß sich also aus den Dimensionen der wärmeabführenden Teile berechnen lassen. Zur Durchführung dieser Rechnung betrachten wir den einfachen Fall eines stromdurchflossenen, gerade ausgespannten Drahtes (Abb. 37), da aus ihm alles Wesentliche auch für die komplizierteren Fälle hervorgeht.

Obere Grenze des Meßbereiches. Der Übergang Bereich I—II liegt dort, wo Λ vergleichbar wird mit dem Drahtradius r_1. Wir betrachten als Beispiel einen Draht mit dem Radius $r_1 = 0,1$ mm. In Luft von $20°$ C entspricht einer freien Weglänge $\Lambda = 0,1$ mm ein Druck von $p = 0,5$ Torr. Der Arbeitsbereich beginnt also bei Drucken von etwa 0,5 Torr.

Untere Grenze des Meßbereiches. Diese ergibt sich aus der Wärmebilanz für den Draht:

$$Q_{\text{gesamt}} = Q_{\text{elektr.}} = Q_{\text{Gas}} + Q_{\text{Strahl}} + Q_{\text{Metall}} . \tag{4}$$

Hierin hat Q_{Gas} für einatomige Gase [Gl. (A. 49)] folgenden Wert

$$Q_{\text{Gas}} = \gamma\, p \sqrt{\frac{2R}{\pi M T_1}}\, (T_2 - T_1)\, 2\pi r_1 l . \tag{5}$$

$T_1 = $ Außentemperatur; $T_2 = $ Temperatur in der Drahtmitte; $r_1 = $ Drahtradius; $\qquad l = $ Drahtlänge.

Für $\gamma = 1$; $T_1 = 273°$ K; $T_2 = 423°$ K; $M = 29$ g; $p = 10^{-3}$ Torr $= 1,33$ dyn cm^{-2} und $2\pi r_1 l = 1$ cm^2 ergibt sich daraus unter der Annahme, daß der Draht überall dieselbe Temperatur besitzt

$$Q_{\text{Gas}} = 3,9 \cdot 10^{-4} \left[\frac{\text{cal}}{\text{sec}}\right] . \tag{6}$$

Zum Vergleich berechnen wir Q_{Strahl} unter der vereinfachenden Annahme, daß der Draht überall die Temperatur T_2 besitzt und wie ein schwarzer Körper strahlt. Da der Drahtdurchmesser klein gegen die Gefäßabmessungen ist, wird Q_{Strahl} von letzteren unabhängig. Nach dem STEFAN-BOLTZMANNschen Gesetz ist also

$$Q_{\text{Strahl}} = \sigma\, (T_2^4 - T_1^4)\, 2\pi r_1 l .$$

Mit den obigen Werten und $\sigma = 1,355 \cdot 10^{-12}$ [cal cm^{-2} sec^{-1} grad^{-4}] folgt daraus

$$Q_{\text{Strahl}} = 3,6 \cdot 10^{-2} \left[\frac{\text{cal}}{\text{sec}}\right] . \tag{7}$$

$$\left(\frac{Q_{\text{Gas}}}{Q_{\text{Strahl}}}\right) = 1,08 \cdot 10^{-2} . \tag{8}$$

$$p = 10^{-3} \text{ Torr} .$$

Die Wärmeableitung durch das Gas hindurch (Q_{Gas}) ist also bei einem Druck $p = 10^{-3}$ Torr nur noch einige Prozent der Wärmeabfuhr durch Strahlung (Q_{Strahl}). Wir befinden uns also bei diesem Druck im oberen Knickpunkt der Temperaturkurve (Abb. 38). In diesem Gebiet werden also durch geringfügige Änderungen der Oberflächen-Eigenschaften des Drahtes und der dadurch bedingten Änderung der Wärmeabstrahlung erhebliche Veränderungen der Eichkurve des Wärmeleitungsmanometers hervorgerufen. Es ist also vorteilhaft, die mittlere Arbeitstemperatur T möglichst niedrig zu halten. Ebenfalls zur Herabsetzung der Strahlungsverluste dient das Verfahren nach dem D.R.P. 703243 der AEG[36]. Hiernach wird die Wärmeabfuhr durch das Gas hindurch vergrößert gegenüber der Wärmeabfuhr durch Strahlung, die beide an und für sich proportional der Oberfläche des Drahtes sind, dadurch, daß der Heizdraht mit einer nicht der Stromleitung dienenden und für Wärmestrahlen besonders durchlässigen Folie, z. B. aus Quarz oder Chlorsilber verbunden ist, die die Oberfläche für die Wärmeleitung durch das Gas, nicht aber für die Strahlung wesentlich vergrößert (Abb. 52).

Für das untere Ende des Arbeitsbereiches ist nun aber nicht nur das Verhältnis von $Q_{\mathrm{Gas}}/Q_{\mathrm{Strahl}}$, sondern auch das Verhältnis von $Q_{\mathrm{Gas}}/Q_{\mathrm{Metall}}$ maßgebend.

Die Berechnung von Q_{Metall} erfolgt unter der vereinfachenden Annahme, daß T_2 von der Mitte aus linear nach beiden Seiten auf T_1 abnimmt.

$$Q_{\mathrm{Metall}} = 2\,\lambda\,r_1^2\,\pi\,\frac{T_2 - T_1}{l/2}\,. \tag{9}$$

λ = Wärmeleitzahl des Drahtmaterials, im folgenden

$\lambda = 0{,}1$ [cal grad^{-1} cm^{-1} sec^{-1}] angenommen.

Aus (5) und (9) folgt:

$$\left(\frac{Q_{\mathrm{Gas}}}{Q_{\mathrm{Metall}}}\right) = \gamma\,p\,\sqrt{\frac{R}{2\,\pi\,M\,T_1}}\,\frac{1}{\lambda}\,\frac{l^2}{r_1}\,. \tag{10}$$

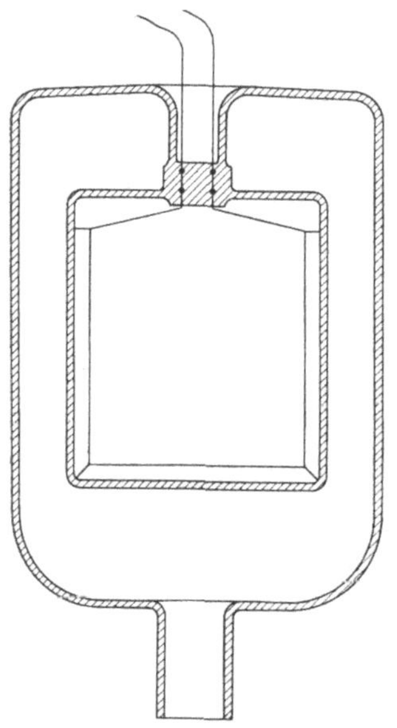

Abb. 52. Wärmeleitungsmanometer mit Vergrößerung der Wärmeableitung durch das Gas mittels einer für Wärmestrahlung durchlässigen Fläche.

Man hätte versuchen können, die Temperaturverteilung längs des Drahtes zu berechnen und dies bei der Berechnung der verschiedenen Q-Größen zu berücksichtigen. Zur Abschätzung der Größenordnung genügt jedoch das hier eingeschlagene Verfahren.

Mit den obigen Zahlenwerten folgt aus Gl. (10)

$$\left(\frac{Q_{\mathrm{Gas}}}{Q_{\mathrm{Metall}}}\right) = 9{,}75 \cdot 10^{-6}\,p\,\frac{l^2}{r_1}\,; \quad p \text{ in } \left[\frac{\mathrm{dyn}}{\mathrm{cm}^2}\right], \tag{11}$$

$$l \text{ und } r_1 \text{ in cm.}$$

Da abgesehen von der Wärmestrahlung das untere Ende des Arbeitsbereiches nach niedrigen Drucken zu dadurch gegeben ist, daß $Q_{\mathrm{Metall}} \gg Q_{\mathrm{Gas}}$ wird, ist es also aus diesem Grunde vorteilhaft, für einen großen Arbeitsbereich einen möglichst dünnen und langen Draht zu verwenden. Es ergibt sich beispielsweise für $r_1 = 0{,}1$ mm $= 0{,}01$ cm, $l = 3$ cm.

$$\left(\frac{Q_{\mathrm{Gas}}}{Q_{\mathrm{Metall}}}\right) = 1{,}17 \cdot 10^{-2}, \qquad p = 10^{-3} \text{ Torr}\,. \tag{12}$$

Q_{Gas} ist also bei einem Druck von $p = 10^{-3}$ Torr nur noch 1,2% von Q_{Metall}. Durch einen noch längeren Draht ließe sich Q_{Metall} noch weiter herabsetzen. Da aber bei einem Druck von 10^{-3} Torr die Wärmeabstrahlung allein schon die Wärmeabfuhr durch das Gas (siehe oben) bei weitem überwiegt, so würde dies zu keiner wesentlichen Erweiterung des Meßbereiches führen. Dagegen kann es von Vorteil sein, einen wesentlich dünneren Draht zu verwenden, weil hierdurch die obere Grenze des Meßbereiches (siehe oben) weiter nach höheren Drucken verschoben wird.

Da es für die Lage des Arbeitsbereiches vor allem auf die Abmessung des wärmeabführenden Drahtes ankommt, trennt BARTHOLOMEYCZYK[37]

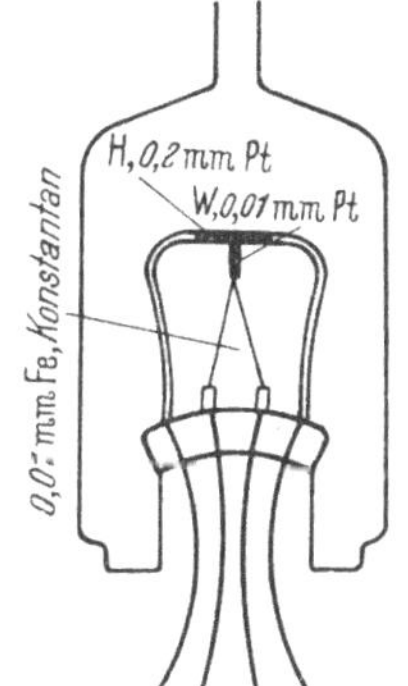

Abb. 53. Thermoelektrisches Vakuummeter mit dickem Heizdraht und dünnem Wärmeleiter nach BARTHOLOMEYCZYK.

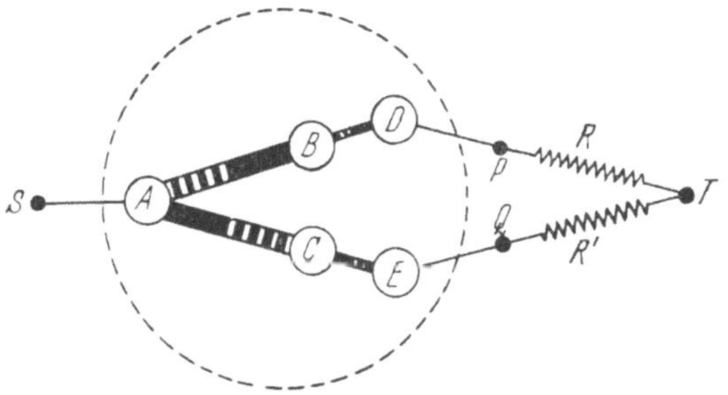

Abb. 54. Thermoelektrisches Vakuummeter mit erweitertem Meßbereich durch Thermoelemente verschiedener Abmessung nach MOLL und BURGER.

weitgehend den stromführenden Teil von dem wärmeabführenden Teil durch Verwendung eines dicken Heizdrahtes (Abb. 53), der über einen dünnen Wärmeleiter mit einem Thermoelement aus dünnen Drähten verbunden ist. Bei dieser Anordnung sind für die Lage des Arbeitsbereiches hauptsächlich die Abmessungen von Wärmeleiterdraht und Thermoelement maßgebend. Mit einem Gerät nach Abb. 53 kann man nach hohen Drucken bis zu etwa 10 Torr messen.

Um einen möglichst breiten Arbeitsbereich zu erhalten, bringen MOLL und BURGER[44] in der Schaltung nach Abb. 44 innerhalb der Meßröhre nicht nur zwei Thermoelemente 2, sondern vier Thermobändchen mit verschiedenen Abmessungen (Abb. 54) unter. Hierbei sind zwei kurze und dicke Thermobändchen E—C und B—D mit zwei langen und dünnen aber breiten Thermobändchen C—A und A—B hintereinander geschaltet. Der Arbeitsbereich dieses Gerätes reicht von etwa 5 bis 10^{-3} Torr.

Messungen mit Wärmeleitungsmanometern bei Drucken unter 10^{-3} Torr sind im allgemeinen sehr unzuverlässig, da bei diesen Drucken die Wärmestrahlung die Wärmeleitung durch das Gas hindurch weit überwiegt. Aber auch schon bei höheren Drucken kann durch eine Veränderung der Oberfläche des Drahtes die Wärmeabstrahlung und damit

die Eichkurve erheblich verändert werden. Abb. 55 zeigt die Eichkurve
eines Piranimanometers mit Nickeldraht (Kurve 1) und die veränderte
Eichkurve (Kurve 2), die sich nach zweistündigem Betrieb dieses Gerätes, während welcher Zeit der Heizdraht heißen Fettdämpfen ausgesetzt war, ergeben hat. Spontan können sogar, wie Abb. 56 zeigt,
noch erheblich größere Veränderungen der Eichkurve infolge von Änderungen der inneren Struktur und der Oberfläche des Drahtes auftreten.

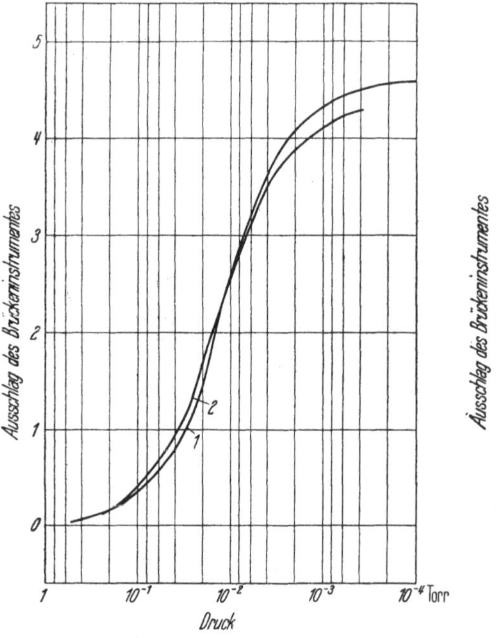

Abb. 55. Veränderung der Eichkurve eines
Wiederstandsmanometers in Betrieb.

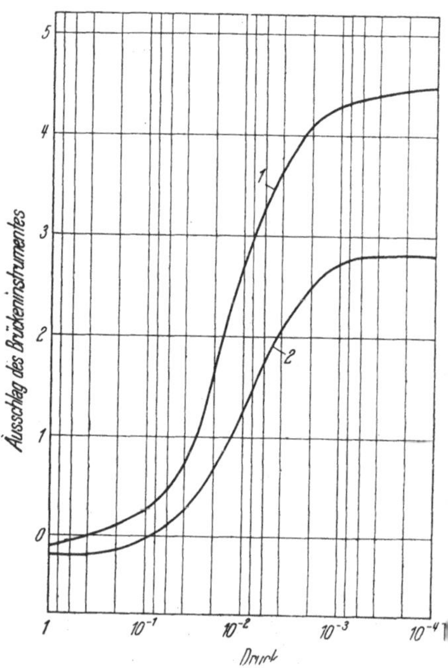

Abb. 56. Veränderung der Eichkurve eines
Widerstandsmanometers (spontan) im Laufe
von 4 Monaten.

Auch Gasbeladung kann zu Widerstandsänderungen des Drahtes und
damit Veränderungen der Eichkurve führen. Altert man den Draht
durch mehrstündigen Betrieb mit einem Heizstrom, der erheblich über
dem normalen Betriebsstrom liegt, so lassen sich derartige spontane
Änderungen der Eichkurve weitgehend herabsetzen. Die Eichkurve der
Wärmeleitungsmanometer ist natürlich von der chemischen Zusammensetzung, d. h. von dem Molekulargewicht des Füllgases der Meßröhre
abhängig. Für einatomige Gase ist diese Abhängigkeit durch Formel 5
gegeben. Ganz allgemein weichen die Eichkurven für Füllgas mit ähnlichem Molekulargewicht nicht wesentlich voneinander ab. Abb. 50 zeigt
die Eichkurven des auf S. 45 beschriebenen Bimetallmanometers für
einige verschiedene Füllgase.

Zum Schluß sei noch darauf hingewiesen, daß gerade bei den Wärmeleitungsmanometern im praktischen Gebrauch sehr häufig die Forderung

besteht, daß die Manometer auf Druckänderungen in der Meßröhre möglichst schnell ansprechen sollen. Um dies zu erreichen, muß man die Wärmekapazität des wärmeabführenden Drahtes möglichst klein machen, d. h. man muß auch aus diesem Grunde einen möglichst dünnen Draht nehmen. Beispielsweise das thermoelektrische Vakuummeter nach Abbildung 54 hat Thermobändchen von $2\,\mu$ und $8\,\mu$ Dicke und erreicht damit eine Einstellzeit von 7 sec (vom Augenblick des Anschaltens an gerechnet).

e) Reibungsmanometer.

1. Quarzfadenpendel[54 bis 60].

Die innere Reibung der Gase, die bei höheren Drucken unabhängig vom Gasdruck ist, wird bei niedrigen Drucken, ebenso wie die Wärmeleitfähigkeit druckabhängig, sobald die mittlere freie Weglänge vergleichbar mit den Gefäß-Dimensionen wird. Bei diesen niedrigen Drucken kann also eine Druckmessung auf die Messung der Gasreibung zurückgeführt werden.

Hängt man in den Gasraum, in dem der Druck gemessen werden soll, einen Quarzfaden frei auf (Abb. 57), so werden dessen Schwingungen durch die Gasreibung gedämpft. Die Halbwertszeit (t_H) dieser gedämpften Schwingungen ist um so größer je kleiner die Dämpfung, d. h. die Gasreibung und damit der Druck ist.

In der Schwingungsgleichung

$$m_1 \frac{d^2 x}{dt^2} + r\frac{dx}{dt} + Kx = 0 \qquad (13)$$

$$m_1 = \text{Masse des Quarzpendels}$$

bestimmt die Größe $\beta = {}^1/_2 r/m_1$ das Dämpfungsdekrement für die zeitliche Abnahme der Amplitude (A)

$$A = A_0\, e^{-\beta t}$$

$$\frac{A_0}{A} = 2 = e^{\beta t_H}$$

$$t_H = 2\,\frac{m_1}{r}\ln 2\,. \qquad (14)$$

Abb. 57.
Reibungsmanometer
(Quarzfadenpendel)
schematisch.

Die Halbwertzeit (t_H) ist also umgekehrt proportional der Reibungskonstanten r. Diese Reibungskonstante r ergibt sich aus der Tatsache, daß beim schwingenden Quarzpendel der Druck der Gasmoleküle auf die Vorderseite des Pendels (p_v) größer ist als auf die Hinterseite (p_H). Die Differenz $p_v - p_H$ ist gleich der Reibungskraft $r\,\frac{dx}{dt}$

$$r\frac{dx}{dt} = p_v - p_H = \frac{mn}{3}\left[\left(\bar{c} + \frac{dx}{dt}\right)^2 - \left(\bar{c} - \frac{dx}{dt}\right)^2\right].$$

$$\frac{dx}{dt} = \text{Geschwindigkeit des Pendels,}$$

$$r\frac{dx}{dt} = \frac{nm}{3}\,4\bar{c}\,\frac{dx}{dt}$$

mit
$$\bar{c} = \sqrt{\frac{8\,RT}{\pi\,M}}$$

und
$$n = \frac{p\,N}{RT}$$

ergibt sich

$$r = \frac{4}{3}\sqrt{\frac{8}{\pi}}\,\frac{1}{\sqrt{RT}}\,p\,\sqrt{M} = B\,p\,\sqrt{M}\,, \tag{15}$$

$$t_{\mathrm{H}} = \frac{\mathrm{const}\ m_1}{p\,\sqrt{M}}\,; \tag{15a}$$

die genauere Rechnung nach HABER-KERSCHBAUM[56] liefert

$$t_{\mathrm{H}} = \frac{D \cdot \mathrm{const}}{p\,\sqrt{M} + z'}\,. \tag{16}$$

t_{H} = Halbwertszeit [sec]; D = Durchmesser des Quarzfadens [cm]; p = Druck [Torr]; z' = Maß für die Eigendämpfung des Fadens [Torr $\sqrt{g}$]; const = 122.

Quarzfadenmanometer, die aus einzelnen frei aufgehängten Quarzfäden bestehen, haben einige erhebliche Mängel. Es ist nur schwer möglich, den Quarzfaden so anzustoßen, daß er eine reine Pendelschwingung ausführt. Im allgemeinen werden gleichzeitig eine Anzahl Oberschwingungen des Quarzfadens angeregt. Außerdem schwingt der Quarzfaden im allgemeinen nicht in einer Ebene, sondern beschreibt eine LISSAJOUS-sche Figur. Diese Umstände bedingen, daß die Amplitude seiner gedämpften Schwingung und damit die Halbwertszeit dieser Schwingung nur schwer bestimmbar sind. COOLIDGES[55] benutzt daher als schwingendes Gebilde zwei in einem gewissen Abstand voneinander aufgehängte

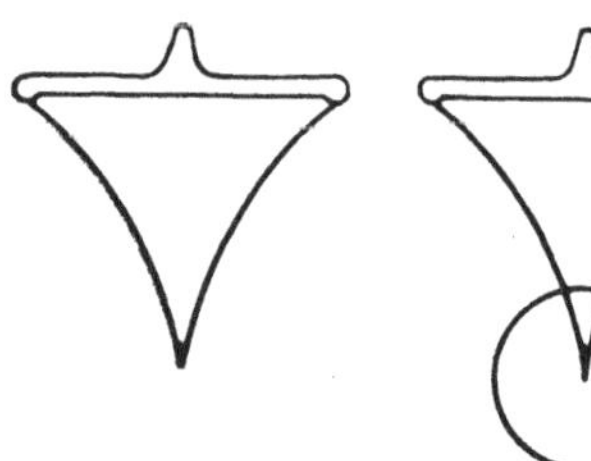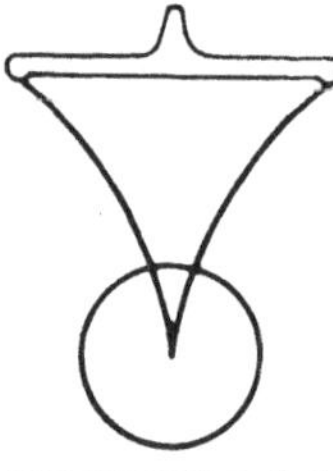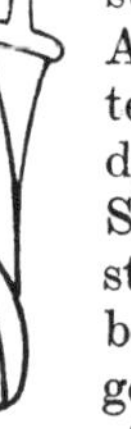

Abb. 58. Doppelfadenmanometer mit und ohne Blättchen.

Quarzfäden, die mit ihrem unteren Ende miteinander verbunden sind (Abb. 58). Auf diese Weise ist wenigstens eine definierte Schwingungsebene des Quarzfadenpendels sichergestellt. Bei niedrigen Drucken haben aber auch die Doppelfadenmanometer den Nachteil, daß ihre Halbwertszeit schließlich in einer für die Messung unhandlichen Weise groß wird (vgl. Abb. 59). Bei ganz niedrigen Drucken überwiegt schließlich die Eigendämpfung z' die Gasreibung ($z' \gg p\sqrt{M}$) und die Halbwertszeit t_{H} wird unabhängig vom Druck (siehe den horizontalen Teil der Kurven in Abb. 59 bei niedrigen Drucken). Abb. 59 zeigt gleichzeitig, die Abhängigkeit der Halbwertszeit t_{H} vom Molekulargewicht M.

Zur Vergrößerung der Dämpfung durch die Gasreibung und damit Verkleinerung der Halbwertszeit t_{H} bringt BRÜCHE[54] am unteren Ende des Quarzfadendoppelpendels eine Fläche an. Diese Fläche in Form eines Blättchens muß nach WETTERER[60] (siehe Abb. 58) möglichst geringes Eigengewicht haben, also möglichst dünn sein, da sonst durch

die Belastung die Eigendämpfung des Quarzfadens steigt und damit der Meßbereich bei niedrigen Drucken, wie oben dargelegt wurde, verkleinert wird. Abb. 60 zeigt einige Kurven für solche Doppelfadenmanometer ohne Blättchen und mit Blättchen verschiedener Größe.

D = Durchmesser der Quarzfäden

l = Länge der Quarzfäden,

d = Dicke des Blättchens.

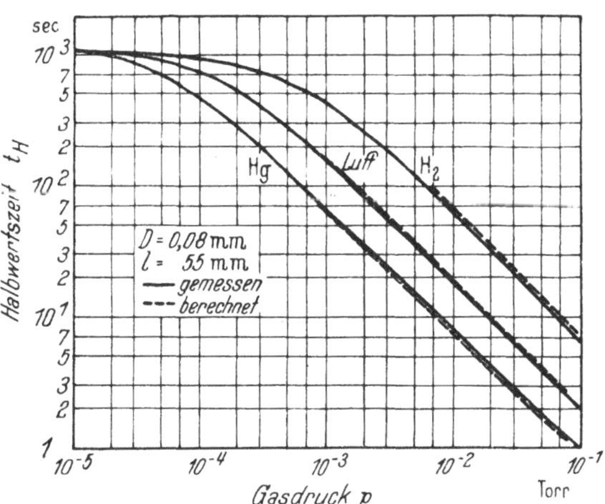

Abb. 59. Eichkurven eines Doppelfadenmanometers.

Die für das größte Blättchen mit der Seitenlänge 2a = 200 mm berechnete Kurve hat nur hypothetischen Charakter, da bei ihr $a > l$ ist.

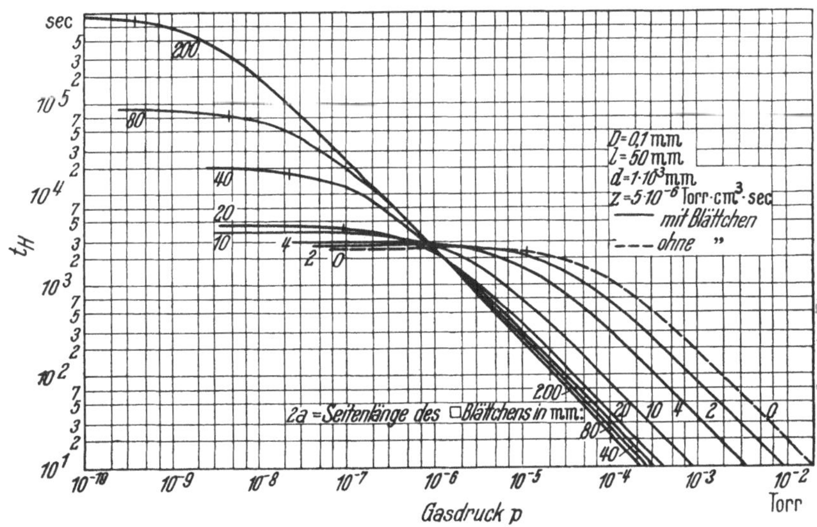

Abb. 60. Eichkurven von Doppelfadenmanometern mit Blättchen verschiedener Abmessungen nach WETTERER.

Man sieht in Abb. 60, wie die Verwendung von Blättchen wachsender Größe, und die dadurch bedingte Vergrößerung der Dämpfung durch die Gasreibung zu einer Verkleinerung der Halbwertszeit t_H führt. Gleichzeitig wird der Einfluß der Eigendämpfung z' gegenüber der Dämpfung durch die Gasreibung immer kleiner. Dies führt zu einer Erweiterung des Meßbereiches bei niedrigen Drucken, praktisch aber auch nur bis zu Drucken von 10^{-6} Torr, da sonst auch hier die Halbwertszeit für die Messung zu groß wird, was an den Kurven der Abb. 60 deutlich zum Ausdruck kommt. Dieser Vergrößerung des Meßbereiches bei niedrigen Drucken gegenüber muß eine Verkleinerung des Meßbereiches bei höheren Drucken in Kauf genommen werden. Der steil abfallende Teil der Charakteristiken der Abb. 60 geht nach hohen Drucken zu in einen horizontalen Teil über, sobald die Gasreibung unabhängig vom Druck wird. Dies ist nach den Ausführungen des Abschnittes AII (vgl. z. B. den Fall der Wärmeableitung von einem dünnen Draht auf S. 17 u. 18) dann der Fall, wenn die mittlere freie Weglänge nicht mehr vergleichbar, sondern klein gegen die Dimensionen der schwingenden Teile des Pendels wird ($\Lambda \ll D$ bzw. a). Da die Seitenlänge $2a$ der Blättchen um einige Zehnerpotenzen größer ist als der Durchmesser D der Quarzfäden, so reichen die Charakteristiken der Manometer mit Blättchen nach hohen Drucken zu lange nicht so weit wie die Charakteristiken der reinen Quarzfadenmanometer.

Die Erregung der Pendelschwingung erfolgt bei WETTERER magnetisch. Zur Vermeidung der ermüdenden mikroskopischen Fadenbeobachtung kann die Amplitude der Pendelschwingung auf einer Mattscheibenprojektion abgelesen werden.

Bei WETTERER findet sich auch eine ausführliche Diskussion der verschiedenen Formen von Quarzfadenmanometern und außerdem Ableitungen der ausführlichen Formeln über die Einflüsse der einzelnen Apparatedimensionen auf den Wert der der Messung unterliegenden Halbwertszeit t_H.

Zusammenfassend kann gesagt werden, alle Quarzfadenmanometer weisen folgende Nachteile auf:

1. Die Messung des Druckes ist nicht unabhängig von der Gasart. Die gemessene Halbwertszeit t_H bestimmt nicht den Druck p, sondern das Produkt $p\sqrt{M}$.

2. Die Schwingungen der Quarzfadenmanometer sind ziemlich anfällig gegen äußere Erschütterungen.

3. Die Manometer weisen außer der eigentlichen Pendelschwingung leicht Oberschwingungen auf.

4. Die Druckmessungen mit dem Quarzfadenmanometer erfolgt nicht durch eine unmittelbare Ablesung eines Skalenausschlages, sondern erfordert eine Hilfsmessung mit einer Stoppuhr.

Demgegenüber stehen folgende Vorteile:

1. Das Manometer besteht ganz aus Quarz bzw. aus Glas und Quarz. Es besitzt infolgedessen eine außerordentliche chemische Widerstandsfähigkeit.

2. Das Fehlen jeglicher Metalle an den im Vakuum befindlichen Systemteilchen des Manometers bedingt geringe Gasabgabe und hohe Korrosionsbeständigkeit.

3. Das Fehlen von heißen Oberflächen im Vakuum (beispielsweise im Gegensatz zum Wärmeleitungs- und Ionisationsmanometer) vermeidet eine Rückwirkung auf das zu messende Gas (z. B. durch thermische Zersetzung).

2. Sonderkonstruktionen von Reibungsmanometern.

Da die Reibungsmanometer keine große Verbreitung in der Vakuumtechnik gefunden haben, was auch für das Quarzfadenpendel gilt, sollen der Vollständigkeit halber nur noch zwei Ausführungsformen der Reibungsmanometer kurz genannt werden.

Abb. 61 zeigt ein Reibungsmanometer, das grundsätzlich aus einer an einem dünnen Faden drehbar aufgehängten Platte besteht, die sich zwischen zwei festen Platten befindet und Drehschwingungen ausführen kann. Diese gedämpften Schwingungen können mittels des kleinen Spiegels S beobachtet werden. In dem charakteristischen Druckbereich, d. h. also wenn die mittlere freie Weglänge Λ gleich oder größer ist als der Plattenabstand, ist die Dämpfung druckabhängig

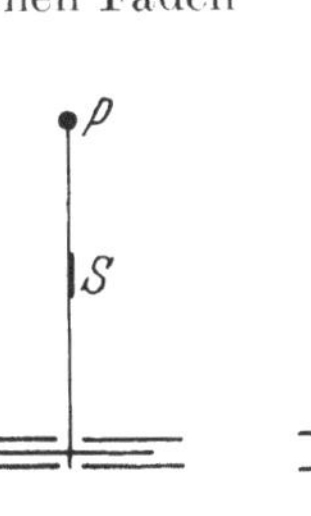

Abb. 61. Drehschwingungsmanometer.

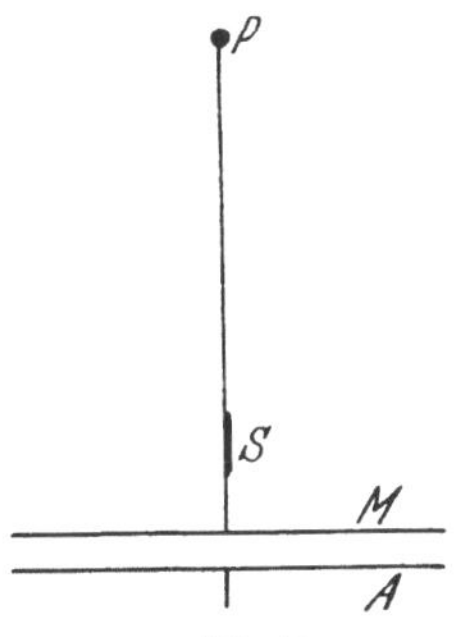

Abb. 62. Molekular-Manometer nach LANGMUIR und DUSHMAN.

und kann damit als Maß für den Druck herangezogen werden [62, 64, 65].

Das Molekularmanometer nach LANGMUIR [61, 63, 66] zeigt Abb. 62. Eine an einem dünnen Faden drehbar aufgehängte Platte M steht einer schnell rotierenden Aluminiumscheibe A gegenüber. Die Scheibe M wird je nach der Größe der Reibungskraft, d. h. also des Druckes mehr oder weniger mitgenommen. Ihr Ausschlag ist also ein Maß für den Druck und kann mittels des kleinen Spiegels S abgelesen werden.

f) Vakuummessung durch thermischen Molekulardruck.

Radiometervakuummmeter [67—106].

1. Grundsätzliche Wirkungsweise.

Abb. 63 zeigt den grundsätzlichen Aufbau dieser Vakuummmeter. Eine bewegliche Platte B mit der Temperatur T_1 befindet sich zwischen zwei festen Platten A und C. Die Platte C hat ebenfalls die Temperatur T_1, während die Platte A sich auf der höheren Temperatur T_2 befindet. Bei niedrigen Drucken, bei denen die mittlere freie Weglänge der Gasmoleküle groß ist gegen die Gefäßdimensionen und damit auch gegen den Plattenabstand, haben die Gasmoleküle, die von

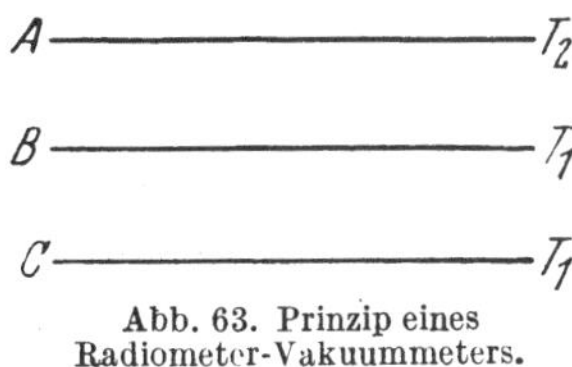

Abb. 63. Prinzip eines Radiometer-Vakuummmeters.

oben kommend die Platte B treffen, ihren letzten Zusammenstoß auf der Platte A und die von unten kommenden auf der Platte C gehabt. Infolge der größeren Geschwindigkeit der Moleküle, die von oben, also

von der wärmeren Platte kommen, ist der auf die obere Seite von B
ausgeübte Druck größer als der von unten ausgeübte. Die beweglich
aufgehängte Platte B wird sich also nach unten verschieben.

Für die auf den cm² der Platte B ausgeübte Druckkraft K gelten
folgende Beziehungen: Da die freie Weglänge der Gasmoleküle groß ist
gegenüber allen vorkommenden Abständen, so erleiden die Moleküle
praktisch nur Zusammenstöße mit den festen Wänden und die Geschwindigkeit jedes Moleküls ist durch die Wand bestimmt, von der es her-
kommt. Da der Zustand außerdem stationär sein soll, so müssen überall
in entgegengesetzten Richtungen gleich viel Moleküle fliegen, d. h. aber
auch, die Zahl der Stöße, die pro Sekunde auf die Flächeneinheit erfolgt,
muß überall gleich groß sein. Zwischen A und B mögen $\frac{n_1 c_1}{3} \uparrow$ Moleküle
von unten nach oben und $\frac{n_2 c_2}{3} \downarrow$ Moleküle von oben nach unten fliegen.
Dabei ist, da der Zustand stationär sein soll,

$$\frac{n_1 c_1}{3} = \frac{n_2 c_2}{3} = \frac{n c}{6} \, .$$

Ferner gilt
$$p = \frac{m n c_1^2}{3} \, .$$

Daraus folgt dann für den Druck, den die Gasmoleküle auf die obere
Seite von B ausüben,

$$\frac{m n_1 c_1^2}{3} + \frac{m n_2 c_2^2}{3} = \frac{m n_1 c_1}{3}(c_1 + c_2) = \frac{m n c_1}{6}(c_1 + c_2)$$
$$= \frac{m n c_1^2}{6}\left(1 + \frac{c_2}{c_1}\right) = \frac{p}{2}\left(\sqrt{\frac{T_2}{T_1}} + 1\right) \, .$$

Der Drucküberschuß K, der auf die Platte B pro cm² wirkt und sie von
der Platte A zu entfernen sucht, hat daher nach KNUDSEN[88] folgenden
Wert:

$$K = \frac{p}{2}\left(\sqrt{\frac{T_2}{T_1}} + 1\right) - p = \frac{p}{2}\left(\sqrt{\frac{T_2}{T_1}} - 1\right) \, . \tag{17}$$

Abb. 64 zeigt schematisch die praktische Ausführung eines Radiometervakuummeters. Ein dünner Rahmen B ist zusammen mit dem
Spiegel S an einem dünnen Faden F aufgehängt. Dem Rahmen B stehen
auf entgegengesetzten Seiten die erwärmten Folien A gegenüber. Die von
diesen Folien A herkommenden Gasmoleküle üben auf den Rahmen B
eine Kraft in Pfeilrichtung aus. Die Drehung von B kann mittels Licht-
zeiger über den Spiegel S abgelesen werden. Bei dieser Anordnung gilt
für den Druck die Beziehung

$$p = \frac{4 \pi^2 I D}{r F t^2 d} \frac{T_2}{T_2 - T_1} \; [\text{Dyn/cm}^2] \, . \tag{18}$$

$I =$ Trägheitsmoment des Rahmens B in gcm²,
$r =$ mittlerer Radius des beweglichen Rahmens B in cm,
$F =$ Oberflächen von B, die A gegenüber stehen in cm²,
$t =$ Eigenschwingungszeit des Rahmens B in sec,
$D =$ Skalenausschlag in cm,
$d =$ Skalenentfernung in cm.

Wir haben bisher angenommen, daß sich die Gasmoleküle bei jedem
Stoß mit einer festen Wand ins Temperaturgleichgewicht setzen, d. h.
also, daß der Akkomodationskoeffizient γ^* für den Temperaturausgleich
den Wert 1 hat. Für den Fall, daß die beiden Akkomodationskoeffizienten an den heißen (γ_2) und den kalten (γ_1) Flächen nicht gleich 1 sind,
gilt nach SMOLUCHOWSKI[97]

$$K = \left(1 + \frac{\gamma_2 - \gamma_1}{\gamma_1 + \gamma_2 - \gamma_1 \gamma_2}\right) \frac{p}{2} \left(\sqrt{\frac{T_2}{T_1}} - 1\right). \tag{19}$$

Die bisher für die Radiometervakuummeter angegebenen Formeln sind exakt nur gültig, solange der Abstand der Platten klein gegen ihre Ausdehnung und die freie Weglänge der Gas-

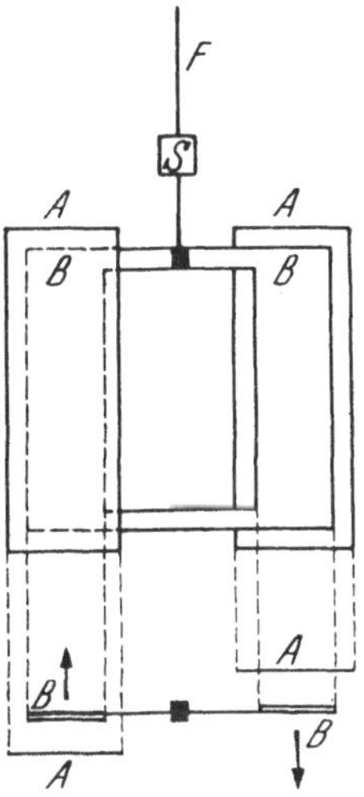

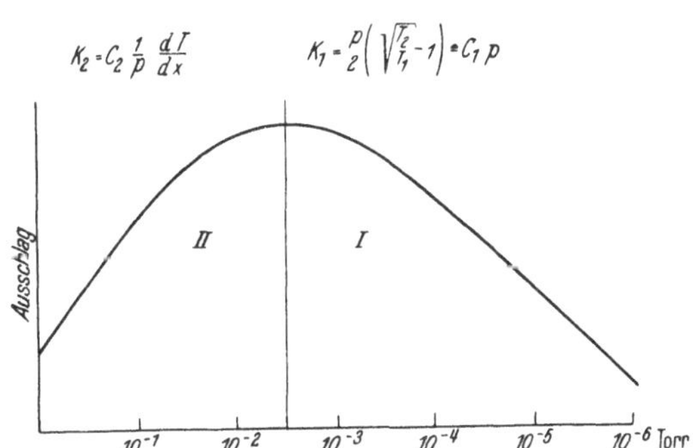

Abb. 64. Schema eines
Radiometer-Vakuummeters.

Abb. 65.
Grundsätzliche Eichkurve eines Radiometer-Vakuummeters.

moleküle groß gegen die Manometerdimensionen ist. Nach FREDLUND[80]
muß $\Lambda \geqq 10\,d$ sein (d = Plattenabstand).

SPIWAK[99] gibt für den Fall, daß der Plattenabstand nicht klein gegen
die Plattenabmessungen ist, folgende Beziehung an:

$$K = C\,\frac{p}{2}\left(\sqrt{\frac{T_2}{T_1}} - 1\right). \tag{20}$$

$$C = \frac{1}{\pi}\left[\frac{2\left(1 + \frac{d^2}{b^2}\right)b^2 - d^2}{b^2\sqrt{1 + \frac{d^2}{b^2}}} - \frac{d}{b}\right] \operatorname{arc\,tg} \frac{b}{d},$$

b = lineare Ausdehnung der Platten,
d = Plattenabstand.

Abb. 65 zeigt den grundsätzlichen Verlauf der Eichkurve (Ausschlag
in Abhängigkeit vom Druck) der Radiometervakuummeter. Bei kleinen
Drucken, solange also die freie Weglänge groß ist gegen die Vakuummeterdimensionen, gilt für die Kraft auf das bewegliche System Formel 17.

---

* Über den Akkomodationskoeffizienten siehe auch Seite 18 u. 20.

Die Kraft und damit der Ausschlag ist also druckproportional und steigt
mit zunehmendem Druck linear an (Bereich I). Bei hohen Drucken,
wenn also die freie Weglänge nicht mehr groß ist gegen die Vakuummeterdimensionen ist für die Druckkraft K auf das bewegliche System
nicht mehr der thermische Molekulardruck maßgebend, sondern die
Erscheinung der thermischen Gleitung der Gasmoleküle an der festen
Oberfläche des beweglichen Systems in dem längs dieser festen Oberfläche vorhandenen Temperaturgefälle $\dfrac{dT}{dx}$. Der Vorgang der thermischen
Gleitung (thermische Effusion) bewirkt, daß sich die Gasmoleküle längs
der festen Oberfläche des beweglichen Systems von Stellen niedrigerer
Temperatur zu Stellen höherer Temperatur bewegen und hierbei auf
das bewegliche System eine Druckkraft K_2 ausüben, für die die Beziehung gilt

$$K_2 = C_2 \; \frac{1}{p} \; \frac{dT}{dx}.$$

Im Bereich höherer Drucke (Bereich II) ist also die Druckkraft K_2 auf
das bewegliche System und damit der Ausschlag umgekehrt proportional
dem Druck. Sie nehmen also mit zunehmendem Druck ab. Zwischen
Bereich I und Bereich II liegt ein Maximum des Ausschlages.

Die Radiometervakuummeter haben gegenüber allen anderen Vakuummetern (Wärmeleitungsmanometer, Reibungsmanometer, Ionisationsmanometer) abgesehen von den U-Rohrmanometern und den
Membranmanometern den grundsätzlichen Vorteil, daß sie nicht nur
den Totaldruck von Gasen und Dämpfen messen, sondern daß die
Messung im Bereich I (Abb. 65) auch abgesehen von einer eventuellen
Beeinflussung durch den Akkomodationskoeffizienten *unabhängig von
der Gasart* ist. Dieser bedeutende Vorteil der Radiometervakuummeter rührt daher, daß die Messung nicht auf dem Umwege über eine
von der Gasart abhängige Größe wie die Wärmeleitfähigkeit, die innere
Reibung oder die Ionisierungswahrscheinlichkeit erfolgt, sondern daß,
wie Formel 17 zeigt, in die Messung unmittelbar der Druck eingeht.
Der physikalische Grund hierfür ist der, daß, wie wir bei der Ableitung
der Formel 17 gesehen haben, die Kraft auf das bewegliche System
durch die Größe mnc^2 gegeben ist, und diese Größe ist ja bekanntlich
zufolge des Gleichverteilungssatzes der kinetischen Gastheorie bei
gleicher Temperatur für alle Gase gleich groß.

2. Technische Formen von Radiometervakuummetern.

Abb. 66 zeigt die ursprüngliche Form des Vakuummeters von KNUD-
SEN[88]. Einem erhitzten Kupferzylinder A', dessen Temperatur mit dem
Thermometer T' gemessen wird, steht die drehbar aufgehängte Kupferplatte A'' mit dem Thermometer T'' gegenüber. B ist ein thermischer
Schutzring, dessen Temperatur mit dem Thermometer T''' gemessen
wird. Der Ausschlag der beweglich aufgehängten Kupferplatte A''
dient als Maß für das Vakuum. KNUDSEN hat dieses Vakuummeter als
absolutes Vakuummeter bezeichnet, da nach Formel 18 aus den Abmessungen des Vakuummeters und dem gemessenen Ausschlag der Ab-

solutwert des Druckes p ohne eine Vergleichseichung bestimmt werden kann. In Anlehnung an diese ursprüngliche KNUDSENsche Form (Abb. 66) haben MOLL und BURGER (unveröffentlicht) neuerlich ein System entwickelt, das sich durch außerordentliche Kleinheit der eingebauten Systemteile auszeichnet. Die Metallmengen im Vakuum und damit die Gasabgabe sind daher äußerst gering. Außerdem wurden als geheizte Flächen dünne Platinfolien von einigen μ-Dicke und folglich sehr geringer thermischer Trägheit benutzt.

Ein einfaches ebenfalls von KNUDSEN[91] angegebenes Vakuummeter zeigt Abb. 67. Ein dünnes Glimmerblatt D ist an zwei Kokonfäden bei E aufgehängt und zwar zwischen dem kalten inneren Glasrohr BB und dem von außen mittels des Flüssigkeitsmantels FF erwärmten äußeren Glasrohres AA. Das Glasrohr B hat gegenüber dem Glimmerblatt D auf der einen Seite ein Fenster C. Das Glimmerblatt D wird also auf der einen Seite von Gasmolekülen getroffen, die von der kalten Glaswand D und auf der anderen Seite von Gasmolekülen, die durch das Fenster C von der warmen Glaswand A kommen. Sein Ausschlag kann also zur Druckmessung benutzt werden. Diese schon von KNUDSEN benutzte Blättchenform des Radiometervakuummeters ist später von verschiedenen Autoren [69, 86, 93, 104] wieder aufgegriffen worden.

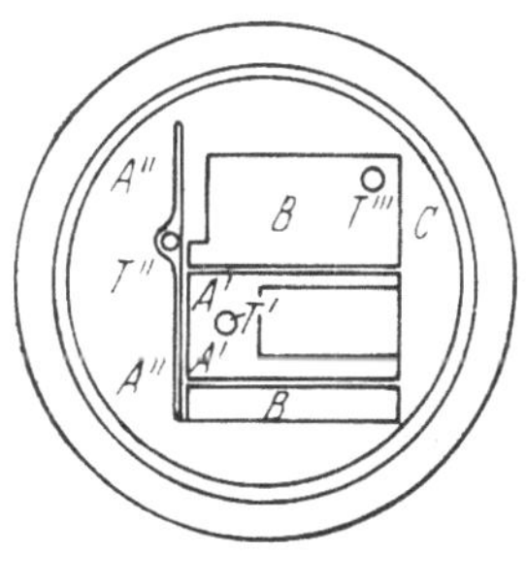

Abb. 66.
Absolutes Vakuummeter
nach KNUDSEN.

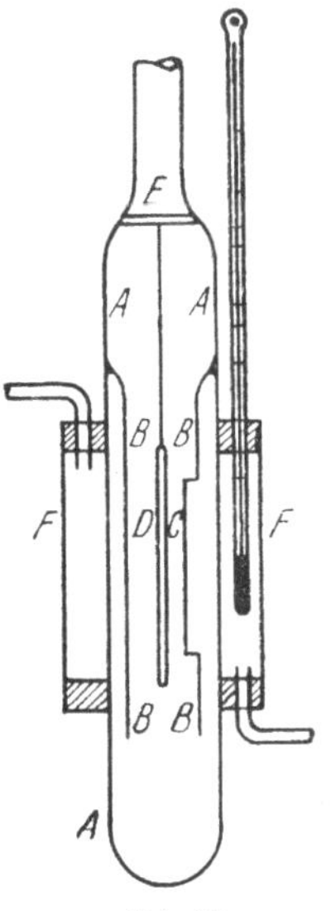

Abb. 67.
Blättchenform des
Radiometer-Vakuummeters
nach KNUDSEN.

Eine andere vielfach angewandte Form, deren grundsätzliche Wirkungsweise aus der schematischen Abb. 64 hervorgeht, zeigt Abb. 68 in der Ausführung von SHRADER und SHERWOOD[96]. Ein dünner Aluminiumrahmen g ist zusammen mit dem runden Beobachtungsspiegel an einem 12 μ starken Wolframdraht von etwa 7 cm Länge aufgehängt. Der Rahmen selbst hat eine Kantenlänge von 4 cm. Ihm stehen auf entgegengesetzten Seiten die geheizten Platinbänder a gegenüber. Auf die vielen Abwandlungen [72, 97, 106] dieser an dem Beispiel von Abb. 68 gezeigten Bauart soll im einzelnen nicht weiter eingegangen werden. In neuerer Zeit haben DUMOND und PICKELS[72] ein derartiges Vakuummeter ganz aus Metall in Verbindung mit großen Metallapparaturen mit Erfolg benutzt. Ihr System ist in Abb. 69 dargestellt. Ein Aluminiumrahmen 10 hängt zusammen mit dem runden Beobachtungsspiegel an einem etwa 10 μ starken Wolframfaden 7. Als warme Flächen dienen hier die elektrisch beheizten Drahtspiralen 14. Im Interesse einer geringeren thermischen Trägheit des Vakuummeters, die zwecks schneller

Nullpunktkontrolle durchaus wünschenswert ist, wäre es aber besser statt der Drahtspiralen mit großer Wärmekapazität als beheizte Fläche dünne Platinbänder zu verwenden. SHRADER und SHERWOOD benutzten Platinbänder von 20 μ Stärke. Das System von SHRADER und SHERWOOD ist neuerdings von JAECKEL und SCHÜLLER (E. Leybolds Nachf., unveröffentlicht) weiter entwickelt worden. Sie arbeiten mit Spann-

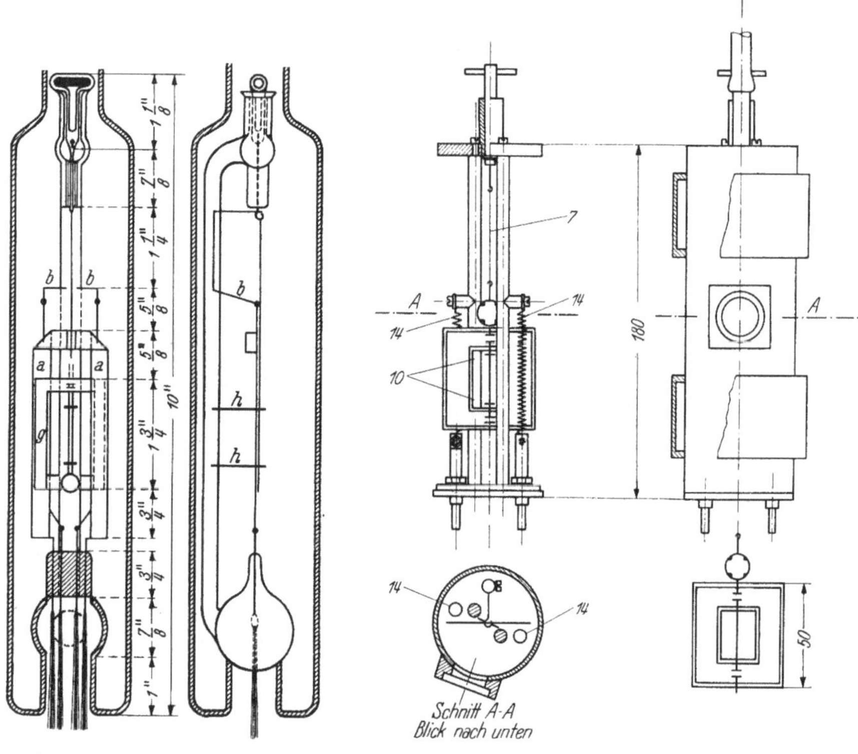

Abb. 68. Radiometer-Vakuummeter
nach SHRADER und SHERWOOD.
Abb. 69. Radiometer-Vakuummeter
nach DUMOND und PICKELS.

bandaufhängung des beweglichen Systems und zwar an 15 μ starken Wolframfäden. Die beheizten Platinbänder haben eine Dicke von 5 μ. Wegen der Zerreißfertigkeit dürfte dies auch die untere Grenze sein. Das ganze Meßsystem ist in Glas ein- und das Planglasbeobachtungsfenster aufgeschmolzen.

Eine besondere Konstruktion von RIEGGER[95] zeigt Abb. 70. Ein drehbar aufgehängtes Rad B aus schrägstehenden Folien steht dem beheizten Band A gegenüber. Die von dem heißen Band A ausgehenden schnellen Moleküle üben auf die schräg stehenden Flächen des Rades B einen seitlichen Druck aus und setzen das Rad B damit in Drehbewegung entgegen der Torsionskraft des Fedens. Der Ausschlag kann an der unten befindlichen Skala abgelesen werden. Auf diese Skala wirkt außerdem

ein außen befindlicher aber nicht gezeichneter permanenter Magnet, der
das ganze System aperiodisch dämpft. Auch KLUMB und SCHWARZ[87] verwenden neuerlich ein zylinder-symmetrisches bewegliches System, bei
dem das auftretende Drehmoment in der Weise bestimmt wird, daß
man in einer mit dem System verbundenen Kurzschlußspule durch ein
äußeres magnetisches Wechselfeld einen Induktionsstrom erzeugt. Die

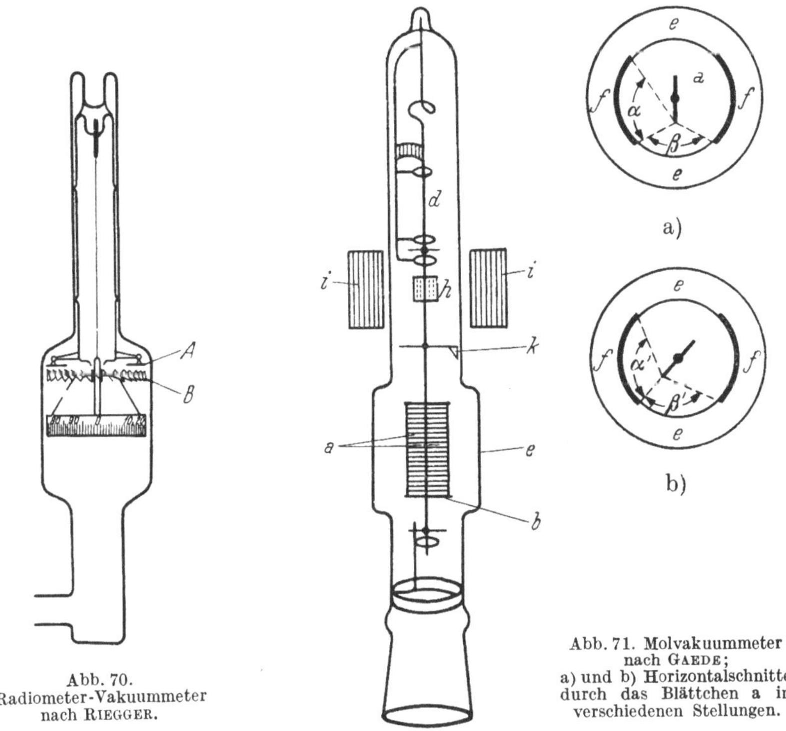

Abb. 70.
Radiometer-Vakuummmeter
nach RIEGGER.

Abb. 71. Molvakuummmeter
nach GAEDE;
a) und b) Horizontalschnitte
durch das Blättchen a in
verschiedenen Stellungen.

Größe des zur Kompensation erforderlichen magnetischen Wechselfeldes
ist dann ein Maß für das auftretende Drehmoment.

Alle bisher genannten Formen von Radiometervakuummmetern lehnen
sich in ihrer Wirkungsweise ziemlich nahe an die ursprüngliche KNUDSEN-
sche Form an. Erheblich neue Wege ist GAEDE[81] mit seinem Molvakuummeter gegangen. Der grundsätzliche Aufbau dieses Gerätes ist
in Abb. 71 dargestellt. Ein Aluminiumrahmen a ist zusammen mit dem
Zeiger k an einem dünnen Quarzfaden d von etwa 3 μ Dicke und 10 cm
Länge drehbar aufgehängt. Der Aluminiumrahmen a befindet sich
(siehe die Schnittzeichnung 71a) zwischen den kalten Teilen der Glaswand e und den von außen beheizten Flächen der Glaswand f. Steht
der Aluminiumrahmen a symmetrisch zu den beheizten Flächen wie in
Abb. 71a, so wird er einerseits von Gasmolekülen, die von der beheizten
Fläche f kommen und in ihrer Anzahl dem räumlichen Winkel α ent-

sprechen und andererseits von Gasmolekülen, die von der kalten Fläche e
kommen und in ihrer Anzahl dem räumlichen Winkel β entsprechen,
getroffen. Wird der Aluminiumrahmen a aber aus der symmetrischen
Lage (der Ruhelage) verdreht, wie in Abb. 71b, so wird er jetzt auf der
einen Seite von Molekülen, die von der beheizten Fläche f kommen und
in ihrer Anzahl dem räumlichen Winkel α' entsprechen und auf der
anderen Seite von Gasmolekülen, die von der unbeheizten Fläche e
kommen und in ihrer Anzahl dem räumlichen Winkel β' entsprechen,
getroffen. Da $\alpha' > \alpha$ und $\beta' < \beta$, so üben also, die von der heißen
Fläche f kommenden Gasmoleküle ein Rückstellmoment auf den Rah-
men a in Richtung auf seine Ruhelage aus. Das System a kann mittels
des Magnetblättchens h und der außen angebrachten Spulen i aus seiner
Ruhelage entfernt werden. GAEDE gibt nun drei verschiedene Meß-
methoden für das Molvakuummeter an.

1. Messung der Schwingungsdauer.

Wird mittels des Magnetplättchens h und eines Stromstoßes in der
Spule i das Aluminiumblatt a aus der Ruhelage gedreht, so pendelt es
mit der Schwingungsdauer t um seine Nullage.

t ist proportional der Direktionskraft, die sich zusammensetzt aus
der elastischen Direktionskraft des Quarzfadens d plus der Direktionskraft des thermischen Molekulardruckes, welch letztere, wie oben dar-
gelegt, durch die verschiedene Größe der Winkel α und α' bzw. β und β'
entsteht. Sind die Heizflächen f stromlos und ist somit der thermische
Molekulardruck gleich Null, so sei die Schwingungsdauer t_0. Es ist
dann $\frac{1}{t_0^2}$ proportional der elastischen Direktionskraft des Quarzfadens d
allein. Die Differenz $\frac{1}{t^2} - \frac{1}{t_0^2}$ ist proportional der Direktionskraft verursacht durch den thermischen Molekulardruck allein. Der thermische
Molekulardruck ist, wie wir bei der Ableitung der Gl. (17) gesehen haben,
proportional dem Druck p, so daß

$$p = A\left[\frac{1}{t^2} - \frac{1}{t_0^2}\right], \tag{21}$$

wenn A eine empirisch zu bestimmende Apparatekonstante ist.

2. Ablenkungsmethode.

Lenkt man den Zeiger k mittels des Magnetplättchens h und der
Spulen i um einen bestimmten Betrag aus seiner Ruhelage ab, so ist
das hierzu erforderliche Drehmoment und damit die Feldstärke in den
Spulen i abhängig von dem Rückstellmoment des thermischen Molekulardruckes, der das Blatt a in die Ruhelage zurückzustellen versucht. Da
der thermische Molekulardruck vom Druck abhängig ist, ist also der für
eine fest vorgegebene Ablenkung erforderliche Strom in den Spulen i
ein Maß für den Druck. Mittels Eichkurve kann also aus dem für eine
bestimmte Ablenkung erforderlichen Strom in den Spulen i der Druck
ermittelt werden.

3. Dämpfungsmethode.

Regt man bei ungeheizten Flächen f durch einen Stromstoß in den Spulen i das Aluminiumblatt a zu Drehschwingungen an und beobachtet die Abnahme der Amplituden, so arbeitet das Gerät als Reibungsmanometer. Die Amplitude der Schwingungen nehmen in der Zeit t von A_0 bis A_n ab. Dann gilt die Beziehung

$$p \sqrt{M} = B \cdot \frac{\log A_0/A_n}{t} \qquad (22)$$

vgl. Formel 16 im Kapitel über Reibungsmanometer. Die Fadendämpfung z' ist also hier vernachlässigt. Formel (22) kann entweder zur Bestimmung des Druckes bei bekanntem Molekulargewicht M oder zur Bestimmung des Molekulargewichtes benutzt werden, wenn vorher der Druck nach einer der beiden Methoden 1 oder 2 ermittelt wurde.

g) Ionisationsmanometer [106a bis 148].

1. Allgemeines.

In der Technik hat sich zur Messung von Drucken unter 10^{-3} Torr vor allen anderen Vakuummetern das Ionisationsmanometer durchgesetzt. Seine Vorzüge bestehen insbesondere darin, daß die eigentliche Meßröhre zusammen mit dem eingebauten System nur einen kleinen Rauminhalt beansprucht und unmittelbar an der Stelle, an der der Druck gemessen werden soll, angebracht werden kann, wobei diese Meßröhre weitgehend unempfindlich gegen mechanische Erschütterungen ist. Darüber hinaus sind beim Ionisationsmanometer alle Messungen auf elektrische Größen zurückgeführt, deren Meßtechnik ja weitgehend durchgebildet ist und für die bewährte Standardinstrumente vorliegen. Außerdem folgt das Ionisationsmanometer unmittelbar allen Druckänderungen. Die Einstellzeit ist nur durch die Ansprechzeit der elektrischen Meßinstrumente beispielsweise des Spiegel- oder Lichtmarkengalvanometers begrenzt. Diese Vorteile geben dem Ionisationsmanometer in der Technik meistens den Vorrang gegenüber den im Abschnitt f besprochenen Vakuummetern, obgleich seine Druckanzeige vom Füllgas abhängig ist.

Das Prinzip der Messung ist kurz folgendes. Beim Durchgang von geladenen Teilchen z. B. Elektronen durch ein verdünntes Gas ist die spezifische Ionisation s, d. h. die pro cm Weg erzeugte Zahl der Ionenpaare unter sonst gleichen Bedingungen proportional zum Gasdruck. Die Messung der Ionisation kann also zur Druckbestimmung benutzt werden.

Zur Durchführung dieser Messung verwendet man im einfachsten Fall eine normale Dreielektrodenröhre. Abb. 72 zeigt schematisch einen Schnitt durch das zylindrische System einer solchen Röhre, bestehend aus der Elektronen emittierenden Kathode F, dem Gitter G und dem Metallzylinder A, und außerdem die einfachste zur Druckmessung benutzte Schaltung. Die von der geheizten Kathode F, die vorzugsweise aus einem Wolframglühfaden besteht, ausgehenden Elektronen werden auf ihrem Wege zu dem positiv geladenen Anodenzylinder beschleunigt und erzeugen bei Zusammenstößen mit Gasmolekülen positive Ionen, die von dem schwach negativ aufgeladenen Gitter G abgefangen werden. Der Strom zu dem positiv geladenen Metallzylinder A ist also ein Maß für die Zahl der den Gasraum in der Zeiteinheit passierenden Elektronen und der Strom zu dem negativ geladenen Gitter G ein Maß für die durch diese Elektronen erzeugten positiven Ionen.

Überschlagsgemäß ergibt sich aus dem Verhältnis I^+/I^- der Druck p in folgender Weise[130]. I^+/I^- ist gleich der Anzahl der ionisierenden Stöße pro Elektron also gleich dem Verhältnis der von den Elektronen durchlaufenen Strecke zu deren mittleren freien Weglänge Λ_e. Für eine Röhre mit einem Abstand von 0,3 cm zwischen Glühfaden und Gitter bzw. Auffangzylinder ergibt sich also:

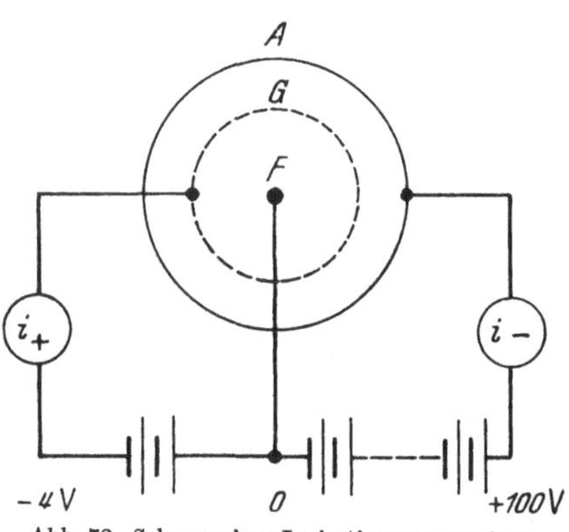

Abb. 72. Schema eines Ionisationsmanometers in Schaltung A.

$$\frac{I^+}{I^-} \quad \frac{0,3}{\Lambda_e} .$$

Nach Gl. A 20 ist Λ_e für Luft

$$\Lambda_e = \frac{4\sqrt{2}\cdot 4,62\cdot 10^{-3}}{p} \ [\text{cm}] .$$

p gemessen in Torr.

Daraus folgt also weiterhin

$$\frac{I^+}{I^-} = \frac{0,3\, p}{4\sqrt{2}\cdot 4,62\cdot 10^{-3}} .$$

Einem gemessenen „Vakuumfaktor" $I^+/I^- = {}^1/_{1000}$ entspräche demnach ein Druck von $p = 9\cdot 10^{-5}$ Torr.

Vergleichsmessungen zwischen einem Ionisationsmanometer und einem unmittelbar druckanzeigenden Gerät beispielswiese einem McLeod unter Verwendung eines definierten Füllgases (z. B. N_2) zeigen aber, daß diese rohe Rechnung zu niedrige Druckwerte liefert. Dies liegt vor allem daran, daß die benutzte mittlere freie Weglänge kein richtiges Maß für die wirkliche Zahl der ionisierenden Stöße liefert. Zur Berechnung der wirklichen Ionisation muß von der spezifischen Ionisation s, die selber wiederum von der Voltgeschwindigkeit der Elektronen abhängig ist, ausgegangen werden. Abb. 73 zeigt die Abhängigkeit der spezifischen Ionisation s von der Energie der Elektronen V für verschiedene Gase[111].

Für alle weiteren Betrachtungen drücken wir die Abhängigkeit des Vakuumfaktors I^+/I^- vom Druck p durch die Gleichung

$$\frac{I^+}{I^-} = C\cdot p \tag{23}$$

aus. Zur Berechnung von I^+ bzw. C muß die spezifische Ionisation $s\,(V)$ über den gesamten Elektronenweg zwischen Kathode und Anode integriert werden[115].

$$\frac{I^+}{I^-} = C\, p = \int_{r_F}^{r_A} p\,[s\,(V)]\,dx . \tag{24}$$

Auch diese Rechnung liefert noch keine exakten Werte. Sie wird vor allem durch zwei Umstände gefälscht. In der Nähe des Glühfadens d. h. aber mehr oder weniger im ganzen Meßraum des Ionisationsmanometers herrscht im allgemeinen eine höhere Temperatur, d. h. eine kleinere Dichte als in dem angeschlossenen Raum, in dem das Vakuum gemessen werden soll. Außerdem werden die positiven Ionen nicht nur von dem negativ geladenen Gitter, sondern auch von der Kathode abgefangen. Die letzteren entgehen also der Messung des auf das Gitter gelangenden Stromes.

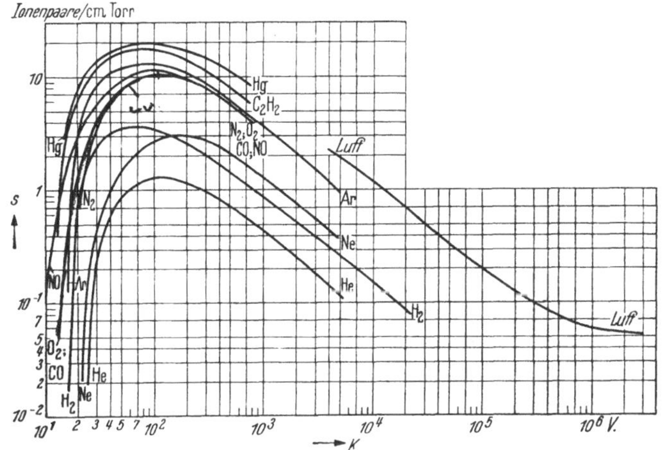

Abb. 73. Spezifische Ionisation s (= Ionenpaare pro cm Weglänge) für Elektronen in Abhängigkeit von der Energie K in verschiedenen Gasen bei einem Druck von 1 Torr.

Da nach den obigen Ausführungen die Berechnung des Druckes aus den mit dem Ionisationsmanometer gemessenen Strömen auf Schwierigkeiten stößt, werden die Ionisationsmanometer für praktische Messungen im allgemeinen durch Vergleichsmessungen mit einem McLeod im Bereich zwischen 10^{-3} und 10^{-4} Torr geeicht und Drucke unter 10^{-4} Torr mit der vorher nach Gl. (23) ermittelten Konstanten C extrapoliert. Diese Eichung muß natürlich für verschiedene Füllgase getrennt durchgeführt werden. Dabei wird Gl. (23) vielfach in der für Druckberechnungen handlicheren Form (23a) angewandt:

$$p = C_1 \frac{I^+}{I^-} . \tag{23a}$$

In Tabelle 5 sind die wesentlichen Daten einiger für Ionisationsmanometermessungen gebräuchlichen Röhren zusammengestellt. Dabei handelt es sich entweder um handelsübliche Verstärkerröhren, die für Ionisationsmanometermessungen geeignet sind oder um Röhren, die speziell zum Zwecke der Ionisationsmanometermessung entwickelt wurden. Die Angabe Schaltung A und B nach SIMON[132] hat dabei folgende Bedeutung. Die Schaltung A entspricht der Abb. 72, d. h. also

Tabelle 5. Betriebsdaten einiger Ionisationsmanometerröhren.

Röhre	Hersteller	Schaltung	$I-$ mA	C für Luft	Heizstrom A	V_G Volt	V_A Volt
RE 11	Telefunken	A	1	0,74[1]	0,5	—2	+100
RE 11	Telefunken	B	1	3,7[2]	0,5	+100	—10
JM 1	Telefunken	A	1	2,3	1,5	—10	+200
JM 1	Telefunken	B	1	10	1,5	+200	—10
VG-1	Distillation Products	B	5	40	2,75	+150	—25
D 79510	Western Electric	B	5	15	—	+200	—10
45	Sylvania	B	5	6,7	—	+200	—10
NRC 507	Nat. Res.	B	5	20	5	+150	—20
VG 1 A	Dest. Prod.	B	5	24	3,5—5	+150	—25
VG 2	Dest. Prod.	B	10	3,2	3—4	+150	—25

[1] Nach Simon [Z. tech. Phys. 5, 221 (1924)] ist dort anscheinend irrtümlich der reziproke Wert angegeben (siehe die Kurven seiner Abb. 14).

[2] Nach H. Schwarz: Z. Physik 117, 27 (1940).

Gitter negativ, Metallzylinder positiv. Bei der Schaltung B ist umgekehrt das Gitter positiv und der Metallzylinder negativ. Bei dieser Schaltung gelangen die von der Kathode F ausgehenden Elektronen nicht unmittelbar auf das positiv geladene weitmaschige Gitter G, sondern fliegen zum großen Teil an diesem vorbei und werden von dem negativ geladenen Auffangzylinder A zurückgeworfen und führen weiterhin eine Anzahl von Pendelungen um das Gitter aus. Ihr Weg in der Röhre wird dadurch gegenüber der Schaltung A verlängert und der Ionenstrom und damit die Empfindlichkeit des Ionisationsmanometers und sein Meßbereich nach niedrigen Drucken zu vergrößert.

Abb. 74 zeigt die Eichkurve für die Telefunkenröhre IM 1 für Luft als Füllgas in Schaltung B.

Die amerikanische Röhre VG-1[140] (siehe auch [139]) enthält keinen Metallzylinder, sondern nur Gitter und Glühfäden. Die Rolle des Metallzylinders übernimmt hier die verspiegelte Glaswand. Diese Röhre hat den Vorteil, daß für die Elektronenwege der ganze Rauminhalt der Röhre ausgenutzt und damit die Empfindlichkeit des Ionisationsmanometers vergrößert werden kann.

Die Compagnie de Radiologie in Paris baut Ionisationsmanometer ganz aus Metall mit auswechselbaren Glühfäden. Diese Röhren haben ziemlich große Abmessungen und damit große Elektronenwege und große Ionenströme. Sie kommen also bei mittleren Drucken mit einfachen technischen Instrumenten für die Messung der Ionenströme aus und haben vor allem Bedeutung in Verbindung mit großen Metallapparaturen bei denen sowieso keine extrem niedrigen Drucke erreicht werden können, die eine weitgehende Entgasung der Ionisationsmanometerröhre erforderlich machen.

Bei den Glasröhren wird zur Entgasung im allgemeinen Gitter und Metallzylinder durch Elektronenbombardement bis zur Rotglut aufgeheizt. Einige Röhren gestatten die Erhitzung des Gitters unmittelbar durch Stromwärme. Die Glaswand wird anschließend durch Außenheizung entgast.

Der Meßbereich der Ionisationsmanometer reicht von 10^{-3} Torr bis zu den niedrigsten erreichbaren Drucken. Bei höheren Drucken als 10^{-3} Torr besteht die Gefahr, daß der Glühfaden durch das Füllgas chemisch angegriffen wird oder daß sogar eine Glimmentladung zündet. Nach niedrigen Drucken zu ist die Grenze des Meßbereiches durch die

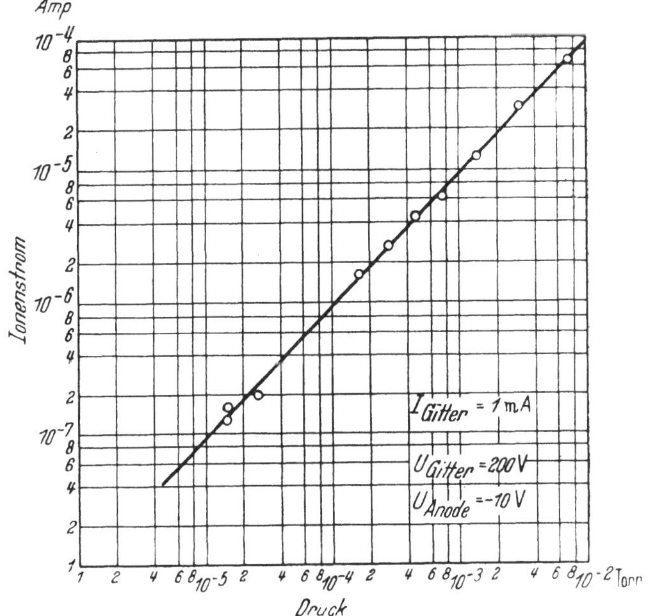

Abb. 74. Eichkurve der Telefunken-Röhre IM 1.

Messung des Ionenstromes gegeben. Man muß einerseits genügend empfindliche Galvanometer verwenden und andererseits das Auftreten von Kriechströmen durch Isolationsfehler vermeiden. Bei den speziell für Ionisationsmanometermessungen entwickelten Röhren, z. B. der IM 1 ist hierfür durch getrennte Herausführung der Stromzuführung für den Auffangzylinder Sorge getragen. Wie Abb. 74 zeigt, liefert eine gute Ionisationsmanometerröhre im technischen Druckbereich zwischen 10^{-3} und 10^{-6} Torr Ionenströme zwischen 10^{-5} und 10^{-8} Ampere, die also in einfacher Weise mit technischen Lichtmarkengalvanometern noch gut erfaßt werden können.

Außer den eingangs genannten hat das Ionisationsmanometer noch folgende Nachteile. Der heiße Glühfaden kann durch chemische Reaktion mit dem Füllgas zerstört werden und dieses selbst durch Zersetzungserscheinungen an dem heißen Glühfaden in seiner Zusammensetzung gegenüber dem Raum, in dem das Vakuum gemessen werden soll, verändert werden. Außerdem neigen alle Ionisationsmanometer mehr oder weniger stark zu Gasaufzehrung[145], wodurch der Druck in der Meßröhre gegenüber der angeschlossenen Apparatur erniedrigt wird. Eine kritische Untersuchung der bei Ionisationsmanometermessungen möglichen Fehlerquellen gibt BLEARS [106a.b]). Da die Messung des Druckes auf die Messung des Ionenstromes I^+ zurückgeführt wird, muß gleichzeitig [s. Gl. (23)] der Elektronenstrom I^- durch eine zusätzliche Messung ermittelt oder konstant gehalten werden. Das ist insbesondere deshalb notwendig, weil sich selbst bei konstanter Glühfadentemperatur die Emission dadurch ändert, daß sich der heiße Glühfaden mit zunehmendem Druck mehr und mehr mit Sauerstoff belädt[122a, 151].

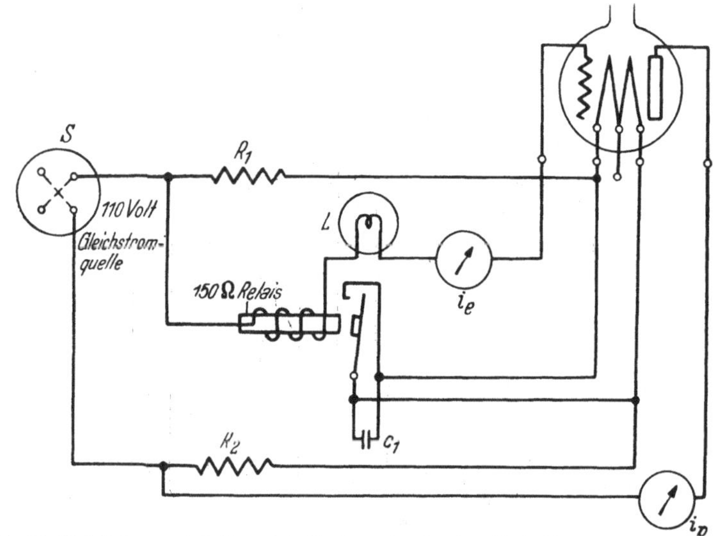

Abb. 75. Stabilisierungs-Schaltung für die Emission in einer Ionisationsmanometerröhre mittels Gleichstrom-Relais. Der Elektronenstrom i_e zum Gitter der Meßröhre durchfließt die Spule eines Relais, das bei wachsendem Elektronenstrom den Heizstrom des Glühfadens kurzschließt.

2. Besondere Schaltungen des Ionisationsmanometers.

Hält man den Elektronenstrom I^- konstant, so wird die Druckmessung mit dem Ionisationsmanometer auf die Ablesung einer einzigen Größe, nämlich des Ionenstroms I^+ zurückgeführt. Diese Methode ist besonders handlich in Verbindung mit einem technischen Lichtmarkengalvanometer zur Messung des Ionenstromes. Zur selbsttätigen Konstanthaltung des Elektronenstromes sind eine Reihe von Schaltungen angegeben worden [119b, 125a, 127a]

JAYCOX und WEINHART[119] verwenden ein Gleichstromrelais. Wie Abb. 75 zeigt, durchfließt der Elektronenstrom zum Gitter der Meßröhre i_e die Spule eines Relais, das bei wachsendem Elektronenstrom den Heizstrom des Glühfadens kurzschließt. Auf diese Weise wird der Elektronenstrom auf einem konstanten Wert gehalten. KUPER[122] gibt an, daß ein Wechselstromrelais besser arbeitet. Seine Schaltung zeigt Abb. 76.

Die Schaltung von OVERBECK und MEYER[126] zeigt Abb. 77. Der Glühfaden wird über einen Sättigungstransformator geheizt, durch dessen dritte Windung der vom positiven Gitter aufgefangene Elektronenstrom fließt und somit den Heizstrom in der gewünschten Weise reguliert.

HOAG und SMITH[117] (Abb. 78) schicken den Heizstrom des Glühfadens durch ein Thyratron, dessen Gitter an dem von dem Elektronenstrom durchflossenen Widerstand R_3 liegt. Je nachdem der Elektronenstrom größere

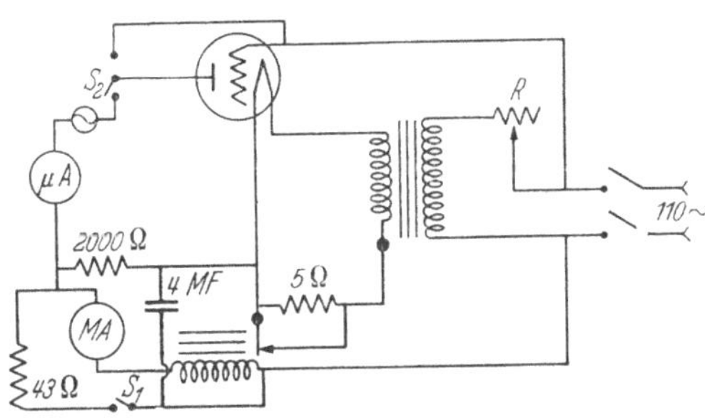

Abb. 76. Stabilisierungsschaltung für die Emission in einer Ionisationsmanometerröhre mittels Wechselstrom-Relais. Der vom Glühfaden ausgehende Elektronenstrom durchfließt zunächst die Spule eines Wechselstrom-Relais, das Milliampèremeter MA und einen Widerstand von 2000 Ω. Das Wechselstrom-Relais öffnet oder schließt den Kurzschluß eines 5 Ω-Widerstandes im Heizstromkreis und steuert so den Heizstrom.

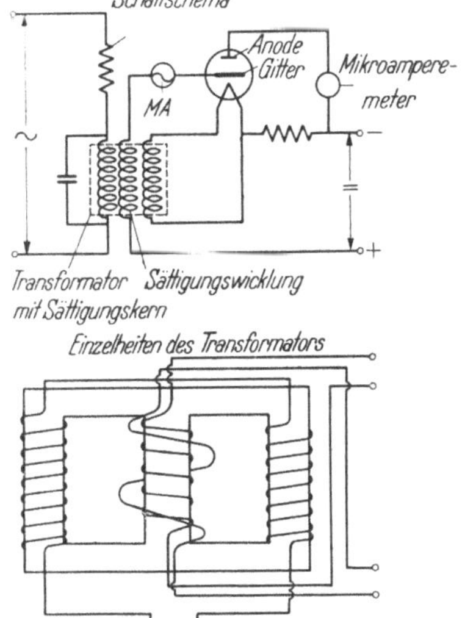

Abb. 77. Stabilisierungs-Schaltung für die Emission in einer Ionisationsmanometerröhre mittels eines Sättigungs-Transformators. Die Heizung des Glühfadens erfolgt über einen Transformator, der eine 3. Wicklung trägt, die von dem Elektronenstrom zum Gitter der Meßröhre durchflossen wird. Durch diese Sättigungswicklung wird der Heizstrom gesteuert.

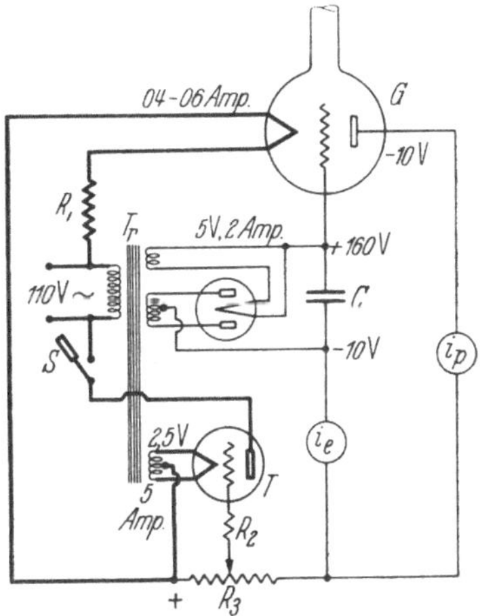

Abb. 78 Stabilisierungs-Schaltung für die Emission in einer Ionisationsmanometerröhre mittels eines Thyratrons im Heizstromkreis, dessen Gitter an dem von dem Elektronenstrom i_e durchflossenen Widerstand R_3 liegt. Je nachdem der Elektronenstrom größere oder kleinere Werte annimmt, wird auch das negative Potential am Gitter des Thyratrons größer oder kleiner und damit die Zeitdauer innerhalb einer Wechselstrom-Periode, während der das Thyratron brennt, kleiner oder größer.

oder kleinere Werte hat, ist auch das negative Potential am Gitter des Thyratrons größer oder kleiner und damit die Zeitdauer innerhalb einer Wechselstromperiode, während der das Thyratron brennt, kleiner oder größer.

RIDENOUR und LAMPSON[128] verwenden im Wechselstromheizkreis des Glühfadens eine Drossel mit veränderlichem Widerstand, wobei der Widerstand durch den Elektronenstrom gesteuert wird. Ihre Schaltung zeigt Abb. 79. Der Elektronenstrom zum Gitter der Vakuummeterröhre D 79 510 verändert den Spannungsabfall an dem Widerstand R_3 im Anodenkreis der Verstärkerröhre 2 4 6 und damit die negative Vorspannung der beiden in Gegentakt geschalteten Gleichrichterröhren 2 A 3. Dadurch wird also bei geschlossenem Schalter S_1 der Sekundärstrom in der Drossel T_2 und damit deren Widerstand gesteuert.

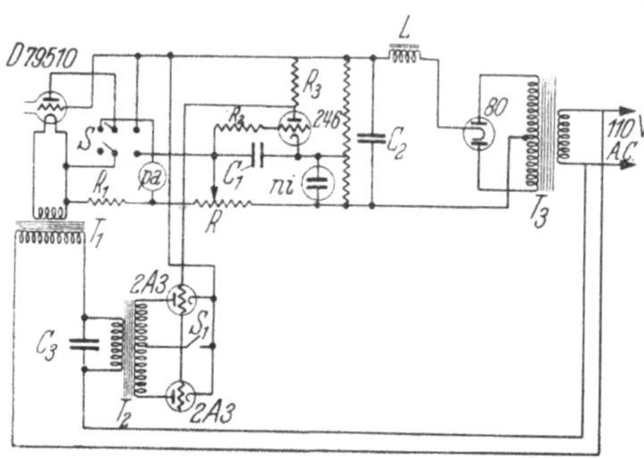

Abb. 79. Stabilisierungs-Schaltung für die Emission in einer Ionisationsmanometerröhre mittels einer Drossel T_2 von veränderlichem Widerstand im Wechselstrom-Heizkreis des Glühfadens.

Anstatt einer Triode verwenden MONTGOMERY und MONTGOMERY[125] eine Pentode als Ionisationsmanometer. Bei ihrer Schaltung (Abb. 80) wird der Elektronenstrom i_g zum positiv geladenen Gitter durch ein schwach positiv geladenes Raumgitter, dessen Spannung durch den vom Elektronenstrom durchflossenen Widerstand R gesteuert wird, konstant gehalten.

Zur Messung des Ionenstromes mit einfachen technischen Zeigerinstrumenten geben BOWIE[107], sowie RIDENOUR[129] und auch v. FRIESEN[112] Verstärkerschaltungen an. Die Messung des Ionenstromes über eine Kondensatoraufladung benutzen SEWIG[131], SORBEY[133] und auch BUTSCHINSKY[109].

Eine Schaltung, bei der die elektronenauffangende Anode nur eine schwache positive Spannung erhält, die an und für sich nicht zur Kompensation der Elektronenraumladung ausreicht und bei der nur ein Elektronenstrom auftritt, wenn die negative Raumladung durch positive Ionen aus dem Gasraum kompensiert wird, benutzen HERTZ[116], SPIWAK und IGNATOW[134].

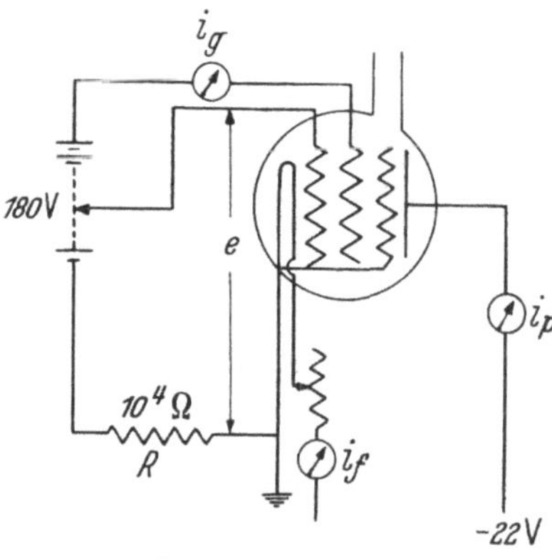

Abb. 80. Stabilisierungs-Schaltung für die Emission in einer Ionisationsmanometerröhre unter Verwendung einer Pentode anstelle einer Triode und Konstanthaltung des Elektronenstroms i_g durch Veränderung der Spannung am Raumladegitter.

Ein Ionisationsmanometer mit Außensonde behandelt SELENYI[135]. Die Verwendung verschiedener Röhrentypen, die als Dynatron, Baratron und Magnetron bezeichnet werden, zu Ionisationsmanometermessungen werden von GOETZ[137] und KILLIAN[138], KLUMB und HAASE[121] beschrieben.

3. Ionisationsmanometerröhre im Magnetfeld.

Bringt man eine Ionisationsmanometerröhre in ein Magnetfeld, so werden die Bahnen der Elektronen zu Spiralen aufgewickelt und die Elektronenwege dadurch insbesondere bei geeigneter Elektrodenanordnung sehr stark verlängert, so daß man auch bei niedrigen Drucken Ionenströme erhält, die noch mit einfachen Zeigerinstrumenten gemessen werden können[141].

Eine spezielle Form einer solchen Ionisationsmanometerröhre im Magnetfeld ist das sogenannte Philips-Vakuummeter[142, 142a]. Das Prinzip dieses Gerätes sei an Hand der Abb. 81 dargelegt. Die zwischen den beiden plattenförmigen Kathoden P_1 und P_2 auf die ringförmige Anode R zulaufenden Elektronen werden zufolge des Magnetfeldes H derart fokussiert, daß sie die ringförmige Anode R im allgemeinen erst nach zahlreichen Pendelungen um diese erreichen. Die Verlängerung der Elektronenbahnen ist bei diesem Gerät so groß, daß zur Messung von Drucken zwischen 10^{-3} Torr und 10^{-5} Torr als Elektronenquelle keine Glühkathode erforderlich ist, sondern daß die natürliche Raumionisation als Elektronenquelle ausreicht.

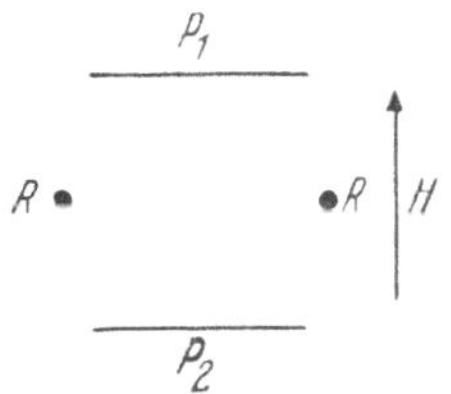

Abb. 81. Prinzip des Philips-Vakuummeters; P_1 und P_2 = plattenförmige Kathoden; R = ringförmige Anode; H = Magnetfeld.

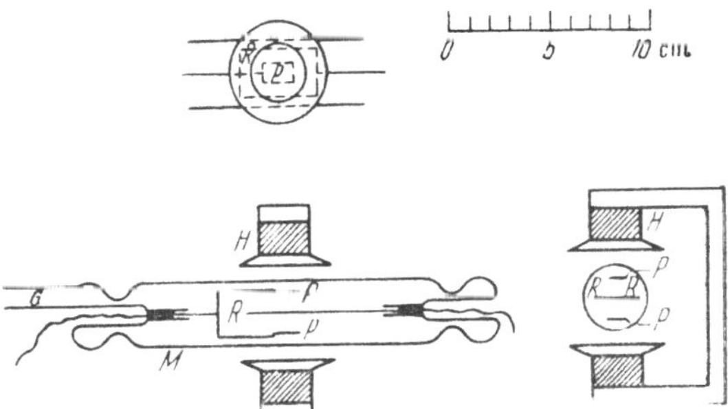

Abb. 82. Schnitt durch eine Philips-Vakuummeterröhre M im Magnetfeld H. Lieferer: Leybold. p = plattenförmige Kathoden R = ringförmige Anode.

Das nach diesem Prinzip ausgeführte technische Vakuummeter ist in Abb. 82 wiedergegeben und wird von Penning[142] folgendermaßen beschrieben: die Platten P und der Ring R befinden sich im Feld eines Permanentmagneten H, der mitten unter den Polschuhen eine Feldstärke von etwa 370 Oerstedt aufweist. Elektroden werden in der nach Abb. 83 angegebenen Schaltung

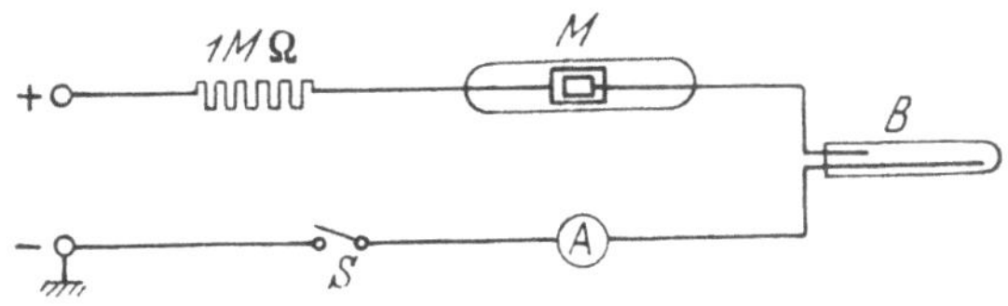

Abb. 83. Schaltung eines Philips-Vakuummeters; M = Manometerröhre; B = Glimmindikator-Röhre; A = Mikroamperemeter, S = Schalter.

über einen Widerstand von 1 Megohm an einen Anodenspannungsapparat von 2000 Volt und geringer Leistung angeschlossen. (Statt an eine Gleichspannung können die Elektroden auch an eine Wechselspannung von 2000 V gelegt werden, da die Manometerröhre selbst infolge der starken Unsymmetrie der Elektroden als Gleichrichter wirkt [140a]). Der Strom i durch die Manometerröhre M, die in ihrer ursprünglichen Form aus Glas hergestellt wird, ist nun ein Maß für den Gasdruck. Er ist an einem Mikroamperemeter abzulesen. Bei qualitativen Messungen kann man statt dessen vorteilhaft eine kleine Glimmlampe B benutzen, z. B. das Abstimmungsröhrchen Philips 4662, bei dem die Länge l des Glimmlichtes einen Maßstab für den Strom und somit auch für den Druck in der Röhre M bildet.

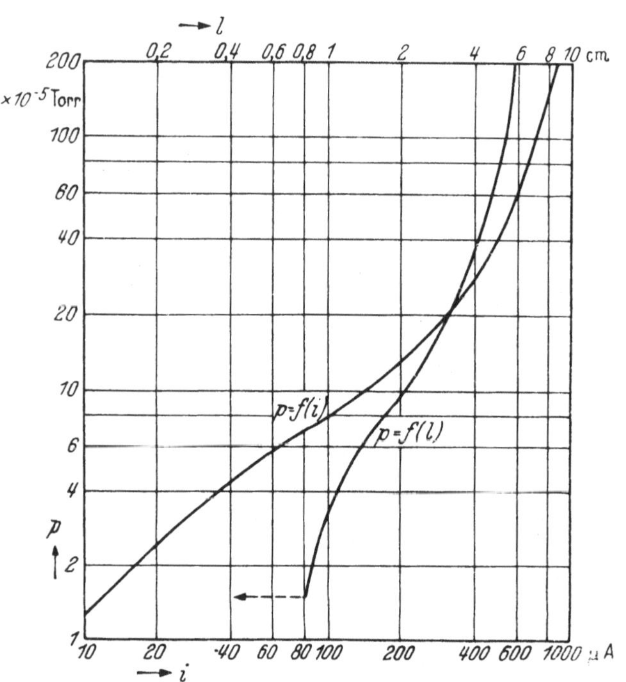

Abb. 84. Eichkurve eines Philips-Vakuummeters. Druck p in Abhängigkeit vom Entladungsstrom i bzw. der Glimmlichtlänge l in der stabförmigen Glimmindikatorröhre B.

Abb. 84 zeigt den Zusammenhang zwischen i oder l und dem Druck p für den Bereich von $2 \cdot 10^{-3}$ bis 10^{-5} Torr. Die Kurven sind Durchschnittswerte für Luft, Wasserstoff, Kohlenmonoxyd und Argon, wobei die Werte für p innerhalb eines Faktors 2 miteinander übereinstimmen.

Dieses Gerät hat sich infolge seiner geringen Störanfälligkeit (kein Durchbrennen eines Glühfadens, keine empfindliche Strommessung, Erschütterungsunempfindlichkeit, keine Gefahr des Durchbrennens irgendwelcher Schaltungselemente bei höheren Drucken und Lufteinbrüchen, und seiner einfachen Bedienungsweise in technischen Betrieben sehr gut eingeführt.

Sein Meßbereich von 10^{-3} bis 10^{-5} Torr entspricht ja auch gerade dem Bereich, den man als technisches Hochvakuum bezeichnen kann. Das Gerät hat außerdem den Vorteil, daß es sowohl Gase als auch kondensierbare Dämpfe anzeigt und auf Druckschwankungen in kürzester Zeit reagiert. Als erheblicher Nachteil ist zu verzeichnen, daß das Gerät in *starkem* Maße zur Gasaufzehrung[143, 144] neigt, und infolgedessen mit möglichst kurzen und weiten Leitungen mit der zu messenden Apparatur verbunden werden muß, wenn nicht im Meßraum unter Umständen viel niedrigere Drucke herrschen sollen als in der angeschlossenen Apparatur. Das gilt insbesondere für Manometerröhren M aus Glas. Da darüber hinaus die Meßgenauigkeit des Gerätes sowieso nicht sehr hoch ist, wird es in vielen Fällen nur die Zehnerpotenz des Druckes richtig angeben, was aber eben für viele technische Zwecke völlig ausreicht.

Die durch Gasaufzehrung oder Gasabgabe in der Manometerröhre M bedingten Fehlerquellen für die Druckmessung können weitgehend ausgeschaltet werden, wenn man die Manometerröhre M fortfallen läßt und die Elektroden P, R zusammen mit dem Permanentmagneten in dem Vakuumrahmen unterbringt, in dem der Druck gemessen werden soll[140a].

Auch Manometerröhren aus Metall, die außer den Elektroden P und R auch den Permanentmagneten im Vakuumraum enthalten, bieten den Manometerröhren aus Glas mit eingeschmolzenen Elektroden P und R und Außenmagneten gegenüber Vorteile.

Da die Entladung im Philips-Vakuummeter bei niedrigen Drucken nur schwer zündet, verwendet MCHWRAITH[141a] einen heizbaren Wolframfaden als Hilfskathode.

4. Das Alphatron.

Die grundsätzliche Wirkungsweise dieses Vakuummeters[146, 147] ist folgende*: Die a-Strahlen von einem Radiumpräparat, das in einer Vakuumkammer untergebracht ist und eine zeitlich konstante a-Aktivität hat, erzeugen bei ihrem Wege durch die Kammer eine Ionenmenge, die vom Druck in der Kammer abhängig, und zwar weitgehend proportional zum Druck ist. Die Druckmessung kann also auf die Messung der in der Zeiteinheit von den a-Strahlen in der Kammer erzeugten Ionenmenge zurückgeführt werden.

Abb. 85 zeigt den inneren Aufbau der Meßkammer eines Alphatrons. a ist das a-Strahlen emittierende Radiumpräparat, b die vierarmige Sammelelektrode, die mit dem Gitter der ersten Röhre des Verstärkers verbunden ist, c die Elektrode für die Saugspannung der im Gasraum erzeugten Ionen und d das Gehäuse der Vakuumkammer. Letzteres soll zur Vermeidung von Kriechströmen möglichst dasselbe Potential haben wie die Sammelelektrode b. Als Eingangsröhre des Verstärkers verwendet man am besten eine Elektrometerröhre, die mit der in Abb. 85 dargestellten Messkammer eine feste Einheit bildet.

Abb. 86 zeigt die Abhängigkeit des zur Sammelelektrode gelangenden Ionenstromes in seiner Abhängigkeit vom Druck. Die Ströme sind sehr klein und haben etwa einen Wert von 10^{15} Amp. pro 10^{-3} Torr und 10^{-6} g Ra.

---

* Der Verfasser hatte im Jahre 1938 bereits den Plan zum Bau eines derartigen Vakuummeters bezw. Höhenmessers gefaßt, aber aus zeitbedingten Gründen von einer Veröffentlichung abgesehen.

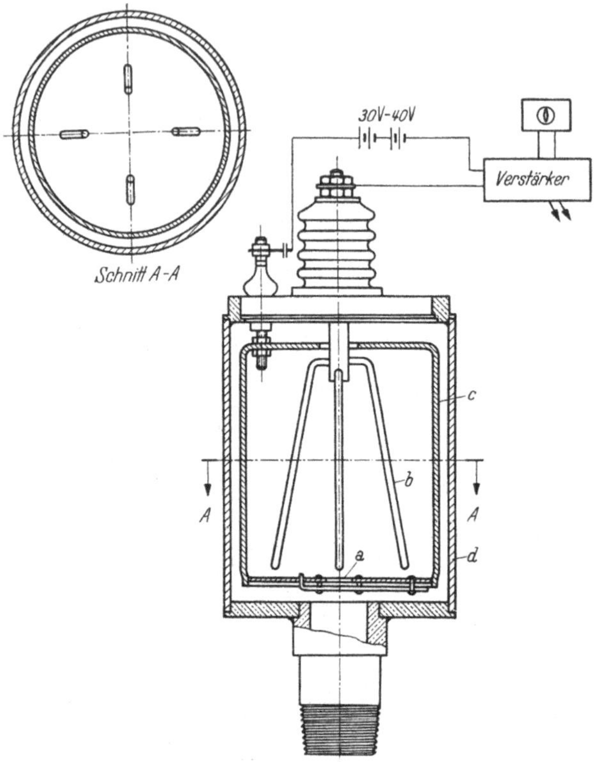

Abb. 85. Schnitt durch die Meßröhre eines Alphatrons. Lieferer: National Research Corp.

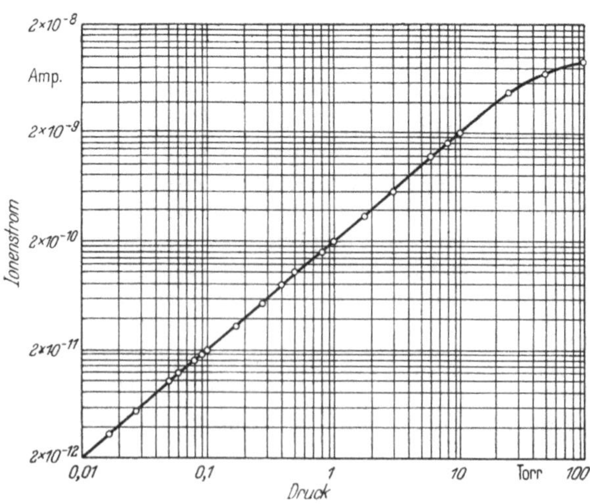

Abb. 86. Abhängigkeit des Ionenstroms vom Druck in einem Alphatron nach Abb. 85.

Man muß diese Ionenströme also erheblich verstärken, um sie mit technischen Instrumenten bequem messen zu können. Der Verstärker[148] muß dabei in dem ganzen in Frage kommenden Spannungsbereich linear arbeiten. Um zu vermeiden, daß von den a-Teilchen in den Wänden der Kammer ausgelöste Sekundärelektronen mitgemessen werden und damit die Messung verfälschen, muß die Sammelelektrode so gepolt werden, daß sie positive Ionen sammelt.

Wie Abb. 87 zeigt, reicht der lineare Meßbereich des Alphatrons nach hohem Druck bis etwas über 10 Torr. Bei höheren Drucken tritt Rekombination zwischen den gebildeten Ionen auf. Nach niedrigen Drucken zu liegt die Grenze des Meßbereichs zwischen 10^{-3} und 10^{-4} Torr. Sie ist gegeben durch 1. Größe der Meßkammer und Stärke des Radiumpräparates, 2. einen Nullstrom von etwa $2 \cdot 10^{-15}$ Amp., herrührend von den Sekundärelektronen, die die a-Teilchen in der Sammelelektrode auslösen und 3. den Isolationsstrom des Gitters der Eingangsröhre des Verstärkers.

Tehnische Formen des Alphatrons arbeiten mit etwa $2 \cdot 10^{-4}$ g Radium. Die Eichkurven, die man hiermit erhält, sind naturgemäß wie Abb. 87 zeigt, von der Gasart abhängig, aber bei jeder Gasart druckproportional.

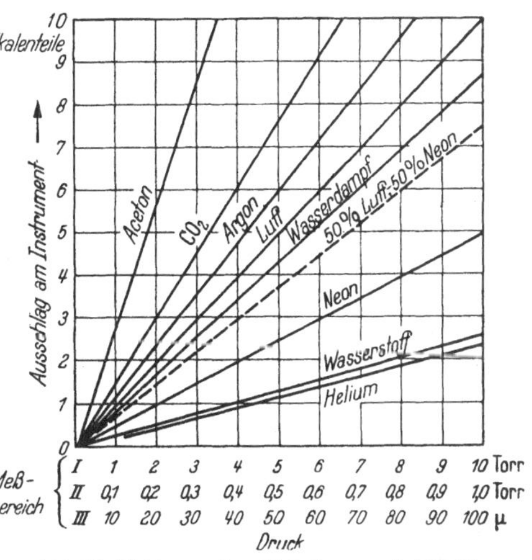

Abb. 87. Eichkurve eines Alphatrons nach Abb. 85. in drei Druckbereichen für verschiedene Gase.

Das Alphatron ergänzt mit seinem Meßbereich die übrigen Ionisationsmanometer (Philipsvakuummeter und Ionisationsmanometer mit Glühkathode) nach hohen Drucken zu. Es hat gegenüber den Instrumenten mit Glühkathode den Vorteil, daß es keinen Glühfaden enthält, der bei hohen Drucken durchbrennt. Gegenüber den Wärmeleitungsmanometern (Piranimanometer, Thermoelektrisches Vakuummeter) hat es den praktisch sehr bedeutungsvollen Vorzug, daß seine Eichkurve sich nicht durch die zeitweilige Anwesenheit von Dämpfen ändert, die bei den Wärmeleitungsmanometern die Oberflächeneigenschaften für die Abstrahlung von Wärmestrahlung und damit die Eichkurve beträchtlich verändern können.

h) Vakuumanzeige durch Entladungserscheinungen und andere spezielle Methoden.

Als grobes Vakuumkriterium wurden insbesondere früher die Form der Entladungserscheinungen in einem kleinen an die Vakuumapparatur angeschlossenen Geißlerrohr, das mit einem Funkeninduktor betrieben wurde, benutzt. Da die Form dieser Entladungserscheinung unter anderem sehr stark von der Art des Füllgases abhängt, erhält man auf diese Weise nur ein ganz grobes Vakuumkriterium. Als Anhalt kann etwa dienen, daß die Länge des negativen Glimmlichtes größenordnungsmäßig der mittleren freien Weglänge der Elektronen bei dem entsprechenden Druck entspricht. Hoher Druck heißt fadenförmig eingeschnürte Entladung, niedriger Druck diffus ausgebreitete Entladung. Bei Drucken zwischen 10^{-2} und 10^{-3} Torr erlischt die Entladung im allgemeinen.

Ein technischer Vakuumanzeiger, der die Druckabhängigkeit der Entladungsformen ausnutzt, ist das Skanaskope der Centr. Scient. Co.

Ein Vakuumkriterium insbesondere dafür, ob Hochvakuum, d. h. also etwa Drucke unter 10^{-3} Torr erreicht sind oder nicht, das sich sehr stark durchgesetzt hat, sind die in der Medizin gebräuchlichen Hochfrequenzgeräte. Nähert man einen solchen Hochfrequenzvakuumprüfer von außen einem unter Vakuum stehenden Glasgefäß, so leuchtet bei Drucken oberhalb 10^{-3} Torr das Gas innerhalb des Glasgefäßes auf, während bei tieferen Drucken allein die Glaswand fluoresziert.

JOHNSON[150] verwendet zur Druckmessung eine Drosselspule, deren Kern Magnetostriktion zeigt, bei der also die Schallabstrahlung und damit der induktive Widerstand von Dichte und Schallgeschwindigkeit im umgebenden Medium abhängig ist. Er mißt die Änderung der Impedanz in einer Brückenschaltung, an der eine Spannungsquelle von etwa 60 kHz liegt, wobei die Drosselspule zunächst auf Resonanz abgestimmt ist.

Zur Messung von Drucken unter 10^{-8} Torr sind alle bisher beschriebenen Methoden ungeeignet. Will man noch niedrigere Drucke messen, so muß man dazu Effekte benutzen, die mit Gasbeladung von Oberflächen in Zusammenhang stehen, z. B. die Abhängigkeit der Photoemission von der Gasbeladung der Oberfläche [149, 151].

i) Leckmesser.

Jedem auf dem Hochvakuumgebiet arbeitenden ist es als äußerst unangenehmer Übelstand bekannt, daß ein sehr großer Teil der experimentellen Arbeit damit verbraucht wird, die Undichtigkeiten (oder Lecks) in Hochvakuumapparaturen aufzufinden und zu beseitigen. Bis etwa 1942 erfolgte die *Dichtigkeitsprüfung* allgemein in der Weise, daß man die zu prüfende Apparatur möglichst weitgehend evakuierte und dann maß, ob der zeitliche Druckanstieg ein zulässiges Maß nicht überstieg. Hierbei störte die undefinierte Abgabe von Gasen und Dämpfen durch die Wände und festen Einbauten des Prüflings. Zur *Auffindung von Undichtigkeiten* beließ man den möglichst weitgehend evakuierten Prüfling an der Pumpe und verfolgte messend, ob sich beim Abdichten verdächtiger Stellen (z. B. mit Wachsen oder Lacken) das Vakuum besserte oder nicht. Ein anderes Verfahren beruht darauf, daß die Druckanzeige der meisten Vakuummeßinstrumente, z. B. des Thermoelektrischen Vakuummeters und des Ionisationsmanometers, von der Gasart abhängig ist, so daß sich also beim Bestreichen der Lecks mit leicht verdampfbaren Flüssigkeiten die Druckanzeige infolge der eindringenden

Dämpfe ändert. Auch die Abhängigkeit der Elektronenemission des Wolframglühfadens einer Ionisationsmanometerröhre von der Sauerstoffbeladung kann zur Lecksuche ausgenutzt werden[158]. Zur Lecksuche wird hierbei der Prüfling außen mit Sauerstoff abgeblasen. Die Empfindlichkeit dieser Methode beträgt 10^{-3} Torr. l/sec. Schließlich kann man auch den Prüfling vor der Evakuierung innen unter Druck und außen unter Wasser setzen oder außen mit einem Schaumbildner (Seifenlösung oder Nekal der I. G. Farben) bestreichen.

Undichtigkeiten zeigen sich dann durch Blasen an der Außenwand. DÄLLEN-BACH[152, 153] erhöht die Empfindlichkeit der letzteren Methode dadurch, daß er als Druckgas Ammoniak und als Indicator Mercuronitrat verwendet. Allen diesen Verfahren gemeinsam ist der erhebliche Zeitaufwand und die Unsicherheit über die chemische Natur der in der Apparatur vorhandenen oder in diese eindringenden Gase und Dämpfe.

Etwa seit 1942 rührt ein grundsätzlicher Fortschritt auf diesem Gebiet. Er wurde durch folgendes Verfahren[154, 155, 159, 160, 162] gebracht: Man schaltet zwischen die zu prüfende Apparatur und die Hochvakuumpumpe ein Massenspektrometer, so daß man durch das Massenspektrometer sofort Aufschluß über die Natur der geförderten Gase erhält. Wird jetzt der Prüfling außen mit einem Testgas abgesprüht (z. B. H_2 oder He), so erkennt man an dem Auftreten der für das Testgas charakteristischen Linie im Massenspektrometer sofort das Vorhandensein etwa vorhandener Undichtigkeiten.

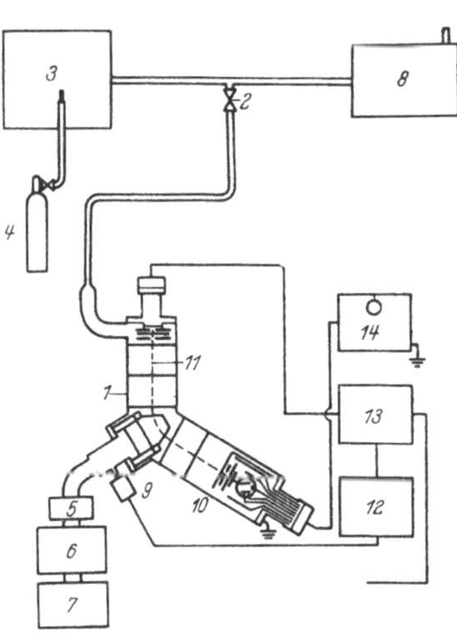

Abb. 88. Schema eines Leckmessers nach der Massenspektrometer-Methode. Lieferer: Consolidated Engineering Corp., General Electric, Vacuum Electronic Eng., Leybold. 1 = Massenspektrometer; 2 = Regulierventil; 3 = Prüfling; 4 = Stahlflasche mit dem Testgas; 5 = Absperrventil; 6 = Diffusionspumpe; 7 = Vorpumpe dazu; 8 = Grobpumpe; 9 = Ionisations-Manometer; 10 = Ionen-Auffänger; 11 = Ionenbahn im Massenspektrometer; 12 = Anschlußgerät zum Ionisationsmanometer; 13 = Netzanschlußgerät für das Massenspektrometer; 14 = Verstärker für den Ionenstrom.

Abb. 88 zeigt das Aufbauschema eines nach diesem Verfahren arbeitenden *Leckmessers*. Die zu prüfende Vakuumapparatur 3 kann mit dem Testgas (z. B. He oder H_2) aus einer Stahlflasche 4 abgesprüht werden. Sie ist durch eine Vakuumleitung mit der Ionenquelle des Massenspektrometers verbunden. In der Ionenquelle werden vorhandene Gasatome und Moleküle durch Stoß mit von einem Glühdraht ausgehenden Elektronen ionisiert. Die Ionen werden dann durch ein elektrisches Feld beschleunigt, in dem Magnetfeld eines Permanentmagneten abgelenkt und gelangen schließlich auf den Auffänger 10. Da die Bahn der Ionen 11 von ihrer Masse abhängig ist, wird das als Leckmesser dienende Massenspektrometer 1 von vorneherein in der Weise fest eingestellt, daß auf den Auffänger 10 nur die Ionen des Testgases gelangen. Bei Testgasen kleiner Masse führt dies außerdem zu erheblich vereinfachten Massenspektrometern (oder ähnlichen Geräten zur ionenoptischen Abbildung). Da der Druck in der Ionenquelle möglichst einen Wert von etwa 10^{-4} Torr haben, die weitere Ionenbahn 11 aber bei niedrigeren Drucken verlaufen soll, verwendet man zweckmäßig zwischen Ionenquelle und dem übrigen Massenspektrometer 11 eine Blende. Das Massenspektrometer 1 ist dann weiterhin an eine Diffusionspumpe 6 und diese an eine Vorpumpe 7 angeschlossen. Zur Vermeidung der Störung durch von Ionen auf der Auffängerplatte ausgelösten Sekundärelektronen befindet sich auch vor dem Auffänger einer Blende. Der Auffängerstrom wird mittels eines Verstärkers 14 zur Anzeige gebracht. Ist das oder sind die Lecks größer als die Leistungsfähigkeit der an den Leckmesser angeschlossenen Diffusionspumpe, so erfolgt das Absaugen der Hauptmenge des eindringenden Gases durch eine Grobpumpe 8. Durch den Leckmesser wird dann über ein Drosselventil 2 nur ein Teil des Gasstromes mittels der angeschlossenen Diffusionspumpe 6 abgesaugt. Das Drosselventil hat dabei die Aufgabe, in der Ionenquelle den Optimaldruck einzustellen.

Beim Arbeiten mit dem Leckmesser sind grundsätzlich zwei Prüfmethoden zu unterscheiden: Messung der gesamten Undichtigkeit einer Apparatur und Lecksuche.

Zur *Messung der gesamten Undichtigkeit* verfährt man in der Weise, daß man die gesamte zu prüfende Apparatur in einem zweiten Behälter unterbringt und den Raum zwischen den beiden Behältern mit dem Testgas beschickt. In dem Raum zwischen beiden Behältern ist außerdem ein Leck von einstellbarer[153a, 156, 161] oder bekannter Durchlässigkeit (U_n) untergebracht, das ebenso wie der Prüfling mit dem Massenspektrometer verbunden werden kann. Die Undichtigkeit (U) des Prüflings ergibt sich dann aus den Auffängerströmen bei Anschluß von Testleck und Prüfling (A_1) und von Prüfling allein (A_2) zu:

$$U = \frac{A_2}{A_1 - A_2} U_n.$$

Die Undichtigkeit wird gemessen durch das Produkt von Druck und Volumen des in der Zeiteinheit eindringenden Gases, d. h. in $\left[\frac{\text{Torr l}}{\text{sec}}\right]$.

Mit den empfindlichsten Geräten lassen sich noch Undichtigkeiten

$$U \leqq 10^{-8} \left[\frac{\text{Torr l}}{\text{sec}}\right] \text{ nachweisen.}$$

Zur *Lecksuche* verfährt man in der bereits angegebenen Weise derart, daß man den an das Massenspektrometer angeschlossenen Prüfling mit dem Testgas absprüht. Der Vorteil des Verfahrens besteht unter anderem darin, daß man 1. kleine Lecks gleichzeitig neben großen Lecks nachweisen kann und 2., daß der Ausschlag A des Massenspektrometers unmittelbar ein Maß für die Größe der Undichtigkeit U liefert. Die Größe und der zeitliche Verlauf des Ausschlags hängen dabei außer von der Undichtigkeit

$$U = p_0 L$$
$$p_0 = 760 \text{ Torr}$$

noch von dem Verhältnis

$$\frac{\text{Saugeschw. der Pumpe}}{\text{Volumen des Prüflings}} = \frac{S}{V} \quad \text{ab.}$$

Dabei ist unmittelbar einleuchtend, daß die Zeit zwischen dem Besprühen eines Lecks bis zur Bereitschaft für einen neuen Test von dem Verhältnis $\frac{S}{V}$ abhängt, da bei dem Überstreichen eines Lecks mit der Sprühdüse der Prüfling zunächst mit dem Testgas überflutet wird. Die Abhängigkeit des Partialdruckes p des Testgases im Massenspektrometer und damit des Ausschlages von der Zeit — ergibt sich folgendermaßen: Der Zustrom an Testgas in dem Prüfling mit dem Volumen V ist gegeben durch

$$d\,(pV) = (p_0 L - pS)\, dt$$

daraus folgt:

$$\text{für } t < T \qquad p_t = \frac{L}{S} p_0 \left(1 - e^{-\frac{S}{V} t}\right)$$

$$\text{für } t > T \qquad p_t = \frac{L}{S} p_0 \left(1 - e^{-\frac{S}{V} T}\right) e^{-\frac{S}{V}(t-T)}$$

$$\text{für } \begin{matrix} T \to \infty \\ t \to T \end{matrix} \qquad p_\infty = \frac{L}{S} p_0$$

$T =$ Zeit, während der das Leck besprüht wird.

In Abb. 89 ist der Massenspektrometerausschlag in der Abhängigkeit von der Zeit für $T = 1$ sec und verschiedene Werte von $\frac{S}{V}$ in Prozenten des Gleichgewichtsausschlages $p_\infty = \frac{L}{S} p_0$ aufgetragen. Für eine schnelle Testbereitschaft und große Ausschläge muß also die Größe $\frac{S}{V}$ möglichst große Werte haben. Verwendet man außer dem Pumpsatz am Massenspektrometer noch eine Grobpumpe, so geht außer der Sauggeschwindigkeit S des Pumpsatzes auch noch das Verhältnis der Sauggeschwindigkeiten von Grobpumpe und Pumpsatz

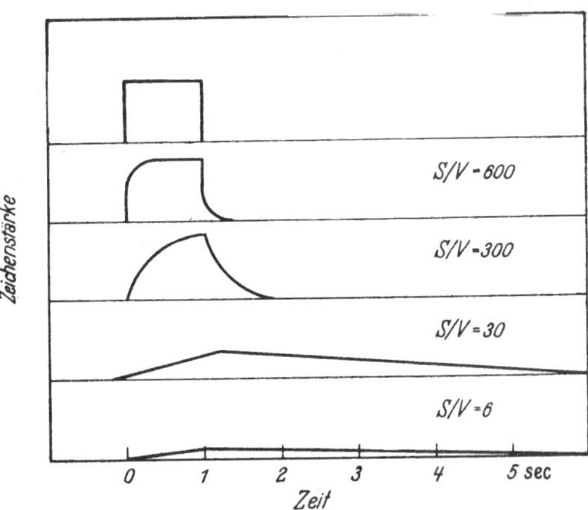

Abb. 89. Signalform im massenspektrometrischen Lecksucher nach Abb. 88 in Abhängigkeit von dem Verhältnis: Sauggeschwindigkeit der Diffusionspumpe 6 zu Volumen V des Prüflings 3 für den Fall, daß das Leck nur während der Zeit $T = 1$ sec besprüht wird.

ein (in allen Fällen natürlich die effektive Sauggeschwindigkeit, die durch die Leitungs- und Ventilwiderstände mitbedingt ist).

Das Absprühen des Prüflings kann etwa mit einer Fortschreitungsgeschwindigkeit von 1 cm/sec geschehen.

Einfacher als das im Vorhergehenden beschriebene Verfahren ist es, als Indicator für das Testgas — Wasserstoff — statt des Massenspektrometers eine Ionisationsmanometerröhre zu verwenden, die über ein erwärmtes Palladiumröhrchen[157] mit der zu prüfenden Apparatur verbunden ist. Bei dieser Anordnung zeigt das Ionisationsmanometer dann und nur dann einen Druckanstieg, wenn durch das Leck Wasserstoff in den Prüfling eindringt.

Literaturverzeichnis.

Vakuummeßinstrumente.

Deutsche Patente: Kl 42 k, Gr. 12_{03} und 12_{04}.

1. Allgemeine Berichte. EBERT, H.: Phys. in regelm. Ber. 8, H. 3 (1940); 4, H. 3 (1936). — Glas u. App. 23, H. 20/21, 22/23 (1942); 22, H. 17, 18, 19 (1941); 21, H. 15, 16, 17 (1940); 20, H. 16, 17, 18 (1939); 19, H. 17, 18, 19 (1938); 18, H. 13/14, 15, 16, 17 (1937); 17, H. 14, 15, 17 (1936) und frühere Jahrgänge. — ETZRODT, A.: Chem. App. 25, 321 (1938). — GAEDE, W.: Z. tech. Phys. 15, 664 (1934). — KLEEN, W.: ATM, V 1341-I (1933). — DU MOND u. W. M. PICKELS: Rev. Scient. Instr. 6, 362 (1935). — PENNING, F. M.: Philips tech. Rdsch. 2, 201 (1937). — WACHTER, H.: Chem. App. 28, 259 (1941). DUSHMAN, S.: Instr. 20, 3, 234 (1947).

a) Federelastische Druckmessung.

2. BRINKMANN, C.: Arch. Elektrotech. 32, 59 (1938).
3. HAASE, A.: Z. V.D.I. 80, 563 (1936).
4. HURST, W.: R.S.J. 12, 265 (1941).
5. JAHN-HELD, W., u. K. JELLINEK: Z. Elektrochem. 43, 491 (1937).
6. KENTY, C.: Phys. Rev. 56, 215 (1939).
6a. KENTY, C.: R.S.J. 11, 377 (1940).
7. SPENCE, R.: Trans. Faraday Soc. 36, 317 (1940).
8. WUEST, W.: Zusammenfass. Ber. ATM, V 1343-3 (1943).

b) Flüssigkeitsmanometer.

9. BEECK, O.: Rev. Scient. Instr. 6, 399 (1935).
10. VAN HENGEL, G. H., u. I. D. STARKWEATHER: Mech. Eng. 57, 633 (1935).
11. HICKMANN, K. C. D.: Rev. Scient. Instr. 5, 161 (1934).
12. KERNAGHAN, M.: Phys. Rev. (2) 49, 414 (1936).
13. KLUMB, H., u. TH. HAASE: Z. tech. Phys. 13, 372 (1932).
14. KOLB, A.: Z. V.D.I. 85, 625 (1941).
15. SCHEEL, R., u. W. HEUSE: Z. Instr. 29, 344 (1909).
16. SHRADER, J. E., u. H. M. RYDER: Phys. Rev. 13, 321 (1919).

c) Kompressionsmanometer.

17. ANGERER, E.: Techn. Kunstgriffe bei phys. Untersuchungen. Braunschweig: Vieweg 1936.
17a. FLOSDORF, W.: Ind. a. Eng. Chem. 17, 198 (1945).
18. HAASE, G.: Z. tech. Phys. 24, 27 u. 53 (1943).
19. JAMASUKI, F., u. Z. JOSIDA: Proc. phys.-math. Soc. Japan 15, 400 (1933).
20. KOHLRAUSCH, F.: Praktische Physik. Leipzig-Berlin: Teubner.
21. KOSLJAKOWSKAJA, T. P.: J. tech. Phys. (russ.) 8, 1850 (1938).
22. McLEOD: Phil. Mag. 48, 110 (1874).
23. v. MEYEREN, W.: Z. phys. Chem. (A) 160, 272 (1932).
24. MOSER: Phys. Z. 36, I (1935).
25. v. REDEN: Phys. Z. 10, 316 (1909); Z. Instr. 24, 52 (1911).

26. Reiff, H. J.: Z. Instr. **34**, 97 (1914).
27. Rosenberg, P.: Rev. Scient. Instr. **9**, 258 (1938); **10**, 131 (1939).
28. Tanner, H. G.: J. phys. Chem. **34**, 1113 (1930).
29. Wakeshima, H.: Proc. phys.-math. Soc. Japan **22**, 526 (1940).

d) Wärmeleitungsmanometer.

30. Allgemeine Berichte. Campbell, N. R.: Proc. phys. Soc. **33**, 287 (1921). — Eldrige, J. A.: Phys. Rev. (2) **40**, 1050 (1931). — Haase, Th., G. Klages u. H. Klumb: Phys. Z. **37**, 440 (1936). — Kleen, W.: ATM, J 136-2 (1933).— Knudsen, M.: Ann. Phys. **83**, 385 (1927). — Misamicki So: Proc. phys.-math. Soc. Japan **31**, 152 (1919). — Pfund, A. H.: Phys. Rev. **18**, 78 (1921). — Rudolph, T.: Z. Phys. **111**, 535 (1938/39). — Shaw, P. E.: Proc. phys. Soc. London **29**, 171 (1917). — Tschudy, T.: Elektrotech. Z. **39**, 235 (1918). — Matricon: J. Phys. (7) **2**, 137 (1931).

Widerstandsmanometer.

31. Burgers, J. M.: Handbuch der Experimentalphysik **4**, 669 (1931). — Ellet u. Zabel: Phys. Rev. **37**, 1102 u. 1700 (1931). Foster, A. G.: J. Chem. Soc. 360 (1945). — v. Friesen, St.: Ark. mat.-astron. Fys. (B) **27**, Nr. II, S. I (1940). — Gandenzi A.: B.B.C. Mitt. **13**, 224 (1927). — Hale, C. F.: Trans. am. elektrochem. Soc. **20**, 243 (1911). — Ho, T. L.: Proc. nat. Acad. USA **17**, 548 (1931). — Hughes, A. L., u. A. M. Skellet: Phys. Rev. (2) **29**, 365 (1927). — Hunsmann, W.: Z. Elektrochem. **44**, 540 (1938). — McMillan, E.: Nature **113**, 831 (1934). — Mura, A.: Ric. scient. Progr. techn. Econ. naz. II, 541 (1940). — Murmann, H.: Z. Phys. **86**, 14 (1933). — Pfeiffer, D. C. u. Clewell, D. H.: Southern Power and Ind.: **63**, 81 (1945). — v. Pirani, M.: Verh. dtsch. phys. Ges. **4**, 686 (1906). — Rogers, T. A., B. L. Robertson u. D. D. Davis: Gen. Electr. Rev. **14**, 534 (1938). — Scott, E. J.: Rev. Scient. Instr. **10**, 349 (1939). — Skelett, A. M.: J. opt. Soc. Amer. **13**, 56 (1928). — Stanley, L. F.: Proc. phys. Soc. **41**, 194 (1929). — Stringfellow, W. A.: Trans. Faraday Soc. **37**, 525 (1941). — Takamura, J.: Proc. phys.-math. Soc. Japan **16**, 221 (1934); **15**, 210 (1933). — Tanner, H. G.: J. phys. Chem. **34**, 1113 (1930). — De Vries, T. H.: J. opt. Soc. Amer. **18**, 333 (1929). — Weber, S.: Comm. Leiden 1915, Nr. 50. — Zamenhof, St.: Acta phys. polon. I, Nr. I (1938).
32. Cuykendall, T. R.: Rev. Scient. Instr. **6**, 371 (1935).
33. Jungmichel, J. u. J. V. Issendorff: Siemens Z. **7**, 829 (1927).
34. Meyer: ATM Z 117-3.
35. Weise, E.: Z. tech. Phys. **18**, 467 (1937). — DRP. 703243 AEG und Verh. dtsch. phys. Ges. (3) **23**, 77 (1942). — Chemie **56**, 29 (1943). — Z. tech. Phys. **24**, 66 (1943).

Thermoelektrische Vakuummeter und Sonderausführungen.

36. D.R.P. 703243 AEG.
37. Bartholomeyczyk, W.: Z. tech. Phys. **22**, 25 (1941).
38. D.R.P. 437846 Brown Bovery.
39. D.R.P. 598979 Comp. Gen. Radiol.
39a. Klumb, H., u. Th. Haase: Phys. Z. **37**, 27 (1936).
40. Dunlap, G. C., u. J. C. Trump: Rev. Scient. Instr. **8**, 37 (1937).
41. Coffin, C. C., u. J. R. Dingle: Canad. J. Res., Sect. B, **19**, 129 (1941).
42. Franz. Patentschr. 733026.
43. Herzog, G., u. P. Scherrer: Helv. phys. Acta **6**, 277 (1933).
44. Moll, W. H. W. J., u. H. C. Burger: Z. tech. Phys. **21**, 199 (1940).
45. Murmann, H.: Z. tech. Phys. **14**, 538 (1933).
46. Rohn, W.: Z. Elektrochem. **20**, 539 (1914).
47. Rumpf, E.: Z. tech. Phys. **7**, 224 (1926).
48. D.R.P. 352736 Siemens.
49. Seemann, H.: Phys. Z. **37**, 446 (1936).
50. Scherer, M.: C. R. **208**, 426 (1939).

51. Voege, W.: Phys. Z. **7**, 498 (1906).
52. Weber, A. P., u. G. Herrmann: Verh. dtsch. phys. Ges. (3) **20**, 140 (1939).
53. Weiss, C. u. Westmeyer: Z. Instr. **60**, 53 (1940).

e) Reibungsmanometer.

1. Quarzfadenpendel.

54. Brüche, E.: Phys. Z. **26**, 717 (1925); Ann. Phys. **79**, 695 (1926).
55. Coolidge, A. S.: J. am. chem. Soc. **45**, 1637 (1923).
56. Haber, F., u. F. Kerschbaum: Z. Elektrochem. **20**, 296 (1914).
57. Kienitz, H.: Z. kompr. flüss. Gase **36**, 3 (1941).
58. Langmuir, J.: J. am. chem. Soc. **35**, 1907 (1933); Phys. Rev. **1**, 337 (1913) u. **5**, 212 (1915).
59. Shaw, P. E.: Proc. phys. Soc. **29**, 171 (1917).
60. Wetterer, G.: Z. tech. Phys. **20**, 281 (1939).

2. Sonderkonstruktion von Reibungsmanometern.

61. Dushmann, S.: Phys. Rev. **5**, 212 (1915).
62. Hoog, J. L.: Proc. am. Acad. **45**, 3, (1909); **42**, 115 (1906).
63. Langmuir, J.: Phys. Rev. **1**, 337 (1913).
64. Niklibore, J.: Acta phys. polon. **4**, 85 (1935); **6**, 19 (1937).
65. Sutherland, W.: Phil. Mag. **43**, 83 (1897).
66. Tinnriazeff, A.: Ann. Phys. **40**, 971 (1913).

f) Radiometervakuummeter.

67. v. Angerer, E.: Ann. Phys. **41**, 1 (1913).
68. Baker, E. B., u. H. A. Boltz: Rev. Scient. Instr. **6**, 173 (1935).
69. Bonet-Maury, P.: C. R. **203**, 839 (1936).
70. Bricot, P.: J. Phys. Rad. **1**, 849 (1930).
71. Czerny, M., u. G. Hettner: Z. Phys. **30**, 258 (1924).
72. Du Mond, u. E. G. Pickels: Rev. Scient. Instr. **6**, 362 (1935).
73. Dushmann, S.: Phys. Rev. **5**, 212 (1915).
74. D.R.P. 695038.
75. Ebert, H.: Glas u. App. **15**, 106 (1934).
76. Fredlund, E.: Ark. mat.-astron. Fys. A **27**, Nr. 12 (1940).
77. Fredlund, E.: Phil. Mag. (7) **26**, 987 (1938).
78. Fredlund, E.: Ann. Phys. **30**, 99 (1937).
79. Fredlund, E.: Ann. Phys. **13**, 802 (1932).
80. Fredlund, E.: Ann. Phys. **14**, 617 (1932).
81. Gaede, W.: Z. tech. Phys. **15**, 664 (1934).
82. Goetz, A.: Phys. Rev. **55**, 1270 (1939).
83. Hettner, G.: Z. Phys. **27**, 12 (1924).
84. Hettner, G.: Erg. exakt. Naturwiss. **7**, 209 (1928).
85. Hughes, A. L.: Doc. scient. H. 62, S. 69 (1938).
86. Hughes, A. L.: Rev. Scient. Instr. **8**, 409 (1937).
87. Klumb, H., u. H. Schwarz: Z. Phys. **122**, 418 (1944).
88. Knudsen, M.: Ann. Phys. **32**, 809 (1910).
89. Knudsen, M.: Ann. Phys. **31**, 633 (1910).
90. Knudsen, M.: Ann. Phys. **34**, 823 (1911).
91. Knudsen, M.: Ann. Phys. **44**, 525 (1914).
92. Langmuir, J.: Phys. Rev. **1**, 337 (1913).
93. Lockenvitz, A. E.: Rev. Scient. Instr. **9**, 417 (1938).
94. Richardson, S.: J. phys. Soc. London **31**, 270 (1919).
95. Riegger, H.: Z. tech. Phys. **1**, 16 (1920).
96. Shrader u. Sherwood: Phys. Rev. **12**, 70 (1918).
97. v. Smoluchowski, M.: Ann. Phys. **35**, 983 (1911).
98. v. Smoluchowski, M.: Ann. Phys. **34**, 823 (1911).
99. Spiwak, G.: Z. Phys. **77**, 123 (1932).
100. Spiwak, G.: Phys. Z. Sowjet. **2**, 101 (1932).
101. Todd, S. W.: Phil. Mag. **38**, 381 (1919).

102. WEBER, S.: Kgl. Medd. Danske Vid. Selskab **16**, Nr. 9 (1939).
103. WEBER, S.: Medd. Kopenhagen **14**, Nr. 13 (1937).
104. WERNER, S.: Z. tech. Phys. **20**, 13 (1939).
105. WEST, G. D.: J. phys. Soc. London **32**, 166, 222 (1920).
106. WOODROW: Phys. Rev. **4**, 491 (1914).

g) Ionisationsmanometer.

106a. BLEARS, J.: Nature **154**, 20 (1944).
106b. BLEARS, J.: Proc. Roy. Soc. A. **188**, 62 (1946).
107. BOWIE, R. M.: Rev. Scient. Instr. **11**, 265 (1940).
108. BUCKLEY, O. E.: Proc. nat. Acad. Scient. **2**, 683 (1916); **23**, 737 (1924).
109. BUTSCHINSKY, A.: Techn. Phys. USSR **3**, 223 (1936).
110. DUSHMANN, S., u. C. H. FOUND: Phys. Rev. **17**, 7 (1921); **23**, 734 (1924).
111. v. ENGEL, A., u. M. STEENBECK: Elektrische Gasentladung, Bd. I, S. 35. Berlin: Springer 1932.
112. v. FRIESEN, STEN: Ark. math.-astron. Fys. **27** B, Nr. II (1940).
113. HAUSER, J., u. GANSWINDT, u. H. RUKOP: Telef.-Ztg. **4**, 21 (1920).
114. HERRMANN, G., u. O. KRIEG: Telef. Röhre **21/22**, S. 219 (1941).
115. HERRMANN, G., u. J. RUNGE: Z. tech. Phys. **19**, 12 (1938).
116. HERTZ, G.: Z. Physik **18**, 307 (1923).
117. HOAG, J. B., u. N. M. SMITH: Rev. Scient. Instr. **7**, 497 (1936).
118. HUNTOON, R. D., u. A. ELLET: Phys. Rev. **49**, 381 (1936).
119. JAYCOX, E. K., u. W. H. WEINHART: Rev. Scient. Instr. **2**, 40 I (1931).
119a. KAPFF, S. F., u. R. B. JACOBS: Rev. Scient. Instr. **18**, 581 (1947).
119b. KING, A. H.: J. Sci. Instr. **23**, 85 (1946).
120. KLEEN, W.: ATM, J 136-3 (1933).
121. KLUMB, H., TH. HAASE: Phys. Z. **37**, 27 (1936).
122. KUPER, I. B. H.: Rev. Scient. Instr. **8**, 394 (1934).
122a. LANGMUIR, J.: Jnd. a. Eng. Chem. **22**, 390 (1930).
123. MERGULIS, N.: Phys. Z. Sowjet. **5**, 407 (1934).
123a. MILNER, J. C., u. J. M. WATT: J. Sci. Instr. **26**, 159 (1949).
124. MOLTHAN, W.: Z. tech. Phys. II, 522 (1930).
125. MONTGOMERY, C. C., u. D. D. MONTGOMERY: Rev. Scient. Instr. **9**, 58 (1938).
125a. NELSON, R. B., u. A. K. WING: Rev. Sci. Instr. **13**, 215 (1942).
126. OVERBECK, W. P., u. F. A. MEYER: Rev. Scient. Instr. **5**, 287 (1934).
127. PARKINS, W. E., u. W. A. HIGINBOTHAM: Rev. Scient. Instr. **12**, 366 (1941).
127a. RAINWATER, J.: Rev. Sci. Instr. **13**, 118 (1942).
128. RIDENOUR, L. N., u. C. W. LAMPSON: Rev. Scient. Instr. **8**, 162 (1937).
129. RIDENOUR, L. N.: Rev. Scient. Instr. **12**, 134 (1941).
130. RUKOP u. HAUSER: Vortragsreihe im Elektrotechn. Verein Berlin 1919.
131. SEWIG, R.: Z. tech. Phys. **12**, 218 (1931).
132. SIMON, H.: Z. tech. Phys. **5**, 22 I (1924).
133. SORBEY, M. D.: Electronies **2**, 594 (1931).
134. SPIWAK, G., u. A. S. IGNATOW: Sowjet. Phys. **6**, 53 (1934).

Ionisationsmanometer mit Außensonde.

135. SELENYI, P.: Z. tech. Physik **8**, 230 (1937).

Verschiedene Typen von Elektrodenanordnungen.

136. DJAKOFF, E., u. A. RAJEFF: Ann. Univ. Sofia, physik.-math. Fak., Magnatron **36**, 369 (1940).
137. GOETZ, A.: Phys. Z. **23**, 136 (1922).
138. KILLIAN, T. J.: Phys. Rev. **49**, 647 (1936).

Anode auf Glaswand aufgedampft.

139. COPLEY, M. J., T. E. PHIPPS, u. J. GLASER: Rev. Scient. Instr. **6**, 371 (1935).
140. MORSE, R. S., u. R. M. BOWIE: Rev. Scient. Instr. **11**, 91 (1940).

Ionisationsmanometer im Magnetfeld.

140a. ROBERT BOSCH A.G.: Deutsche Patentanmeldung.
141. GAEDE: D.R.P. 716721.
141a. McHWRAITH, CH. G.: Rev. Scient. Instr. **18**, 683 (1947).
142. PENNING, F. M.: Physica **4**, 71 (1937). ›
142a. PICARD, R., P. SMITH u. S. ZOLLERS: Rev. Scient. Instr. **17**, 125 (1946).

Gasaufzehrung.

143. v. MEYEREN, W.: Z. Phys. **84**, 531 (1933); **91**, 727 (1934). — Ann. Phys. **31**, 64 (1938).
144. SCHWARZ, H.: Z. Phys. **117**, 23 (1940).
145. SCHWARZ, H.: Z. Phys. **122**, 437 (1944).

Das Alphatron.

146. DOWNING, J. R., u. G. L. MELLEN: Rev. Scient. Instr. **17**, 218 (1946).
147. MELLEN, G. L.: Ind. a. Eng. Chem. **40**, 787 (1948).
148. SHEPARD, ROBERTS: Rev. Scient. Instr. **10**, 181 (1939).

h) Vakuumanzeige durch Entladungserscheinungen und andere spezielle Methoden.

149. HAASE, G.: Phys. Tagung Frankfurt April 1948. Phys. Bl. **4**, 222 (1948).
150. JOHNSON, C. F.: Rev. Scient. Instr. **20**, 364 (1949).
151. LE ROY APKER: Ind. a. Eng. Chem. **40**, 846 (1948).

i) Leckmesser.

152. DÄLLENBACH, W.: DRP 503 073.
153. DÄLLENBACH, W.: DRP 554 038.
153a. ELTENTON: J. Scient. Instr. **15**, 415 (1938).
154. JACOBS, R. B., u. H. F. ZUHR: J. Appl. Phys. **18**, 34 (1947).
155. JACOBS, R. B.: Ind. a. Eng. Chem. **40**, 791 (1948).
156. MARTIN, J. H.: Rev. Scient. Instr. **19**, 404 (1948).
157. NELSON, H.: Rev. Scient. Instr. **16**, 273 (1945).
158. NELSON, R. B.: Rev. Scient. Instr. **16**, 55 (1945).
159. NIER, A. O., C. M. STEVENS, A. HUSTRULID, T. A. ABBOT: J. appl. Phys. **18**, 30 (1947).
160. OSBERGHAUS, O.: Physikertagung Clausthal Herbst 1948. Phys. Bl. **4**, 401 (1948).
161. SIVERTSEN, J.: Instr. **20**, 333 (1947).
162. THOMAS, H. A., H. A. WILLIAMS, I. A. HIPPLE: Rev. Scient. Instr. **17**, 368 (1946).

C. Pumpen.

I. Allgemeine Uebersicht [9, 10, 12, 13, 14, 18].

Von den vielen Arten von Vakuumpumpen sollen hier nur diejenigen behandelt werden, die auch bei Drucken unter ein Torr noch einen erheblichen Teil ihrer maximalen Sauggeschwindigkeit besitzen. Wasserstrahlpumpen, Wasserringpumpen und einfache Kolbenpumpen scheiden also von vornherein aus.

Die Hochvakuumpumpen sollen eingeteilt werden in:

Mechanische Pumpen. Hierzu gehören Hochleistungskolbenpumpen (Abb. 97), Vielschieberpumpen (Abb. 98) und rotierende Ölluftpumpen (als Drehschieber- [Abb. 101—105] und Drehkolbenpumpen [Abb. 109, 113, 114, 121, 122]). Die Wirkungsweise dieser Pumpen beruht auf einer periodischen Vergrößerung und Verkleinerung des Schöpfraumes mittels mechanischer Vorgänge (mechanische Pumpen).

Die Kolben- und Vielschieberpumpen werden im allgemeinen ohne Kombination mit einer anderen Pumpenart zur Erreichung mäßiger Vakua benutzt.

Die ein- und zweistufigen rotierenden Ölluftpumpen dienen entweder in dem Arbeitsbereich zwischen Atmosphärendruck und mittleren Drucken als Einzelpumpen oder als Vorpumpen zu den Molekularpumpen und Diffusionspumpen.

Molekularpumpen (Abb. 131—134). Ihre Arbeitsweise beruht wie die der Diffusionspumpen auf molekularkinetischen Vorgängen.

Dampfstrahl- und Diffusionspumpen. Hierbei unterscheiden wir: Quecksilberdampfstrahlpumpen (Abb. 171), Quecksilberdiffusionspumpen (Abb. 137, 167, 169), Öldampfstrahlpumpen (Abb. 192) und Öldiffusionspumpen (Abb. 176 — 178, 184 — 188, 190).

In den Diffusions- und Dampfstrahlpumpen kommt der Pumpvorgang durch einen kontinuierlichen Dampfstrom zustande.

a) Sauggeschwindigkeit, Endvakuum, Vorvakuum.

Wie die Darstellung (Abb. 90) der Arbeitsbereiche der einzelnen Pumpenarten zeigt, reicht bei den Molekularpumpen und den Dampfstrahl- und Diffusionspumpen der Arbeitsbereich von mittleren Drucken bis zum höchsten Vakuum. Diese Pumpenarten benötigen also im Gegensatz zu den mechanischen Pumpen, deren Arbeitsbereich bei Atmosphärendruck beginnt, zu ihrem Betrieb eine Vorpumpe.

Entsprechend ihren verschiedenen Arbeitsbereichen haben die mechanischen Pumpen einerseits und die Molekular- und Diffusionspumpen andererseits auch ganz verschiedene Aufgaben zu erfüllen. Die mechanischen Pumpen dienen dazu, Gase und Dämpfe aus dem Gasraum eines Behälters möglichst weitgehend zu entfernen. Bei Drucken unter 10^{-3} Torr, dem Arbeitsbereich von Molekular- und Diffusionspumpen, ist die im Gasraum vorhandene Gasmenge jedoch klein gegen die Gasmenge, die auf den Wänden des Behälters und den festen Oberflächen sitzt (siehe Kap. D, Beispiel auf S. 199, Fußnote). Außerdem ist der Einfluß kleiner vorhandener Undichtigkeiten auf das erreichbare Vakuum um so größer, je niedriger der Absolutwert des Druckes liegt. Wir betrachten

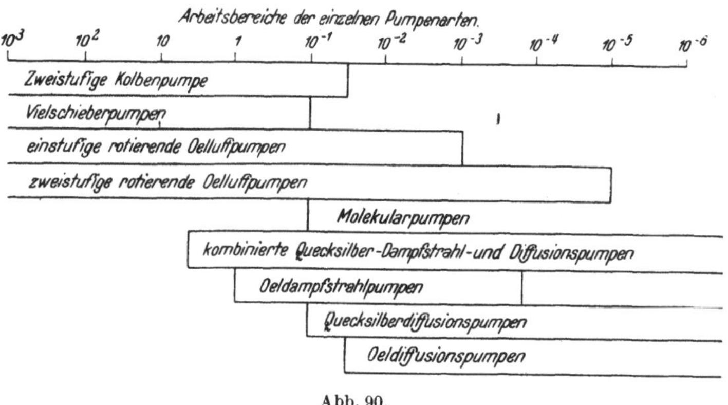

Abb. 90.

hierzu folgendes Beispiel. Nach Formel A/1 unter Verwendung von Tabelle 2 treffen von der äußeren Atmosphäre in der Zeiteinheit auf die Flächeneinheit bei 760 Torr und 20° C:

$$A = \frac{n\bar{c}}{4} = \frac{6{,}06 \cdot 10^{23}}{24\,000} \cdot \frac{46\,200}{4} = 2{,}89 \cdot 10^{23} \frac{\text{Moleküle}}{\text{sec cm}^2},$$

auf eine kleine Fläche von nur 10^{-4} mm² treffen also

$$2{,}89 \cdot 10^{17} \text{ Moleküle/sec}$$

auf. Demgegenüber steht bei einem Druck von 10^{-4} Torr eine Gasdichte von

$$n = \frac{6{,}06 \cdot 10^{23}}{24\,000 \cdot 760 \cdot 10^4} = 3{,}35 \cdot 10^{12} \text{ Moleküle/cm}^3.$$

Eine Pumpe, die der durch eine kleine Öffnung von nur 10^{-4} mm² einströmenden Gasmenge das Gleichgewicht halten soll, muß also eine Sauggeschwindigkeit von $S = 10^5$ cm³/sec $= 100$ l/sec haben. Dementsprechend haben also Molekular- und Diffusionspumpen die Aufgabe, der Gasabgabe von den festen Oberflächen und den durch Undichtigkeiten einströmenden Gasmengen A das Gleichgewicht zu halten. Der Einfluß der Gasabgabe von festen Oberflächen auf die von Diffusionspumpen zu leistende Sauggeschwindigkeit geht besonders anschaulich aus Abb. 91 hervor. Kurve 1 zeigt die Auspumpzeiten bei Evakuierung von Atmosphärendruck herunter, wobei also starke Gasabgabe von den Wänden erfolgt und Kurve 2 die viel kürzeren Auspumpzeiten, die sich dann ergeben, wenn man zuerst auf 10^{-4} Torr pumpt, Gas bis auf 10^{-2} Torr einläßt und wiederum evakuiert. Beim zweiten Vorgang werden also die Auspumpzeiten durch die vorentgasten Wände sehr viel weniger verlängert.

Zur Charakterisierung einer Hochvakuumpumpe dienen die Größen: *Förderleistung* oder *Sauggeschwindigkeit* und *Endvakuum*. Bei Molekular- und Diffusionspumpen ist außerdem noch anzugeben, gegen welchen Vorvakuumdruck die Pumpen arbeiten können.

Als Förderleistung oder Sauggeschwindigkeit bezeichnet man die von der Pumpe in der Zeiteinheit geförderte Gasmenge. Sie wird gemessen in l/sec, m³/h oder g/sec. Die Volumina werden dabei angegeben

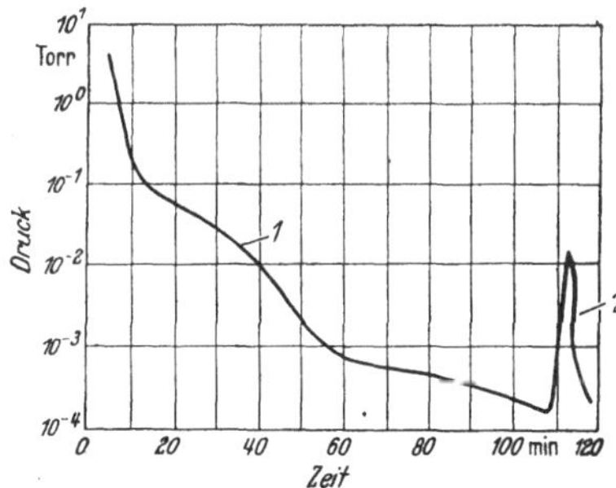

Abb. 91. Auspumpzeiten für einen 1000-Liter-Behälter mit einer Öldiffusionspumpenreihe Leybold. Modell T und P. Kurve 1) Evakuierung von Atmosphärendruck; Kurve 2) Lufteinlaß bis auf 10^{-2} Torr und neuerliche Evakuierung (unveröffentlichte Messung Dr. KEHLER, Siemens-Forschungs-Labor).

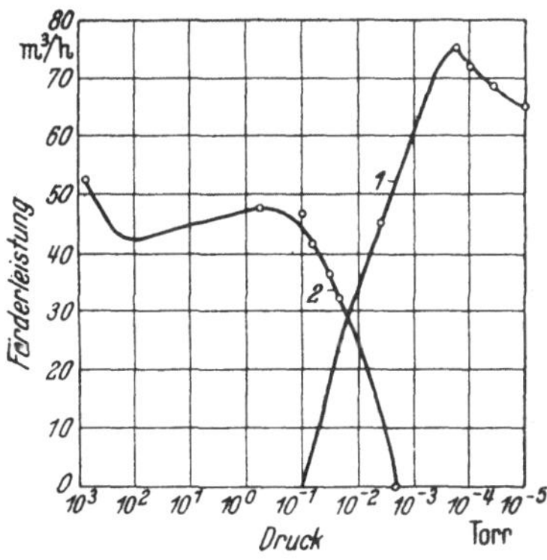

Abb. 92. Förderleistung in Abhängigkeit vom Druck. Kurve 1) Diffusionspumpe; Kurve 2) Einstufige rotierende Ölluftpumpe.

unter dem an der Saugseite herrschenden Druck. Die Maßeinheit g/sec ist besonders zweckmäßig zur Beurteilung des Zusammenspieles zweier Pumpen, z. B. von Diffusionspumpe und Vorpumpe (siehe Ausführungen auf S. 190 ff. und Abb. 195). Förderleistung bzw. Sauggeschwindigkeit sind abhängig vom Druck an der Saugseite der Pumpe (siehe Abb. 92).

Entsprechend ihren verschiedenartigen Aufgaben wollen wir bei mechanischen Pumpen von Förderleistung und bei Molekular- und Diffusionspumpen von Sauggeschwindigkeit sprechen. Abb. 92, Kurve 2 zeigt die Abhängigkeit der Förderleistung einer mechanischen Pumpe, nämlich einer einstufig rotierenden Ölluftpumpe, vom Druck an der Saugseite. Die mechanischen Pumpen haben bei etwa 760 Torr die größte Förderleistung. Der Wert bei diesem Druck errechnet sich aus dem Produkt von größtem Schöpfrauminhalt mal Tourenzahl der Pumpe. Die Sauggeschwindigkeitskurve einer Diffusionspumpe ist in Abb. 92, Kurve 1 aufgetragen.

Unter Endvakuum versteht man den niedrigsten mit einer Pumpe erreichbaren Druck. Dabei ist zu unterscheiden zwischen dem Totaldruck der an der Saugseite der Pumpe vorhandenen Gase und Dämpfe und dem Partialdruck der permanenten Gase allein. Leider besteht bezüglich des Endvakuums insoweit keine Einheitlichkeit, als man hierfür entweder den Totaldruck oder den Partialdruck der permanenten Gase allein angibt. So ist es üblich, bei rotierenden Ölluftpumpen und Quecksilberdiffusionspumpen den Partialdruck der permanenten Gase, dagegen bei Öldiffusionspumpen den Totaldruck anzugeben. Die folgenden Endvakuumangaben gelten für den Enddruck der permanenten Gase. Der Totaldruck ist zusätzlich in Klammern angegeben. Nach den Ausführungen des vorhergehenden Kapitels ergeben Endvakuummessungen mit Kompressionsmanometern den Partialdruck der permanenten Gase, während Messungen mit allen übrigen Vakuummetern den Totaldruck erfassen. Nach der Definition der Förderleistung oder Sauggeschwindigkeit folgt, daß diese beim Endvakuum (bezogen auf den Partialdruck der permanenten Gase) den Wert Null erreicht.

b) Methoden zur Förderleistungs- bzw. Sauggeschwindigkeitsmessung.

1. Eine Methode besteht grundsätzlich darin, daß man durch eine kleine Undichtigkeit von einstellbarer Größe Luft an der Saugseite der Pumpe eintreten läßt und gleichzeitig den Druck mißt, bei dem die Pumpe diese Gasmenge gerade fortschaffen kann. Im einzelnen verfährt man dabei folgendermaßen:

a) An den Sauganschluß der Pumpe Abb. 93 wird ein Vakuummeter zur Messung des Ansaugdruckes p und ein Nadelventil 1 angeschlossen. Die sekundlich durch das Nadelventil eingelassene kleine Luftmenge (v)

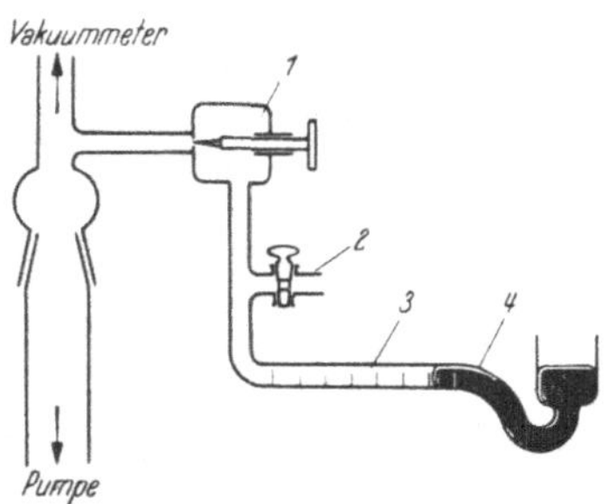

Abb. 93. Sauggeschwindigkeitsmessung mittels einer kalibrierten Kapillare.

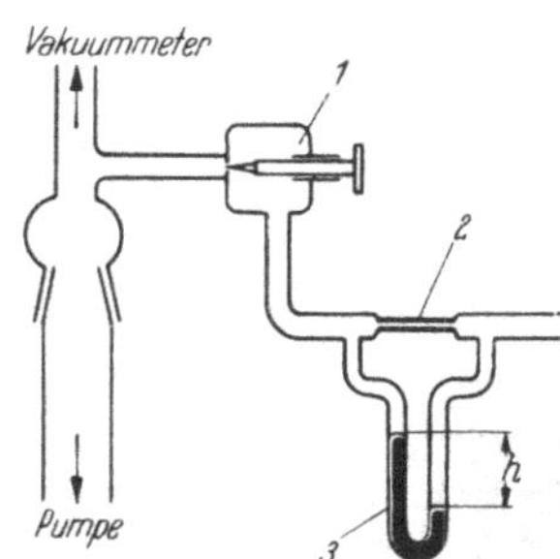

Abb. 94. Sauggeschwindigkeitsmessung durch Messung des Druckgefälles an einer Kapillare bei hohen Drucken.

kann nach Schließen des Hahnes 2 am Fortschreiten der Sperrflüssigkeit 4 in der kalibrierten Kapillare 3 gemessen werden. Nach Umrechnung der eingelassenen Gasmenge (v) auf den Ansaugdruck p ergibt sich also die Beziehung:

$$S = v \frac{760}{p}.$$
$$(1)$$

b) In ähnlicher Weise wird bei der Methode nach Abb. 94, die in der Zeiteinheit durch das Nadelventil eingelassene Gasmenge nicht an dem Fortschreiten einer Sperrflüssigkeit, sondern durch die Druckdifferenz $p_1 - p_2 = h$ gemessen, die an der Kapillare 2 auftritt. Daraus ergibt sich dann nach Formel (A/36) die in der Zeiteinheit durchtretende Luftmenge zu:

$$v = L \frac{p_1 - p_2}{p} \ [\text{cm}^3/\text{sec}] , \ *$$

$$L = \frac{r^4}{l} \ p \cdot 2{,}93 \cdot 10^6 ,$$

r, l [cm] = Radius, Länge der Kapillare 2 , p [Torr] .

c) Man pumpt mit einer Diffusionspumpe C (Abb. 95) über eine Kapillare A B Gas aus einem Behälter V. Das am Vorvakuumstutzen D

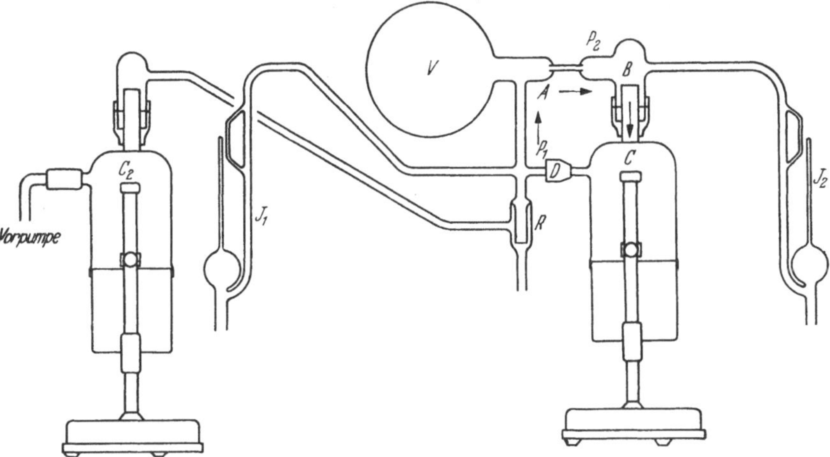

Abb. 95. Sauggeschwindigkeitsmessung durch Messung des Druckgefälles an einer Kapillare bei extrem niedrigen Drucken.

der Diffusionspumpe C ausgestoßene Gas wird dem Behälter V bei A wieder zugeleitet. Die Druckdifferenz an der Kapillare AB mit dem Wert p_1—p_2 wird mittels der beiden Vakuummeter J_1 und J_2 gemessen) Aus der Druckdifferenz p_1—p_2 ergibt sich dann nach Formel (A/36.)

$$p_2 \, S_2 = L \, (p_1 — p_2)$$

die Sauggeschwindigkeit S. Hierzu muß der Strömungswiderstand der Kapillare $W = 1/L$ wiederum aus ihren Abmessungen berechnet werden. Die Pumpe C_2 dient zur Einstellung des für die Sauggeschwindigkeitsmessung gewünschten Druckes in dem Behälter V.

2. Das im folgenden beschriebene Verfahren ist seiner Natur nach nur auf mechanische Pumpen anwendbar. Es besteht darin, daß man eine Pumpe an einen Behälter mit bekanntem Rauminhalt anschließt und die Zeiten mißt, die zur Erreichung bestimmter Druckwerte p erforderlich sind (Abb. 96). Laut Definition ist die Förderleistung gleich dem Volumen der in der Zeiteinheit angesaugten Gasmenge. Nehmen wir an, daß dieses Volumen klein ist gegen den Rauminhalt des Be-

---

* Man achte auf die verschiedene Bedeutung von p in 1a) und 1b).

hälters V, so errechnet sich, da nicht das abgesaugte Volumen, sondern nur die Druckabnahme dp unmittelbar erfaßbar ist, die Förderleistung S folgendermaßen:

$$pV = (p + dp) \cdot (V + S\,dt)$$

$$-\frac{dp}{dt} V = S\,p\,,$$

$$S = V\left(-\frac{d\ln p}{dt}\right).\qquad(2)$$

Die Förderleistungskurve Abb. 92 ergibt sich also durch Differentiation der Druck-Zeit-Kurve Abb. 96. Andererseits erhält man bei bekannter Förderleistung S bzw. bei Vorliegen der Förderleistungskurve Abb. 92 die Evakuierungszeiten für einen Behälter vorgegebener Größe V (Abb. 96) durch Integration

$$t_e = V\int_{p_e}^{p_a} \frac{1}{S}\,d\ln p\,.\qquad(3)$$

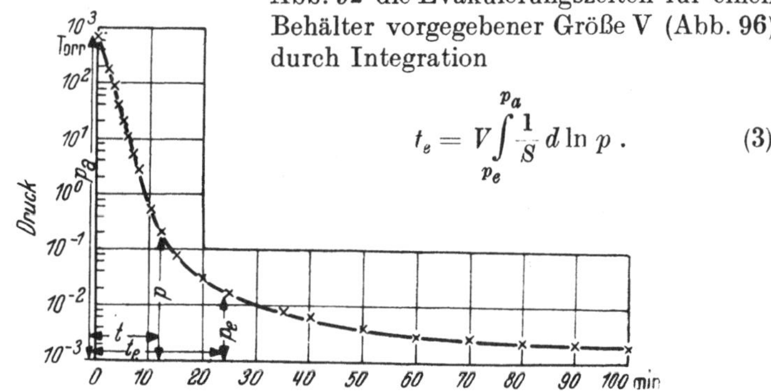

Abb. 96. An einem Behälter von bekanntem Rauminhalt gemessene Kurve für die Auspumpzeit zur Bestimmung der Förderleistung der angeschlossenen Pumpe.

Eine ausführliche Diskussion der verschiedenen Methoden zur Sauggeschwindigkeitsmessung und ihrer Fehlermöglichkeiten findet sich bei DAYTON [3]). Er weist insbesondere auf den großen Einfluß hin, den Lage und Form des Gaseinlasses relativ zur Lage des Vakuummeßinstrumentes haben.

II. Mechanische Pumpen.

Tabelle **6** gibt eine Übersicht über sämtliche mechanische Pumpen. Von den mechanischen Pumpen haben heute nur noch die Kolbenpumpen, Vielschieberpumpen und rotierenden Ölluftpumpen technische Bedeutung. Kapselpumpen und rotierende Quecksilberpumpen verdienen nur noch historisches Interesse.

Bei allen mechanischen Pumpen wird ein sich mechanisch abwechselnd vergrößernder und verkleinernder Schöpfraum im Augenblick seines kleinsten Wertes mit der Saugseite in Verbindung gebracht. Das Gas strömt in den Schöpfraum ein, bis dieser im Augenblick seines größten Wertes wieder von der Saugseite abgetrennt wird. Bei der anschließenden Verkleinerung des Schöpfraumes wird das Gas auf einen Wert von 1 Atm. komprimiert, bis es das Überdruckventil an der Auspuffseite öffnet. Bei den äußerst hohen Endvakuumwerten, zu denen man mit modernen Hochvakuumpumpen gelangt, reicht selbst eine

Tabelle 6. Mechanische Pumpen.

Pumpenart	Stufen-zahl	Endvakuum		Förder-leistung	Hersteller		Beschrei-bung	Abb.
		Totaldruck	Partialdruck der Gase		in Deutschland	im Ausland		
		Torr	Torr	m³/Std.			Seite	Nr.
a) Kolbenpumpen .	2	0,2—0,05		45—3500	Be, F, H—R, KSB, N, Sch		92	97
b) Vielschieber- pumpen	2	0,3—0,1		260—5350	KSB		94	93
c) Rotierende Öl- luftpumpen*								
I. Normale Typen einstufig	1	0,05	$1 \cdot 10^{-2}$—$2 \cdot 10^{-3}$	2—1300	L, Pf, Si	B-R, Br, Ca, Ce Cen, C. G. R., E-S Ed, G, Ga, Ki KLB, MV, Mi P, St, Th, W	95-98 u. 102-104	101
zweistufig	2	0,005	$3 \cdot 10^{-4}$—$1 \cdot 10^{-5}$	0,6—80	L, Pf		98-101	
II. Pumpen zum Ab- saugen v. Dämpf. Pumpen mit Öl- erneuerung ...	1		0,01	15—850	Pf	St	109-110	121,122
Geheizte Pumpen	1		0,1	10—150	L		110	
Gasballast- pumpen			mit | ohne Gasballast					
einstufig ...	1	0,05	1—0,1 | $2 \cdot 10^{-3}$	2—500	L		111-114	102
zweistufig ..	2	0,005	$5 \cdot 10^{-2}$bis | $1 \cdot 10^{-5}$ 10^{-3}	2—10				108

* Pumpen für kleine Förderleistung als Drehschieberpumpen, Pumpen für große Förderleistung als Drehkolbenpumpen.

Be: Maschinenbau Akt.-Ges. Balcke, Bochum; Ba: Apparatebauanstalt Balzers, Liechtenstein; B-R: Beach-Russ USA; Ca: A. Cacciari, Milano ; Ce: Celtiques, Rueil (Frankr.); Cen: Central Scientific Company, Chicago, Jll.; Boston, Mass.; G.G.R.: Compagnie Générale de Radiologie, Paris; Ed: W. Edwards & Comp. (London) Ltd., London; E-S: Erdély és Szabò, Budapest.; F: Frankfurter Maschinenbau Prokorny & Wittekind, Frankfurt.; Ga: Officine Galileo, Stabilimentodi Firenze, Florenz.; G: General Electric Company, Schenectady, N.Y.; H-R: Hoddick & Röthe, Weißenfels, Saale; Ki: Kinney Manufacturing Co. (Boston, Mass.), Washington; KLB: KLB Stockholm.; KSB: Klein, Schanzlin & Becker, Frankenthal/Pfalz; L: E. Leybolds Nachfolger, Köln; MV: Metropolitan Vickers Electrical Comp. Ltd., Manchester, Engl.; Mi: Micafil A. Gl, Zürich-Altstetten; N: Neumann & Esser, Aachen; Pf: Arthur Pfeiffer, Wetzlar; P: The Pulsometer Engineering Co., Ltd., Nine Elms Iron Works, Reading/Engl.; Si: Siemens-Schuckertwerke Akt.-Ges., Berlin-Siemensstadt; Sch: G. A. Schütz; St: F. J. Stokes Machine Co., Philadelphia, Pa.; Th: Arthur H. Thomas Company; W.: W. M. Welch Scientific Company, Chicago, Jll.

Passung von einigen hundertsteln Millimetern zwischen den gegeneinander bewegten Teilen der Pumpen nicht aus, um einen Gasdurchtritt von der Druck- auf die Saugseite zu verhindern. Die heute üblichen hohen Endvakuumwerte erreicht man nur dadurch, daß man die Abdichtung der gegeneinander bewegten Teile und des Überdruckventiles an der Auspuffseite durch eine Ölvorlagerung bewerkstelligt (rotierende Ölluftpumpen). Die Dichtungen brauchen also jetzt nicht mehr hochvakuumdicht, sondern nur öldicht zu sein.

a) Kolbenpumpen.

Förderleistungen 45—3500 m³/h. Endvakuum 0,2—0,05 Torr, Totaldruck.

Anwendungsgebiete: Destillationsanlagen, Zellenfilter, Vakuumtrocknungen, Kondensationsanlagen, Kabelwerke, Öl- und Margarinefabriken, Imprägnieranlagen, Zuckerfabriken usw.

Diese Pumpen kommen vor allem für hohe Förderleistungen in Frage. Man verzichtet bei ihnen auf eine Ölvorlagerung und erreicht infolgedessen nur mäßige Endvakuumwerte. Für Drucke unter 1 Torr kommen nur zweistufige Typen in Frage, deren erste Stufe als Vorvakuumpumpe für die zweite Stufe dient (s. Abb. 97).

Wirkungsweise: Der Schieberraum (1) ist mit dem zu evakuierenden Gefäß verbunden. Während der Kolben (11) nach links geht, ist bei entsprechender Stellung des Schiebers (3) der Zylinderraum (10) über die Kanäle (2) mit dem Schieberraum 1 verbunden. Hat der Kolben die äußerste Stellung (links) erreicht, so wird durch Umsteuerung des Schiebers der Zylinderraum (10) über die Kanäle (2, 4, 5) mit dem Raum (6) der ersten Stufe verbunden und das Gas in den Raum (6) gedrückt. Von dem Raum (6) gelangt es bei entsprechender Stellung des Schiebers (8) über die Kanäle (7) in den Zylinderraum (12), wird dort komprimiert und dann wiederum über die Kanäle (7) in den Schieberraum (9) und dann weiterhin in die Atmosphäre ausgestoßen. Die in Abb. 97 dargestellte Kolbenpumpe ist doppelt wirkend, d. h. während der Raum auf der einen Seite des Kolbens als Saugraum arbeitet, dient der Raum auf der anderen Seite des Kolbens gleichzeitig als Kompressionsraum.

Die Kolbenpumpen weisen gegenüber den rotierenden Ölluftpumpen einige Nachteile auf, die es bedingen, daß man mit dieser Pumpentype nur niedrigere Endvakuumwerte erreicht als mit den rotierenden Ölluftpumpen. Auf das Fehlen der Ölabdichtung wurde bereits hingewiesen. Außerdem haben alle Kolbenpumpen einen erheblichen schädlichen Raum, d. h. in der Kompressionsperiode wird nicht alles komprimierte Gas ausgestoßen, sondern ein Teil desselben, beispielsweise der Inhalt der Ventilkanäle (2 und 7) kehrt bei der an die Kompressionsperiode anschließende Ansaugperiode in den Schöpfraum der Pumpe zurück und verschlechtert dort das Vakuum. Bei der in Abb. 97 dargestellten Kolbenpumpe von Klein, Schanzlin & Becker wird dieser Einfluß des schädlichen Raumes dadurch herabgemindert, daß durch eine entsprechende Schiebersteuerung der Ventilkanal nach beendeter Kompressionsperiode zuerst mit dem Raum auf der Rückseite des Kolbens, der also unmittelbar vor der Kompressionsperiode steht, verbunden wird. Dadurch gleicht sich der Druck zwischen diesen beiden Räumen aus und der Druck im Ventilkanal wird herabgesetzt. Erst

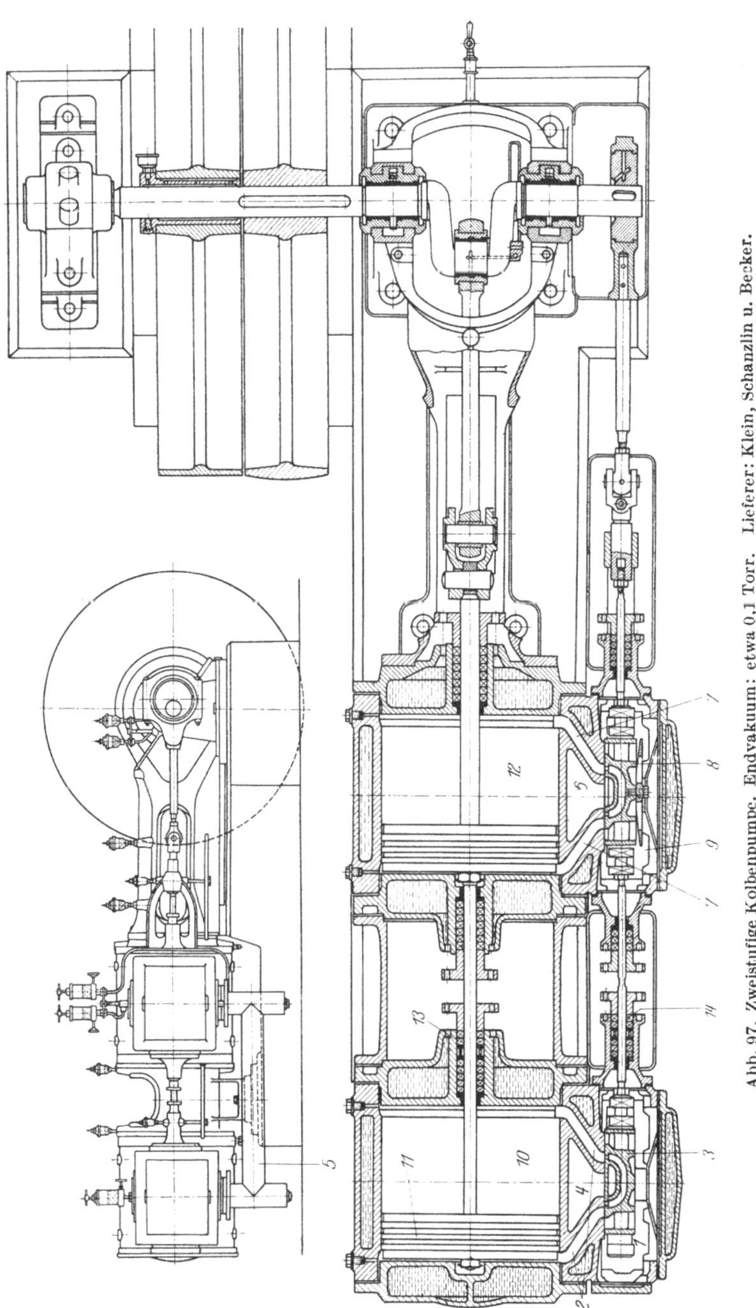

Abb. 97. Zweistufige Kolbenpumpe. Endvakuum: etwa 0,1 Torr. Lieferer: Klein, Schanzlin u. Becker.

dann wird der Ventilkanal durch Veränderung der Schieberstellung mit dem Saugraum verbunden.

b) Vielschieberpumpen.

Förderleistungen: 260—5350 m³/h. Endvakuum 0,3—0,1 Torr, Totaldruck.
Anwendungsgebiete: Evakuierungsprozesse in chemischen Fabriken, Färbereien und Appreturanstalten, Imprägnieranlagen, Kondensationsanlagen, Förderanlagen in Zuckerbetrieben, Rohrpostbetrieb, Entstaubungsanlagen, Aufbereitung von Ölen und Fetten.

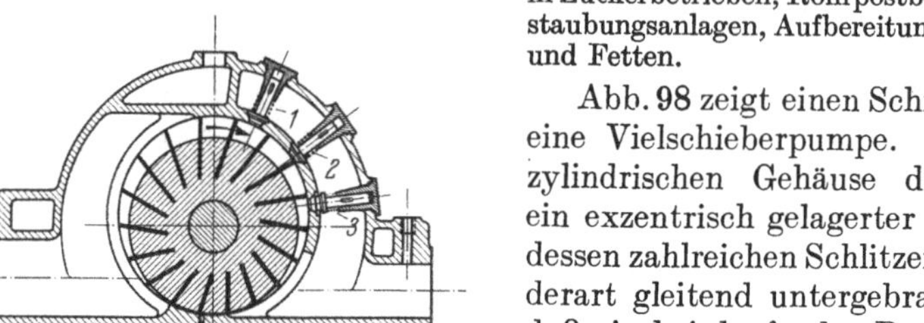

Abb. 98.
Schnitt durch eine Vielschieberpumpe;
Lieferer: Klein, Schanzlin & Becker.

Abb. 98 zeigt einen Schnitt durch eine Vielschieberpumpe. In einem zylindrischen Gehäuse dreht sich ein exzentrisch gelagerter Rotor, in dessen zahlreichen Schlitzen Schieber derart gleitend untergebracht sind, daß sie bei laufender Pumpe stets möglichst weit aus dem Schlitz heraustreten und entlang der Gehäusewand gleiten. Sie bilden auf diese Weise zwischen Rotor und Gehäusewand ein Vielzahl von Kammern, deren Rauminhalt bei sich drehender Pumpe von der untersten Stellung auf der linken Seite der Abb. 98 bis zur obersten Stellung allmählich zunimmt, wobei die Kammern aus dem links liegenden Ansaugstutzen dauernd Gas aufnehmen. In der obersten Stellung wird jede Kammer vom Saugstutzen abgetrennt. Bei weiterer Drehung wird ihr Volumen wieder verkleinert und das Gas in der Kammer komprimiert, bis es schließlich durch den rechts liegenden Auspuffstutzen wieder ausgestoßen wird. Die Überdruckventile 1, 2, 3 dienen zur Vermeidung von Überdrucken beim Ansaugen unter mittleren Drucken.

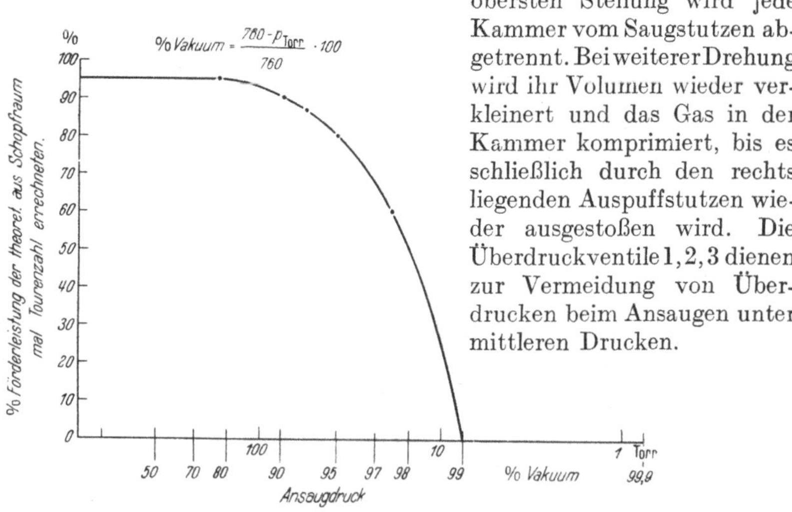

Abb. 99. Abhängigkeit der Förderleistung einer Vielschieberpumpe vom Ansaugdruck.

Die Vielschieberpumpen arbeiten im Gegensatz zu den weiter unten beschriebenen rotierenden Ölluftpumpen ohne ölüberlagertes Rückschlagventil und ohne Ölführung. Sie erreichen daher nur mäßige Endvakuumwerte. Infolge des Fortfalles der Ölreibung können sie aber hochtourig gebaut werden und ergeben daher bei kleinen Abmessungen große Förderleistungen. Abb. 99 zeigt die Abhängigkeit der Förderleistung einer Vielschieberpumpe vom Ansaugdruck. Da bei Pumpen für mäßige Vakua der Ansaugdruck vielfach in % Vakuum angegeben wird, ist in Abb. 99 der Ansaugdruck außer in Torr auch in % Vakuum eingezeichnet. Für höhere Vakua ist die Bezeichnung in % Vakuum aber völlig ungeeignet. So entspricht z. B. einem mäßigen Vakuum von 0,1 Torr die Angabe 99,9868 % Vakuum.

Da die Vielschieberpumpen ohne Ölauffüllung des schädlichen Raumes arbeiten, ist bei ihnen ähnlich wie bei den Kolbenpumpen ein Druckausgleich zur Herabsetzung der Wirkung des schädlichen Raumes erforderlich. Sein Prinzip zeigt Abb. 100. Jede Kammer wird in der untersten Stellung, kurz bevor sie

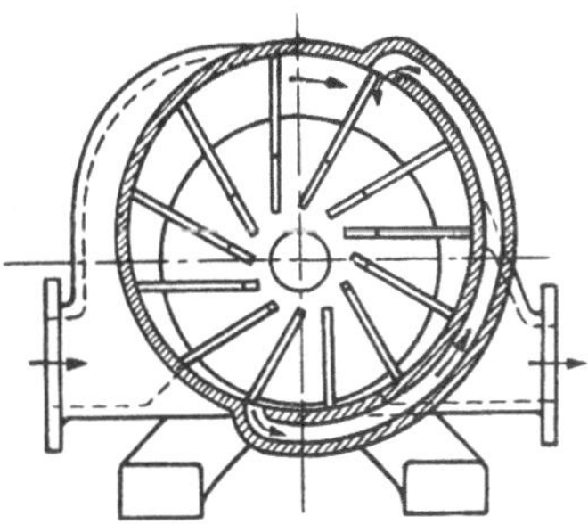

Abb. 100. Druckausgleich bei einer Vielschieberpumpe.

mit dem Vakuumraum in Verbindung kommt, durch einen Umleitungskanal mit einer Kammer in der obersten Stellung, die also noch gerade vor dem Beginn der Kompression steht, verbunden und dadurch vorentlüftet.

c) Rotierende Ölluftpumpen.

Einstufig Endvakuum 0,05 Torr, Totaldruck; 10^{-2}—$2 \cdot 10^{-3}$ Torr, Partialdruck der Gase.

Zweistufig Endvakuum 0,005 Torr, Totaldruck; $3 \cdot 10^{-4}$—$1 \cdot 10^{-5}$ Torr, Partialdruck der Gase.

Förderleistungen 0,6—1300 m³/h.

Anwendungsgebiete: Kleinere Modelle in Laboratorien, größere in Betrieben für Glühlampen, Kühlschränke u. a., bei zusätzlicher Getterung außerdem für Verstärkerröhren, Senderöhren, Fernsehröhren, Röntgenröhren, Photozellen, Gasentladungslampen, Gleichrichter, als Vorpumpen beim Betrieb von Elektronenmikroskopen, Vakuumspektrographen, Hochspannungsanlagen, Cyclotrons, Großgleichrichtern aus Metall, Hochspannungsoscillographen, Kathodenzerstäubungsanlagen, Vakuumaufdampfungen (Verspiegelungen). Außerdem bei Vakuumdestillationen, Extraktionen, Vakuumtrocknung, Kondensationsanlagen, Trocknungen und Entlüftung von Ölen für Hochspannungskabel. Imprägnierungen von elektrischen Kondensatoren und Transformatoren.

Die Vorzüge dieser Pumpentype gegenüber den in den vorhergehenden Kapiteln beschriebenen beruhen auf der besonderen Art der Ölführung in ihnen (rotierende Ölluftpumpen). An Hand der Abb. 101 und 102, in denen zwei Beispiele von rotierenden Ölluftpumpen (einstufige Drehschieberpumpen) gezeigt sind, sei die Aufgabe des Öls in dieser Pumpenart erläutert:

1. Durch die Ölüberlagerung des Ventils 5 wird verhindert, daß atmosphärische Luft durch die Dichtungsfläche des Ventils in den Schöpfraum der Pumpe zurücktreten kann.

2. Aus dem Ölvorrat 15 über dem Ventil 5 tritt durch den Kanal 8 Öl in den Schöpfraum der Pumpe und dient dort zur Ölabdichtung der Flächen (9, 10, 11 und 12), die Räume mit verschiedenen Drucken voneinander trennen.

3. Durch die Ölauffüllung des schädlichen Raumes wird dessen Einfluß und die dadurch bedingte Verschlechterung des Endvakuums weitestgehend ausgeschaltet, und zwar in folgender Weise:

Die Schieber 3 schieben nicht nur Gas, sondern auch das durch den Kanal 8 in den Schöpfraum tretende Öl vor sich her. Beim Endvakuum sind die geförderten Gasmengen nur noch so gering, daß ihr Druck nicht mehr zur Öffnung des Ventils 5 ausreicht. Durch den Kanal 8 dringt aber schließlich soviel Öl in die Pumpe, daß in der obersten Stellung der Ventilkanal 7, d. h. der schädliche Raum zwischen dem Ventil 5 und dem vorderen der Schieber 3, ganz mit Öl gefüllt ist. Im schädlichen

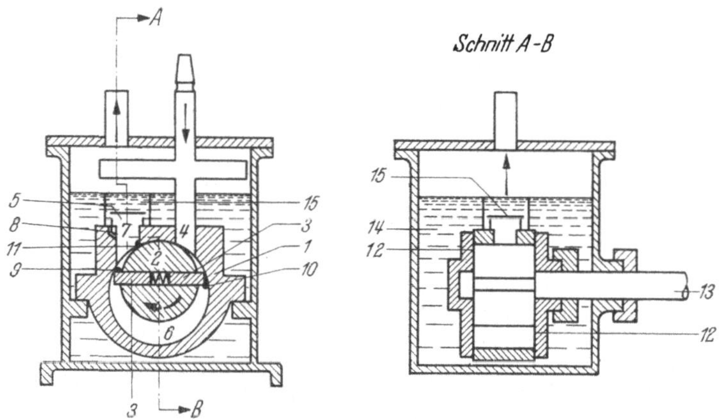

Abb. 101. Einstufige rotierende Ölluftpumpe (schematisch). Lieferer: Pfeiffer. Endvakuum: 10^{-3} ($5 . 10^{-2}$) Torr. Förderleistung: 2,5—25 m³/h.

Wirkungsweise: In dem zylindrischen Gehäuse 1 dreht sich ein exzentrisch gelagerter, geschlitzter Rotor 2 in Richtung des Pfeiles. In dem Schlitz des Rotors befinden sich durch Federn auseinandergedrückte Schieber 3, die bei der Drehung an der Gehäusewand entlanggleiten und dabei die an der Saugöffnung 4 eingedrungene Luft vor sich herschieben, um sie schließlich durch das Druckventil 5 wieder auszustoßen. Im Raum 4 herrscht also ein niedrigerer Druck als im Raum 6 und im Raum 6 ein niedrigerer Druck als im Raum 7. Das Ventil 5 ist mit Öl überlagert.

Ölrückführung durch den Kanal 8 in den Raum 7. Die Schieber 3 fördern also nicht nur Gas, sondern auch Öl. Dadurch erfolgt Ölabdichtung an den Flächen 9, 10, 11 und 12 (die Ziffer 12 findet sich nur in der rechten Zeichnung). Die ganze Pumpe ist in einem Kasten mit Ölfüllung 14 untergebracht, in dem der Ölstand dieselbe Höhe hat wie in dem Raum 15 über dem Ventil 5. Auf diese Weise wird verhindert, daß atmosphärische Luft längs der Durchführung für die Antriebswelle 13 in den Schöpfraum der Pumpe gelangen kann.

Raume sind also jetzt die Gasreste durch Öl verdrängt. Außerdem dient dieses nicht komprimierbare Öl zur zwangsläufigen Öffnung des Ventils. Die bei den Kolbenpumpen geschilderte Wirkung des schädlichen Raumes wird also weitgehend herabgesetzt. Der noch übrig bleibende Einfluß rührt von den im Öl gelösten Gasresten her. Die Einstellung der richtigen Ölumlaufmenge ist kritisch, dabei temperaturabhängig. Zuviel Öl verschlechtert infolge der gelösten Gasreste das Endvakuum, zu wenig Öl füllt den Ventilkanal nicht vollständig aus. Statt dessen tritt aber beim Endvakuum, wenn die Pumpe praktisch kein Gas, sondern nur noch Öl fördert, ein außerordentlich hartes Öffnen des Ventils (der sogenannte Ölschlag) auf. Dieser Ölschlag bedeutet eine erhebliche mechanische Beanspruchung aller bewegten Teile, vor allem der Ventilplatte.

Die Pumpe der Abb. 101 ist ganz in Öl gelagert im Gegensatz zur Pumpe der Abb. 102, die dadurch erheblich weniger Öl benötigt. Man hielt die Lagerung in Öl früher zur Abdichtung gegen die Außenluft für notwendig. Heute erreicht man auch ohne diese bei hochvakuum-dichtem Guß unter Benutzung von Gummidichtungen oder durch Kittungen dieselben Endvakuumwerte.

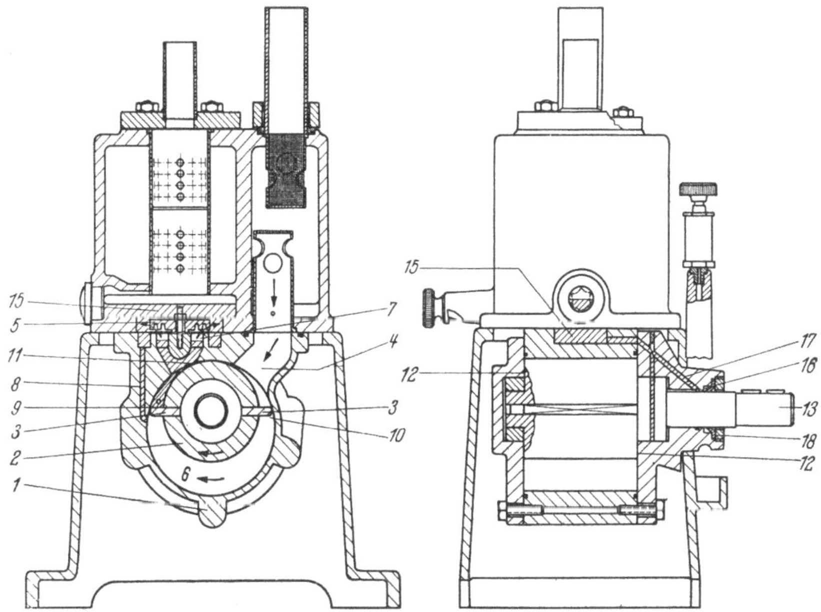

Abb. 102. Einstufige rotierende Ölluftpumpe (Gasballastpumpe). Lieferer: Leybold. Endvakuum: $2 \cdot 10^{-3}$ ($5 \cdot 10^{-2}$) Torr ohne Gasballast, besser als 1 Torr mit Gasballast. Förderleistung: 2—10m³/h.

Wirkungsweise: In dem zylindrischen Gehäuse 1 dreht sich ein exzentrisch gelagerter, geschlitzter Rotor 2 in Richtung des Pfeiles. In dem Schlitz des Rotors befinden sich durch Federn auseinander-gedrückte Schieber 3, die bei der Drehung an der Gehäusewand entlanggleiten und dabei die an der Saugöffnung 4 eingedrungene Luft vor sich herschieben, um sie schließlich durch das Druckventil 5 wieder auszustoßen. Im Raum 4 herrscht also ein niedrigerer Druck als im Raum 6 und im Raum 6 ein niedrigerer Druck als im Raum 7.

Ölrückführung durch den Kanal 8 in den Raum 6. Die Schieber 3 fördern also nicht nur Gas, sondern auch Öl. Dadurch erfolgt Ölabdichtung an den Flächen 9, 10, 11 und 12 (die Ziffer 12 findet sich nur in der rechten Zeichnung).

Bei den technischen Ausführungsformen der rotierenden Ölluft-pumpen unterscheidet man grundsätzlich zwei Bauarten: Die Dreh-schieberpumpen, deren Wirkungsweise bereits an Hand von Abb. 101 besprochen wurde, und die Pumpen mit exzentrisch rotierendem Kolben (Abb. 109—111).

1. Drehschieberpumpen (einstufige und zweistufige).

Einige Ausführungsformen von einstufigen Pumpen zeigen die Abbil-dungen 101 bis 105. Die Abhängigkeit der Förderleistung einer derartigen

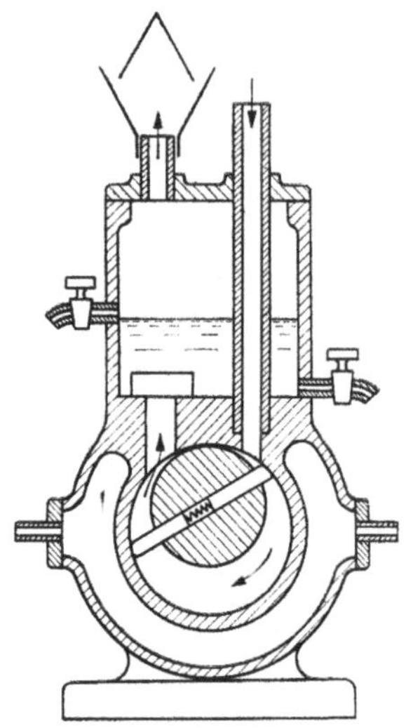

Abb. 103.
Einfache rotierende Ölluftpumpe.
Lieferer: Pfeiffer.
Endvakuum: 0,1 Torr.
Förderleistung: 6—100 m³/h.

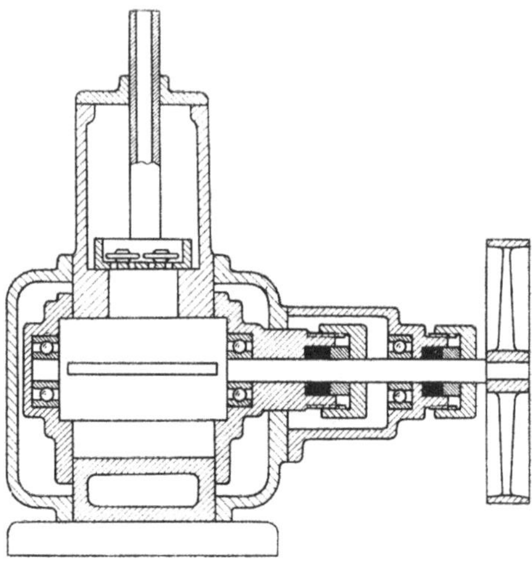

Abb. 104.
Rotierende Ölluftpumpe mit Abdichtung der Deckel des
Pumpengehäuses. Lieferer: Pfeiffer. Endvakuum: 0,1 Torr.
Förderleistung: 4—300 m³/h.

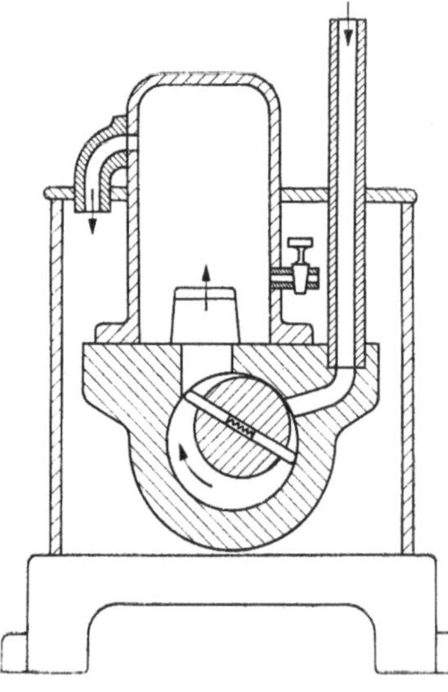

Abb. 105. Rotierende Ölluftpumpe mit
ganz in Öl gelagertem Pumpengehäuse
(zur möglichst vollständigen Abdichtung).
Lieferer: Pfeiffer. Endvakuum: 0,01 Torr
Förderleistung: 10—30 m³/h.

Pumpe vom Druck an der Saugseite zeigt Abb. 106, Kurve 1. Mit den besten einstufigen rotierenden Ölluftpumpen erreicht man ein Endvakuum von etwa $2 \cdot 10^{-3}$ Torr (Partialdruck der permanenten Gase). Will man mit rotierenden Ölluftpumpen höhere Endvakuumwerte erreichen, so muß man zu zweistufigen Pumpen greifen.

Zweistufige rotierende Ölluftpumpen.

Der Aufbau einer zweistufigen rotierenden Ölluftpumpe ist in Abb. 107 schematisch dargestellt. Grundsätzlich besteht also eine solche Pumpe aus zwei hintereinander geschalteten Pumpen, bei denen die Stufe I als Vorpumpe für die Stufe II, die Hochvakuumstufe, dient. Das abzusaugende Gas tritt bei 4 in die Stufe II ein und wird über den Kanal 19 in die Stufe I gedrückt und von dieser durch das Ventil 5 ausgestoßen. Nur die Stufe I ist mit einem Auspuffventil versehen, während die Stufe II ventillos arbeitet. Ebenso wird auch nur in der Stufe I dauernd Öl aus dem Ventilraum 15 über den Kanal 8 in den Schöpfraum der Pumpe eingeführt. Die Stufe II enthält nur soviel Öl, wie zu Beginn des Pumpvorganges dort vorhanden war. Diese beiden Maßnahmen, die Ventillosigkeit der Stufe II und das Fehlen der Ölzuführung in der Stufe II, sind unbedingt erforderlich, da sonst nicht die mit zweistufigen rotieren-den Ölluftpumpen er-reichbaren merklich hö-heren Endvakuumwerte wirklich erzielt werden können. Die Ölzufuhr in den Schöpfraum einer Stufe ist zwar zur guten Abdichtung gegen hohe Druckunterschiede er-forderlich, bringt aber gleichzeitig eine geringe Verschleppung von Luft-resten mit sich. Die zweite Stufe hat infolge des vorhandenen Vor-vakuums durch die erste Stufe nur geringe abso-lute Druckunterschiede

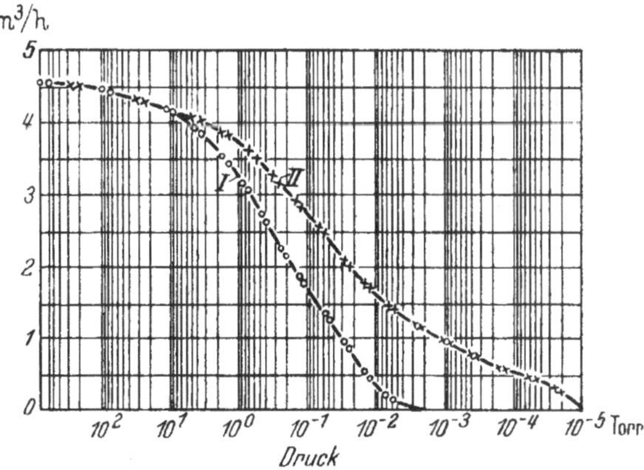

Abb. 106. Förderleistung einer einstufigen rotierenden Ölluft-pumpe (Kurve I) und einer zweistufigen rotierenden Ölluft-pumpe (Kurve II) in Abhängigkeit vom Ansaug-Druck.

zu überwinden. Etwa vorhandene enge Spalte lassen außerdem nur äußerst geringe Gasmengen durchtreten, da enge Spalte, wie wir oben gesehen haben, den Gasdurchtritt bei dem in der Stufe II herrschenden Hochvakuum sehr stark drosseln. Dort kann also einerseits auf eine gründliche Ölabdichtung ver-zichtet werden, und dies ist andererseits erforderlich, um die Verschleppung von Luft-resten durch die Ölung in den Schöpfraum der Pumpe hinein zu vermeiden. Wir hatten auf S. 96 gesehen, daß die ein-stufigen Pumpen am Schluß des Pumpvorganges, wenn also fast das Endvakuum erreicht ist, praktisch nur noch Öl und kein Gas mehr fördern, und daß die Öffnung des Ven-

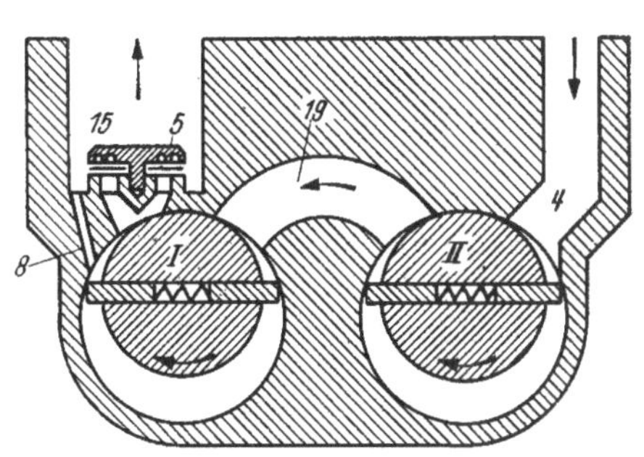

Abb. 107.
Schema einer zweistufigen rotierenden Ölluftpumpe.

tils 5 durch den Ausstoß des Öles erfolgt. Bei der zweiten Stufe, bei der keine Ölzuführung in den Schöpfraum der Pumpe hinein erfolgt, ist also die Anbringung eines Ventils unmöglich, da der Druck des wenig komprimierten Gasrestes einerseits zur Öffnung eines solchen Ventils nicht ausreichen würde und andererseits Öl, das bei seinem Ausstoß das Ventil öffnen würde, nicht in die Stufe eingeführt wird.

Abb. 108 zeigt eine technische Ausführung einer solchen zweistufigen Schieberpumpe. Wie man sieht, liegen die Achsen der beiden Stufen nicht parallel zueinander wie in der schematischen Abb. 107, sondern die beiden Achsen liegen in einer Flucht. Die Achse der zweiten Stufe wird nirgends in die freie Atmosphäre hinausgeführt. Sie ist auf der einen Seite blind gelagert und auf der anderen Seite zur Vorvakuumstufe durchgeführt und wird von der Achse der Vorvakuumstufe mit angetrieben. Auf diese Weise vermeidet man, daß längs der Achsenabdichtung atmosphärische Luft in den Schöpfraum der Hochvakuumstufe eindringen kann. Zur Verhinderung des Durchtrittes von luft-

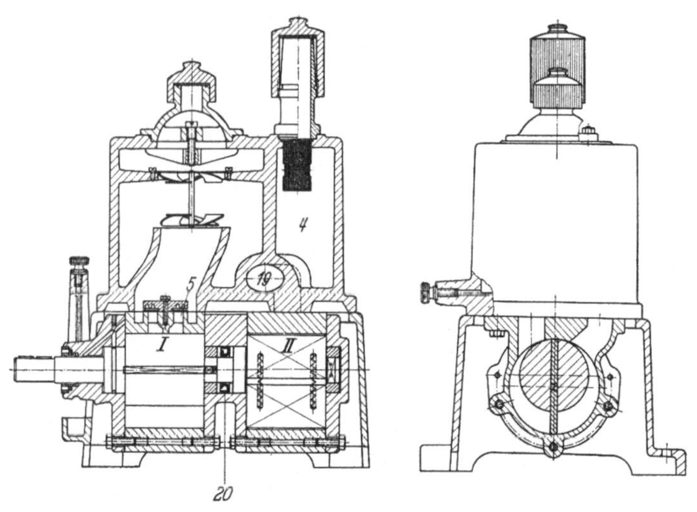

Abb. 108. Zweistufige rotierende Ölluftpumpe (Gasballastpumpe). Lieferer: Leybold. Endvakuum: 10^{-5} ($5 \cdot 10^{-3}$) Torr ohne Gasballast, 10^{-2} Torr mit Gasballast. Förderleistung: $2-10$ m³/h.

haltigem Öl längs der Achse der Hochvakuumstufe in den Schöpfraum dieser Stufe dient die Gummiabdichtung 20 (Abb. 108).

Die Abhängigkeit der Förderleistung einer zweistufigen Pumpe vom Druck an der Saugseite ist in Abb. 106 Kurve II dargestellt. Mit den besten zweistufigen rotierenden Ölluftpumpen erreicht man Endvakuumwerte (Partialdruck der permanenten Gase) von etwa $1 \cdot 10^{-5}$ Torr im Gegensatz zu dem Wert von $2 \cdot 10^{-3}$ Torr bei einstufigen Pumpen. Die angegebenen Endvakuumwerte beziehen sich auf den erreichbaren Partialdruck der permanenten Gase, den erreichbaren Totaldruck erhält man, wenn man hierzu den an der Saugseite vorhandenen Öldampfdruck addiert. Dieser Öldampfdruck hat bei einstufigen Pumpen einen Wert von etwa $5 \cdot 10^{-2}$ Torr und bei zweistufigen Pumpen einen Wert von etwa $5 \cdot 10^{-3}$ Torr. Diese Verschiedenheit des Dampfdruckes tritt auch dann auf, wenn die verglichenen ein- und zweistufigen Pumpen mit derselben Ölsorte beschickt werden. Sie hat folgende Ursachen: Einerseits kann sich in der Stufe II kein stationärer Sättigungsdampfdruck einstellen, da dauernd Öldampf von der Stufe I aus der Stufe II abgesogen wird, der Druck in der Stufe II ist also niedriger als der Sättigungsdruck des Öles. Andererseits sind die Schmieröle keine einheitlichen Stoffe, sondern Gemische von Kohlenwasserstoffen

Zur rationellen Massenherstellung der Röhren läßt man diese auf sog. Pumpautomaten (Abb. 115 und 116) rundlaufen, wobei sie in einstellbaren Zeiten von Position zu Position verschoben werden. In jeder Position werden sie dabei einem der oben angegebenen Arbeitsgänge unterworfen. Die Einrichtungen für die Arbeitsgänge bleiben also dauernd fest stehen, während die Röhren rundlaufen. Eine oder mehrere Positionen sind dabei jeweils an eine besondere Pumpe angeschlossen.

Abb. 116. Pumpautomat, hängende Bauart Brückner mit rundlaufenden Quecksilber-Diffusionspumpen.

Zur leichteren Unterbringung der Vielzahl von Pumpen unter den Automaten werden diese zu sog. „Mehrfachschaltungen" (Abb. 117 und 118) zusammengefaßt. Eine solche Mehrfachschaltung besteht aus einer größeren Anzahl von Pumpen, die in einem Gehäuse untergebracht sind, und von einem gemeinsamen Motor angetrieben werden. Abb. 117 zeigt eine Mehrfachschaltung offen, d. h. mit abgenommenem Deckel, Abb. 118 dagegen geschlossen. Hier sieht man die 12 Vakuumleitungen zu den 12 einzelnen Pumpen der Mehrfachschaltung.

Man kann auch die Pumpen, insbesondere die Diffusionspumpen unmittelbar mit der zu bearbeitenden Röhre zusammen verbinden und sie auf dem Automaten mit rundlaufen lassen (Abb. 116). Die Vorvakuumleitungen all dieser Diffusionspumpen werden dann zusammen-

Abb. 117. Zweistufige Drehschieberpumpe in Zwölffachschaltung (offen) Lieferer: Leybold.
Endvakuum: 10⁻⁵ (510⁵⁻³) Torr. Förderleistung 12×5 m³/h.

Abb. 118. Pumpe der Abbildung 117, jedoch geschlossen.

gefaßt und einer gemeinsamen größeren Vorpumpe, die feststeht, zugeführt.

Lieferer:

Mehrfachschaltungen: E. Leybold Nachf., Köln; A. Pfeiffer, Wetzlar.

Pumpautomaten: Brückner, Coburg; Gladitz G.m.b.H.; Schmidt & Kleinberg.

β) Ölrückschlag ins Vakuum.

Wir haben im Vorhergehenden gesehen, daß grundsätzlich bei allen rotierenden Ölluftpumpen das Rückschlagventil mit Öl überlagert ist.

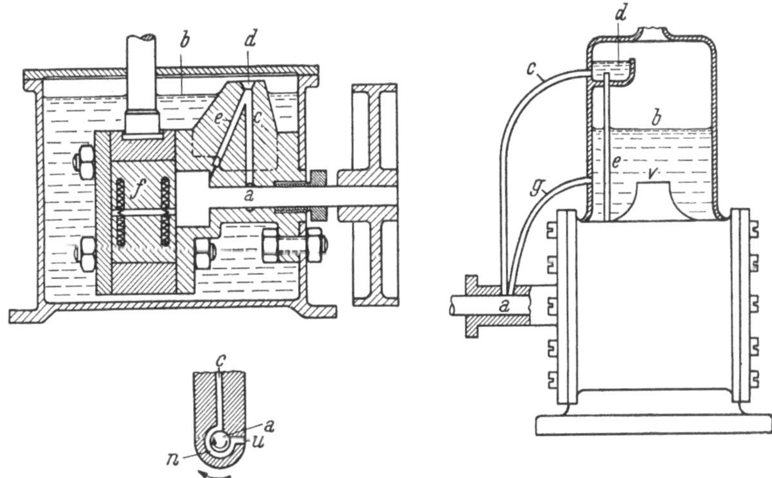

Abb. 119. Rotierende Ölluftpumpe mit Ölförderung in ein höher gelegenes Reservoir zur Verhinderung des Ölrückschlages.

Beim Stillsetzen der Pumpen kann diese Ölmenge allmählich durch das Rückschlagventil und die Ölkanäle in den Pumpenraum und schließlich weiter in die angeschlossene Vakuumleitung zurücktreten. Dieser Übelstand ist natürlich vor allem gefährlich, wenn der Ventilraum mit einer größeren Ölmenge in Verbindung steht (vgl. Abb. 101). Also insbesondere, wenn sich die ganze Pumpe von Öl umgeben innerhalb eines größeren Kastens befindet. Zur Vermeidung des Ölrücktrittes aus der Pumpe in die angeschlossene Vakuumleitung ist es am einfachsten, zwischen Pumpe und Vakuumapparatur ein Ventil einzuschalten, das beim Stillsetzen der Pumpe geschlossen wird, während man gleichzeitig durch ein zweites Ventil Luft auf der Saugseite der Pumpe einläßt. Statt dieser bedienungsmäßig etwas umständlichen Methode sind die verschiedensten Wege eingeschlagen worden.

1. Man trennt um das Ventil herum einen kleinen Ölraum von der Ölmenge ab, die die Pumpe umgibt (*16*), so daß beim Stillsetzen der Pumpe (vgl. Abb. 101) nur diese kleine Ölmenge zurücktreten kann, die dann vollständig von der Pumpe aufgenommen wird, ohne daß ein Ölrücktritt in die Vakuumleitung erfolgt.

2. Da es schwierig ist, in dem Ölraum, der die gesamte Pumpe umgibt, immer genau einen solchen Ölstand einzustellen, so daß er gerade bis zum oberen Rand des Ventilraumes reicht, aber nicht höher ist, hat man auch den Weg gewählt, daß der Ventilraum und die Pumpe ihr Öl nicht unmittelbar aus dem großen Ölreservoir erhalten, sondern aus einem kleineren höherliegenden Vorrat, der dauernd durch eine kleine Ölförderpumpe, die auf der Achse der eigentlichen Pumpe sitzt, gespeist wird. Der Ventilraum erhält also nur solange Öl, wie die Pumpe umläuft. Beim Stillsetzen der Pumpe tritt nur höchstens die kleine Ölmenge aus dem höherliegenden Reservoir (vgl. Ab. 119) zurück (4, 5).

3. Beispielsweise bei den Gasballastpumpen der Firma Leybold ist der Weg beschritten worden (vgl. Abb. 102), daß die gesamte Ölmenge in der Pumpe insbesondere dadurch kleingehalten wird, daß die Pumpe nicht in Öl gelagert ist und daß sich nur eine kleine Ölmenge über dem Ventil befindet.

4. Bei in Öl gelagerten Pumpen kann auch der Weg beschritten werden, daß das Ventil von einem Verdränger umgeben wird (15), so daß beim Stillsetzen der Pumpe entsprechend dem Verdränger nur die kleine Ölmenge, deren Niveau über dem Ventil liegt, zurücktreten kann.

5. Schließlich sind noch eine Anzahl von automatischen Absperrvorrichtungen entwickelt worden, die den Ölrücktritt in die Pumpe oder aus der Pumpe in die Vakuumleitung bei Stillstand der Pumpe selbsttätig absperren.

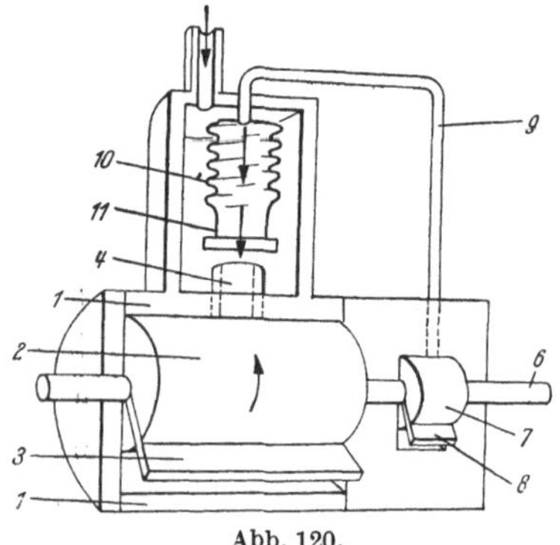

Abb. 120.
Rotierende Ölluftpumpe mit automatischer Absperrvorrichtung in der Vakuumleitung.

Absperrung des Ölrücklaufes in die Pumpe.

Diese erfolgt in der Weise, daß man über dem Auspuffventil der Pumpe ein zweites Ventil anbringt, das sich beim Stillstand der Pumpe schließt und dann den Ölzulauf zum Auspuffventil der Pumpe verhindert. Nach (2) wird hierbei dieses Ventil zur Verhinderung des Ölrücklaufes bei laufender Pumpe mittels einer Öldruckpumpe offen gehalten, während GAEDE (6) dieses Ventil durch eine mechanische Steuerung offenhält, die bei laufender Pumpe unmittelbar durch den Pumpenschieber betätigt wird.

Absperrvorrichtung in der Vakuumleitung.

Abb. 120 zeigt eine automatische Absperrvorrichtung in der Vakuumleitung (11), bei der auf einer Achse (6) mit der Hauptpumpe 1, 2, 3 eine Hilfspumpe 7, 8 sitzt, die beim Lauf über eine Leitung 9 einen Federungskörper 10 evakuiert. Beim Stillsetzen der Pumpe dringt durch die Hilfspumpe und die Leitung 9 Luft von Atmosphärendruck in den Federungskörper 10 ein und drückt den Ventilteller auf den Sitz 4 und schließt damit die Vakuumleitung gegen die Pumpe und einen eventuellen Ölrücktritt ab.

Nach STINTZING (*17*) kann man in die Vakuumleitung ein Abschlußventil einbauen, das nur beim Lauf der Pumpe durch einen Elektromagneten offengehalten wird.

Die AEG. (*1*) hat folgendes Verfahren angewandt. In der Vakuumleitung wird ein Hahn angebracht, der bei stillstehender Pumpe durch eine Rückholfeder geschlossen gehalten wird. Außerdem ist das Gehäuse des Antriebsmotors drehbar gelagert und öffnet durch sein Drehmoment bei laufender Pumpe den Hahn in der Vakuumleitung.

6. Schließlich ist es immer von Vorteil, in der Pumpe vor den Saugstutzen für den Anschluß der Vakuumleitung einen möglichst großen Aufnahmeraum für das Öl (vgl. hierzu die Abb. 102 und 111) anzubringen.

γ) Pumpen zum Absaugen von Dämpfen.

Rotierende Ölluftpumpen arbeiten einwandfrei beim Absaugen permanenter Gase. Bei dieser Verwendungsweise, die bei den meisten physikalischen Laboratoriumsarbeiten sowie in vielen Industriezweigen (z. B. der Röhrenindustrie) vorliegt, geben sie auch hohe Endvakuumwerte. Bei chemischen Arbeiten dagegen (Destillationen, Trocknungen usw.) haben die Pumpen außer permanenten Gasen auch Dämpfe und dampfhaltige Gase abzusaugen. Hierbei zeigt sich nun ein schwerwiegender Nachteil der rotierenden Ölluftpumpen. Während des Kompressionsvorganges in der Pumpe werden die abgesaugten Dämpfe ganz oder teilweise kondensiert. Durch die ständige Wiederholung dieses Vorganges bei jeder Kompressionsperiode tritt eine Anreicherung des Kondensats im Pumpenöl ein. Das mit dem Pumpenöl vermischte Kondensat wird auf die Saugseite verschleppt und verschlechtert dort durch Wiederverdampfung den Wert des mit der Pumpe erreichbaren Endvakuums. Außerdem gibt das im Pumpenöl zurückgelassene Kondensat in vielen Fällen zu erheblichen Korrosionserscheinungen Anlaß.

Zur Vermeidung dieses Übelstandes beim Absaugen von Dämpfen mit rotierenden Ölluftpumpen sind grundsätzlich zwei Wege beschritten worden:

1. Ständige Erneuerung bzw. Regenerierung des Ölvorrates in der Pumpe.

2. Verhinderung der Kondensation.

Pumpen mit Ölerneuerung.

Bei diesen Pumpen steht der mit dem Kondensat vermischte Ölvorrat in dem Raum über dem Auspuffventil oder der Raum über dem Auspuffventil steht mit einem besonderen Ölvorrat in Verbindung. Der Ölvorrat muß also ständig von dem Kondensat befreit werden. Ein Weg hierzu besteht darin, daß man aus dem Ölvorrat ständig eine kleine Menge des Ölkondensatgemisches entnimmt und statt dessen auf der Saugseite der Pumpe dauernd eine kleine Menge Frischöl zuführt. Das hat natürlich den Nachteil, daß durch die im Frischöl gelöste Luft der Wert des mit der Pumpe erreichten Endvakuums verschlechtert wird. Eine in dieser Weise arbeitende Pumpe zeigt Abb. 121. Aus dem

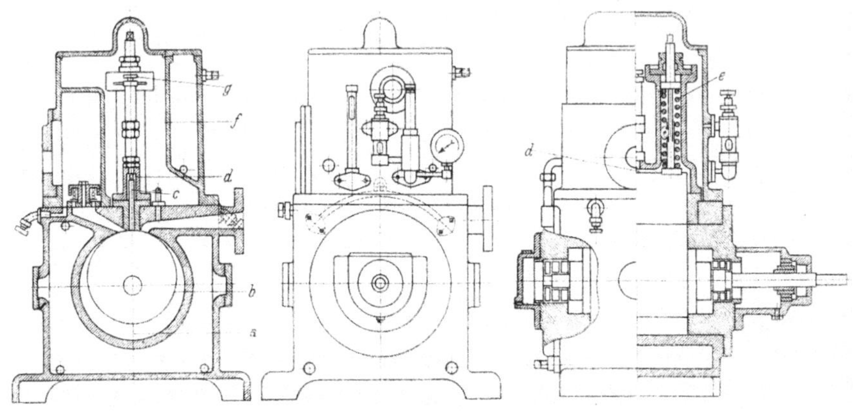

Abb. 121. Einstufige rotierende Ölluftpumpe mit Ölerneuerung. Lieferer: Pfeiffer. Endvakuum: 0,5 Torr. Förderleistung: 15—300 m³/h.

Wirkungsweise: Im Pumpraum (a) schwingt ein exzentrischer Kolben (b), auf dem ein Schieber (c) auf und abgleitet. Der Schieber taucht dabei in eine Tauchkammer (d) und ist durch Federn (e) so abgestützt, daß er stets zügig auf dem Kolben anliegt. Bei der Aufwärtsbewegung öffnet der Schieber ein Ventil, wodurch Öl aus dem Vorratsraum (f) in die Tauchkammer (d) eintritt. Durch die Schraube (g) wird die Öffnung des Ventils geregelt, so daß die bei jedem Hub des Schiebers eintretende Ölmenge eingestellt werden kann.

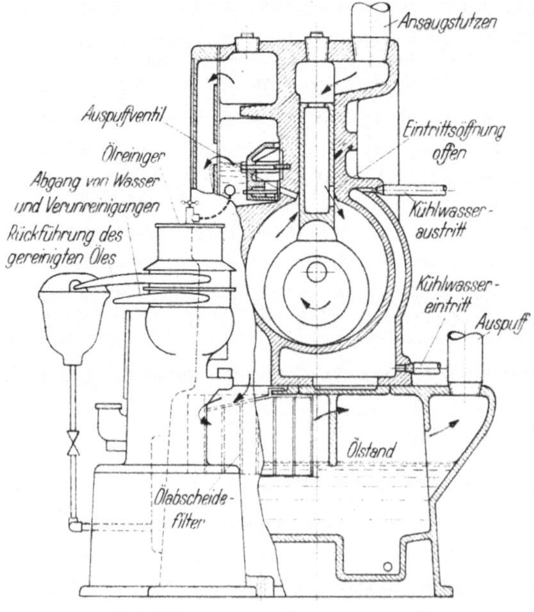

Abb. 122. Einstufige rotierende Ölluftpumpe mit Ölerneuerung durch Zentrifuge. Lieferer: Stokes. Endvakuum: 10⁻³ Torr. Förderleistung: 17—380 m³/h.

Raum über dem Auspuffventil wird das Ölkondensatgemisch dauernd entnommen und einem Abscheider zugeführt. An Stelle des Abscheiders kann man auch eine Zentrifuge anbringen und dieser das Ölkondensatgemisch aus dem Raum über dem Auspuffventil zur Trennung des Pumpenöls von dem Kondensat zuführen (s. Abb. 122).

Ein anderer Weg zur Erneuerung des Öles besteht darin, daß man das Ölkondensatgemisch im Raum über dem Auspuffventil erhitzt und auf diese Weise das Kondensat durch Verdampfen entfernt. Letztere Methode hat aber den Nachteil, daß man beim Absaugen von Substanzen, die das Verharzen des Pumpenöles begünstigen, beispielsweise von

Essigsäuredämpfen, die Reaktionsgeschwindigkeit des Verharzungs-
vorganges durch die erhöhte Temperatur beschleunigt.

Verhinderung der Kondensation.

Eine Kondensation von abgesaugten Dämpfen wird bei den Gasballastpumpen nach GAEDE (7, 8) grundsätzlich dadurch vermieden,
daß dem Schöpfraum der Pumpe dauernd eine gewisse Menge frischer
Luft (der sog. Gasballast) zugeführt und dadurch der Dampf aus der
Pumpe gespült wird, bevor noch eine Kondensation eingetreten ist.

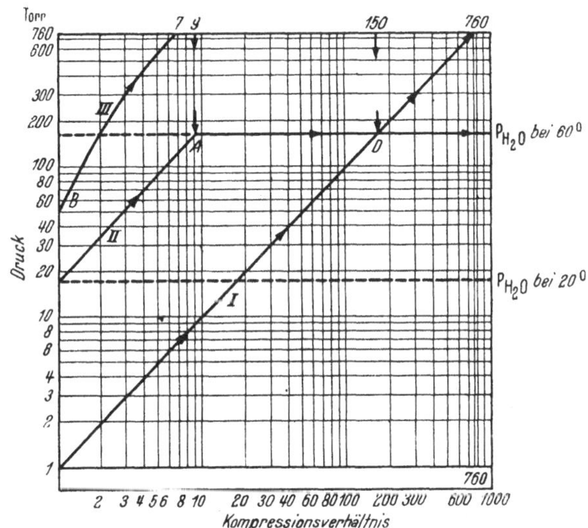

Abb. 123. Druckanstieg bei der Kompression in rotierenden Pumpen. Kompressionsverhältnis gleich
Volumen des Schöpfraumes im Augenblick der Absperrung von der Saugseite zum Restvolumen in
einem bestimmten Augenblick des Pumpvorganges.

Kurve I: Beim *Absaugen von permanenten Gasen* steigt der Druck (Anfangsdruck im Beispiel 1 Torr)
proportional zum Kompressionsverhältnis an, bis bei einem Druck von 760 Torr das
Auspuffventil geöffnet wird.

Kurve II und Kurve III: *Absaugen von Dämpfen:* Im Beispiel bei 20⁰ C gesättigter Wasserdampf
(Sättigungsdruck 17,5 Torr, Betriebstemperatur der Pumpe 60⁰ C).

Kurve II: Absaugen von Dämpfen mit normalen rotierenden Ölluftpumpen. Druck steigt zunächst
proportional zum Kompressionsverhältnis an bis (Punkt A) der Sättigungsdruck entsprechend der Betriebstemperatur der Pumpe erreicht ist (im Beispiel 150 Torr bei Kompressionsverhältnis 9). Bei weiterer Kompression Kondensation bei konstantem Druck.
Druck von 760 Torr wird nicht erreicht. Auspuffventil bleibt geschlossen.

Kurve III: Absaugen von Dämpfen mit Gasballastpumpen. Schon vor dem Beginn der Kompression
wird Frischluft (Gasballast) in den Schöpfraum der Pumpe eingelassen. Beim Einsetzen
der Kompression (Punkt B) ist also im Schöpfraum ein Dampf-Luft-Gemisch unter
erhöhtem Druck (im Beispiel 50 Torr) vorhanden. Bei zunehmendem Kompressionsverhältnis steigt der Druck einerseits infolge der Kompression des Dampf-Luft-Gemisches
und andererseits durch die dauernde weitere Gasballastzufuhr, bis schließlich (im Beispiel bei einem Kompressionsverhältnis 7) ein Druck von 760 Torr erreicht und damit das
Auspuffventil geöffnet wird. Bei genügender Gasballastzufuhr geschieht dies, bevor der
Dampf bis zur Sättigung komprimiert ist (im Beispiel bei einem Kompressionsverhältnis 9).
Die Dämpfe werden also ohne Kondensation wieder aus der Pumpe herausgespült.

Zur Darlegung der Vorgänge in Gasballastpumpen betrachten wir zu-
nächst Abb. 123 (I. den Vorgang beim Absaugen von Gasen und II. beim
Absaugen von Dämpfen in einer normalen rotierenden Ölluftpumpe).
Beim Absaugen von Dämpfen, deren Sättigungsdruck bei der Betriebs-

temperatur der Pumpe kleiner als 760 Torr ist, kommt also die Kondensation in normalen rotierenden Ölluftpumpen dadurch zustande, daß diese in der Pumpe zunächst bis auf den Sättigungsdruck komprimiert werden, daß dann aber bei weitersteigendem Kompressionsverhältnis in der Pumpe keine Drucksteigerung mehr eintritt, sondern daß statt dessen Kondensation unter konstantem Druck erfolgt. Das Auspuffventil der Pumpe, das sich erst bei einem Druck von 760 Torr öffnet,

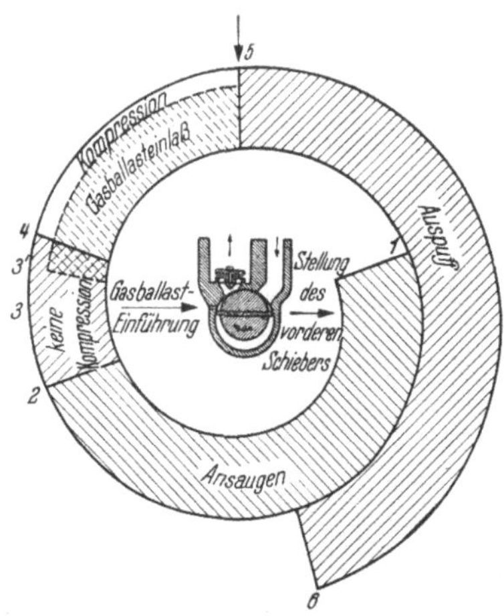
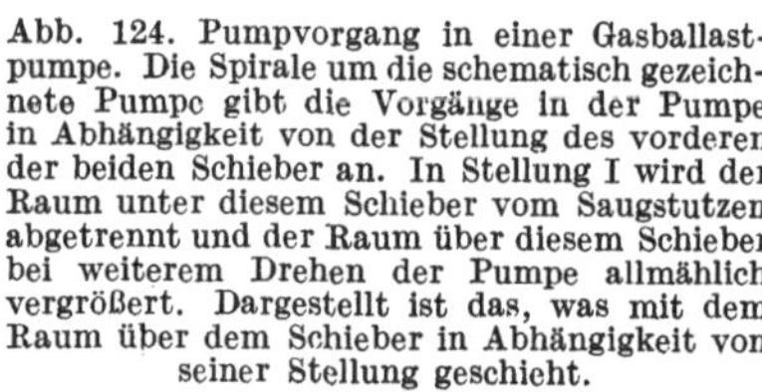

Abb. 124. Pumpvorgang in einer Gasballastpumpe. Die Spirale um die schematisch gezeichnete Pumpe gibt die Vorgänge in der Pumpe in Abhängigkeit von der Stellung des vorderen der beiden Schieber an. In Stellung I wird der Raum unter diesem Schieber vom Saugstutzen abgetrennt und der Raum über diesem Schieber bei weiterem Drehen der Pumpe allmählich vergrößert. Dargestellt ist das, was mit dem Raum über dem Schieber in Abhängigkeit von seiner Stellung geschieht.
Stellung 1 bis Stellung 2: Ansaugen.
Stellung 2: Abtrennung vom Saugstutzen durch den hinteren Schieber.
Stellung 2 bis Stellung 3: Weitere Vergrößerung des Schöpfraumes.
Stellung 3 bis Stellung 4: Schöpfraum wird wieder auf den Wert von Stellung 2 verkleinert.
Stellung 3^1: Beginn des Gasballasteinlasses.
Stellung 4 bis Stellung 5: Kompression unter dauerndem weiteren Gasballasteinlaß.
Stellung 5: Das Auspuffventil öffnet sich.
Stellung 5 bis Stellung 6: Auspuff der geförderten Dämpfe und des Gasballastes.

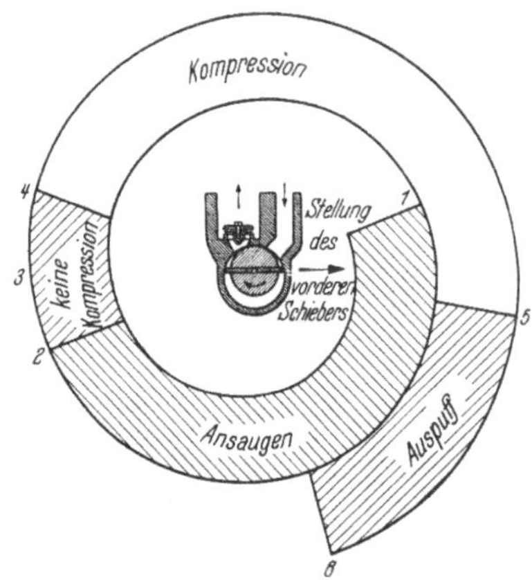

Abb. 125. Pumpvorgang in einer rotierenden Ölluftpumpe (ohne Gasballast).
Erklärung der Darstellung siehe Abb. 124.
Stellung 1 bis Stellung 2: Ansaugen.
Stellung 2: Abtrennung vom Saugstutzen durch den hinteren Schieber.
Stellung 2 bis Stellung 3: Weitere Vergrößerung des Schöpfraumes.
Stellung 3: Maximaler Schöpfrauminhalt.
Stellung 3 bis Stellung 4: Schöpfraum wird wieder auf den Wert von Stellung 2 verkleinert.
Stellung 4 bis Stellung 5: Kompression.
Stellung 5: Das Auspuffventil öffnet sich.
Stellung 5 bis Stellung 6: Auspuff der geförderten Gase.

bleibt also geschlossen und das Kondensat des abgesogenen Dampfes verbleibt in der Pumpe.

Wie wird nun diese Kondensation durch den Gasballasteinlaß vermieden? Wir vergleichen hierzu Abb. 124, den Pumpvorgang in einer Gasballastpumpe und Abb. 125, den Pumpvorgang in einer normalen rotierenden Ölluftpumpe. Bei den Gasballastpumpen wird schon vor dem Beginn der Kompressionsperiode dauernd Gasballast in den Schöpfraum der Pumpe eingelassen. Beim Einsetzen der Kompression ist also bereits ein Dampf-Luftgemisch im Schöpfraum vorhanden, dessen Druck bei weiter fortschreitender Kompression einerseits ansteigt durch die Kompression des vorhandenen Dampf-Luftgemisches und anderseits durch den dauernd weiter erfolgenden Gasballasteinlaß (Abb. 123, Kurve III). Bei ausreichender Gasballastzufuhr wird daher in dem Schöpfraum ein Druck von 760 Torr erreicht und das Auspuffventil geöffnet, noch bevor der Dampf in der Pumpe auf seinen Sättigungsdruck komprimiert ist. Die Dämpfe werden also ohne Kondensation wieder aus der Pumpe ausgestoßen.

Wie groß ist nun die zur Verhinderung der Kondensation erforderliche Gasballastmenge B? B werde gemessen in [l/sec] bei Atmosphärendruck p_{at} [Torr]. Bei der Berechnung werden folgende Formelzeichen verwandt:

p_{at} = Atmosphärendruck [Torr],
p_d = Druck des Dampfes [Torr],
p_g = Druck des Gases [Torr],
p_s = Sättigungsdruck des Dampfes bei der Betriebstemperatur der Pumpe [Torr],
V = Schöpfraumvolumen [l]
n = Tourenzahl [l/sec].

Die Zahlen beziehen sich auf die Schieberstellung in Abb. 124.

Also Stellung 1 Beginn der Ansaugperiode,
Stellung 5 Beginn des Auspuffs nach Erreichen des Atmosphärendrucks im Schöpfraum.

Es gelten also beim Absaugen eines gasfreien Dampfes folgende Beziehungen:

$$S_1\, p_{d,1} = S_5\, p_{d,5}$$
$$S = S_1 = V_1 \cdot n \ [\text{l/sec}]$$
$$S_5 = V_5\, n$$
$$p_{d,5} \leqq p_s$$
$$B\, p_{at} = S_5\, p_{g,5}$$
$$p_{g,5} = p_{at} - p_{d,5}\,,$$

daraus folgt

$$B\, p_{at} = S_5\, (\, p_{at} - p_{d,5})$$

und daraus weiterhin

$$B = S\, p_{d,1} \left[\frac{1}{p_{d,5}} - \frac{1}{p_{at}} \right],$$

oder

$$B \geqq S\, p_{d,1} \left[\frac{1}{p_s} - \frac{1}{p_{at}} \right]. \tag{4}$$

Die erforderliche Gasballastmenge B ist also um so größer, je größer die Förderleistung S und der Druck $p_{d,1}$ des angesaugten Dampfes (Kühlung der Dämpfe vor dem Eintritt in die Pumpe) und um so kleiner, je größer der Sättigungsdruck p_s bei der Betriebstemperatur ist.

$$B = 0 \ \text{für} \ p_s = p_{at} \ (\text{geheizte Pumpen}).$$

Beim *Absaugen eines Gas-Dampfgemisches* mit dem Gasdruck $p_{g,1}$ und dem Dampfdruck $p_{d,1}$ folgt in analoger Weise

$$p_{at}\,B = S_5\left[p_{at}-(p_{g,1}+p_{d,1})\,\frac{S}{S_5}\right],$$

$$B = S_5\left[1-\frac{p_{g,1}+p_{d,1}}{p_{at}}\,\frac{S}{S_5}\right]$$

$$\frac{S}{S_5} = \frac{p_{d,5}}{p_{d,1}},$$

$$B \gtreqqless S\,p_{d,1}\left[\frac{1}{p_s}-\frac{1+\dfrac{p_{g,1}}{p_{d,1}}}{p_{at}}\right].\tag{5}$$

Die erforderliche Gasballastmenge B ist also um so kleiner, je größer $p_{g,1}/p_{d,1}$, d. h. je größer die dem Dampf beigemischte Gasmenge ist:

$$B = 0 \ \text{für}\ \frac{p_{g,1}}{p_{d,1}} \geqq \frac{p_{at}}{p_s}-1.$$

Es hat nun zunächst den Anschein, als ob in Gasballastpumpen zwar eine Kondensation vermieden würde, als ob aber beim Absaugen von Dämpfen die mit dem Pumpenöl eine Lösung eingehen, diese trotzdem auch ohne Kondensation in der Pumpe zurückgehalten würden. Technische Bedeutung haben in dieser Hinsicht vor allem die Dämpfe von organischen Lösungsmitteln. Die Erfahrung mit Gasballastpumpen beim Absaugen von Benzin, Benzol, Äthyl-Alkoholdämpfen u. a. hat nun aber gezeigt, daß nach dem Aufhören der Dampfzufuhr an der Saugseite die Dämpfe auch in kurzer Zeit aus der Pumpe verschwunden sind. Dies hat folgenden Grund:

Nach Aufhören der Dampfzufuhr von außen wird durch Hindurchblasen von Gasballastfrischluft der Dampfraum in der Pumpe ständig erneuert. Haben nun die im Öl gelösten Substanzen einen merklichen Dampfdruck, so werden sie durch die ständige Erneuerung des Dampfraumes und die dadurch ermöglichte andauernde Rückverdampfung in den Dampfraum hinein in kurzer Zeit vollständig aus der Pumpe entfernt. Anders liegt der Fall bei Substanzen mit sehr niedrigem Dampfdruck oder bei Substanzgemischen mit Anteilen von sehr niedrigem Dampfdruck, beispielsweise Petroleum. Auf Grund des im Vorhergehenden Gesagten ist es ohne weiteres einleuchtend, daß diese Substanzen nur langsam aus dem Pumpenöl und damit aus der Pumpe entfernt werden. In diesen Fällen ist also eine Ölerneuerung erforderlich, ebenso wie in solchen Fällen, in denen die abgesaugten Dämpfe Beimengungen enthalten, die die Verharzung des Pumpenöls fördern. Ansichten und Schnitte von Gasballastpumpen zeigen die Abb. 102, 108, 111. Abb. 112 zeigt die Kurven für die Förderleistung der Pumpe, Abb. 111, bei Betrieb mit und ohne Gasballast. Abb. 113 zeigt die Auspumpzeiten für einen 1000 l-Behälter durch die Pumpe der Abb. 111 bei Betrieb mit und ohne Gasballast. Abb. 114 gibt eine Darstellung der Vorgänge in Drehkolbengasballastpumpen.

4. Physikalische Betrachtung des Kompressionsvorganges und Wirkungsgrad von rotierenden Ölluftpumpen.

Der Vorgang der Gasverdichtung in einer rotierenden Ölluftpumpe rein physikalisch betrachtet ist in den Abb. 125 und 126 dargestellt*. Die bei einem Kompressionsvorgang in rotierenden Ölluftpumpen (ohne Gasballast) zu leistende Arbeit ist also durch die schraffierte Fläche der Abb. 126 gegeben. Da die Kompressionen in der Pumpe längs einer Polytrope verläuft, ist also die aufzubringende Arbeitsleistung kleiner als bei adiabatischer Verdichtung und größer als bei isothermer Verdichtung.

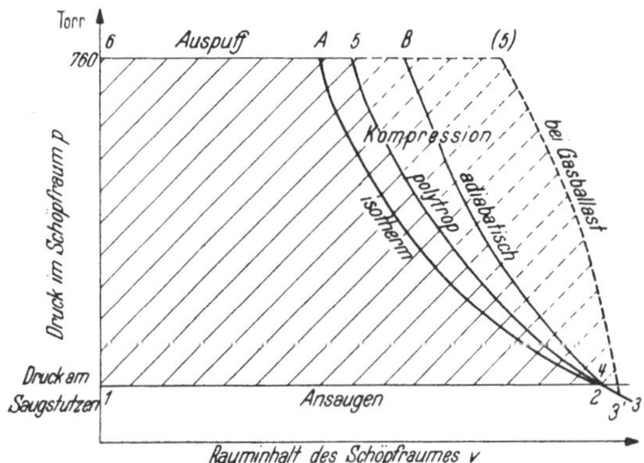

Abb. 126. p-V-Diagramm des Pumpvorganges in einer rotierenden Ölluftpumpe. Die Ziffern beziehen sich auf die Pumpenstellungen der Abbildungen 124 und 125; die strichlierte Kurve gilt für den Vorgang in einer Gasballastpumpe.

Isotherme Arbeit (A_{is}) bei einer Kompressionsperiode.

$$A_{is} = A_{4,A} + p_A V_A - p_4 V_4\,,$$

$$A_{is} = A_{4,A} = nRT \ln \frac{p_A}{p_4} = nRT \ln \frac{p_5}{p_4}\,,$$

$$V_4 p_4 = nRT\,,$$

$$A_{is} = V_4 p_4 \ln \frac{p_5}{p_4}\,,$$

$$n = \frac{G}{M} = \frac{\text{Gasgewicht des pro Hub geförderten Gases}}{\text{Molekulargewicht}}\,.$$

Adiabatische Arbeit (A_{ad}) bei einer Kompressionsperiode.

$$A_{ad} = A_{4,B} + p_B V_B - p_4 V_4\,,$$

$$A_{4,B} = \frac{nR}{\varkappa - 1}(T_B - T_4) = \frac{nRT_4}{\varkappa - 1}\left[\left(\frac{p_B}{p_4}\right)^{\frac{\varkappa-1}{\varkappa}} - 1\right]\,,$$

$$V_4 p_4 = nRT_4\,,$$

$$A_{4,B} = V_4 \frac{p_4}{\varkappa - 1}\left[\left(\frac{p_B}{p_4}\right)^{\frac{\varkappa-1}{\varkappa}} - 1\right]\,,$$

---

* Wir verfolgen hier die Vorgänge im Schöpfraum hinter dem vorderen Schieber. Die folgende Betrachtung gilt in analoger Weise auch für die Kolbenpumpen.

da
$$p_B V_B^{\varkappa} = p_4 V_4^{\varkappa},$$

folgt
$$p_B V_B - p_4 V_4 = p_4 V_4 \left[\left(\frac{p_B}{p_4}\right)^{\frac{\varkappa-1}{\varkappa}} - 1\right],$$

$$A_{ad} = p_4 V_4 \left[\left(\frac{p_B}{p_4}\right)^{\frac{\varkappa-1}{\varkappa}} - 1\right]\left(\frac{1}{\varkappa-1} + 1\right) = V_4 p_4 \frac{\varkappa}{\varkappa-1}\left[\left(\frac{p_5}{p_4}\right)^{\frac{\varkappa-1}{\varkappa}} - 1\right].$$

Für die aufzubringende mechanische Leistung ergeben sich daraus folgende Werte:

Isotherm:

$$N_{is} = \frac{A_{is}}{t} = \frac{V_s}{t} p_4 \ln \frac{p_5}{p_4}. \tag{6}$$

$V_s = V_4 =$ Volumen des Schöpfraumes im Augenblick der Absperrung von der Saugseite, $1/t =$ Anzahl der Kompressionsvorgänge pro sec.

Adiabatisch:

$$N_{ad} = \frac{A_{ad}}{t} = \frac{V_s}{t} p_4 \frac{\varkappa}{\varkappa-1}\left[\left(\frac{p_5}{p_4}\right)^{\frac{\varkappa-1}{\varkappa}} - 1\right]. \tag{7}$$

$$N_{is}' = 1{.}36 \frac{V_s}{t} p \ln \frac{p_5}{p} \quad [N'] = \text{g cm/sec}, \begin{matrix}[V_s] = \text{cm}^3 \\ [p] = \text{Torr}\end{matrix}. \tag{8}$$

$$N_{ad}' = 1{,}36 \frac{V_s}{t} p \frac{\varkappa}{\varkappa-1}\left[\left(\frac{p_5}{p_4}\right)^{\frac{\varkappa-1}{\varkappa}} - 1\right]. \tag{9}$$

$$N_{is}'' = 1{,}33 \cdot 10^{-4} \frac{V_s}{t} p_4 \ln \frac{p_5}{p_4} \quad [N''] = \text{Watt}, \begin{matrix}[V_s] = \text{cm}^3 \\ [p] = \text{Torr}\end{matrix}. \tag{10}$$

$$N_{ad}'' = 1{,}33 \cdot 10^{-4} \frac{V_s}{t} p_4 \frac{\varkappa}{\varkappa-1}\left[\left(\frac{p_5}{p_4}\right)^{\frac{\varkappa-1}{\varkappa}} - 1\right]. \tag{11}$$

Zur Berechnung der Kompressionsleistung bei einer bestimmten Pumpe sind in Tab. 7 die Werte von

$$p_4 \ln \frac{p_5}{p_4} \quad \text{und} \quad p_4 \frac{\varkappa}{\varkappa-1}\left[\left(\frac{p_5}{p_4}\right)^{\frac{\varkappa-1}{\varkappa}} - 1\right],$$

für Luft $\varkappa = 1{,}4$ und $p_5 = 760$ Torr angegeben. Abb. 127 zeigt den mechanischen Leistungsbedarf bei einer Pumpe mit einem Volumen des Schöpfraumes im Augenblick der Absperrung von der Saugseite $v_s = 2100$ cm³ und einer Drehzahl $n = 400/\text{min}$ (d. h. Förderleistung $S = 50$ m³/h) in Abhängigkeit vom Druck an der Saugseite. Der maximale Wert der Leistung sowohl für die am Antriebs-

Tabelle 7.

p_4	$p_4 \ln p_5/p_4$	$p_4 \frac{1,4}{0,4}\left[\left(\frac{p_5}{p_4}\right)^{\frac{0,4}{1,4}} - 1\right]$
Torr	Torr	Torr
760	0	0
600	142,2	147,0
500	209,5	222,0
400	256,4	281,2
350	271,0	304,0
300	278,0	318,6
250	278,0	328,0
200	267,0	326,0
100	202,8	276,0
50	136,0	207,0
10	43,3	85,7
5	25,1	56,0
1	12,31	19,80
0,5	3,66	12,45

motor gemessenen wirklichen Leistungsaufnahme als auch der theoretischen Kompressionsleistung liegt also etwa bei 300 Torr. Da die normale Betriebstemperatur zwischen 53 und 63°C liegt, ergibt sich unter diesen Bedingungen eine wirkliche maximale Leistungsaufnahme von 1600 Watt, der eine theoretische Leistungsaufnahme von 600 Watt gegenübersteht. Bei einem Wirkungsgrad des (2,2 kW) Motors von 83,5% folgt daraus ein Wirkungsgrad der Pumpe von $0,6/1,34 \cdot 100 = 45\%$ für einen Druck an der Saugseite von 300 Torr*. Bei sehr kleinen Drucken an der Saugseite wird schließlich der theoretische Leistungsbedarf verschwindend klein gegenüber dem wirklich gemessenen Leistungsbedarf, d. h. an mechanischer Leistung muß jetzt nur noch der Wert für die Ölreibung in der Pumpe aufgebracht werden. Bei den Gasballastpumpen muß auch bei niedrigen Drucken noch eine nennenswerte Kompressionsarbeit und zwar für die Kompression der Gasballastfrischluft geleistet werden, diese ist größer als die Ölreibungsarbeit (s. Abbildung 128). Bekanntlich ist die Zähigkeit der Öle stark temperaturabhängig. Mit sinkender Öltemperatur in der Pumpe steigt also der Leistungsbedarf stark an, wie aus den Kurven 1—4 der Abb. 127 ersichtlich ist.

Nach den bisherigen Ausführungen ist es ohne weiteres klar, daß für das einwandfreie Arbeiten einer rotierenden Ölluftpumpe die Auswahl eines geeigneten Öles von entscheidender Bedeutung ist. Welche Anforderungen müssen nun an das Öl gestellt werden? Das Öl hat die Aufgabe, Räume, in denen verschiedene Drucke herrschen, gegeneinander abzudichten. Es muß also bei der Betriebstemperatur der

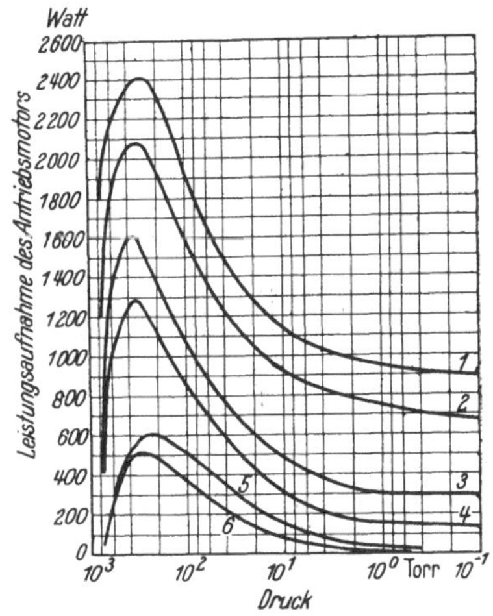

Abb. 127. Leistungsaufnahme des Antriebsmotors in Abhängigkeit vom Druck an der Saugseite einer einstufigen rotierenden Ölluftpumpe (Leybold-Modell XIII). Nennleistung des Antriebsmotors: 2,2 kV.
Kurve 1: Temperatur in der Pumpe 26—36°C.
Kurve 2: Temperatur in der Pumpe 38—43°C.
Kurve 3: Temperatur in der Pumpe 53—63°C.
Kurve 4: Temperatur in der Pumpe etwa 90°C.
Kurve 5: Theoretische Kurve für adiabatische Kompression.
Kurve 6: Theoretische Kurve für isotherme Kompression.

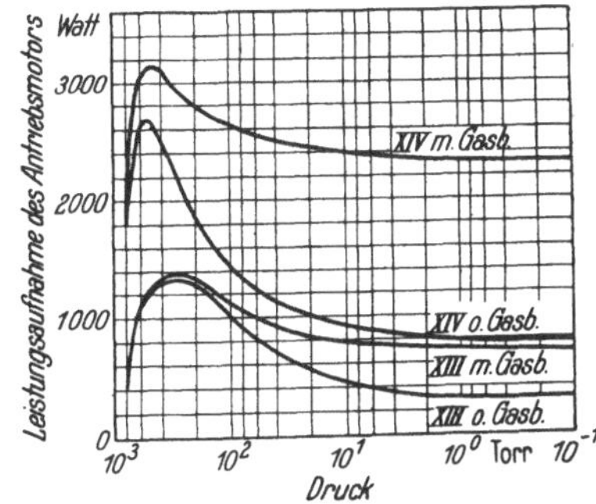

Abb. 128. Leistungsbedarf einer einstufigen rotierenden Ölluftpumpe bei Betrieb mit und ohne Gasballast. Leybold-Modell XIV: Förderleistung S = 150 m³/h. Leybold-Modell XIII: Förderleistung S = 50 m³/h.

---

* Wirkungsgrad bei größeren Pumpen günstiger, bei kleineren Pumpen schlechter, da Schöpfraum $\sim r^3$, reibende Flächen aber $\sim r^2$.

Pumpe eine ausreichende Zähigkeit besitzen. Andererseits darf die Viskosität des Öles nicht zu hoch sein, da dann der Wert der Ölreibung in der Pumpe und damit der Leistungsbedarf unnötig ansteigt. Solange die Pumpe noch kalt ist, ist die Viskosität des Öles und damit der Leistungsbedarf besonders groß. Von einem für rotierende Ölluftpumpen geeigneten Öl ist also zu fordern, daß die Temperatur-Viskositäts-Grade (Abb. 129) möglichst flach verläuft. Die beiden dort angegebenen Öle Gargoyle DTE-Öl, extra schwer und Shell-Öl CY 2, entsprechen den Anforderungen, die man bei rotierenden Ölluftpumpen stellen muß.

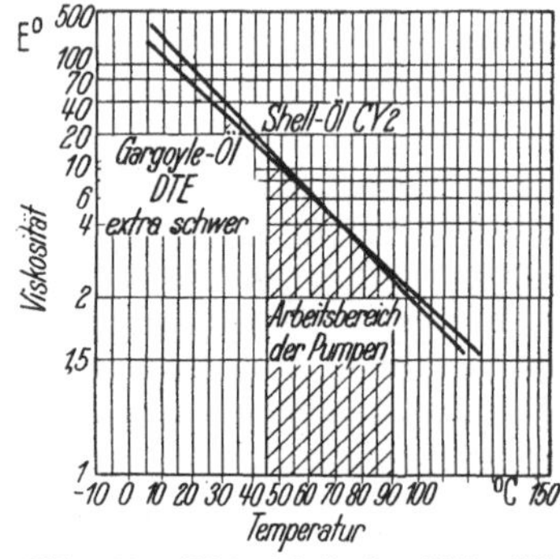

Abb. 129. Abhängigkeit der Viskosität (in Engler-Graden) von der Temperatur bei für den Betrieb von rotierenden Ölluftpumpen geeigneten Ölen.

Sie haben bei einer Betriebstemperatur von 50° C eine Viskosität von 10 E° (Engler-Graden).*

Weiterhin ist von einem für rotierende Ölluftpumpen geeigneten Öl zu fordern, daß es keine leicht flüchtigen Bestandteile enthält. Als Maß hierfür dient der Flammpunkt. Dieser soll möglichst nicht unter 200° C liegen. Außerdem müssen die Öle möglichst beständig im Betrieb sein und dürfen nicht zum Verharzen neigen. (Insbesondere auch bei höheren Temperaturen. Die Öltemperaturen während des Betriebes liegen bei rotierenden Ölluftpumpen zwischen 50 und 90° C bei einer Außentemperatur von 20° C). Als Beispiel sind für die beiden oben genannten Öle Gargoyle DTE-Öl extra schwer und Shell-Öl CY 2 die Analysendaten in Tab. 8 angegeben. Auf Grund der Analysendaten allein kann aber niemals eine eindeutige Entscheidung über die Eignung eines Öles für rotierende Ölluftpumpen getroffen werden. Die Analysendaten ergeben nur einen Anhalt dafür, ob ein Öl für rotierende Ölluftpumpen von vornherein ungeeignet ist. Bei Ölen, deren Analysendaten die richtigen Werte haben, muß dann der praktische Versuch entscheiden, ob sie für den Betrieb von rotierenden Ölluftpumpen geeignet sind oder

Tabelle 8.

Ölsorte	Shell Öl CY 2	Gargoyle DTE Öl extra schwer
Spezifisches Gewicht . . .	0,913	0,877
Flammpunkt o. T.	225° C	232° C
E/20	78	56
E/50	9,5	9,4
E/100.	1,9	1,97
Stockpunkt	—15° C	—
Neutral. Zahl	0,05	—

* Technisch wird die Viskosität von Ölen in Deutschland allgemein in Engler-Graden angegeben. Zur Umrechnung in die sonst vielfach üblichen Maßeinheiten und in die absoluten Einheiten, wie sie für Berechnungen gebraucht werden, dient Tab. V.

nicht. Der im Saugstutzen gemessene Dampfdruck hat unter Verwendung eines geeigneten Öles bei einstufigen rotierenden Ölluftpumpen einen Wert von etwa $5 \cdot 10^{-2}$ Torr und bei zweistufigen Pumpen einen Wert von etwa $5 \cdot 10^{-3}$ Torr.

III. Molekularluftpumpen.

Endvakuum $< 10^{-6}$ Torr. Erforderliches Vorvakuum 0,1 Torr. Förderleistung 1—75 l/sec. Tourenzahl 2000—12000 U/min.
Anwendungsgebiete: Hochvakuumarbeiten in physikalischen Laboratorien.

a) Grundsätzliche Wirkungsweise.

Bei den Molekularpumpen kommt der Pumpvorgang durch molekular-kinetische Vorgänge zustande. Sie sind also den Diffusionspumpen verwandt, was auch dadurch zum Ausdruck kommt, daß ihr Arbeitsbereich ebenso wie der der Diffusionspumpen im Hochvakuum liegt, und daß sie zu ihrem Betrieb Vorpumpen benötigen. Der Unterschied besteht darin, daß bei den Molekularpumpen die Gasmoleküle durch bewegte feste Körper und bei den Diffusionspumpen durch kontinuierliche Dampfströme mitgerissen werden. Zur Erläuterung ihrer Wirkungsweise betrachten wir folgende Anordnung.

Läßt man Abb. 130 einen Zylinder A in einem Gehäuse B in Pfeilrichtung rotieren, so erfahren die Gasmoleküle, die sich in dem Zwischenraum zwischen dem Gehäuse B und dem Zylinder A befinden, bei ihrem Auftreffen auf den rotierenden Zylinder einen zusätzlichen Impuls in der Pfeilrichtung. Ist nun der Zwischenraum zwischen Gehäuse und Trommel auf der Strecke zwischen den zwei Ansätzen m und n bis auf einen kleinen Spalt h verengt, so werden die Gasmoleküle, die im Zwischenraum zwischen Gehäuse und rotierender Trommel von letzterer mitgenommen werden, bei m abgeführt. Bei m entsteht also eine Stauung und bei n ein Unterdruck. Das führt im Ganzen zu einer Druckdifferenz zwischen m und n, die an dem Manometer M als Höhe H abgelesen werden kann.

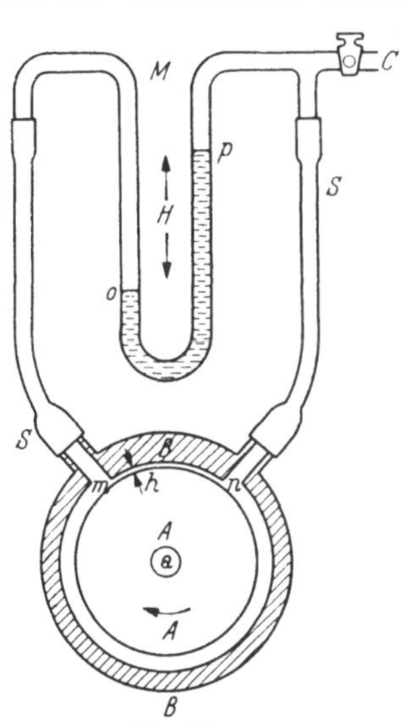

Abb. 130.
Prinzip der Molekularpumpe.

Das durch Reibung an der rotierenden Trommel in der Zeiteinheit geförderte Gasvolumen v muß im stationären Zustand (d. h. beim Endvakuum) gleich sein dem infolge des Druckgefälles p_1, p_2 nach Formel A 36 zurückströmenden Gasvolumens.

$$v = \frac{p_1 - p_2}{p} \, \frac{r^3}{l} \left(\frac{\pi r}{8 \eta} \, \frac{p_1 + p_2}{2} + \frac{8}{3} \sqrt{\frac{\pi R T}{2 M}} \right). \tag{11a}$$

Die Formel gilt nur für eine Nut mit kreisförmigem Querschnitt zwischen Gehäuse und rotierender Trommel mit dem Radius r und der Länge l. Formeln für die praktisch allein üblichen rechteckigen Nutformen finden sich bei RISCH[27].

Bei hohen Drucken ist sowohl für die Reibung an der rotierenden Trommel als auch für den Rückstrom die innere Reibung im Gas maßgebend, d. h. also in Formel (11a) ist das erste Glied der Klammer groß gegen das zweite. Da man außerdem für p setzen kann

$$p = \frac{p_1 + p_2}{2}$$

ist also bei konstanter Drehzahl der Pumpe unabhängig vom Druck p die Druckdifferenz $p_1 - p_2$ konstant.

Bei niedrigen Drucken (eigentlicher Arbeitsbereich) der Molekularluftpumpe) ist für den Rückstrom die äußere Reibung des Gases an der Wand des Gehäuses und der rotierenden Trommel (also das zweite Glied der Klammer in Formel (11a) maßgebend. Jetzt ist außerdem das durch Reibung in der Zeiteinheit geförderte Gasvolumen v durch die Beziehung gegeben

$$v = F \frac{u}{2}.$$

$F = $ Querschnitt der Nut,
$u = $ Umfangsgeschwindigkeit der Trommel.

In die Formel für das geförderte Gasvolumen geht die halbe Umfangsgeschwindigkeit der Trommel $u/2$ aus folgendem Grunde ein: Die Moleküle werden zwar sowohl bei dem Stoß auf die ruhende Wand des Gehäuses als auch beim Stoß auf die rotierende Trommel diffus reflektiert, der Schwerpunkt einer Gasmasse, die aus einer größeren Anzahl von Molekülen besteht, die ihren letzten Zusammenstoß mit der Gehäusewand erlitten haben, ruht also. Während der Schwerpunkt einer größeren Anzahl von Molekülen, die ihren letzten Zusammenstoß mit der rotierenden Trommel erlitten haben, sich mit den Translationsgeschwindigkeit u bewegt. Da die mittlere freie Weglänge gleich oder größer ist als der Abstand zwischen rotierender Trommel und Gehäusewand, erleiden die Gasmoleküle nur an diesen beiden Flächen Stöße. Zwischen diesen beiden Flächen haben also die Hälfte aller Moleküle die zusätzliche Geschwindigkeitskomponente u bzw. 0, die mittlere Translationsgeschwindigkeit der Moleküle ist also $u/2$.

Da außerdem wiederum im stationären Zustand (beim Endvakuum) das durch Reibung geförderte Gasvolumen gleich sein muß dem infolge des Druckgefälles zurückströmenden Gasvolumen, gilt also

$$v = F \frac{u}{2} = \frac{p_1 - p_2}{p} \frac{8 r^3}{3 l} \sqrt{\frac{\pi R T}{2 M}}, \tag{12}$$

mit $p_1 \gg p_2$ und $p \approx p_1$,

folgt also:

$$F \frac{u}{2} = \left(1 - \frac{p_2}{p_1}\right) \frac{8}{3} \sqrt{\frac{\pi R T}{2 M}} \frac{r^3}{l},$$

$$\frac{p_2}{p_1} = 1 - F \frac{u}{2} \frac{l}{r^3} \frac{3}{8} \sqrt{\frac{2 M}{\pi R T}}. \tag{13}$$

Bei niedrigen Drucken ist also nicht die Druckdifferenz, sondern das Verhältnis von Endvakuumdruck p_2 zu Vorvakuumdruck p_1 konstant, und zwar gilt

$$\frac{p_1}{p_2} = \frac{1}{p_2/p_1} \text{ um so größer, je größer } u \text{ und } \sqrt{M}.$$

Der physikalische Grund dafür, daß das Verhältnis von Vorvakuumdruck zu Endvakuumdruck mit der Wurzel aus dem Molekulargewicht wächst, ist in folgendem zu suchen. Entgegen der durch die Umfangsgeschwindigkeit der Trommel gegebenen Richtung können infolge der MAXWELLschen Geschwindigkeitsverteilung alle diejenigen Moleküle sich bewegen, deren Moleklargeschwindigkeit größer ist als die Umfangsgeschwindigkeit. Die Zahl dieser restlichen Moleküle ist bei schweren Gasen kleiner als bei leichten Gasen. Im Gegensatz zuden später zu behandelnden Diffusionspumpen ist daher auch bei Molekularluftpumpen die Sauggeschwindigkeit für schwerere Gase größer als für leichte Gase z. B. Wasserstoff.

Im übrigen wächst nach Formel 12 das geförderte Gasvolumen v und damit auch die Sauggeschwindigkeit S mit der Umfangsgeschwindigkeit der Trommel u und dem Nutquerschnitt F.

$$S = F \frac{u}{2} - \left(1 - \frac{p_2}{p_1}\right) \frac{8}{3} \sqrt{\frac{\pi R T}{2 M}} \frac{r^3}{l}$$

Risch [27] berücksichtigt bei der Berechnung der Sauggeschwindigkeit außer der Rückströmung durch die Fördernute infolge des Druckgefälles $p_1 - p_2$ auch noch die Rückströmung durch die viel kleinere Nut *(h)* (in Abb. 130) und zwar sowohl infolge des Druckgefälles $p_1 - p_2$ als auch infolge der Mitnahme durch den Rotor. Für die Förderleistung ergibt sich:

$$S = 3{,}04 \cdot 10^{-20} \frac{Z}{p} \, [l/sec] = \frac{3{,}04 \cdot 10^{-20}}{p} \, [Z_1 - (Z_2 + Z_3 + Z_4)]$$

$$Z_1 = 2{,}52 \cdot 10^{17} \frac{a^2 b^2 D^2 n \, p \cos \alpha}{(b+a)(D+a) T} \qquad \text{Mitnahme durch Rotor in Fördernut,}$$

$$Z_2 = 8{,}06 \cdot 10^{22} \frac{a^2 b^2 p \cos \alpha}{\sqrt{MT} (b+a)(D+a) \cdot Q} \qquad \text{Rückströmung durch Druckgefälle } p_1 - p_2 \text{ in Fördernut bei Molekularströmung,}$$

$$Z_3 = 8 \cdot 10^{23} \frac{h^2 D p \cos^3 \alpha}{f \cdot Q \sqrt{MT}} \qquad \text{dasselbe in kleiner Nut,}$$

$$Z_4 = 7{,}9 \cdot 10^{17} \frac{h D^2 n p \cdot \sin \alpha \cos \alpha}{T} \qquad \text{Mitnahme durch Rotor in kleiner Nut;}$$

darin bedeuten.

- a Tiefe der Nut [cm],
- b Breite der Nut [cm[,
- α Steigerungswinkel der Nut,
- Q Anzahl der Windungen der Nut zwischen 2 Punkten, deren Drucke sich wie 1 : 10 verhalten,

f Breite des Kammes zwischen zwei Nuten,
D Durchmesser des Rotors [cm],
n Drehzahl des Rotors [u/min]
h Weite des Spaltes zwischen Stator und Rotor [cm]
p Druck [Torr].

b) Technische Formen von Molekularluftpumpen.

Abb. 131 und 132 zeigen die ursprüngliche GAEDEsche (*24*) Molekular-
luftpumpe. In eine Trommel A, die in einem Gehäuse B rotiert, sind
am Umfang Nuten D eingestochen. Die zu diesen Nuten führenden

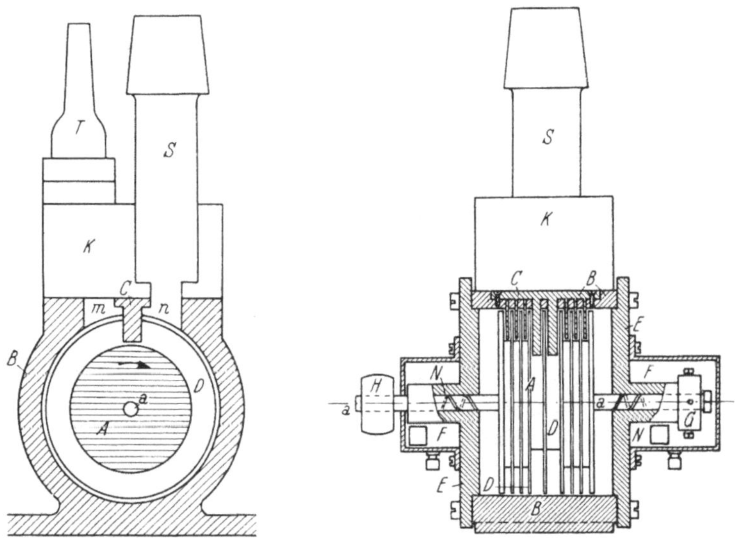

Abb. 131. Molekular-Luftpumpe nach GAEDE.　　　Abb. 132. Schnitt von der Seite gesehen.

Saugkanäle n und Auspuffkanäle m sind durch die in die Nuten ragende
Lamellen C voneinander getrennt. Jede Nute D wirkt also als einzelne
Molekularluftpumpe, wobei die Ansaug- und Auspuffkanäle jeder einzelnen Stufe mit der nächstfolgenden bzw. vorhergehenden verbunden
sind in der Weise, daß die einzelnen Stufen hintereinander geschaltet
sind. Die Zuführung der am Saugstutzen S angesaugten Luft erfolgt
bei der mittleren Stufe. Der Auspuff ist bei den äußeren nach den Lagern
zu liegenden Stufen angebracht.

Da der eigentliche Arbeitsbereich der Molekularluftpumpen bei
niedrigen Drucken liegt, wenn also die freie Weglänge der Gasmoleküle
größer ist als die Nutenbreite, erfordern die Molekularpumpen für ihren
Betrieb Vorpumpen.

Anstatt einer Trommel mit eingestochenen Nuten kann man auch
eine glatte zylindrische Trommel verwenden und diese in einem Gehäuse rotieren lassen, in das ein Schraubengang eingearbeitet ist.
Dieses ursprünglich von GAEDE (*24*) beschriebene Prinzip wurde später

von HOLWECK (25) aufgegriffen. Bei der Pumpe nach Abb. 133 wird in der Mitte bei n abgesaugt und das Vorvakuum ist außen in der Nähe der beiden Lagerstellen bei m angeschlossen. Die in das Gehäuse eingearbeiteten Schraubengänge müssen also von n aus nach beiden Seiten gegenläufig sein, also ein Rechtsgewinde und ein Linksgewinde.

M. SIEGBAHN hat eine Molekularluftpumpe konstruiert, bei der nicht eine Trommel, sondern eine Scheibe in einem Gehäuse rotiert, in dem eine Spiralnut eingearbeitet ist, die in mehreren Windungen vom äußeren Umfang nach der Mitte zu zur Achse führt. Diese Konstruktion ist bei KELLSTRÖM (26) und SIEGBAHN (28) beschrieben. Abb. 134 zeigt eine solche Pumpe und zwar ein großes Modell moderner Bauart mit 54 cm Scheibendurchmesser und einer Sauggeschwindigkeit von 73 l/sec nach v. FRIESEN (23). Bei dieser Pumpe erfolgt der Anschluß des Hochvakuums am Umfang und zwar an dem Flansch A, während die Ableitung zum Vorvakuum in der Nähe der Welle bei B angebracht ist.

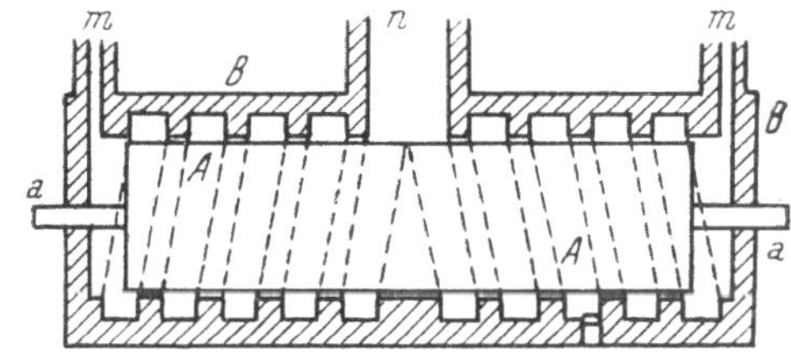

Abb. 133. Molekular-Luftpumpe mit zylindrischem Rotor nach GAEDE-HOLWECK.

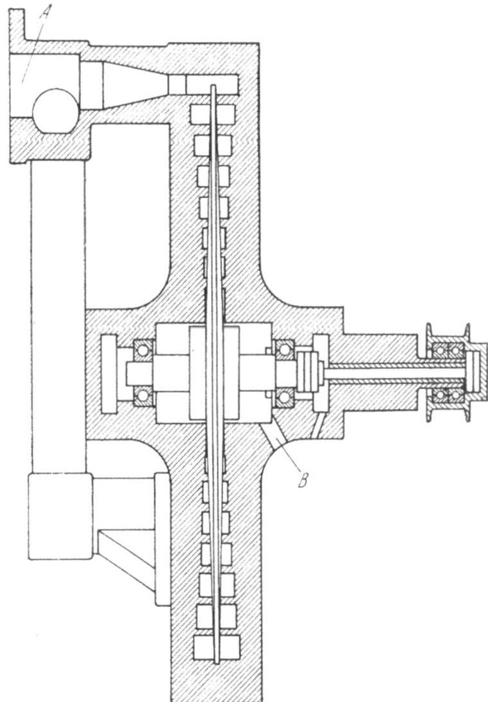

Abb. 134. Große Molekular-Luftpumpe moderner Bauart mit rotierender Scheibe nach SIEGBAHN. Durchmesser: 54 cm. Tourenzahl: 1000 bis 4000 U/min. Sauggeschwindigkeit: 73 l/sec bei 10^{-3} Torr und 3700 U/min. Vorvakuum normal 0,05 Torr. Höchstes erreichbares Vakuum: $5 \cdot 10^{-7}$ Torr.

c) Sauggeschwindigkeit und Vorvakuumbeständigkeit von Molekularluftpumpen.

Wir haben bereits darauf hingewiesen, daß der eigentliche Arbeitsbereich der Molekularluftpumpen bei niedrigen Drucken liegt, d. h. also, wenn die freie Weglänge der Gasmoleküle so groß geworden ist, daß nur noch äußere Reibung zwischen den Gasmolekülen und der rotierenden Trommel bzw. den Gehäusewänden stattfindet. Abb. 135 zeigt die Sauggeschwindigkeitskurve einer älteren

GAEDEschen Molekularpumpe. Mit fallendem Druck steigt zunächst die Sauggeschwindigkeit so lange, bis im Gebiet von 10^{-2} bis 10^{-3} Torr nur noch die äußere Reibung für die Vorgänge in der Pumpe maß-

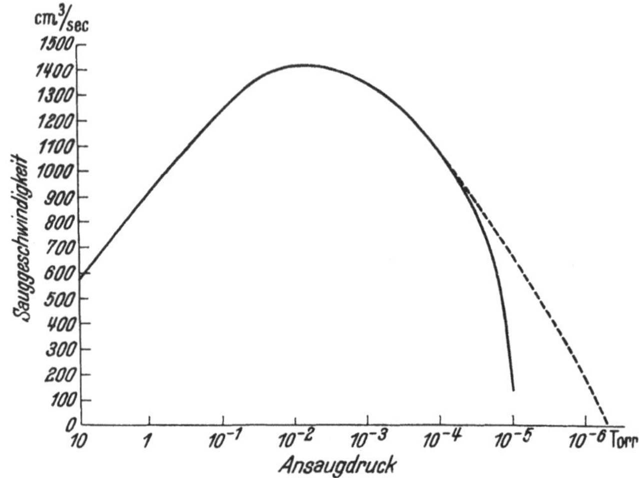

Abb. 135. Abhängigkeit der Sauggeschwindigkeit einer Molekular-Luftpumpe vom Ansaugdruck (nach GAEDE). Ausgezogene Kurve: Gemessene Werte. Strichlierte Kurve: Auf Gasabgabe durch das Hahnfett korrigierte Werte.

gebend ist. Gegen das Endvakuum zu fällt dann die Sauggeschwindigkeit wieder ab.

Die Absolutwerte der Sauggeschwindigkeit von Molekularpumpen bei 10^{-3} Torr liegen zwischen 1,5 l/sec bei den älteren Pumpen bis 73 l/sec bei den größten Pumpen moderner Bauart. Wie wir oben gesehen haben, wächst die Sauggeschwindigkeit der Molekularpumpen mit der Tourenzahl, entsprechend zeigt Abb. 136 eine Kurve über die Abhängigkeit der Sauggeschwindigkeit von der Tourenzahl nach ECKLUND (21, 22).

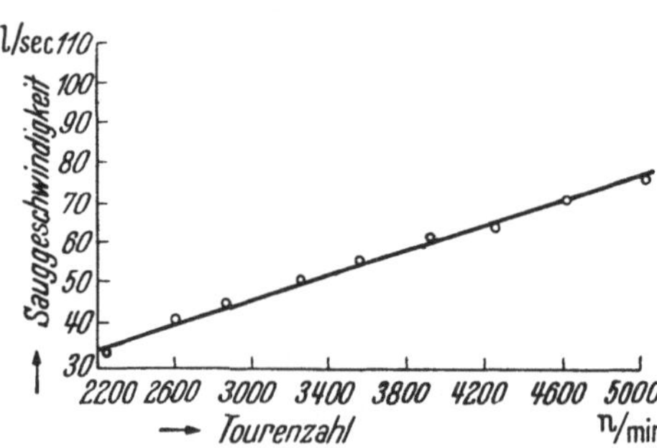

Abb. 136. Abhängigkeit der Sauggeschwindigkeit einer Molekular-Luftpumpe von der Tourenzahl (nach ECKLUND).

Auch das Verhältnis von Vorvakuumdruck p_1 zum Endvakuumdruck p_2 wächst nach den obigen Ableitungen mit steigender Tourenzahl. In Tab. 9 sind einige Vorvakuum- und Endvakuumwerte bei verschiedenen Tourenzahlen nach GAEDE (24) eingetragen.

Als Vorzüge der Molekularluftpumpen sind zu nennen:

1. Sie erreichen unmittelbar nach Inbetriebsetzung ihre volle Leistungsfähigkeit; sie benötigen also im Gegensatz zu den Diffusionspumpen keine längere Anheizzeit.

2. Sie geben ein Endvakuum, das frei von Dämpfen sein sollte, was aber in der Praxis doch nur beschränkt zutrifft. Vergleiche demgegenüber den Einfluß der Treibmitteldämpfe auf das Endvakuum bei Diffusionspumpen und rotierenden Ölluftpumpen.

3. Im Gegensatz zu den Öldiffusionspumpen sind sie unempfindlich gegen Lufteinbrüche auf der Vakuumseite, und

4. bei Atomumwandlungsanlagen, die mit Wasserstoff, also einem leichten Gas arbeiten, hat die Pumpe u. a. die Aufgabe, laufend die Verunreinigungen des Wasserstoffs, d. h. aber schwerere Gase abzupumpen. Da die Molekularluftpumpe für schwere Gase eine größere Sauggeschwindigkeit hat als für leichtere, ist also hierdurch ein geringerer Verlust an Wasserstoff bedingt als bei Diffusionspumpen, die leichtere Gase, also gerade den Wasserstoff, schneller absaugen als die schwereren Verunreinigungen.

Der Nachteil der Molekularluftpumpen gegenüber den Diffusionspumpen besteht vor allem darin, daß sie einerseits mit beweglichen Teilen arbeiten, die mechanischer Abnutzung unterliegen, daß aber

Tabelle 9.
Abhängigkeit des Endvakuums vom Vorvakuum bei verschiedenen Tourenzahlen (gemessen an der GAEDEschen Molekularpumpe nach Abb. 131).

Umdrehungszahl U/min	Vorvakuum p_1 Torr	Endvakuum p_2 Torr
12 000	0,05	$2 \cdot 10^{-7}$
12 000	1	$5 \cdot 10^{-6}$
12 000	10	$3 \cdot 10^{-5}$
12 000	20	$3 \cdot 10^{-4}$
6 000	0,05	$2 \cdot 10^{-5}$
2 500	0,05	$3 \cdot 10^{-4}$

trotzdem Spalte von wenigen hundertstel Millimeter zwischen diesen bewegten Teilen eingehalten werden müssen. Außerdem sind sie in ihrer Sauggeschwindigkeit nach hohen Werten zu gegenüber den Diffusionspumpen begrenzt. Dies hat zwei verschiedene Gründe. 1. lassen sich die Querschnitte F ihrer Nuten nicht so groß gestalten wie die diesen entsprechenden Diffusionsflächen bei den Diffusionspumpen, und außerdem würde 2. selbst bei gleichen Querschnitten bzw. Flächen ihre Sauggeschwindigkeit noch unter derjenigen der Diffusionspumpen liegen, da die Umfangsgeschwindigkeiten der rotierenden Teile bei den Molekularpumpen kaum so groß gemacht werden können wie die Dampfgeschwindigkeit in den Diffusionspumpen.

Lieferer: Siegbahn, Centr. Scient. Co., Trüb-Täuber, K. L. B. Stockholm.

IV. Dampfstrahl- und Diffusionspumpen.

Anwendungsgebiete: Herstellung von Radioröhren, Fernsehröhren, Senderöhren, Röntgenröhren, Gleichrichtern, Gasentladungslampen, Glühlampen, Photozellen, Quecksilberschaltröhren, Kühlschränken, T-Schutz für Hochleistungsobjektive.

Einbau an: Großgleichrichtern aus Metall, Hochspannungsoszillographen, Elektronenmikroskopen, Kathodenzerstäubungsanlagen, Vakuumaufdampfanlagen (Verspiegelungen), Vakuumschmelzöfen, Dilatometern, Hochspannungsanlagen für Kernumwandlungen, Vakuumspektrographen, Massenspektrographen, Zyklotrons, Molekulardestillationsanlagen.

a) Grundsätzliche Betrachtungen.

Im Gegensatz zu den mechanischen Pumpen, bei denen die Pumpwirkung dadurch zustande kommt, daß das Volumen eines Schöpfraumes periodisch vergrößert und verkleinert wird, nimmt bei den Diffusions- und Dampfstrahlpumpen ein kontinuierlicher Dampfstrom das zu fördernde Gas bei einem niedrigen Druck auf und fördert es in einen Raum mit höherem Druck. Der Dampfstrom selber wird, nachdem er das abzupumpende Gas gefördert hat, an einer Kühlfläche kondensiert.

Der grundsätzliche Aufbau einer solchen Diffusions- und Dampfstrahlpumpe ist in Abb. 137 am Beispiel einer dreistufigen Quecksilber-Dampfpumpe aus Metall dargestellt. Das im Siedegefäß 1 verdampfte Hg erfüllt als Hg-Dampf den Dampfraum 2 und gelangt über das Dampfsteigrohr 3 zu den Düsen 4, 5 und 6. Nachdem der Hg-Dampf nach seinem Austritt aus den Düsen 4, 5 und 6 seine Pumpwirkung erfüllt hat, wird er an den durch den Kühlwassermantel 7 gekühlten Wänden kondensiert und gelangt über die Überläufe 8 und 9 in das Siedegefäß 1 zurück. Die Überläufe 8 und 9 dienen dabei gleichzeitig als Druckabschluß einerseits zwischen den einzelnen Pumpstufen und andererseits zwischen dem Hg-Dampfraum und dem Vorvakuumraum*. Das Vorvakuum ist über das Vorvakuumrohr 12 angeschlossen.

In der in Abb. 137 dargestellten Pumpe arbeitet die oberste hutförmige Dampfdüse 4, die dem Hochvakuum am nächsten gelegen ist, als reine Diffusionspumpe, d. h. die im Hochvakuum vorhandenen Gase diffundieren in den aus der Düse 4 austretenden gasfreien Dampfstrom hinein und werden von diesem mitgeführt. Der Dampf selber wird an der von dem Kühlwasser-

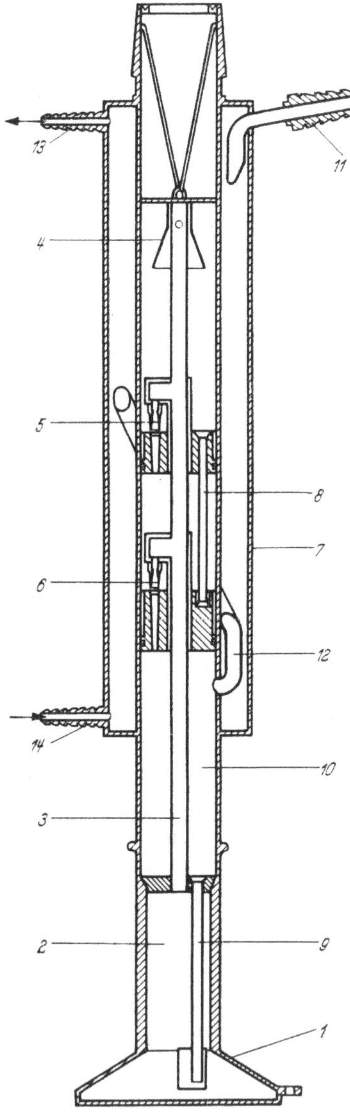

Abb. 137.
Dreistufige Quecksilberdampfpumpe.

* Ein weiterer Überlauf, der zu der unteren Düse 6 gehört, ist in der gezeichneten Ansicht nicht zu sehen.

mantel 7 gekühlten Wand niedergeschlagen, die mitgeführten Gase aber durch die weiter unten folgenden Dampfstrahlpumpen abgepumpt.

Im Gegensatz zu der obersten Stufe mit der Düse 4, die als reine Diffusionspumpe, d. h. allein durch die Erzeugung eines Partialdruckgefälles für die abzupumpenden Gase, arbeitet, wirken die Stufen mit den Düsen 5 und 6, wie bereits erwähnt, als echte Strahlpumpen, d. h. ihre Pumpwirkung beruht auf der Erzeugung eines Totaldruckgefälles. Die untere Dampfstrahlstufe 6 arbeitet gegen den von der bei 11 angeschlossenen Vorvakuumpumpe erzeugten Vorvakuumdruck und dient selber

als Vorvakuumpumpe zu der mittleren Dampfstrahlstufe 5, die wiederum Vorvakuumpumpe zu der Diffusionspumpe mit der Düse 4 ist.

Die grundsätzliche Wirkungsweise einer Dampfstrahlstufe ist in Abb. 138 dargestellt. In der Treibdampfdüse 1 wird Treibdampf mit dem Anfangsdruck p_1 auf den Druck in der Düsenmündung p_0 expandiert. Dabei erhöht sich gleichzeitig nach

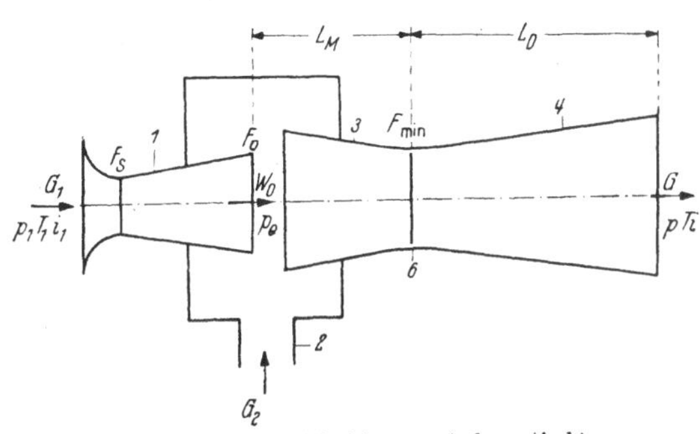

Abb. 138. Dampfstrahlpumpe (schematisch).

dem Energiegesetz die Geschwindigkeit von dem Wert w_1 auf w_0. Bei 2 wird das zu fördernde Gas unter einem Druck, der gleich oder größer p_0 ist, angesaugt und in dem Mischraum von der Länge L_M mit dem Treibdampf vermischt. In der erweiterten Düse (Diffusor) von der Länge L_D erfolgt dann der umgekehrte Vorgang wie in der Treibdampfdüse, d. h. das Treibdampf-Gas-Gemisch wird unter Geschwindigkeitserniedrigung vom Ansaugdruck p_0 auf den Vorvakuumdruck p komprimiert.

Da im stationären Zustand durch jeden Querschnitt dieselbe Gasmenge strömt, muß also im einfachsten Fall die Düse an der Stelle kleiner Strömungsgeschwindigkeit, also hohen Druckes, einen großen Querschnitt und an der Stelle kleinen Druckes, also hoher Geschwindigkeit, einen kleinen Querschnitt haben. Die Treibdampfdüse muß daher in Stromrichtung verengt und der Diffusor erweitert sein. Wir werden weiter unten sehen, daß diese einfache Betrachtung für manche Fälle zu grob ist und daß man zur Erreichung extrem großer Geschwindigkeiten (Überschallgeschwindigkeiten) die Düse erst verengen, dann aber wieder erweitern muß (Lavaldüse).

Bevor wir zur quantitativen Beschreibung der Vorgänge in den Dampfstrahlpumpen schreiten, sollen zunächst einige Einzelheiten aus der technischen Thermodynamik zusammengestellt und dann die Thermodynamik der Düsenvorgänge (Treibdampfdüse und Diffusor) behandelt werden.

Tabelle 10. Formelzeichen und Maßeinheiten.
(insbesondere für Kapitel C IV a 1—3)

Benennung	Formelzeichen	Maßeinheit
Enthalpie	I	erg
Spezifische Enthalpie	i	erg/g
Innere Energie	U	erg
Spezifische innere Energie	u	erg/g
Volumen	V	cm³
Spezifisches Volumen	v	cm³/g
Spezifische Wärme bei konstantem Volumen .	c_v	erg/g
Spezifische Wärme bei konstantem Druck . .	c_p	erg/g
	$\varkappa = c_p/c_v$	
Mechanisches Wärmeäquivalent	$A = 0{,}239 \cdot 10^7$	cal/erg
Zugeführte Wärmemenge	Q, q	erg, erg/g
Entropie	S, s	erg/°C, erg/g, °C
Spezifischer Querschnitt	$f = \dfrac{F}{G}$	cm²/g
Dampfanteil (Definition s. Unterschrift v. Abb. 140)	x	
Ausflußmenge	G	g/sec

Im übrigen siehe allgemeine Tabelle 1 auf S. IX und Tabelle 15 auf S. 140.

Tabelle 11. Häufige Funktionen von $\varkappa$.

$\varkappa$	$\dfrac{1}{\varkappa}$	$\dfrac{1}{\varkappa-1}$	$\dfrac{\varkappa-1}{\varkappa}$	$\sqrt{\dfrac{\varkappa+1}{2}}$	$\sqrt{\dfrac{\varkappa+1}{\varkappa-1}}$	$\left(\dfrac{2}{\varkappa+1}\right)^{\varkappa/(\varkappa-1)}$	
1,67	0,600	1,5	0,4	1,155	2,000	0,487	Einatomige Gase
1,5	0,667	2	0,333	1,118	2,236	0,512	
1,4	0,714	2,5	0,286	1,095	2,449	0,528	Zweiatomige Gase (Luft)
1,3	0,769	3,3	0,231	1,072	2,768	0,546	Überhitzter Wasserdampf
1,2	0,833	5	0,167	1,049	3,317	0,564	

1. Einige Einzelheiten aus der technischen Thermodynamik.

α) Die Enthalpie.

Die Enthalpie ist als Zustandsgröße durch die Gleichung definiert:

$$I = U + pV,$$
$$dI = dU + (p\,dV + V\,dp).$$

Zusammen mit dem ersten Hauptsatz in der Form

$$dQ = dU + p\,dV$$

ergeben sich folgende Beziehungen:

$$dQ = dI - V\,dp,$$
$$dq = du + p\,dv^{*},$$
$$dq = di - v\,dp,$$
$$q_{1,2} = u_2 - u_1 + \int_1^2 p\,dv,$$
$$q_{1,2} = i_2 - i_1 - \int_1^2 v\,dp. \tag{15}$$

---

* Die kleinen Buchstaben beziehen sich auf 1 g Substanz, die großen Buchstaben auf die gesamt betrachtete Substanzmenge.

Abb. 139 zeigt das pv-Diagramm des Pumpvorganges in einer mechanischen Pumpe (vgl. Abb. 126). Die bei einem Pumpvorgang zu leistende technische Arbeit l_t (schraffierte Fläche der Abb. 139) hat den Wert:

$$l_t = i_1 - i_2 + q_{1,2} = \int_2^1 v\,dp ,$$

$$l_t = l_{1,2} + p_1 v_1 - p_2 v_2 .$$

Für adiabatische Vorgänge ($q_{1,2} = 0$) ist

$$l_t = i_1 - i_2$$

und für isotherme Vorgänge ($p_1 v_1 = p_2 v_2$)

$$l_t = l_{1,2} .$$

Für ideale Gase gelten die Beziehungen

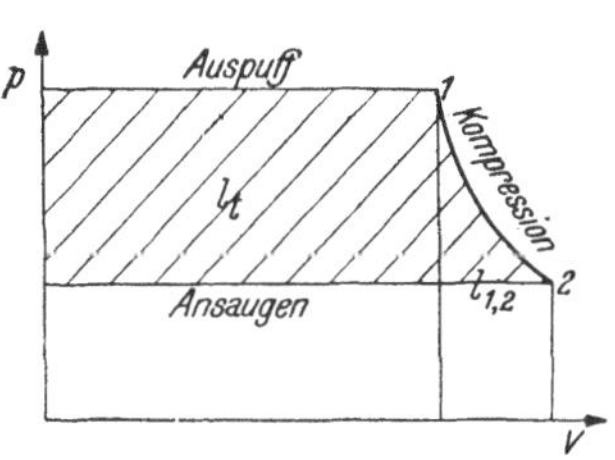

Abb. 139. Pumpvorgang in einer mechanischen Pumpe.

$$pv = \frac{R}{M} T ,$$

$$i = c_v T + u_0 + \frac{RT}{M} = \left(c_v + \frac{R}{M}\right) T + u_0 , \tag{16}$$

$$di = c_p\,dT .$$

β) Das I-S-Diagramm.

Zur Betrachtung der Vorgänge in Düsen und Dampfstrahlpumpen ist es vorteilhaft, diese nicht im pv-Diagramm, sondern im I-S-Diagramm nach MOLLIER (34) darzustellen. Da in dieser Darstellung die Energiewerte nicht als Flächen, sondern als gerade Linien erscheinen. Adiabatische Vorgänge treten in dieser Darstellung als Parallelen zur Ordinate auf. Im I-S-Diagramm (Abb. 140) ist als Ordinate die Enthalpie i und als Abszisse die Entropie s aufgetragen. Das Diagramm enthält die Isobaren p_k, p_1, p_2 und die Isothermen T_k, T_1, T_2. Im Gebiet des gesättigten Dampfes, das durch die stärker ausgezogene Kurve umrandet ist, sind die Dampfdruckkurven gleichzeitig Isobaren und Isothermen ($p = $ const, $T = $ const). Sie haben die Form von Geraden, da

$$T\,ds = dq = di - v\,dp ,$$

für

$$dp = 0 ,$$

folgt also:

$$\left(\frac{\partial i}{\partial s}\right)_p = T .$$

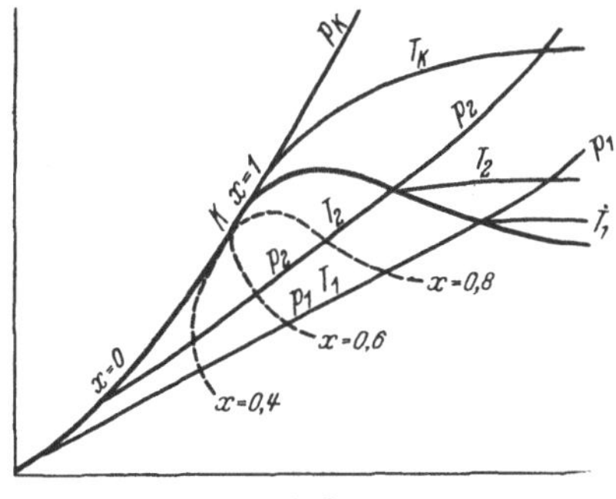

Abb. 140. I-S-Diagramm. Das Sattdampfgebiet liegt unter der stark ausgezogenen Kurve. $K = $ kritischer Punkt, $p_K = $ kritischer Druck, $T_K = $ kritische Temperatur.
Im Sattdampfgebiet setzt sich das Gesamtgewicht G aus dem des trockenen gesättigten Dampfes und der siedenden Flüssigkeit zusammen. Der Dampfanteil x ist diejenige Menge gesättigten Dampfes, die sich in 1 g Gesamtgewicht befindet. Der Flüssigkeitsanteil hat den Wert $1 - x$.

Der Neigungskoeffizient der Dampfdruckkurve ist also gleich T.
Die Änderungen der Enthalpie $i_1 - i_2$ und die zugeführte Wärmemenge $q_{1,2}$ zwischen zwei Zuständen 1 und 2 lassen sich also im I-S-Diagramm unmittelbar ablesen und daraus die zu leistende Arbeit l_t berechnen. Noch bedeutungsvoller ist das I-S-Diagramm für die Betrachtung von Düsenvorgängen z. B. bei Dampfstrahlpumpen. Da die Düsenvorgänge im wesentlichen adiabatisch verlaufen und adiabatischen Vorgängen im I-S-Diagramm Parallelen zur Ordinate entsprechen. Die bei adiabatischen Vorgängen auftretenden Geschwindigkeitsänderungen sind, wie unten zu sehen, unmittelbar durch die Änderung der Enthalpie gegeben.

2. Thermodynamik der Düsenvorgänge.

α) Vorbetrachtung.

Im stationären Zustand strömt in der Zeiteinheit durch jeden Querschnitt der Stromröhre Abb. 141 die gleiche Menge G [g/sec] eines Gases oder Dampfes. An der Stelle 1 habe die Stromröhre den Querschnitt F_1 und das Gas befinde sich an dieser Stelle im Zustand entsprechend den Größen $p_1\, T_1\, v_1\, i_1$ und ströme mit der über den Querschnitt F_1 gemittelten Geschwindigkeit w_1. Für die Stelle 2 gelten entsprechend die Größen mit dem Index 2. Dann bestehen die Beziehungen

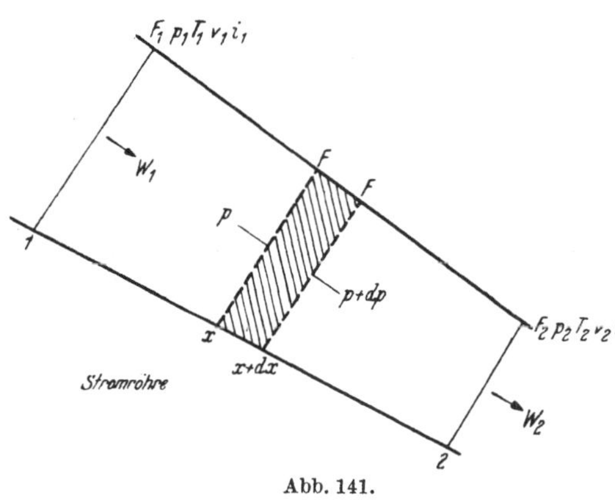

Abb. 141.

$$G = F_1 w_1 \frac{1}{v_1} = F_2 w_2 \frac{1}{v_2} = \frac{Fw}{v}. \tag{17}$$

Und für den spezifischen Querschnitt $f = \dfrac{F}{G}$ gilt

$$\frac{wf}{v} = 1;\quad \frac{dv}{v} = \frac{df}{f} + \frac{dw}{w} \tag{18}$$

und außerdem der Energiesatz in der Form Gl. (15)

$$q_{1,2} = i_2 - i_1 - \int_1^2 v\,dp.$$

Der betrachtete Vorgang gehe unter Druckabnahme $p_1 > p_2$ und Geschwindigkeitszunahme $w_2 > w_1$ vor sich. Die von dem Gas geleistete Expansionsarbeit

$$-\int_1^2 v\,dp$$

ist gleich der Zunahme an kinetischer Energie

$$-\int\limits_1^2 v\,dp = \frac{w_2^2 - w_1^1}{2}*,$$

$$q_{1,2} = i_2 - i_1 + \frac{w_2^2 - w_1^2}{2}.$$

Für adiabatische Vorgänge $(q = 0)$ ist also

$$\frac{w_2^2 - w_1^2}{2} = i_1 - i_2.$$

β) Düsenvorgänge allgemein.

Wir betrachten jetzt den Vorgang der Ausströmung eines Gases aus einem Vorratsraum, in dem es sich im Zustand $p_1\,T_1\,v_1\,i_1$ befinde, durch eine verengte Düse (vgl. Abb. 142). Die Düsenmündung habe den Querschnitt F_0 und das Gas befinde sich beim Austritt aus der Düse im Zustand $p_0\,T_0\,v_0\,i_0$.

Beim Ausströmen nimmt der Druck p ab und die Geschwindigkeit w zu. Wir setzen voraus, daß der Vorgang rein adiabatisch verläuft. Es ist also:

$$\frac{w_0^2 - w_1^2}{2} = i_1 - i_0.$$

Da außerdem $w_0 \gg w_1$, gilt:

$$\frac{w_0^2}{2} = i_1 - i_0. \tag{19}$$

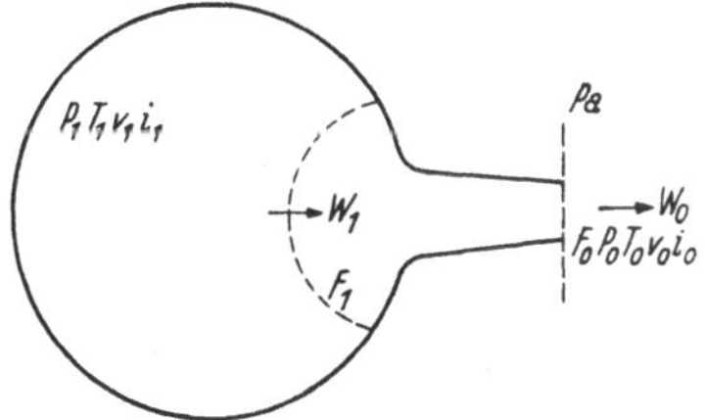

Abb. 142. Ausströmung durch verengte Düse.

Abb. 143 zeigt das I-S-Diagramm des betrachteten Vorganges, der als adiabatischer Vorgang durch eine Parallele zur Ordinate ($s =$ const.) gegeben ist. Nach Gl. (16) gilt für ideale Gase**

$$i = c_p\,T + u_0.$$

---

* Zur einfachen Veranschaulichung dieses Ergebnisses diene folgende Ableitung. Auf eine aus der Stromröhre herausgeschnittenen Scheibe (in Abb. 141 strichliert gezeichnet) von der Fläche F und der Dicke dx wirkt eine treibende Kraft:

$$\{p - (p + dp)\}\,F.$$

Diese erteilt der Gasmasse $F\dfrac{1}{v}\,dx$ die Beschleunigung $\dfrac{dw}{dt}$

$$-dpF = F\frac{1}{v}\,dx\frac{dw}{dt},$$

$$-v\,dp = w\,dw = d\left(\frac{w^2}{2}\right).$$

** Die folgenden Berechnungen bis zum Ende des Abschnittes 4) gelten exakt nur für ideale Gase. Sie haben aber darüber hinaus Bedeutung, da wir an Hand dieser Berechnungen die grundsätzlich wesentlichen Merkmale aller Düsenvorgänge kennen lernen werden. Gleichung (20) gilt auch für gesättigte Dämpfe im Naßdampfgebiet, wenn man für $\varkappa$ statt des Verhältnisses c_p/c_v der spezifischen Wärmen für überhitzten Dampf einen empirisch für die Adiabatengleichung $pv^\varkappa =$ const. im Naßdampfgebiet ermittelten Exponenten $\varkappa$ (z. B. für gesättigten Wasserdampf $\varkappa = 1{,}135$) einsetzt.

Daraus folgt also:

$$\frac{w_0^2}{2} = c_p\,(T_1 - T_0) = c_p\,T_1\left(1 - \frac{T_0}{T_1}\right),$$

$$\frac{w_0^2}{2} = \frac{\varkappa}{\varkappa - 1}\,p_1\,v_1\left[1 - \left(\frac{p_0}{p_1}\right)^{\frac{\varkappa-1}{\varkappa}}\right]. \tag{20}$$

Die Austrittsgeschwindigkeit w_0 hängt also nur vom Anfangszustand $p_1\,v_1$ und außerdem von dem Druckverhältnis p_0/p_1, abgesehen von der Gasart $\varkappa$, ab.

Die maximale Austrittsgeschwindigkeit $w_{\max}$ wird erreicht für Austritt ins Vakuum ($p_0 = 0$).

$$w_{\max} = \sqrt{2\,\frac{\varkappa}{\varkappa - 1}\,p_1\,v_1} = \sqrt{2\,\frac{\varkappa}{\varkappa - 1}\,\frac{R}{M}\,T_1}. \tag{21}$$

Tab. 12 enthält einige Werte für $w_{\max}$

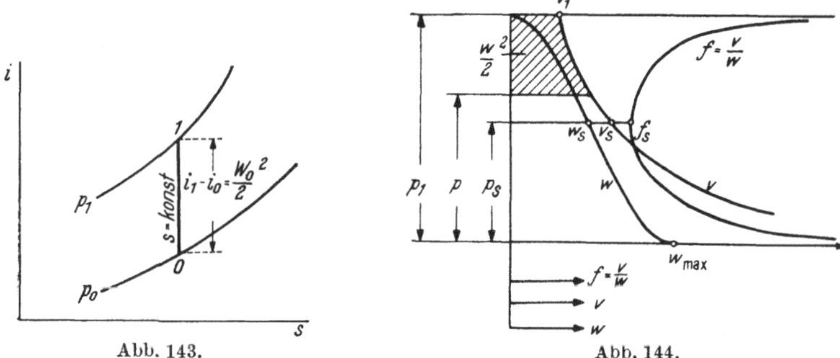

Abb. 143.   Abb. 144.

Kann nun dieser Wert von $w_{\max}$ mit einer einfachen konisch verengten Düse erreicht werden? Hierzu betrachten wir Abb. 144. Im Anfangszustand hat das Gas ein endliches spezifisches Volumen v_1, die Geschwindigkeit $w_1 = 0$ und es ist daher zufolge Gl. (18) der spezifische Querschnitt $f \to \infty$ erforderlich. Mit längs einer Adiabate wachsendem v und abnehmendem p wächst w und nimmt daher endliche Werte ebenso wie f an. w hat als obere Grenze $w_{\max}$, während v stetig wächst. Schließlich geht also wieder $f \to \infty$. f hat also im Endlichen ein Minimum. Um möglichst große Geschwindigkeitswerte mit einer Düse zu erreichen,

Tab. 12. Kritische Geschwindigkeit w_s und maximale Geschwindigkeit $w_{\max}$ bei der Anfangstemperatur T_1.

$$w_s = \sqrt{2\,\frac{\varkappa}{\varkappa + 1}\,\frac{R}{M}\,T}\;; \qquad w_{\max} = \sqrt{2\,\frac{\varkappa}{\varkappa - 1}\,\frac{R}{M}\,T}\;, \quad \text{in cm/sec}.$$

bei	Luft $\varkappa = 1{,}4$		Wasserdampf (gesättigt) $\varkappa = 1{,}135$		Hg-Dampf (überhitzt) $\varkappa = 1{,}67$	
	$T_1 = 273^\circ$ C	$T_1 = 500^\circ$ C	$T_1 = 273$	$T_1 = 383$	$T_1 = 273$	$T_1 = 540$
w_s in m/sec . .	302	409	366	433	118,6	166,9
$w_{\max}$ in m/sec .	741	1001	1455	1720	237	333

$$R = 8{,}313 \cdot 10^7 \text{ erg/}^\circ\text{C}.$$

muß diese also so gestaltet sein, daß ihr Querschnitt f erst ab- und dann wieder zunimmt (Lavaldüse). In dem zu dem kleinsten Querschnitt f_s (kritischen Querschnitt) gehörigen Zustand hat das Gas das spezifische Volumen v_s und die Geschwindigkeit w_s.

$$\gamma)\ \text{Ausflußmenge } G.$$

Zu analogen Ergebnissen gelangt man, wenn man die aus einer Düse ausströmende Ausflußmenge G betrachtet [Gl. (17)].

$$G = F_0 \frac{w_0}{v_0}.$$

Mit

$$\frac{v_1}{v_0} = \left(\frac{p_0}{p_1}\right)^{1/\varkappa}$$

und Gl. (19) folgt daraus

$$G = F_0 \left(\frac{p_0}{p_1}\right)^{1/\varkappa} \sqrt{\frac{\varkappa}{\varkappa-1}\left[1 - \left(\frac{p_0}{p_1}\right)^{\frac{\varkappa-1}{\varkappa}}\right]} \sqrt{2\,\frac{p_1}{v_1}}. \tag{22}$$

Da diese Gleichung nicht nur für den Austrittsquerschnitt, sondern jeden beliebigen Querschnitt gilt, wollen wir den Index bei F_0 und p_0 fortlassen.

$$G = F\psi\sqrt{2\,\frac{p_1}{v_1}}. \tag{23}$$

$$\psi = \left(\frac{p}{p_1}\right)^{1/\varkappa}\sqrt{\frac{\varkappa}{\varkappa-1}\left[1 - \left(\frac{p}{p_1}\right)^{\frac{\varkappa-1}{\varkappa}}\right]}. \quad \text{(s. Abb. 145)} \tag{24}$$

Die **Ausflußmenge** hängt also von dem Anfangszustand p_1/v_1 und außerdem von ψ, d. h. von der Gasart $(\varkappa)$ und vom Druckverhältnis p/p_1 ab. ψ wird Null für $p/p_1 = 0$ und $p/p_1 = 1$ und hat dazwischen ein Maximum.

Aus

$$\frac{d\psi}{d\left(\dfrac{p}{p_1}\right)} = 0$$

folgt für das kritische Druckverhältnis

$$\frac{p_s}{p_1} = \left(\frac{2}{\varkappa+1}\right)^{\frac{\varkappa}{\varkappa-1}}. \quad \text{(s. Tab. 13)} \tag{25}$$

Da die Strömung in der Düse stationär sein soll, ist also:

$$F\psi = \text{const.}$$

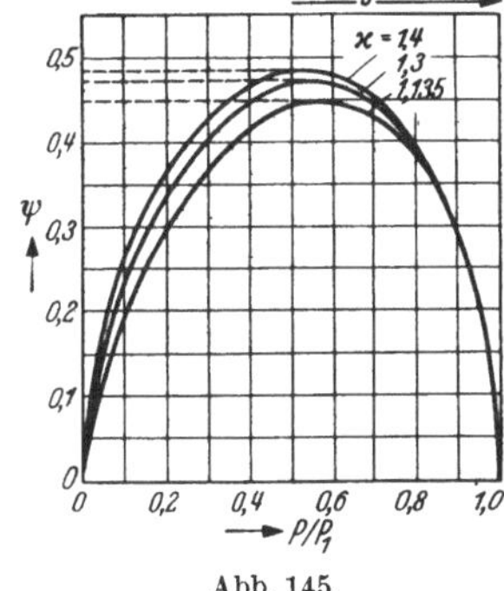

Abb. 145.

Zur Erzielung möglichst großer Geschwindigkeiten w durch möglichst kleine Werte des Druckverhältnisses $p/p_1 \to 0$ muß also der Querschnitt der Düse erst bis zu dem $\psi_{\max}$ zugehörigen Wert (kritischer Querschnitt) ab- und dann wieder zunehmen.

Tabelle 13.

Gasart	Einatomige Gase	Zweiatomige Gase	Mehratomige Gase	Gesättigter Wasserdampf
$\varkappa$	1,67	1,4	1,3	1,135
p_s/p_1	0,437	0,528	0,546	0,577

Dabei hat $\varkappa$ folgende Bedeutung (s. a. Anmerkung auf S. 131): Für Gase und überhitzte Dämpfe ist $\varkappa$ gleichzeitig das Verhältnis der spezifischen Wärmen c_p/c_v und der Exponent der Adiabatengleichung $p\,v^\varkappa = $ const. Im Naßdampfgebiet gilt für die Adiabate der gesättigten Dämpfe eine Formel gleicher Form, jedoch mit einem empirischen Wert von $\varkappa$ für dieses Gebiet (s. oben bei gesättigtem Wasserdampf).

δ) Verengte Düse.

Bei einer nur stetig verengten Düse, bei der der Querschnitt F in Richtung der Strömung dauernd bis zum Düsenende abnimmt, muß also ψ dauernd zunehmen. Da ψ aber nicht über den Wert $\psi_{\max}$ beim kritischen Druckverhältnis p_s/p_1 hinauswachsen kann, folgt daraus:

In einer in Richtung der Strömung verjüngten Düse kann der Druck in der Mündung nicht unter den kritischen Druck p_s sinken, auch wenn man den Druck im Außenraum p_a beliebig klein macht. Bei einer solchen Düse ist der Austrittsquerschnitt gleichzeitig der engste, d. h. der kritische Querschnitt.

Für eine solche Düse sind drei Fälle zu unterscheiden:

Erstens: $\quad p_a \geqq p_s$, man kann setzen $p_0 = p_a$ (s. Abb. 146 links).

$$w_0 = \sqrt{2\,\frac{\varkappa}{\varkappa-1}\,p_1 v_1\left[1-\left(\frac{p_a}{p_1}\right)^{\frac{\varkappa-1}{\varkappa}}\right]},$$

$$G = F_0 \sqrt{2\,\frac{\varkappa}{\varkappa-1}\,\frac{p_1}{v_1}\left[\left(\frac{p_a}{p_1}\right)^{2/\varkappa}-\left(\frac{p_a}{p_1}\right)^{\frac{\varkappa+1}{\varkappa}}\right]}. \tag{26}$$

Zweitens: $p_a = p_s = p_0$, aus Gl. (25) folgt

$$w_0 = w_s = \sqrt{2\,\frac{\varkappa}{\varkappa-1}\,p_1 v_1\left[1-\left(\frac{2}{\varkappa+1}\right)^{\frac{\varkappa}{\varkappa-1}\cdot\frac{\varkappa-1}{\varkappa}}\right]} = \sqrt{2\,\frac{\varkappa}{\varkappa+1}\,p_1 v_1}. \tag{27}$$

$$\text{mit } p_1 v_1^\varkappa = p_s v_s^\varkappa,$$

folgt daraus:

$$w_s = \sqrt{\varkappa\,p_s\,v_s}. \tag{28}$$

Das ist der Wert der Schallgeschwindigkeit des Gases im Zustand p_s, v_s. Für die Ausflußmenge ergibt sich:

$$G = F_s\,\psi_{\max}\sqrt{2\,\frac{p_1}{v_1}} = F_s\left(\frac{2}{\varkappa+1}\right)^{\frac{1}{\varkappa-1}}\sqrt{\frac{\varkappa}{\varkappa+1}}\,\sqrt{2\,\frac{p_1}{v_1}}. \tag{29}$$

$$\frac{G}{F_s} = \frac{1}{f_s} = \sqrt{\varkappa\,\frac{p_1}{v_1}\left(\frac{2}{\varkappa+1}\right)^{\frac{\varkappa+1}{\varkappa-1}}}. \tag{30}$$

Die Ausflußmenge hängt also jetzt nur noch vom Anfangszustand p_1, v_1, nicht aber vom Gegendruck p_a ab, während die Ausflußgeschwindigkeit gleich der Schallgeschwindigkeit w_s und der Druck in der Mündung gleich dem kritischen Druck p_s ist.

Drittens $p_a < p_s$. Auch in diesem Fall kann der Druck in der Düsenmündung p_0 nicht unter p_s sinken und die Geschwindigkeit nicht über w_s steigen. Es gilt:

$$p_0 = p_s, \qquad w_0 = w_s,$$
$$G = F_s\, \psi_{\max} \sqrt{2\,\frac{p_1}{v_1}}.$$

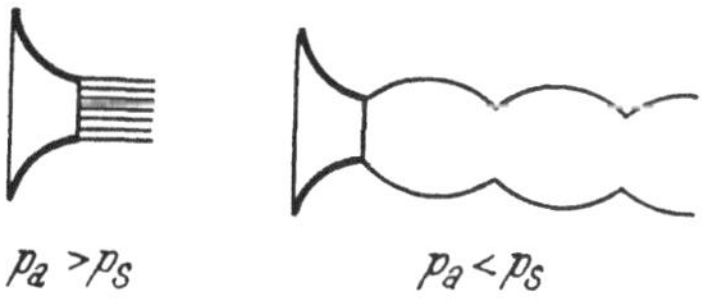

Hinter der Düsenmündung schafft sich der Strahl durch Zerplatzen einen größeren Querschnitt und der Druck im Strahl setzt sich nach etlichen Schwingungen mit p_a ins Gleichgewicht (vgl. Abb. 146 rechts). Das Druckgefälle $p_s - p_a$ geht dabei zum größten Teil für die Arbeitsgewinnung verloren.

Abb. 146. Strahlformen beim Austritt aus einer verengten Düse.

ε) Lavaldüse.

Soll der Druck in der Mündung der Düse $p_0 < p_s$ sein, so muß man die Düse zunächst verengen, dann aber nach Erreichen des kritischen Querschnittes F_s wieder erweitern. Die Ausflußgeschwindigkeit w_0 ist dann größer als die Schallgeschwindigkeit w_s. Das Gas strömt in den erweiterten Teil der Düse mit Überschallgeschwindigkeit.

Zufolge der Kontinuitätsbedingung gilt auch für den erweiterten Teil der Düse:

$$F\psi = F_s\,\psi_{\max} = \text{konst. (linker Teil der Kurve Abb. 145).}$$

Die zu einem bestimmten geforderten Druckverhältnis p_0/p_1 gehörige Erweiterung der Düse ergibt sich also zu:

$$\frac{f_s}{f_0} = \frac{F_s}{F_0} = \frac{\psi_0}{\psi_{\max}} = \left(\frac{\varkappa+1}{2}\right)^{\frac{1}{\varkappa-1}} \sqrt{\frac{\varkappa+1}{\varkappa-1}\left[\left(\frac{p_0}{p_1}\right)^{2/\varkappa} - \left(\frac{p_0}{p_1}\right)^{\frac{\varkappa+1}{\varkappa}}\right]} \qquad (31)$$

$$\text{(s. Tab. 14).}$$

Für das Verhältnis der Geschwindigkeiten folgt:

$$\frac{w_0}{w_s} = \sqrt{\frac{\varkappa+1}{\varkappa-1}\left[1 - \left(\frac{p_0}{p_1}\right)^{\frac{\varkappa-1}{\varkappa}}\right]}. \qquad \text{(s. Tab. 14).} \qquad (32)$$

Die Ausflußmenge G ist dieselbe wie die Durchflußmenge durch den engsten Querschnitt F_s:

$$G = F_s\,\psi_{\max} \sqrt{2\,\frac{p_1}{v_1}}.$$

Tabelle 14. Erweiterungsverhältnis F_0/F_s und Geschwindigkeitsverhältnis w_0/w_s bei Lavaldüsen für zweiatomige Gase ($\varkappa = 1,4$), überhitzten Wasserdampf ($\varkappa = 1,3$) und trockenen Sattdampf ($\varkappa = 1,135$).

p_1/p_0	$\varkappa = 1,4$		$\varkappa = 1,3$		$\varkappa = 1,135$	
	F_0/F_s	w_0/w_s	F_0/F_s	w_0/w_s	F_0/F_s	w_0/w_s
∞	∞	2,45	∞	2,77	∞	3,98
100	8,13	2,10	9,71	2,24	13,80	2,58
80	7,04	2,07	8,26	2,21	11,56	2,54
60	5,82	2,03	6,76	2,17	9,16	2,47
50	5,16	2,01	5,97	2,14	7,98	2,43
40	4,46	1,98	5,12	2,10	6,75	2,37
30	3,72	1,93	4,20	2,04	5,28	2,30
20	2,90	1,86	3,22	1,96	3,97	2,18
10	1,94	1,72	2,08	1,78	2,44	1,92
8	1,70	1,64	1,82	1,71	2,07	1,86
6	1,47	1,55	1,55	1,61	1,72	1,74
4	1,21	1,40	1,26	1,45	1,35	1,55
2	1,02	1,04	1,03	1,07	1,02	1,12

ζ) Lavaldüse bei unrichtigem Gegendruck.

Wir betrachten hierzu das Diagramm der Abb. 147, das den Druckverlauf in der Düse in Abhängigkeit vom Außendruck p_a zeigt. Nur bei der unteren Grenzkurve (die gleichzeitig Einhüllende aller übrigen Kurven ist) ist:

Erstens: $p_a \leqq p_0 < p_s$.

Hierin ist p_0 wie im ganzen Abschnitt ζ nach Gl. (31) berechnet.

Der Mündungsdruck ist p_0. Die Verhältnisse in der Düse entsprechen den im Abschnitt ε geschilderten. Die Ausflußmenge G nach Gl. (29) ist unabhängig vom Außendruck. Da das Gas die Düsenmündung mit Überschallgeschwindigkeit w_0 verläßt, kann sich der Außendruck p_a nicht in die Düse hinein fortpflanzen. Der Strahl setzt sich nach Austritt aus der Düsenmündung nach etlichen Schwingungen (wie in Abb. 146 rechts) mit p_a ins Gleichgewicht.

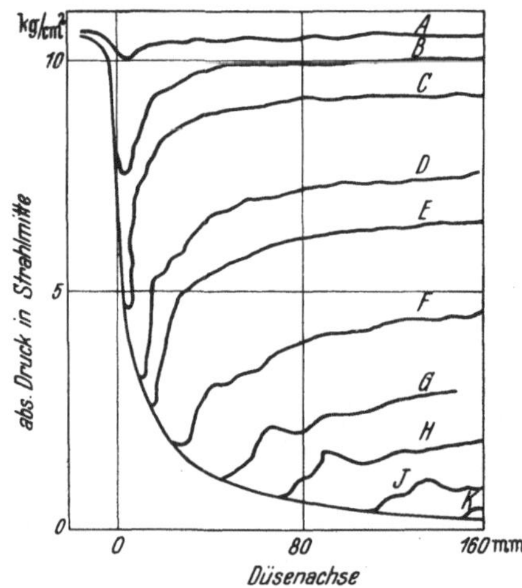

Abb. 147. Druckverteilung in einer Lavaldüse [nach SCHMIDT (35)]

Zweitens: $p_s > p_a > p_0$. Für diesen Fall gelten die Kurven F—K der Abb. 147. Der Überdruck im Außenraum p_a dringt vom Düsenrande her, wo das Gas mit Unterschallgeschwindigkeit strömt, in die Düse ein (Abb. 148) und führt zu einer Ablösung des Strahles von der Wand und zu einer Einschnürung desselben bis zu einem Querschnitt, der dem

Außendruck entspricht. Im engsten Querschnitt hat der Druck den Wert p_s und die Geschwindigkeit den Wert w_s. Dahinter erfolgt zunächst weitere Druckabnahme, bis schließlich im letzten Teil der Düse der Druck wieder unter Geschwindigkeitsabnahme auf den Wert p_a ansteigt. Auch unter diesen Bedingungen wird die Ausflußmenge G nach Gl. (29) unabhängig vom Außendruck p_a.

Drittens: $p_a > p_s > p_0$. Für diesen Fall gelten die Kurven A—E der Abb. 147. Es erfolgt zunächst Druckabnahme bis zu einem Druck p. Dieser kann dabei

$$p \gtreqless p_s$$

Abb. 148. Wandablösung des Strahles beim Austritt aus einer Lavaldüse.

sein, je nach der Größe des Außendruckes p_a. Bei der Kurve C wird der kritische Wert p_s an der engsten Stelle gerade noch erreicht. Nach der dem kleinsten Druckwert p entsprechenden Stelle erfolgt dann bei allen Kurven A bis E wiederum Druckanstieg auf den Wert p_a.

Für $p \gtreqless p_s$ (Kurven C, D, E) ist auch hier noch die Ausflußmenge G unabhängig vom p_a.

Nur für $p > p_s$ ist die Ausflußmenge G nach Gl. (26) durch Einsetzen des Wertes für den Außendruck p_a zu berechnen.

Bei der vorhergehenden Behandlung der Düsenvorgänge wurde davon abgesehen, daß das durch die Düse strömende Gas eine Reibung an der Düsenwandung erleidet, wodurch Geschwindigkeits- und Energieverluste auftreten. Die Berücksichtigung der Reibungsverluste würde hier zu weit führen. Näheres darüber findet sich z. B. bei Bošnjaković (31).

Zum Schluß sei nochmals darauf hingewiesen, daß die im Vorhergehenden durchgeführten Berechnungen der Düsenvorgänge exakt nur für ideale Gase gelten. Bei Verwendung der abgeleiteten Formeln im Naßdampfgebiet ist darauf zu achten, daß in diesem Gebiet ein anderer Wert von $\varkappa$ eingeht als im Gebiet des überhitzten Dampfes.

Die im Vorhergehenden behandelten Düsenvorgänge sind wesentlich

1. für die Treibdampfdüsen sowohl von Dampfstrahlpumpen als auch von Diffusionspumpen und

2. für den Diffusor der Dampfstrahlpumpen.

3. Theorie der Dampfstrahlpumpen.

Die Dampfstrahlpumpen Abb. 138 bestehen grundsätzlich aus:

1. *Der Treibdüse.* In die Treibdüse 1 strömt Treibdampf G_1 im Zustand p_1, T_1, i_1, v_1 ein. Dieser Treibdampf erfährt dann, wie oben näher dargelegt, in der Treibdampfdüse eine adiabatische Expansion und tritt schließlich aus dem Mündungsquerschnitt F_0 im Zustand p_0, T_0, i_0, v_0 mit der Geschwindigkeit w_0 aus.

2. *Dem Mischraum* 3 von der Länge L_M, in dem der Treibdampf G_1 und der angesaugte Dampf oder das angesaugte Gas G_2 bei konstantem Druck p_0 gemischt werden, wobei sich für das Gemisch eine Geschwindigkeit w_M einstellt, die kleiner als w_0 ist. Im folgenden soll nur der einfachste Fall, daß es sich bei Treibdampf und angesaugtem Dampf um

dasselbe Medium handelt, betrachtet werden. Der angesaugte Dampf G_2 befinde sich bei seinem Eintritt in den Mischraum in dem Zustand p_0, T_0, i_0, v_0.

3. Dem sich erweiternden *Diffusor* 4 von der Länge L_D, in dem die Geschwindigkeit des Gemisches w_M unter Kompression ab- und der Druck von dem Wert p_0 auf den Wert p in der Mündung des Diffusors zunimmt. Aus der Mündung des Diffusors treten also $G = G_1 + G_2$ [g/sec] des Gemisches im Zustand p, T, i, v aus. Ist die Geschwindigkeit des Gemisches w_M kleiner als die Schallgeschwindigkeit, so beginnt die Abnahme der Geschwindigkeit und die Zunahme des Druckes an der engsten Stelle (6) (vom Querschnitt $F_{\min}$) des Diffusors. Ist die Geschwindigkeit des Gemisches w_M größer als die Schallgeschwindigkeit, so beginnt die Umsetzung schon vor der Stelle (6).

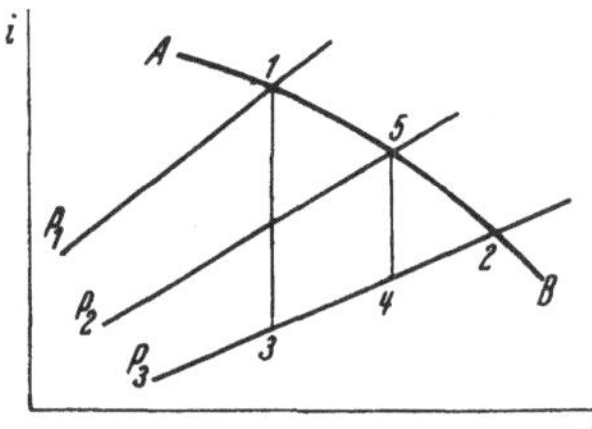

$\overline{AB}$ = Linie des gesättigten Dampfes

Abb. 149. Vorgänge in Dampfstrahlpumpen.

Zur Betrachtung der Vorgänge in der Dampfstrahlpumpe, abgesehen von den bereits behandelten Erscheinungen in der Treibdampfdüse und im Diffusor, benutzen wir das I-S-Diagramm Abb. 149. Die Vorgänge in einer Dampfstrahlpumpe stellen sich danach folgendermaßen dar:

Treibdampf von der Menge g_1* unter dem Druck p_1 mit der Enthalpie i_1 wird auf den Ansaugdruck $p_0 = p_3$ unter Geschwindigkeitszunahme expandiert. Nach der Expansion habe der Treibdampf die Enthalpie i_3. Die Treibdampfmenge g_1 mit der Enthalpie i_3 werde unter konstantem Druck p_0 mit der Menge g_2 des angesaugten Dampfes mit der Enthalpie i_2 gemischt. Es entsteht Mischdampf von der Menge $g_1 + g_2 = 1$ mit der Enthalpie i_4. Schließlich werde der Mischdampf mit der Enthalpie i_4 unter Geschwindigkeitsabnahme auf den Kondensatordruck $p = p_2$ komprimiert und erreicht dabei die Enthalpie i_5.

Der Treibdampfanteil g_1 ergibt sich nach dem Energiesatz aus Gl. (19) zu:

$$g_1 (i_1 - i_3) = g_1 \frac{w_0^2}{2} = \frac{w_M^2}{2} = i_5 - i_4. \tag{33}$$

$$g_1 = \frac{i_5 - i_4}{i_1 - i_3}. \tag{34}$$

Die Berechnung einer Dampfstrahlpumpe, die eine bestimmte Menge Dampf G_2 beim Druck p_0 mittels Treibdampf vom Anfangsdruck p_1 ansaugen und gegen einen Vorvakuumdruck p fördern soll, erfolgt also in der Weise, daß man zunächst nach Gl. (34) den Treibdampfanteil g_1 berechnet. Aus dem Treibdampfanteil g_1 und der Menge des anzusaugenden Dampfes G_2 errechnet sich dann die Treibdampfmenge G_1.

$$G = \frac{G_2}{1 - g_1}; \quad G_1 = G - G_2.$$

------

* Im folgenden soll an Stelle der Treibdampfmenge G_1 und der Menge des angesaugten Gases G_2 der Anteil g_1 und g_2 pro g des Gemisches angesetzt werden.

Mittels der nunmehr bekannten Werte G_1, G, p_1, p_0, p kann man dann zur Berechnung der Abmessungen für die Treibdampfdüse und den Diffusor schreiten.

Die erforderlichen Abmessungen des *Diffusors* ergeben sich in folgender Weise:

Ist die Geschwindigkeit w_M des Mischdampfes kleiner als die Schallgeschwindigkeit w_s, so herrscht im Querschnitt $F_{\min}$ des Diffusors die Geschwindigkeit w_M. Aus Gl. (33) ergibt sich für diesen Querschnitt an der engsten Stelle des Diffusors:

$$F_{\min} = \frac{G v_2 x_4}{\sqrt{2 (i_5 - i_4)}} \quad \text{für } w_M < w_s. \tag{35}$$

v_2 = spezifisches Dampfvolumen im Zustand 2, x_4 = Dampfanteil im Zustand 4*.

Ist dagegen die Geschwindigkeit w_M des Mischdampfes größer als die Schallgeschwindigkeit w_s, so beginnt die Abnahme der Geschwindigkeit und die Zunahme des Druckes schon vor der Stelle $F_{\min}$ des Diffusors. In diesem Falle hat $F_{\min}$ den Wert:

$$F_{\min} = \frac{G}{\sqrt{\dfrac{p}{v_5} \varkappa \left(\dfrac{2}{\varkappa + 1}\right)^{\frac{\varkappa+1}{\varkappa-1}}}} \quad [\text{s. Gl. (30)}] \text{ für } w_M > w_s. \tag{36}$$

p, v_5 = Druck und spezifisches Volumen in der Diffusormündung.

Der Querschnitt F_0 der *Treibdüsen*mündung hat den Wert

$$F_0 = \frac{G_1 v_2 x_3}{\sqrt{2 (i_1 - i_3)}}. \tag{37}$$

x_3 = Dampfanteil im Zustand 3.

Der engste Querschnitt F_s der Treibdüse ergibt sich zu

$$F_s = \frac{G_1}{\sqrt{\dfrac{p_1}{v_1} \varkappa \left(\dfrac{2}{\varkappa + 1}\right)^{\frac{\varkappa+1}{\varkappa-1}}}}. \tag{38}$$

v_1 = spezifisches Dampfvolumen im Zustand 1.

Es ist dabei darauf zu achten, daß in Gl. (36) und (38) nicht etwa der Wert von $\varkappa$ für das überhitzte Gebiet, d. h. der Exponent der Adiabatengleichung, sondern der $\varkappa$-Wert für das Naßdampfgebiet eingeht.

---

* Definition des Dampfanteiles s. Unterschrift der Abb. 140.

4. Theorie der Diffusionspumpe.

Tabelle 15. Die wichtigsten Formelzeichen.

Benennung	Formelzeichen	Maßeinheit
Moleküle/cm³	n	cm^{-3}
Anzahl Gasmoleküle/cm³ bei C	ν	cm^{-3}
Partialdruck der Gase	p	dyn/cm²
Dampfdruck am Eintritt einer Dampfstrahldüse	p_1	dyn/cm²
Dampfdruck an der Mündung einer Dampfstrahldüse	p_0	dyn/cm²
Sauggeschwindigkeit	S	cm³/sec
Spezifische Sauggeschwindigkeit	s	cm³/sec cm²
Zeit	t	sec
Dampfgeschwindigkeit	w	cm/sec
Molekulargeschwindigkeit	c	cm/sec
Düsenquerschnitt	F	cm²
Moleküldurchmesser	σ	cm
Molekulargewicht	M	g
Diffusionskoeffizient	D	cm²/sec
Doppelte Dampfsaumbreite	l	cm
Freie Weglänge der Gasmoleküle im Dampfsaum	Λ	cm
Austrittsquerschnitt einer Dampfstrahldüse	F_0	cm²
Engster Querschnitt einer Dampfstrahldüse	F_s	cm²
Verhältnis der spezifischen Wärmen	$\varkappa = c_p/c_v$	
Länge des Diffusionsweges	L	cm

Index $_g$ bedeutet, daß sich die betreffende Größe auf die abzusaugenden Gase bezieht, z. B. n_g = Gasdichte.

Index $_d$ bedeutet, daß sich die betreffende Größe auf den Treibdampf bezieht, z. B. n_d = Treibdampfdichte.

Exponent ^{s} bedeutet, daß sich die betreffende Größe auf den Zustand bei Sauggeschwindigkeit, also bei höheren Drucken als dem Endvakuum bezieht, z. B. n_g^s = Gasdichte bei Sauggeschwindigkeit.

Im übrigen siehe allgemeine Tabelle 1 auf Seite IX.

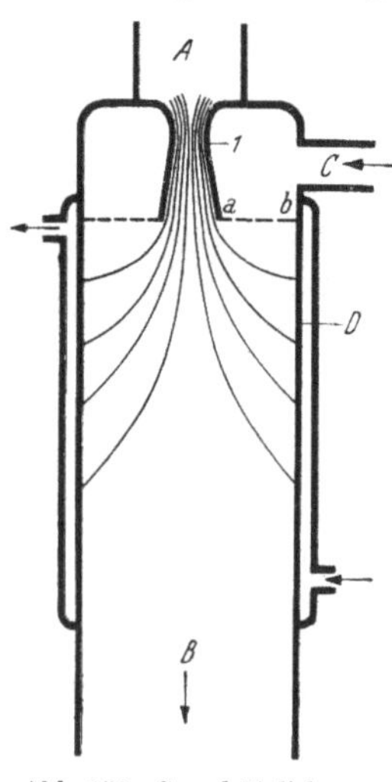

Abb. 150. Grundsätzlicher Aufbau einer Diffusionspumpe.

Nachdem wir im vorhergehenden Kapitel die Wirkungsweise der Dampfstrahlpumpen behandelt haben, soll im folgenden die Theorie der Diffusionspumpen besprochen werden.

Abb. 150 zeigt den grundsätzlichen Aufbau einer Diffusionspumpe. Ein von A kommender gasfreier Dampfstrom tritt durch die Düse 1 in einen erweiterten Raum, der durch eine bei B angeschlossene Vorpumpe auf den Vorvakuumdruck evakuiert ist. Der Dampfstrom selbst trifft auf die gekühlte Fläche D und wird dort kondensiert. Der Gasraum, aus dem das Gas durch die Diffusionspumpe ausgepumpt werden soll, ist bei C angeschlossen. Bei den Diffusionspumpen ist es für das Zustandekommen einer Saugwirkung nur erforderlich, daß der Partialdruck des Gases oberhalb der Fläche a—b, d. h. also außerhalb des

Dampfstromes größer ist als im Dampfstrom unmittelbar unter der Fläche a—b, da dann dauernd durch Diffusion Gas aus dem dampffreien Raum oberhalb a—b in den Dampfstrom unterhalb a—b gelangt und von demselben fortgeführt wird. Bei dieser Wirkungsweise der Diffusionspumpe kann also der Dampfdruck des Treibdampfes in der Düsenmündung ruhig um mehrere Zehnerpotenzen größer sein als der Partialdruck des abzusaugenden Gases* bei C, ohne daß dadurch die Saugwirkung der Diffusionspumpe beeinträchtigt wird. Im Gegensatz dazu tritt bei den im vorhergehenden Kapitel besprochenen Dampfstrahlpumpen nur dann eine Saugwirkung ein, wenn der Totaldruck (Dampfdruck + Partialdruck des Gases) im Dampfstrom an der Düsenmündung, d. h. also an der Fläche a—b kleiner ist als der Druck des bei C angesaugten Gases.

Da die Dampfstrahlpumpen Abb. 138 und die Diffusionspumpen Abb. 150 in ihrer äußeren Anordnung einander sehr ähnlich sind, liegt es nahe, wie das auch vielfach geschehen ist, für die Wirkungsweise der Diffusionspumpen das Prinzip der Dampfstrahlpumpen verantwortlich zu machen. Die grundsätzlichen Unterschiede zwischen beiden Pumpentypen wurden oben dargelegt [vgl. auch W. GAEDE (49)].

Es ist das unbestreitbare Verdienst GAEDES (47, 48, 49),

1. erkannt zu haben, daß man den Diffusionsvorgang zum Bau von Hochvakuumpumpen ausnutzen kann und

2. solche Diffusionspumpen gebaut zu haben, die höhere Vakua liefern als alle bisher bekannten Pumpen.

Für die Vorgänge in den Diffusionspumpen werden von verschiedenen Seiten (41, 43, 53, 54, 55, 63, 64, 66) von den obigen Ausführungen abweichende Erklärungen gegeben und auch andere Bezeichnungen [LANGMUIR (53, 54, 55): Kondensationspumpe; CRAWFORD (43), WILLIAMS (66): Parallelstrahlpumpe] gewählt. Diese Erklärungen treffen aber entweder nicht den Kern des Problems oder sind, soweit sie im Widerspruch zu den hier ausgeführten Vorstellungen über Diffusionspumpen stehen, unrichtig.

Für eine Diffusionspumpe sind vor allem zwei Größen charakteristisch:

Die Vorvakuumbeständigkeit, d. h. das Verhältnis $p(L)/p(0)$ von bei B eingestelltem Vorvakuumdruck $p(L)$ zum Endvakuumdruck der Pumpe $p(0)$ (dem kleinsten bei C erreichbaren Druck) und die Sauggeschwindigkeit S.

α) Erste Näherung.

Endvakuum in Abhängigkeit vom Vorvakuum.

Wir machen zunächst eine vereinfachende Annahme. Die Dampfmoleküle sollen sich alle von der Fläche a—b ausgehend mit konstanter Geschwindigkeit w parallel zur Achse OX bewegen (Abb. 151). Die

---

* Der Einfachheit halber unterscheiden wir im folgenden zwischen angesaugtem Gas und treibendem Dampf. Das angesaugte Gas kann aber auch selbst ein Dampf sein.

bei a—b durch Diffusion in den Dampfstrom eintretenden Gasmoleküle werden dann von diesem mit und in das Vorvakuum abgeführt. Die Anzahl n_g der Gasmoleküle/cm³ nimmt also mit zunehmendem Abszissenwert x zu, n_g sei jedoch an jeder Stelle x klein gegen die Anzahl der Dampfmoleküle/cm³ n_d.

$$n_d \gg n_g . \tag{39}$$

Betrachten wir eine Querschnittsfläche an der Stelle x, so werden in der Zeiteinheit durch die Einheit dieser Fläche $n_g w$ Gasmoleküle von dem Dampfstrom mit der Geschwindigkeit w nach abwärts geführt. Infolge des Partialdruckgefälles des Gases gelangen durch Diffusion in der Zeiteinheit entgegen dem Dampfstrom $D \dfrac{d n_g}{d x}$ Gasmoleküle/cm² der Querschnittsfläche nach oben.

$$n_g w = D \frac{d n_g}{d x} . \tag{40}$$

Im stationären Zustand muß die Anzahl der nach aufwärts und abwärts gehenden Gasmoleküle gleich sein; D — Diffusionskoeffizient der Gasmoleküle im Dampf.

Da $n_d \gg n_g$, können wir setzen

$$D_0 = D \cdot n_d .$$

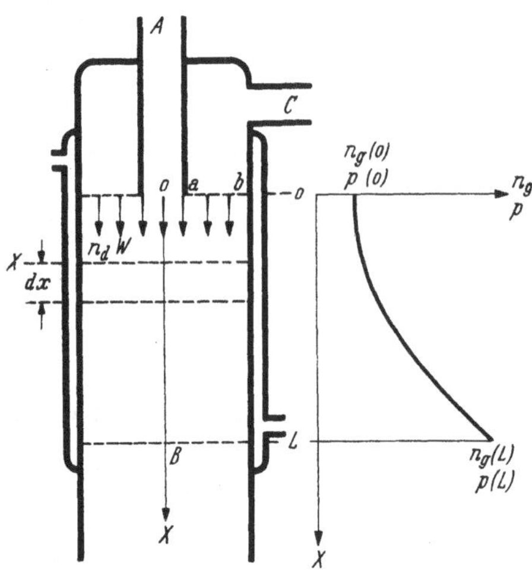

Abb. 151. Schema (1. Näherung) der Vorgänge in einer Diffusionspumpe; Diagramm rechts: Verlauf des Partialdrucks der permanenten Gase im Dampfstrom.

Damit ergibt sich nach MATRICON (57):

$$\frac{d n_g}{n_g} = \frac{d p}{p} = \frac{w\, d x}{D} = \frac{n_d w}{D_0}\, d x .$$

Die Vorvakuumbeständigkeit ist somit gegeben durch die Gleichung:

$$\frac{p(L)}{p(0)} = e^{\frac{n_d w}{D_0} L} . \tag{41}$$

L = Länge des Diffusionsweges im Dampfstrom vom Vorvakuum bis zur Fläche a—b.

Das Verhältnis von Vorvakuumdruck zu Endvakuumdruck $p(L)/p(0)$ ist nach Formel 41 um so größer, je größer $n_d w$ ist. $p(L)/p(0)$ wächst also mit zunehmender Dichte n_d und Geschwindigkeit w der Dampfmoleküle im Dampfstrom. Beide Werte sind nach den Ausführungen im vorhergehenden Kapitel über die Eigenschaften von Dampfstrahldüsen um so größer, je höher der Dampfdruck beim Eintritt in die Treibdampfdüse, d. h. je höher die Temperatur im Siedegefäß der Pumpe ist. Die Vorvakuumbeständigkeit einer Diffusionspumpe wächst also mit der in die Pumpe hineingeschickten Heizleistung (s. Abb. 152). Die Kurven der Abb. 152 zeigen außerdem den charakteristischen Verlauf der

Abhängigkeit des Endvakuums vom Vorvakuumdruck. Im ersten, steil ansteigenden Teil der Kurven ist die Bedingung für die Anwendbarkeit der Formel 41 auf die Vorvakuumbeständigkeit einer Pumpe nämlich, daß $n_d \gg n_g$, wegen des hohen Vorvakuumdruckes noch nicht erfüllt. Mit weiterhin abnehmendem Vorvakuumdruck wird diese Bedingung dann erfüllt. Es gilt Formel (41). Die Kurven müßten nun nach dem anfänglich steil ansteigenden Teil in einen Teil mit schwächerer Steigung, die durch das Produkt $n_d \cdot w$, d. h. durch die Heizleistung bestimmt ist, übergehen. Die Kurve für die schwächste Heizleistung von 600 W zeigt auch diesen Verlauf. Daß die Kurven mit größerer Heizleistung stattdessen in einen horizontalen Teil übergehen, rührt daher, daß bei den in Abb. 152 vorliegenden Messungen an Öl-Diffusionspumpen* nicht mit flüssiger Luft ausgefroren wurde, d. h. also, das Endvakuum nicht durch die Vorvakuumbeständigkeit $p\,(L)/p\,(0)$ allein, sondern durch den Gesamtdruck (Öldampfdruck + Partialdruck des Gases) bestimmt ist. Die laut Abb. 152 gemessenen Endvakuumwerte bei 1000 W (horizontaler Teil der Kurven) und darüber sind also praktisch nur durch den Öldampfdruck gegeben.

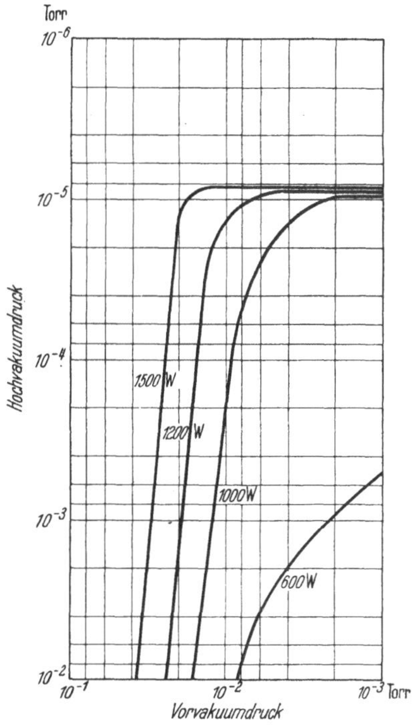

Abb. 152. Endvakuum in Abhängigkeit vom Vorvakuum bei verschiedenen Heizleistungen einer Öldiffusionspumpe (52).

Die Abhängigkeit des Verhältnisses von Vorvakuumdruck zu Endvakuumdruck $p\,(L)/p\,(0)$ von der Art des abgepumpten Gases ist durch die Diffusionskonstante D_0 gegeben. Je größer D_0, um so kleiner ist $p\,(L)/p\,(0)$, d. h. bei derselben Pumpe ist unter sonst gleichen Bedingungen die Vorvakuumbeständigkeit für Wasserstoff mit einem großen Wert von D_0 kleiner als für Luft. D_0 hat nach ENSKOG (45) den Wert:

$$D_0 = \frac{3}{8\sqrt{2\pi}}\left(R\,T\,\frac{M_1+M_2}{M_1\cdot M_2}\right)^{1/2}\frac{1}{\left(\dfrac{\sigma_1+\sigma_2}{2}\right)^2}.$$

σ = Molekulardurchmesser; M_1 = Molekulargewicht des geförderten Gases; M_2 = Molekulargewicht des Treibdampfes.

---

* Die Kurven der Abb. 152 wurden an der großen Öldiffusionspumpe von JAECKEL-SCHRÖDER (51) gemessen. Als Endvakuumdruck wurde der Totaldruck von Gasen und Öldampf aufgetragen.

Mit den Werten der Tab. I (Anhang) ergibt sich also für das Verhältnis der Diffusionskoeffizienten von Luft und Wasserstoff in Quecksilberdampf:

$$\frac{D_0\,(\text{Luft})}{D_0\,(\text{H}_2)} = \frac{\sqrt{\dfrac{200,6+28,8}{200,6\cdot 28,8}}\cdot\left(\dfrac{1}{5,68+3,68}\right)^2}{\sqrt{\dfrac{200,6+2,016}{200,6\cdot 2,016}}\left(\dfrac{1}{5,68+2,7}\right)^2} = 0,23\,.$$

Für die unterschiedliche Vorvakuumbeständigkeit ein und derselben Quecksilberdiffusionspumpe bei der Förderung von Luft bzw. Wasserstoff ergibt sich daraus folgendes:

Bei einer Hg-Diffusionspumpe sei für Luft

$$p(0) = 10^{-7},\; p(L) = 10^{-1}\;\frac{p(L)}{p(0)} = 10^6$$

also

$$e^{\frac{n_d w}{D_0}L} = \frac{p(L)}{p(0)} = 10^6\,.$$

In derselben Pumpe gilt dann für Wasserstoff:

$$\frac{n_d\cdot w}{D_0}\,L\log e = 6\cdot 0,23 = 1,38;\; p(0) = p(L)\cdot 10^{-1,38}$$

$$p(L)/p(0) = 2,4\cdot 10\,. \tag{42}$$

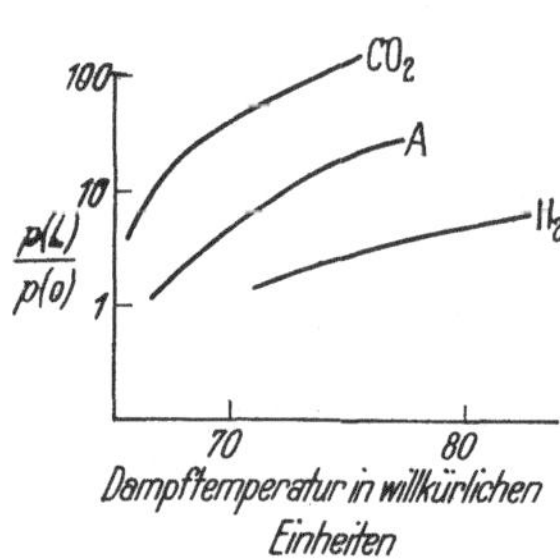

Abb. 153. Abhängigkeit des Verhältnisses $\dfrac{p(L)}{p(0)}$ (Vorvakuumdruck zu Endvakuumdruck) von der Temperatur im Siedegefäß bei verschiedenen Gasen (65).

Die Vorvakuumbeständigkeit der Pumpe für Wasserstoff ist also um mehrere Größenordnungen kleiner als für Luft. Abb. 153 zeigt in Übereinstimmung mit den obigen Überlegungen die Abhängigkeit des Verhältnisses $p(L)/p(0)$ von der Temperatur des Siedegefäßes für verschiedene Gase nach WERTENSTEIN (65). Neuere eingehende Messungen über die Vorvakuumbeständigkeit von Diffusionspumpen in ihrer Abhängigkeit von Heizleistung und Gasart — insbesondere auch für Wasserstoff — finden sich bei DAYTON (44).

Die Länge des Diffusionsweges im Dampfstrom L ist keineswegs eine konstante Größe, die bei einer bestimmten Diffusionspumpe von den Betriebsbedingungen unabhängig ist. L ist vielmehr abhängig vor allem vom Vorvakuumdruck $p(L)$ und außerdem vom Druck an der Saugseite $p(0)$. Wie DAYTON (44) zeigt, nimmt die Länge des aus der Treibdüse austretenden Dampfkegels (siehe z. B. Abb. 157) mit zunehmendem Vorvakuumdruck (von etwa $1/10$ des maximal zulässigen an) ab. Wächst infolgedessen auch der Druck $p(0)$, so wird außerdem der Dampfkegel von der Kühlfläche D abgedrängt und eingeschnürt (vergl. auch ALEXANDER (41). Die Länge des Kegelkernes nimmt dadurch zunächst wieder zu. Nähert sich schließlich der Wert des Vorvakuumdruckes $p(L)$ dem Wert des Dampfdruckes in der Düsenmündung, so wird der Dampfkegel ganz in die Düse zurückgedrängt. Zusammenfassend ergibt sich, daß die effektive Größe von L bei niedrigen Vorvakuumdrucken annähernd konstant ist, und von $1/_{10}$ des maximal zulässigen Vorvakuumdruckes an mit wachsendem Vorvakuumdruck abnimmt).

Sauggeschwindigkeit.

Auf die Diffusionsfläche a—b (Abb. 151) vom Querschnitt F treffen von C aus: $F\nu \, ^1/_4 \bar{c}$ Moleküle pro Sekunde auf.

$\nu =$ Anzahl Gasmoleküle/cm³ bei C; $\bar{c} =$ mittlere Molekulargeschwindigkeit des Gases.

Durch Rückdiffusion aus dem Dampfstrom treten in umgekehrter Richtung $F n_g^s(0) \, ^1/_4 \bar{c}$ Moleküle/sec durch a—b nach oben.

$n_g^s(0) =$ Anzahl der Gasmoleküle/cm³ im Dampfstrom unmittelbar unterhalb a—b bei Sauggeschwindigkeit*.

Für die Gesamtzahl N der Moleküle, die pro Sekunde mehr durch a—b von oben nach unten gehen als umgekehrt, ergibt sich also:

$$N = \frac{1}{4} F \bar{c} \left| \nu - n_g^s(0) \right|.$$

Die Sauggeschwindigkeit S ist pro Sekunde abgesaugtes Volumen. Sie ergibt sich aus der Beziehung

$$N = \nu S.$$

$$S = \frac{1}{4} F \bar{c} \left| 1 - \frac{n_g^s(0)}{\nu} \right|.$$

Die spezifische Sauggeschwindigkeit s ($=$ Sauggeschwindigkeit/cm² der Diffusionsfläche) hat also den Wert

$$s = \frac{S}{F} = \frac{1}{4} \bar{c} \left[1 - \frac{n_g^s(0)}{\nu} \right]. \tag{43}$$

Zur Elimination von $n_g^s(0)$ aus Gl. (43) benutzen wir die für $0 \leqq x \leqq L$ gültige Differentialgleichung

$$w \, n_g^s(x) - D \frac{d \, n_g^s(x)}{d x} = \nu s.$$

Ihre Lösung lautet:

$$n_g^s(x) = \frac{\nu s}{w} + \left\{ n_g^s(0) - \frac{\nu s}{w} \right\} e^{\frac{w}{D} x}.$$

Hierin setzen wir $x = L$ und lösen nach $n_g^s(0)$ auf:

$$n_g^s(0) = \frac{\nu s}{w} - \left\{ n_g^s(L) - \frac{\nu s}{w} \right\} e^{-\frac{w}{D} L}.$$

---

* Hier und im folgenden wird grundsätzlich zwischen zwei Zuständen der Diffusionspumpe unterschieden:

„bei Endvakuum", d. h. bei geschlossenem Ansaugstutzen C,

„bei Sauggeschwindigkeit", d. h. wenn durch den geöffneten Ansaugstutzen C Gase angesaugt werden, die Pumpe also eine meßbare Sauggeschwindigkeit hat.

Über die Bedeutung des Exponenten s siehe die Tabelle 15 am Anfang dieses Kapitels.

Beim Endvakuum hat die Sauggeschwindigkeit nach Gl. (44) den Wert Null.

Einsetzen dieses Wertes von $n_g^s(0)$ in Gl. (43) und Auflösung nach s ergibt:

$$s = \frac{\overline{c}}{4} \; \frac{1 - \dfrac{n_g^s(L)}{v}\, e^{-\frac{w}{D}L}}{1 + \dfrac{1}{4}\dfrac{\overline{c}}{w}\left(1 - e^{-\frac{w}{D}L}\right)} = \frac{\overline{c}}{4} \; \frac{1 - \dfrac{n_g^s(L)}{v}\,\dfrac{n_g(0)}{n_g(L)}}{1 + \dfrac{1}{4}\dfrac{\overline{c}}{w}\left(1 - e^{-\frac{w}{D}L}\right)} . \tag{44}$$

Die Größe $\dfrac{v}{n_g^s(L)}$ in Gl. (44) kann dabei folgende Werte annehmen:

$$1 > \frac{v}{n_g^s(L)} \geqq \frac{n_g(0)}{n_g(L)} \text{ mit } \frac{n_g(0)}{n_g(L)} \ll 1 .$$

Beim Endvakuum ist*

$$\frac{v}{n_g^s(L)} = \frac{n_g(0)}{n_g(L)} , \text{ d. h. } s = 0 .$$

Mit wachsendem Ansaugdruck wächst auch $\dfrac{v}{n_g^s(L)}$. Es wird sehr schnell

$$\frac{n_g^s(L)}{v}\,\frac{n_g(0)}{n_g(L)} \ll 1 ,$$

d. h. die spezifische Sauggeschwindigkeit s erreicht den Maximalwert.

$$s = \frac{\overline{c}}{4} \; \frac{1}{1 + \dfrac{1}{4}\dfrac{\overline{c}}{w}} . \tag{45}$$

Nähert sich schließlich der Ansaugdruck der Diffusionspumpe dem Vorvakuumdruck, so nimmt der Wert von s wieder ab, da jetzt die Bedingungen (39), d. h. daß

$$n_d \gg n_g$$

nicht mehr erfüllt ist. Diesen charakteristischen Verlauf eines breiten Maximums zeigen alle Sauggeschwindigkeitskurven von Diffusionspumpen.

Die spezifische Sauggeschwindigkeit s hängt also nach Gl. (45) vor allem von dem Verhältnis $w/\overline{c}$ der Dampfgeschwindigkeit w zur Molekulargeschwindigkeit $\overline{c}$ des Gases ab. Und zwar ist die spezifische Sauggeschwindigkeit s um so größer, je größer die Dampfgeschwindigkeit w im Vergleich zur Molekulargeschwindigkeit $\overline{c}$ des Gases ist. Für den Maximalwert der Sauggeschwindigkeitskurve ergeben sich folgende Werte:

$$w = \frac{\overline{c}}{4} : s = \frac{1}{8}\,\overline{c} ,$$

$$w \gg \frac{\overline{c}}{4} : s_{\max} = \frac{1}{4}\,\overline{c} .$$

Mit

$$\overline{c} = \sqrt{\frac{8\,RT}{\pi\,M}}$$

folgt als obere praktisch nicht erreichbare Grenze für die spezifische Sauggeschwindigkeit

$$s_{\max} = \frac{1}{4}\sqrt{\frac{8\,RT}{\pi\,M}} . \tag{46}$$

---

* „Beim Endvakuum" $v = n_g(0)$ muß s natürlich den Wert Null haben. Vgl. diesbezüglich die hier angegebenen Formeln mit den Ableitungen von Matricom (57)

Für Luft ($M = 28{,}8$) von 20° C ergibt sich daraus

$$s_{\max} = 11{,}6 \cdot 10^3 \left[\frac{cm^3}{cm^2\ sec} \right]. \tag{47}$$

Dieser Wert von $s_{\max}$ läßt sich aber nicht realisieren, da er durch die höchstmöglichen Werte für die Dampfgeschwindigkeit w begrenzt wird. Nach den Ausführungen im vorhergehenden Abschnitt **3** liegt für eine Lavaldüse der Wert der Dampfgeschwindigkeit w zwischen der Schallgeschwindigkeit und der Maximalgeschwindigkeit $w_{\max}$ (Tab. 12). Er steht in einem festen Verhältnis zu $w_{\max}$, das durch die Düsenerweiterung gegeben ist, wobei $w_{\max}$ mit der Temperatur des Siedegefäßes (proportional $\sqrt{T}$) zunimmt. Bei dem auf S. 159 beschriebenen Versuch ergab sich ein Wert für $w = 18300$ cm/sec In der Praxis wird man kaum wesentlich größere Werte als $w = 20000$ cm/sec erzielen können.

Daraus ergibt sich nach Gleichung (45) für Luft von 20° C:

$$s_{\max} = \frac{462}{4} \frac{1}{1 + \frac{1}{4}\frac{462}{200}} \cdot 10^2 = 7{,}3 \cdot 10^3 \left[\frac{cm^3}{cm^2\ sec} \right] \tag{48}$$

Dieser Wert für die praktische obere Grenze der Sauggeschwindigkeit einer Diffusionspumpe für Luft steht in Einklang mit allen bisherigen Erfahrungen.

Abhängigkeit von der Gasart.

Nach Gl. (46) verhalten sich die Grenzwerte der Sauggeschwindigkeiten für zwei verschiedene Gase umgekehrt wie die Wurzeln aus den Molekulargewichten.

$$\frac{s_{H_2}}{s_{Luft}} = \sqrt{\frac{28{,}8}{2{,}016}} = 3{,}78.$$

Nach Gl. (45) hängt nun aber der Wert der spezifischen Sauggeschwindigkeit außerdem von dem Verhältnis $\bar{c}/w$ ab, das bei H_2 wegen des großen Wertes von $\bar{c}$ größer ist als bei Luft. Es gilt also allgemein

$$\frac{s_{H_2}}{s_{Luft}} \leqq 3{,}78.$$

und zwar ergibt sich nach Gleichung 45, wenn man darin für die Dampfgeschwindigkeit w den auf S. 159 bestimmten Wert von 18300 cm/sec einsetzt

mit den Werten für $\bar{c}$ bei Luft:

$$\bar{c}_{Luft} = 1{,}455 \cdot 10^4 \sqrt{\frac{293}{28{,}8}} = 46200 \left[\frac{cm}{sec} \right]$$

und bei Wasserstoff:

$$\bar{c}_{H_2} = 1{,}455 \cdot 10^4 \sqrt{\frac{293}{2{,}016}} = 175700 \left[\frac{cm}{sec} \right],$$

$$s_{Luft} = \frac{1}{4} 462 \frac{1}{1 + \frac{1}{4}\frac{462}{183}} 10^2 = 7{,}08 \cdot 10^3 \left[\frac{cm^3}{cm^2\ sec} \right],$$

$$s_{\mathrm{H}_2} = \frac{1}{4}\,1757\,\frac{1}{1 + \frac{1}{4}\frac{1757}{183}} \cdot 10^2 = 12{,}9 \cdot 10^3 \left[\frac{\mathrm{cm}^3}{\mathrm{cm}^2\,\mathrm{sec}}\right].$$

d. h. schließlich

$$\frac{s_{\mathrm{H}_2}}{s_{\mathrm{Luft}}} = 1{,}8.$$

Abb. 154 zeigt die Abhängigkeit der Sauggeschwindigkeit einer Öldiffusionspumpe* von der Gasart:

Kurve 1: Sauggeschwindigkeit für Luft;

Kurve 2: Sauggeschwindigkeit für H_2.

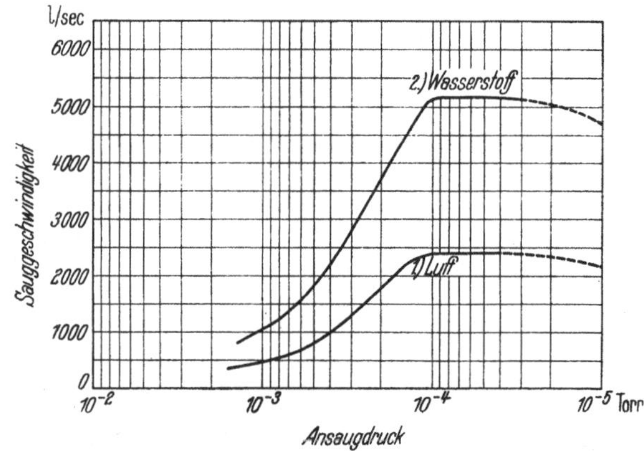

Abb. 154. Abhängigkeit der Sauggeschwindigkeit einer Öldiffusionspumpe vom Ansaugdruck bei verschiedenen Gasen; Kurve 1: Sauggeschwindigkeit für Luft. Kurve 2: Sauggeschwindigkeit für H_2.

Das Verhältnis $s_{\mathrm{H}_2}/s_{\mathrm{Luft}}$ ist kleiner als 3,78, und zwar in Übereinstimmung mit oben 1,8.

Außerdem stimmen die gemessenen Werte der Sauggeschwindigkeiten mit den berechneten

$$\text{für Luft:}\quad S = s_{\mathrm{Luft}} \cdot 400 = 2800\ \mathrm{l/sec}$$
$$\text{für } H_2\ :\quad S = s_{\mathrm{H}_2} \cdot 400 = 5200\ \mathrm{l/sec}$$

in recht befriedigender Weise miteinander überein.

Abhängigkeit der Sauggeschwindigkeit vom Vorvakuum.

In Gl. (44) ist die Abhängigkeit der Sauggeschwindigkeit vom Vorvakuum durch den Quotienten $\dfrac{n_g^s(L)}{v}\,\dfrac{n_g(0)}{n_g(L)}$ gegeben, da der Faktor $e^{-\frac{w}{D}L}$ in allen praktischen Fällen klein gegen eins ist. Darin ist

$n_g^s(L)$ proportional zum Vorvakuumdruck

$\quad v$ proportional zum Druck an der Saugseite

$n_g(L)$ proportional zum Vorvakuumdruck bei nichtsaugender Pumpe

$n_g(0)$ proportional zum Endvakuumdruck bei nichtsaugender Pumpe

---

* Die Messungen wurden an der großen Öldiffusionspumpe von JAECKEL-SCHRÖDER (*51*) durchgeführt.

Beim Saugen von Luft ist in allen praktisch vorkommenden Fällen $\frac{n_g\,(0)}{n_g\,(L)} \ll 1$ und damit die spezifische Sauggeschwindigkeit unabhängig vom Vorvakuum, solange nicht v sehr nahe an das Endvakuum $n_g\,(0)$ heranrückt.

Bei Wasserstoff aber kann man $\frac{n_g\,(0)}{n_g\,(L)}$ durchaus Werte von $\frac{1}{24} = 0{,}04$ (vergl. Gl. 42) erreichen.

Das Verhältnis von Vorvakuumdruck zu Druck an der Saugseite ist also auf diesen niedrigen Wert von $\frac{n_g\,(L)}{n_g\,(0)} = 24$ begrenzt.

Infolge der Beziehung:

$$v\,S = n_g^s\,(L)\,S_v$$
$$S_v = \text{Sauggeschwindigkeit der Vorpumpe}$$

bedingt dies relativ große Vorpumpen oder mehrstufige Diffusionspumpen. Im letzteren Falle erreicht man trotz des einstufig nur kleinen Druckverhältnisses im ganzen ein ausreichend großes Druckverhältnis.

Verwendet man bei Wasserstoff nicht genügend große Vorpumpen, so führt das zu einer Herabsetzung der Sauggeschwindigkeit der Diffusionspumpe z. B. im oben genannten Falle für:

$$\frac{n_g\,(0)}{n_g\,(L)} = \frac{1}{24}$$

mit

$$\frac{n_g^s\,(L)}{v} = \frac{S}{S_v} = 12$$

$$s = \frac{\bar{c}}{4}\,\frac{1-0{,}5}{1 + \dfrac{1}{4}\dfrac{\bar{c}}{w}} = 0{,}5\,\frac{\bar{c}}{4}\,\frac{1}{1 + \dfrac{1}{4}\dfrac{\bar{c}}{w}}$$

d. h. zu einer Herabsetzung der Sauggeschwindigkeit auf $\frac{1}{2}$.

Derartige Bedingungen dürften in allen denjenigen Fällen vorgelegen haben, in denen für $\frac{s_{H_2}}{s_{Luft}}$ wesentlich kleinere Werte als 1,8 (vergl. 44, 50, 62) gemessen worden sind, während wesentlich größere Werte (46) durch den auf S. 158 genannten Effekt des Dampfsaumeinflusses zu erklären sind. Gegen den Einfluß der Dampfgeschwindigkeit w ist Gleichung (44) zu wenig empfindlich, als daß hierdurch wesentlich von $\frac{s_{H_2}}{s_{Luft}} = 1{,}8$ abweichende Werte erklärt werden könnten.

β) Zweite Näherung.

Dampfsaum.

Nach den bisherigen Ausführungen ist die spezifische Sauggeschwindigkeit s unabhängig von der Dampfdichte n_d und die Sauggeschwindigkeit S selbst proportional der Größe der Diffusionsfläche F. Beides ist nur in erster Näherung zutreffend. Wir müssen daher das vereinfachte Modell der ersten Näherung durch ein verbessertes Modell (zweite Näherung) ersetzen.

Hierzu betrachten wir Abb. 155. Den meisten Diffusionspumpen ist eine solche Bauart gemeinsam, bei der ein zentraler Dampfstrom von einer ringförmigen Diffusionsfläche a—e umgeben wird. Hätten die aus der Düsenmündung austretenden Dampfmoleküle nur eine Geschwindigkeitskomponente w in der Fortschreitungsrichtung des Dampfstromes, so würde dieser etwa durch die Linie a—b begrenzt.

Bei den obigen Ableitungen über die Vorgänge in den Diffusionspumpen haben wir zur Vereinfachung angenommen (s. z. B. Abb. 151), daß sich alle Dampfmoleküle von der Ringfläche a—b aus mit der

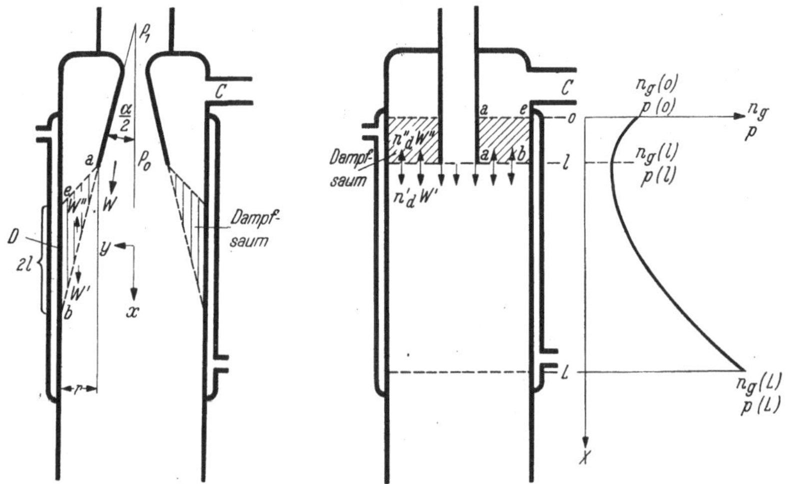

Abb. 155. Dampfverteilung in einer Diffusionspumpe (2. Näherung).

Abb. 156. Schema (2. Näherung) der Vorgänge in einer Diffusionspumpe; Diagramm rechts: Verlauf des Partialdrucks der permanenten Gase im Dampfstrom

gleichen Geschwindigkeit w nach abwärts bewegen. Nun führen die Dampfmoleküle aber außer ihrer Fortschreitungsbewegung in Richtung der Düsenmündung auch noch eine ungeordnete thermische Molekularbewegung aus. Da diese thermische Molekularbewegung auch noch Komponenten entgegen der Fortschreitungsrichtung enthält, können sich also diejenigen Dampfmoleküle entgegen der Fortschreitungsrichtung bewegen, deren thermische Geschwindigkeit c größer ist als die Fortschreitungsgeschwindigkeit w des Dampfes in der Düsenmündung (49, 59, 60, 61).

Wir wollen uns daher als zweite Näherung folgendes Bild über die Vorgänge in der Nähe der Diffusionsfläche a—e machen (s. Abb. 155 und 156). Von der Fläche a—b bewege sich ein Dampfstrom mit der Geschwindigkeit $w' = w \cos \alpha/2$ nach abwärts. Dieser Dampfstrom enthalte n'_d Moleküle/cm³. Ebenso bewege sich ein Dampfstrom von n'_d Molekülen/cm³ mit der Geschwindigkeit w'' nach aufwärts. Dieser Dampfstrom (im folgenden „Dampfsaum" genannt), rührt von denjenigen Molekülen her, die eine größere Geschwindigkeit der thermischen Molekularbewegung haben als die Fortschreitungsgeschwindigkeit des

Dampfes in der Düsenmündung (w). Die Dampfmoleküle n''_d mögen infolge der y-Komponente der Fortschreitungsgeschwindigkeit w und der thermischen Geschwindigkeit c die Kühlfläche D in der Zeit t nach dem Verlassen der Düsenmündung erreichen. In derselben Zeit haben sie nach aufwärts die Strecke

$$2\,l = w''\,t \tag{49}$$

zurückgelegt. Sie überschreiten also nach oben die Fläche a—e nicht. Das Vorhandensein dieses Dampfsaumes zeigen die Abb. 157 u. 158. In Abb. 157 ist oben die Mündung einer Laveldüse zu sehen, aus der ein

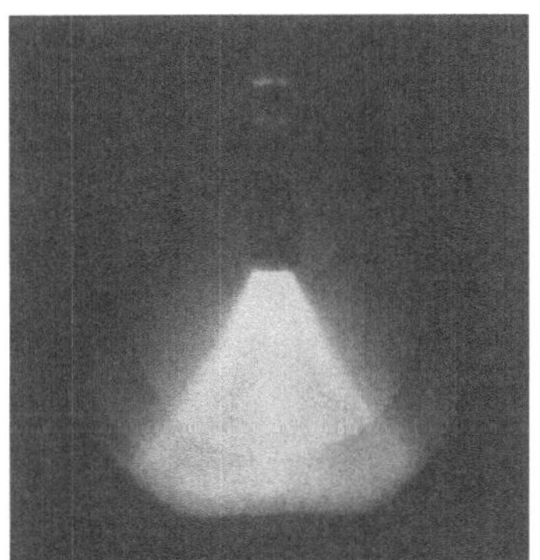

Abb. 157. Aufnahme eines leuchtenden Quecksilberdampfstromes, der aus einerDüse ins Vakuum austritt, bei hohen Frequenzen der angelegten Spannung (zeigt nur Kern des Dampfstroms mit hoher Dampfdichte) (nach Noeller, noch unveröffentlicht).

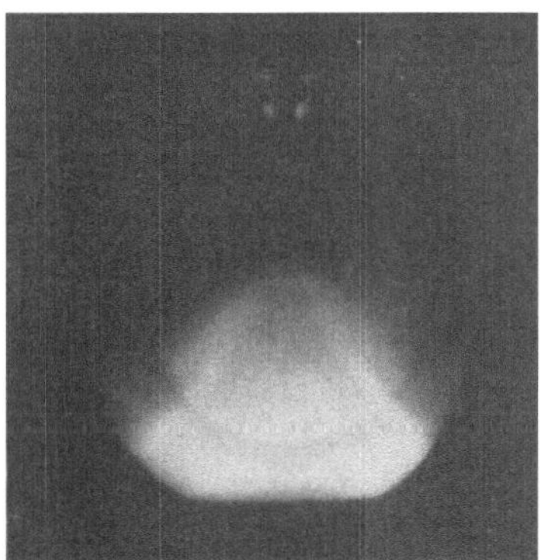

Abb. 158. Aufnahme eines leuchtenden Quecksilberdampfstroms, der aus einer Düse ins Vakuum austritt, bei niedrigeren Frequenzen der angelegten Spannung (zeigt außer dem Kern hoher Dampfdichte einen diesen umgebenden „Dampfsaum" geringerer Dichte) (nach Noeller, noch unveröffentlicht.)

Quecksilberdampfstrom ins Vakuum ausströmt. Der Quecksilberdampfstrom wird durch eine Hochfrequenzentladung zum Leuchten angeregt und ist auf der Aufnahme als leuchtender Kegel zu sehen. Je nach der Höhe und Frequenz der angelegten Spannung ist es nun möglich, entweder nur Gebiete hoher Dampfdichte (wie in Abb. 157 den leuchtenden Kern) oder auch Gebiete geringerer Dichte (wie in Abb. 158) anzuregen. So sieht man in Abb. 158 den Kern hoher Dampfdichte (der auch in Abb. 157 zu sehen ist) umgeben von einem „Dampfsaum" mit geringerer Dampfdichte. Dieses Ergebnis steht also in Übereinstimmung mit den vorher durchgeführten Überlegungen.

Die von C kommenden Moleküle des abzusaugenden Gases treten also durch die Fläche a—e in den Dampfstrom ein, diffundieren zwischen a—e und a—b im Dampfsaum, der sich entgegen der Diffusionsrichtung bewegt, und treten schließlich durch die Fläche a—b in einen Dampfstrom ein, der sich in der Transportrichtung bewegt. Das abzupumpende Gas habe beim Endvakuum oberhalb a—e den Druck $p\,(0)$, an der Stelle der Fläche a—b, den Druck $p\,(l)$ und auf der Vorvakuumseite den Druck $p\,(L)$.

Wir müssen also anschließend die Betrachtungen über Endvakuum in Abhängigkeit vom Vorvakuum und Sauggeschwindigkeit für das Modell der zweiten Näherung wiederholen.

Vorvakuum.

Für die Vorgänge unterhalb a—b gilt in Analogie zu früher [s. Gl. (41) und Abb. 151]:

$$p(l) = p(L)\, e^{-\frac{n_d' w'(L-l)}{D_0}}. \tag{50}$$

bzw.

$$p(x) = p(L)\, e^{-\frac{n_d' w'(L-x)}{D_0}}. \tag{52}$$

Zwischen a—b und a—e, somit im Dampfsaum, gilt analog zu Gl. (41):

$$n_g w'' = -D'' \frac{dn_g}{dx}, \quad D_0 = D'' n_d'', \quad n_d'' \gg n_g .$$

$$p(l) = p(0)\, e^{-\frac{n_d'' w''}{D_0} l}. \tag{53}$$

$$\text{bzw.} \quad p(x) = p(o)\, e^{-\frac{n_d'' w''\cdot x}{D_0}} \tag{54}$$

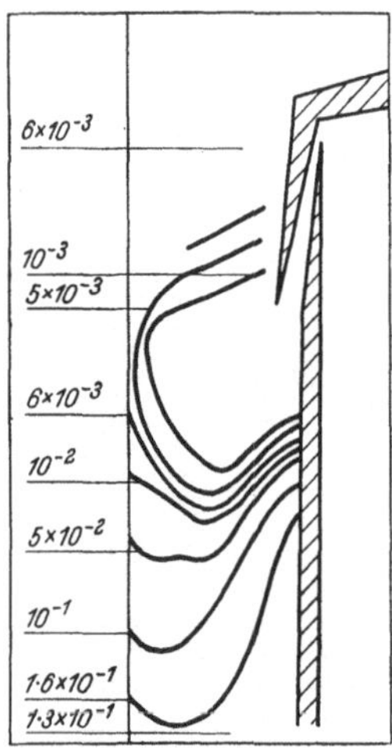

Abb. 159. Verteilung des Partialdrucks der permanenten Gase im Dampfstrom in der Nähe der Düsenmündung einer Diffusionspumpe (gemessen mittels eines McLeods) [nach ALEXANDER (41)].

Die durch die Gleichung 52 und 54 bzw. das Druckdiagramm Abb. 156 rechts wiedergegebene Verteilung des Partialdruckes der Permanentgase im Dampfstrom steht in Übereinstimmung mit Messungen von ALEXANDER (41). Dieser mißt die Verteilung des Permanentgasdruckes im Dampfstrom in der Nähe einer Düsenmündung mittels eines McLEODS. Das Ergebnis seiner Messungen zeigt Abb. 159. Legt man nun einen Vertikalschnitt durch die in Abb. 159 wiedergegebenen Isobaren, so erhält man eine Druckverteilung, die übereinstimmt mit dem in Abb. 156 rechts wiedergegebenen Druckdiagramm.

Bezüglich der Verteilung von Dampfdichte und Partialdruck der Permanentgase in der Nähe der Kondensationsfläche ergibt sich folgendes. Die Dampfmoleküle sollen nach ihrem Auftreffen auf die Kondensationsfläche möglichst vollständig kondensiert werden, da sie bei etwaiger Reflexion nach Verlust der Vorzugsrichtung des Dampfstromes die Strömung in Richtung auf das Vorvakuum behindern würden. Die von den kondensierenden Dampfmolekülen mitgerissenen Gasmoleküle werden dagegen in der Nähe der Kondensationsfläche angereichert, so daß dort die Gasdichte besonders hoch, die Dampfdichte besonders niedrig ist. Hier liegt also die kritischste Stelle für die Vorvakuumbeständigkeit einer Diffusionspumpe.

Aus (50) und (53) folgt:

$$p(0) = p(L)\, e^{\frac{1}{D_0}\left\{ -n_d' w'(L-l) + n_d'' w'' l \right\}}. \tag{55}$$

Es ist also erforderlich

$$n_d' \, w' \, (L-l) > n_d'' \, w'' \, l.$$

Die Verschlechterung des Endvakuums durch den zurückströmenden Dampf hat also den Wert:

$$p(0)/p(l) = e^{\frac{n_d'' \, w''}{D_0} \, l} . \tag{56}$$

Da $D_{0\,\mathrm{Luft}} < D_{0\,\mathrm{H_2}}$ ist also:

$$[p(0)/p(l)]_{\mathrm{Luft}} > [p(0)/p(l)]_{\mathrm{H_2}} .$$

Die Verschlechterung des Endvakuums durch den zurückströmenden Dampf, den Dampfsaum, ist also bei H_2 geringer als bei Luft.

$$\textit{Sauggeschwindigkeit.}$$

Für $0 \leqq x \leqq l$ gilt

$$-w'' \, n_g^s(x) - D'' \, \frac{d\,n_g^s(x)}{d\,x} = v\,s ,$$

$$\frac{d\,n_g^s(x)}{d\,x} + \frac{w''}{D''} \, n_g^s(x) + \frac{v\,s}{D} = 0 .$$

Diese Differentialgleichung hat die Lösung:

$$n_g^s(x) = -\frac{v\,s}{w''} + \left\{ n_g^s(0) + \frac{v\,s}{w''} \right\} e^{-\frac{w''}{D''}\,x} ,$$

für $x = l$ gilt also:

$$n_g^s(l) = -\frac{v\,s}{w''} + \left\{ n_g^s(0) + \frac{v\,s}{w''} \right\} e^{-\frac{w''}{D''}\,l} , \tag{57}$$

für $l \leqq x \leqq L$ gilt

$$w' \, n_g^s(x) - D' \, \frac{d\,n_g^s(x)}{d\,x} = v\,s ,$$

$$\frac{d\,n_g^s(x)}{d\,x} - \frac{w'}{D'} \, n_g^s(x) + \frac{1}{D'}\,v\,s = 0 .$$

Diese Differentialgleichung hat die Lösung:

$$n_g^s(x) = \frac{v\,s}{w'} + \left\{ n_g^s(l) - \frac{v\,s}{w'} \right\} e^{\frac{w'}{D'}\,(x-l)} ,$$

für $x = L$ gilt also:

$$n_g^s(L) = \frac{v\,s}{w'} + \left\{ n_g^s(l) - \frac{v\,s}{w'} \right\} e^{\frac{w'}{D'}\,(L-l)} ,$$

$$n_g^s(l) = \frac{v\,s}{w'} + \left\{ n_g^s(L) - \frac{v\,s}{w'} \right\} e^{-\frac{w'}{D'}\,(L-l)} . \tag{58}$$

Durch Einsetzen von $n_g^s(l)$ aus (58) in (57) und Elimination von $n_g^s(0)$ folgt:

$$n_g^s(0) = \frac{v\,s}{w'} \, e^{\frac{w''}{D''}\,l} + \left\{ n_g^s(L) - \frac{v\,s}{w'} \right\} e^{-\frac{w'}{D'}\,(L-l)} \, e^{\frac{w''}{D''}\,l} + \frac{v\,s}{w''} \, e^{\frac{w''}{D''}\,l} - \frac{v\,s}{w''} .$$

Setzt man diesen Wert von $n_g^s(0)$ in (43) ein, so ergibt sich für s

$$s = \frac{1}{4}\,\bar{c}\,\frac{1 - \dfrac{n_g^s(L)}{v}\,e^{-\frac{w'}{D'}(L-l)}\,e^{\frac{w''}{D''}l}}{1 + \dfrac{\bar{c}}{4}\left\{-\dfrac{1}{w''} + e^{\frac{w''}{D''}l}\left[\dfrac{1}{w'} - \dfrac{1}{w'}\,e^{-\frac{w'}{D'}(L-l)} + \dfrac{1}{w''}\right]\right\}} = s_{\text{II. Näherung}} \qquad (59)$$

für $l \to 0$ geht (59) in (44) über, wenn man $w' = w$ setzt

$$s_{\text{II. Näherung}} = s_{\text{I. Näherung}},$$

für $l > 0$ gilt: Zähler nimmt mit wachsendem l ab.

Nenner nimmt mit wachsendem l, da $e^{-\frac{w'}{D'}(L-l)} < 1$, wegen des Faktors $e^{\frac{w''}{D''}l}$ zu.

Allgemein gilt also:
$$s_{\text{II. Näherung}} < s_{\text{I. Näherung}}.$$

$$s_{\text{II. Näherung}} \leqq s_{\text{I. Näherung}}, \qquad (60)$$

das Gleichheitszeichen gilt für den Fall $l \to 0$, d. h. physikalisch

$$l \ll \varLambda. \qquad (61)$$

$\varLambda =$ mittlere freie Weglänge der Gasmoleküle im Dampfsaum.

Die spezifische Sauggeschwindigkeit s hat also dann einen Maximalwert, wenn die mittlere freie Weglänge der Gasmoleküle im Dampfsaum $\varLambda$ groß ist gegen die mittlere Breite des Dampfsaumes l, d. h. wenn die Gasmoleküle den Dampfsaum zwischen a—e und a—b durchfliegen, ohne einen Zusammenstoß zu erleiden. In diesem Grenzfall geht also das Modell der zweiten Näherung in das Modell der ersten Näherung über. Es ist also wesentlich, daß die Breite l des Dampfsaumes nicht zu groß ist, und daß die Dampfdichte im Dampfsaum n_d'' einen möglichst kleinen Wert hat.

Wovon hängt nun die Dampfdichte im Dampfsaum ab? Nach rückwärts entgegen der Fortschreitungsgeschwindigkeit des Dampfes können offenbar nur diejenigen Dampfmoleküle in den Dampfsaum gelangen, deren thermische Geschwindigkeit c_d größer ist als die Fortschreitungsgeschwindigkeit des Dampfes in der Düsenmündung w. Ihre Zahl ist durch Formel A 13 zu

$$n_1 = n \int\limits_{\left(\frac{w}{c_{\max,d}}\right)}^{\infty} g\left(\frac{c}{c_{\max}}\right) d\left(\frac{c}{c_{\max}}\right). \qquad (62)$$

gegeben. (Zahlenwerte s. Abb. 4 und Tab. 3 Kolonne 3). In einem speziellen Falle habe der Dampf in der Düsenmündung eine Geschwindigkeit w, die doppelt so groß ist, als die wahrscheinlichste thermische Geschwindigkeit $c_{\max,d}$ (vgl. Formel A, 7) der Dampfmoleküle bei der Temperatur der Düsenmündung. Dann können also nach rückwärts aus dem Dampfstrom nur diejenigen Moleküle in den Dampfsaum eintreten, deren Geschwindigkeit $c_d > w = 2\,c_{\mathrm{max},d}$ ist. Die Zahl dieser Moleküle ist nach Tab. 3 für $\dfrac{c}{c_{\mathrm{max}}} = 2{,}0$ nur 4,6% der Gesamtzahl der Moleküle (49).

Das Verhältnis der Dampfdichte im Dampfsaum n_d'' zur Dampfdichte in der Düsenmündung n_d ist also größenordnungsmäßig gleich $^1/_6$ des Integralwertes in (62). Es gilt also etwa

$$\frac{n_d''}{n_d} = \frac{1}{6} \int\limits_{\left(\frac{w}{c_{\mathrm{max},d}}\right)}^{\infty} y\left(\frac{c}{c_{\mathrm{max}}}\right) d\left(\frac{c}{c_{\mathrm{max}}}\right) . \tag{63}$$

Zur Erzielung eines kleinen Wertes der Dampfdichte n_d'' im Dampfsaum ist also eine große Dampfgeschwindigkeit w erforderlich.

Auf welche Weise läßt sich nun eine möglichst große Dampfgeschwindigkeit w erzielen? Nach den Ausführungen im Abschnitt über Düsenvorgänge gibt es hierzu zwei Wege, einmal rein geometrisch durch Verwendung einer möglichst stark erweiterten Düse. Dieser Weg wurde beispielsweise von COPLEY und Mitarbeitern (*42*) beschritten. Ab-

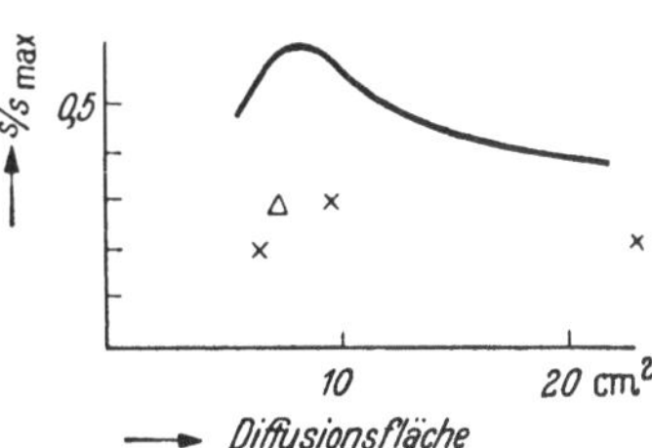

Abb. 160. Verhältnis der erzielten spezifischen Sauggeschwindigkeit zu s_{max} nach Gleichung (47)·s/s_{max} als Funktion der Größe der Diffusionsfläche (nach COPLEY und Mitarb. (*42*).

bildung 160 zeigt das Verhältnis von erzielter spezifischer Sauggeschwindigkeit s zu der maximal möglichen spezifischen Sauggeschwindigkeit s_{max} in Abhängigkeit von der Größe der Diffusionsfläche und vergleichsweise einige Meßpunkte mit weniger oder gar nicht erweiterten Düsen.

Zweitens läßt sich aber auch durch Erhöhung der Heizleistung im Siedegefäß der Diffusionspumpe eine Vergrößerung der Dampfgeschwindigkeit w erreichen. Eine Erhöhung der Heizleistung im Siedegefäß der Diffusionspumpe bedingt eine Erhöhung der Temperatur T_1 am Eintritt in die Düse. Dadurch wird nach Formel (21)

$$w_{\mathrm{max}} = \sqrt{2\,\frac{\varkappa}{\varkappa-1}\,\frac{R}{M}\,T_1}$$

die maximal am Düsenaustritt erreichbare Geschwindigkeit w_{max} vergrößert und damit die Sauggeschwindigkeit erhöht. Die Erhöhung der Heizleistung und damit des Dampfdruckes p_1 am Eintritt in die Düse bedingt aber auch eine Erhöhung des Dampfdruckes p_0 in der Düsenmündung, da nach Formel (31)

$$\frac{F_0}{F_s} = \frac{\left(\dfrac{2}{\varkappa+1}\right)^{1/(\varkappa-1)}}{\left(\dfrac{p_0}{p_1}\right)^{1/\varkappa}\sqrt{\dfrac{\varkappa+1}{\varkappa-1}\left[1-\left(\dfrac{p_0}{p_1}\right)^{(\varkappa-1)/\varkappa}\right]}} ,$$

also für ein festes Verhältnis $\dfrac{F_0}{F_s}$ auch $\dfrac{p_0}{p_1}$ einen bestimmten Wert hat.

Durch eine Erhöhung der Heizleistung wird also die Dampfdichte im Dampfsaum vergrößert. Nach dem oben Gesagten wird aber durch eine Erhöhung der Dampfdichte im Dampfsaum über einen gewissen Wert hinaus die Sauggeschwindigkeit der Diffusionspumpe herabgesetzt. Bei einer allmählichen Steigerung der Heizleistung einer Diffusionspumpe beobachtet man daher zunächst ein Anwachsen der Sauggeschwindigkeit (infolge der Steigerung von w_{max}), die dann bei weiterer Steigerung der Heizleistung allmählich wieder abfällt, wenn die Dampfdichte der Dampfmoleküle im Dampfsaum so groß geworden ist, daß die freie Weglänge Λ der Gasmoleküle im Dampfsaum kleiner ist als die Breite (l) desselben (s. Abb. 161).

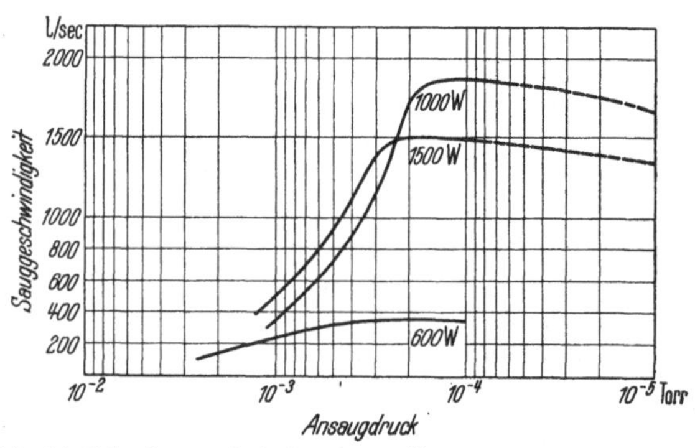

Abb. 161. Abhängigkeit der Sauggeschwindigkeit einer Öldiffusionspumpe von der Heizleistung (52).

Zur Erzeugung einer möglichst großen Sauggeschwindigkeit $S = F \cdot s$ muß also

1. die spezifische Sauggeschwindigkeit s einen möglichst großen Wert haben, wie man das mittels einer möglichst großen Dampfgeschwindigkeit w erreicht. Dies wurde oben dargelegt.

2. Es muß die Diffusionsfläche F einen möglichst großen Wert haben.

Grenzbedingung für die Breite der Diffusionsfläche.

Der Vergrößerung von F sind aber Grenzen gesetzt. Mit wachsendem F bzw. r wächst auch die Breite des Dampfsaumes l. Zur Erreichung eines möglichst großen Wertes der spezifischen Sauggeschwindigkeit s muß aber nach (61)

$$l \ll \Lambda .$$

Hieraus folgt also eine Grenzbedingung für die Breite r der Diffusionsfläche, die sich folgendermaßen errechnet. Die Zeit t bis zum Erreichen der Kondensationsfläche wird sowohl durch die y-Komponente $w \sin \alpha/2$ der Fortschreitungsgeschwindigkeit des Dampfes w als auch durch die thermische Molekulargeschwindigkeit $\bar{c}_d$ des zur Seite expandierenden Dampfes bestimmt. Es gilt also:

$$t = \frac{r}{w \left(\sin \dfrac{\alpha}{2} \right) + \bar{c}_d} .$$

Nach Gl. (49) ist außerdem $2\,l = w''\,t$.

Unter Berücksichtigung von Gl. (61) ergibt sich daraus für r die Grenzbedingung:

$$r < 2\,A\,\frac{\bar{c}_d + w\sin\dfrac{\alpha}{2}}{c_{max,\,d}}\,.\qquad\qquad(64)$$

Abb. 160 zeigt, wie bei großen Werten der Diffusionsfläche F und damit von r die spezifische Sauggeschwindigkeit s allmählich abfällt. Ein Vergleich mit Abb. 162 zeigt aber weiterhin, daß eine Vergrößerung der Diffusionsfläche F trotz der Verkleinerung der spezifischen Sauggeschwindigkeit s noch eine Vergrößerung der Sauggeschwindigkeit S selbst mit sich bringen kann. Die Bedingung (64) ist also keineswegs eine scharfe Grenze für r und damit für F. Es kann durchaus vorteilhaft sein, r über den durch (64) gegebenen Wert hinaus zu vergrößern.

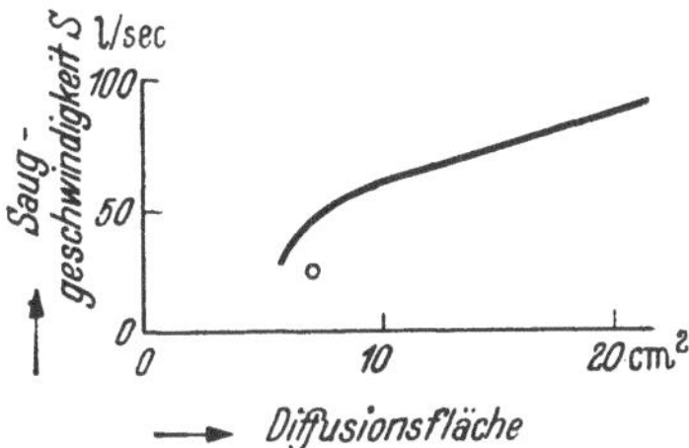

Abb. 162. Abhängigkeit der Sauggeschwindigkeit S von der Größe der Diffusionsfläche F [nach Copley und Mitarb. (42)].

Die Existenz der Bedingung (64) ist das, was Gaede (47, 48) zur Einführung des Begriffes des „Diffusionsspaltes" veranlaßt hat. Die Bedingung (64) ist jedoch nicht ein wesentliches Merkmal der Diffusionspumpe wie bei Gaede, sondern nur eine Ökonomiebedingung. Wir werden im folgenden sehen, daß der „Diffusionsspalt" bei großen Werten der Dampfgeschwindigkeit w recht beachtliche Ausmaße haben kann. Im Gegensatz hierzu arbeiteten die ersten Gaedeschen Diffusionspumpen nur mit verhältnismäßig kleinen Dampfgeschwindigkeiten w, also großen Dampfdichten n_d und kleinen Werten von A. Sie konnten daher als Diffusionsflächen nur einen „Spalt" zulassen.

Die technischen Ausführungen der Diffusionspumpen werden häufig als mehrstufige Pumpen gebaut, wobei jeweils eine Stufe die Aufgabe hat, der nachfolgenden einen möglichst niedrigen Vorvakuumdruck zu liefern. Dies hat mehrfache Vorteile:

1. Im Abschnitt über Vorvakuum haben wir gesehen, daß das Verhältnis von Vorvakuum zu Endvakuumdruck bei einer Stufe einen bestimmten festen Wert hat. Durch die mehrstufige Bauweise können die Pumpen also gegen höhere Vorvakuumdrucke arbeiten als einstufige Pumpen. Dies hat besondere Bedeutung beim Saugen von H_2 (siehe den Abschnitt über „Abhängigkeit der Sauggeschwindigkeit vom Vorvakuum").

2. Die mehrstufige Bauweise gestattet aber auch eine Erhöhung der Sauggeschwindigkeit. Nach den Ausführungen im Abschnitt über Vorvakuumbeständigkeit muß die Anzahl der Dampfmoleküle pro cm^3 im Dampfstrom groß sein gegen die Zahl der Gasmoleküle pro cm^3.

---

* Da die nach rückwärts fliegenden Dampfmoleküle etwa mit der Geschwindigkeit $c_{w,\,d}$ fliegen, können wir setzen $w'' = c_{max,\,d}$.

Der Dampfdruck im Dampfstrom muß also größer sein als der Vorvakuumdruck. Zur Erreichung einer möglichst großen Sauggeschwindigkeit muß aber die Dampfdichte und damit der Dampfdruck möglichst klein sein. Die Herabsetzung des Vorvakuumdruckes durch mehrstufige Bauweise bedingt also auch eine Erhöhung der Sauggeschwindigkeit.

Abhängigkeit des Dampfsaumeinflusses von der Gasart.

Schließlich wollen wir noch einmal die Frage der Sauggasgeschwindigkeit einer Pumpe für zwei verschiedene Gase betrachten. Nach den Ausführungen auf S. 147 ff. hat im Modell der ersten Näherung das Verhältnis von Sauggeschwindigkeit für Wasserstoff (s_{H_2}) zur Sauggeschwindigkeit für Luft (s_{Luft}) den Wert

$$\frac{s_{H_2}}{s_{Luft}} \leqq 3{,}78 \text{ oder besser } 1{,}8.$$

Im Modell der zweiten Näherung hat der Wasserstoff infolge seines größeren Diffusionskoeffizienten auch eine größere Diffusionsgeschwindigkeit im Dampfsaum zwischen den Flächen a—e und a—b. In diesem Modell verschiebt sich also das Verhältnis der Sauggeschwindigkeiten zugunsten der Sauggeschwindigkeit für Wasserstoff, so daß also jetzt die Größe s_{H_2}/s_{Luft} den Wert 3,78 bzw. 1,8 nicht nur erreichen, sondern sogar überschreiten kann. Wird daher bei einer Pumpe ein Wert s_{H_2}/s_{Luft} > 3,78 gemessen, so heißt das, der Einfluß des Dampfsaumes ist bei dieser Pumpe groß, was nach den obigen Ausführungen gleichbedeutend mit einem allgemein ungünstigen Arbeiten der Pumpe ist.

γ) **Experimentelle Prüfung der theoretischen Überlegungen** *.
Versuche mit unterteiltem Kühlwassermantel.

Um einen Anhalt über den Verlauf des Dampfstrahles nach dem Austritt aus der Düsenmündung (s. z. B. Abb. 155) zu gewinnen, hat JAECKEL bei einer großen Öldiffusionspumpe, wie Abb. 163 zeigt, den Kühlwassermantel unterteilt und bei jedem Segment des Kühlwassermantels die Eintritts- und die Austrittstemperatur und außerdem den sekundlichen Kühlwasserdurchfluß gemessen. Auf diese Weise erhielt er die in den verschiedenen Abständen von der Düsenmündung sekundlich abgegebene Kondensationswärme. In dem in Abb. 163 über dem Kühlwassermantel aufgetragenen Diagramm sind die gemessenen Wärmemengen für jedes Kühlwassersegment in Watt für verschiedene Heizleistungen der Pumpe aufgetragen. Die Kurven zeigen, daß ein großer Teil der abgegebenen Wärmemenge unmittelbar neben der Düsenmündung und sogar von der Strahlrichtung aus gesehen nach rückwärts vor der Düsenmündung abgegeben wird, d. h. also, der Öldampf bewegt sich nach Verlassen der Düsenmündung nicht in Form

---

* Die im folgenden zum Vergleich mit den theoretischen Überlegungen herangezogenen Messungen wurden von JAECKEL (*52*) an einer großen Öldiffusionspumpe durchgeführt, die er vorher zusammen mit SCHRÖDER (*51*) beschrieben hatte (vergl. Abb. 185; jedoch werden die Messungen nicht an der abgebildeten zweistufigen Pumpe, sondern einer einstufigen, an der also die Vorstufe fehlte, durchgeführt, s. a. Abb. 163).

eines Strahles in Richtung der Düsenmündung, sondern er expandiert infolge der thermischen Molekularbewegung der Dampfmoleküle stark zur Seite und sogar nach rückwärts. Die letztere Erscheinung ist das, was wir im vorhergehenden Abschnitt als Dampfsaum bezeichnet haben.

Die Kurven bei den verschiedenen Heizleistungen von 600, 1000 und 1500 Watt zeigen außerdem, daß bei der niedrigsten Heizleistung von 600 W, also bei kleinster Fortschreitungsgeschwindigkeit des Öldampfes beim Austritt aus der Düsenmündung, das Maximum der

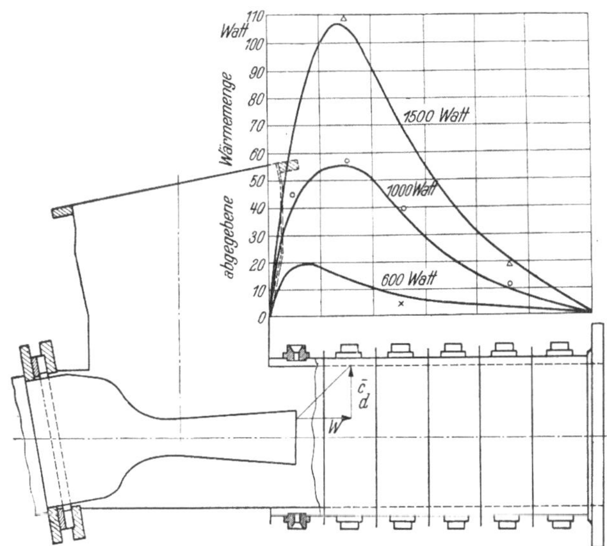

Abb. 163. Versuch mit unterteiltem Kühlwassermantel zur Ermittlung der räumlichen Verteilung der Kondensationswärme bei einer Öldiffusionspumpe (52).

abgegebenen Kondensationswärme stark nach rückwärts verschoben ist, d. h. also, hierbei ist in Übereinstimmung mit unseren früheren Überlegungen der Dampfsaum besonders ausgeprägt.

Abschätzung der Fortschreitungsgeschwindigkeit des Dampfes.

Die Kurven der Abb. 163 über die Verteilung der abgegebenen Kondensationswärme gestatten es, die Fortschreitungsgeschwindigkeit des Dampfes beim Austritt aus der Düsenmündung abzuschätzen. Wir betrachten hierzu die Kurve für 1000 W Heizleistung. Die Verbindungslinie von der Stelle des Maximums dieser Kurve auf dem Kühlwassermantel zur Düsenmündung ergibt die Bahn eines erheblichen Teiles der Dampfmoleküle auf ihrem Wege von der Düsenmündung zur Kondensationsfläche. Nehmen wir an, daß diese Bahn einerseits bedingt ist durch die Fortschreitungsgeschwindigkeit des Dampfes in der Düsenrichtung w und andererseits durch die thermische Molekulargeschwindigkeit des Dampfes $\bar{c}_d$, die für die seitliche Expansion des

Dampfes verantwortlich ist, so ergibt sich das eingezeichnete Vektor-Diagramm, aus dem man entnehmen kann, daß

$$\frac{w}{\bar{c}_d} = \frac{41}{36} \; .$$

Die Fortschreitungsgeschwindigkeit w und die thermische Molekulargeschwindigkeit $\bar{c}_d$ des Öldampfes sind also im vorliegenden Fall nahezu gleich groß.

$\bar{c}_d$ läßt sich nach Formel A 10

$$\bar{c}_d = 1{,}455 \cdot 10^4 \sqrt{\frac{T}{M}} \; [\text{cm/sec}] ,$$

berechnen. Die Temperatur T in der Düsenmündung wurde bei den Versuchen von JAECKEL mit einem Thermoelement zu

$$T = 414° *$$

gemessen.

Das mittlere Molekulargewicht M des als Treibmittel benutzten Leybold-Apiezon-Öles E hat einen Wert von

$$M = 340.$$

Daraus ergibt sich schließlich

$$\bar{c}_d = 1{,}455 \cdot 10^4 \sqrt{\frac{414}{340}} = 16060 \; [\text{cm/sec}] ,$$

$$w = \frac{41}{36} c_d = 18300 \; [\text{cm/sec}] .$$

Diskussion der Maximalbedingung für die Breite der Diffusionsfläche.

Für die Breite der Diffusionsfläche gilt die Grenzbedingung (64). Im vorliegenden Fall ist die Fortschreitungsgeschwindigkeit des Dampfes w etwa gleich der thermischen Molekulargeschwindigkeit $\bar{c}_d$. Bei einem Öffnungswinkel $\alpha = 10°$ ist also

$$w \sin \alpha/_2 \ll \bar{c}_d .$$

Da außerdem

$$\bar{c}_d \sim c_{\max, d} ,$$

gilt also für den vorliegenden Fall

$$r < 2 \Lambda .$$

---

* Eine Temperaturmessung in einem strömenden Dampf ergibt zwar keine exakten Temperaturwerte. Nach JAECKEL (52) lieferte die Berechnung der adiabatischen Abkühlung bei der Expansion in der Düse eine etwas niedrigere Temperatur. Diese Berechnung ist jedoch ebenfalls mit einer erheblichen Unsicherheit behaftet, da die adiabatische Expansion in das Naßdampfgebiet führt und infolgedessen für $\varkappa$ keine genauen Werte vorliegen. Bei den weiteren Berechnungen wurde daher der Wert $T = 414$ verwendet. Dies ist jedoch unbedenklich, da T unter der Wurzel eingeht und daher ein etwaiger Fehler von T den Wert von $\bar{c}_d$ nur geringfügig verändert.

Die freie Weglänge Λ berechnet sich zu:

$$\Lambda = \frac{1}{\pi\,(\sigma_1/2 + \sigma_2/2)^2\,n_d''} \cdot {}^* \qquad (65)$$

Darin ist n_d'' die Anzahl der Apiezon-Moleküle pro cm³ im Dampfsaum. Für den Molekülradius der Apiezon-Moleküle setzen wir (vergl. Tab. I Anhang).

$$\frac{\sigma_1}{2} = 5 \cdot 10^{-8}\ \text{cm}$$

und der Luftmoleküle

$$\frac{\sigma_2}{2} = 1,84 \cdot 10^{-8}\ \text{cm}.$$

Die Anzahl der Apiezon-Moleküle pro cm³ im Dampfsaum ergibt sich mit Hilfe der Formel

$$p_0 = n_d\,k\,T\ [\text{dyn/cm}^2].$$

Darin ist p_0 der Dampfdruck und n_d die Dampfdichte in der Düsenmündung.

Zur Ermittlung von p_0 benutzten JAECKEL und SCHRÖDER folgendes Verfahren. Sie bestimmten zunächst den Dampfdruck p_1 am Eintritt in die Düse, und zwar in der Weise, daß sie durch eine kleine Blende von bekannter Fläche Öldampf ins Vakuum austreten und dann kondensieren ließen. Aus der sekundlich kondensierten Ölmenge und der bekannten Fläche wurde der Öldampfdruck p_1 berechnet und dann daraus nach Formel (31)

$$\frac{F_0}{F_s} = \frac{\left(\dfrac{2}{\varkappa + 1}\right)^{\frac{1}{\varkappa - 1}}}{\left(\dfrac{p_0}{p_1}\right)^{\frac{1}{\varkappa}} \sqrt{\dfrac{\varkappa + 1}{\varkappa - 1}\left[1 - \left(\dfrac{p_0}{p_1}\right)^{\frac{\varkappa - 1}{\varkappa}}\right]}},$$

mit einem $\varkappa$-Wert von 1,1, der Dampfdruck p_0 zu

$$p_0 = 1 \cdot 10^{-2}\ \text{Torr}$$

berechnet.

Daraus berechnet sich dann weiterhin die Dampfdichte n_d'' im Dampfsaum nach (63) zu

$$\frac{n_d''}{n_d} = \frac{1}{6}\int\limits_{\frac{w}{c_{\max,d}}}^{\infty} g\left(\frac{c}{c_{\max}}\right)d\left(\frac{c}{c_{\max}}\right),$$

da

$$\frac{w}{\bar{c}_d} = \frac{41}{36}\ ;\ \frac{w}{c_{\max,d}} = \frac{41}{36} \cdot 1,128 = 1,284\,,$$

---

* Der Faktor $\sqrt{2}$ aus Gl. A 17 fehlt, da die Geschwindigkeit der Luftmoleküle groß ist gegen die der Apiezondampfmoleküle (vergl. A 15).

gilt also

$$\int\limits_{1,284}^{\infty} g\left(\frac{c}{c_{\max}}\right) d\left(\frac{c}{c_{\max}}\right) = 0,336.$$

Daraus ergibt sich für die Dampfdichte im Dampfsaum der Wert

$$n_d'' = n_d \cdot \frac{1}{6} \cdot 0,336 = \frac{1}{6}\ 0,336 \cdot \frac{p_0}{kT} = 1,315 \cdot 10^{13}.$$

Damit erhalten wir für die mittlere freie Weglänge der Gasmoleküle im Dampfsaum den Wert

$$\Lambda = \frac{1}{\pi\ 6,84^2 \cdot 10^{-16} \cdot 1,315 \cdot 10^{13}} = 5,2\ \text{cm}$$

und für r die Bedingung

$$r < 2\,\Lambda = 10,4\ \text{cm}$$

zum Vergleich mit der wirklich bei der Pumpe vorhandenen Ringbreite von $r = 7,5$ cm.

Man sieht also, daß die große Öldiffusionspumpe von JAECKEL und SCHRÖDER, die zum Vergleich zwischen den theoretischen Überlegungen der vorhergehenden beiden Abschnitte und den experimentell gemessenen Werten herangezogen wurde, der Maximalbedingung (64) genügt. In Übereinstimmung hiermit stimmte die auf Grund der ersten Näherung berechnete Sauggeschwindigkeit mit der gemessenen überein.

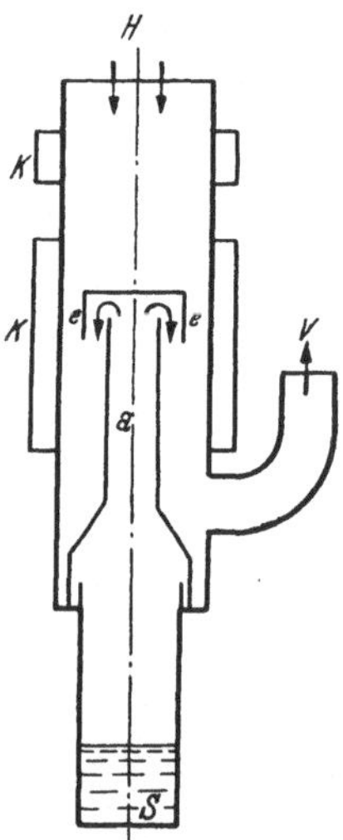

Abb. 164. Schematische Darstellung einer einstufigen Diffusionspumpe.

b) Technische Formen von Pumpen (Diffusions- und Dampfstrahlpumpen).

1. Quecksilberdampfpumpen.

Einstufige Diffusionspumpen aus Metall.
Mehrstufige Formen mit Dampfstrahlvorstufen.
Kombinierte Dampfstrahl- und Diffusionspumpen.
Arbeitsbereiche s. Abb. 90.

α) Einstufige Quecksilber-Diffusionspumpen (Abb. 164).

Sie arbeiten etwa gegen einen Vorvakuumdruck von 0,1 Torr, und zwar gilt diese Angabe ebenso wie im folgenden für Luft oder Gase mit gleichem oder kleinerem Diffusionskoeffizienten. Im einzelnen ist der zulässige Vorvakuumdruck von der Heizung der Pumpe abhängig (Abb. 152 u. 153). Er steigt mit zunehmender Heizung. Der Arbeitsbereich einstufiger Quecksilber-Diffusionspumpen reicht von 10^{-3} Torr bis zum höchsten Vakuum, wobei der Absolutwert der Sauggeschwindigkeit nach Formel (43) u. (47) durch die Größe der Diffusionsfläche gegeben ist, mit einer oberen Grenze für Luft von 20° C von 11,6 l/sec cm². Wie weit sich der wirkliche Wert der Sauggeschwindigkeit dieser Größe nähert, hängt in entscheidendem Maße

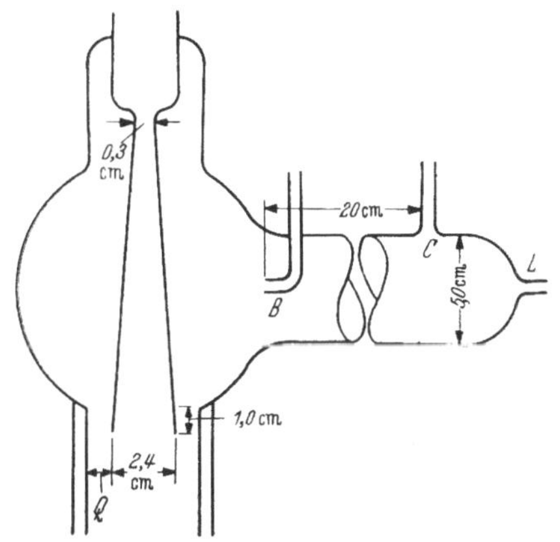

Abb. 165. Diffusionspumpe mit stark erweiterter Treibdüse zur Erhöhung der Dampfgeschwindigkeit nach COPLEY u. Mitarb.

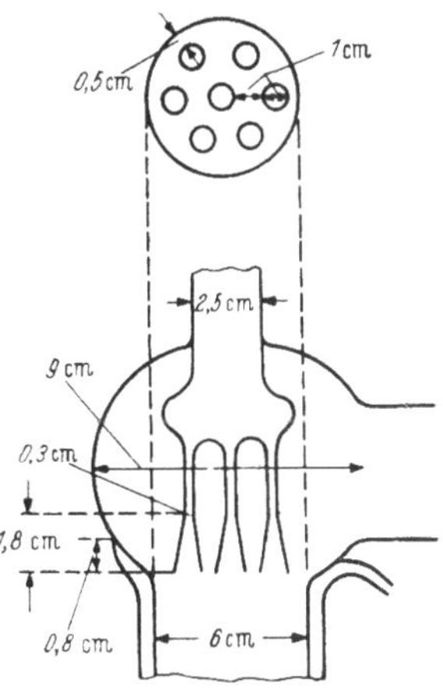

Abb. 166. Diffusionspumpe mit Verteilung des Dampfstromes auf mehrere Treibdüsen zur Vergrößerung der Randzone des Dampfstromes nach Ho (77).

von der Art der Dampftreibdüse ab. COPLY (*42*) und Mitarbeiter streben durch eine stark erweiterte Düse (s. Abb. 165) eine möglichst große Sauggeschwindigkeit an. Die mit dieser Anordnung erreichten Ergebnisse gehen aus Abb. 160 und 162 hervor. Hierbei werden hauptsächlich nur die Randteile des aus der Düsenmündung austretenden Dampfstromes, die mit der Diffusionsfläche in Berührung kommen, ausgenützt. Ho (*77*) versucht daher durch Verwendung einer Anzahl kleinerer Düsen an Stelle einer größeren (s. Abb. 166) diesen Randteil des Dampfstromes zu vergrößern und damit die Sauggeschwindigkeit pro cm² zu erhöhen.

ALEXANDER (*85*) verwendet eine Form der Diffusionsdüse nach Abb. 167. Die ringförmige Diffusionsdüse t selbst ist zur Erzielung einer möglichst großen Dampfgeschwindigkeit w in Richtung des Dampfstromes erweitert (Lavaldüse). Nach dem Austritt aus der Dampftreibdüse hat der Dampfstrom einen möglichst großen

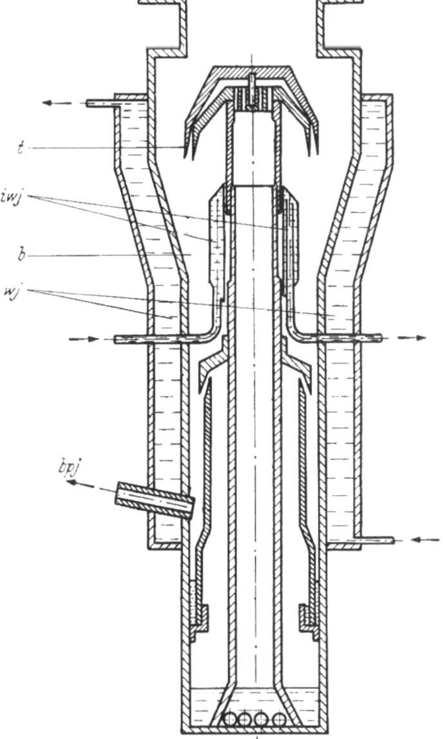

Abb. 167. Quecksilberdiffusionspumpe mit nach unten verengtem Kühlwassermantel zur Erhöhung der Dampfdichte in der Nähe des Kühlwassermantels nach ALEXANDER (85).

11*

Querschnitt. Dadurch wird eine große Diffusionsfläche und Sauggeschwindigkeit erzielt. Weiterhin wird dann der Querschnitt des Dampfstromes zur Vergrößerung der Dampfdichte und damit der Vorvakuumbeständigkeit wieder verengt. Außer der Außenkühlung wj ist eine Innenkühlung iwj angebracht. Letztere verhindert, daß Dampfmoleküle am Dampfsteigrohr reflektiert werden und somit zur Erhöhung der Dampfdichte im Dampfsaum beitragen.

β) Mehrstufige Pumpen.

Mehrstufige Pumpen arbeiten gegen höhere Vorvakuumdrucke und zwar zweistufige gegen etwa 10 Torr und dreistufige gegen etwa 15 bis 20 Torr. In diesen Pumpen sind der eigentlichen Diffusionsstufe noch eine oder mehrere Dampfstrahlstufen als Vorvakuumstufen vorgeschaltet.

In Abb. 137 wurde bereits eine derartige dreistufige Quecksilberdiffusionspumpe aus Metall gezeigt und ihre Wirkungsweise beschrieben.

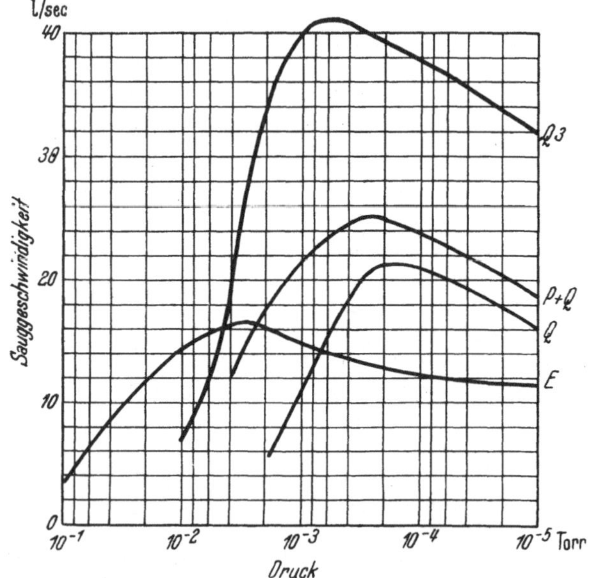

Abb. 168. Sauggeschwindigkeitskurven verschiedener Diffusionspumpentypen. Kurve E: dreistufige Quecksilber-Dampfpumpe. Kurve Q: einstufige Öldiffusionspumpe. Kurve Q_3: dreistufige Ölfraktions-Diffusionspumpe. Kurve P + Q: Öldiffusionspumpenreihe aus Metall.

Die dort dargestellte Pumpe hat den Vorteil, daß die ganze Düsenanordnung als zusammenhängendes Innenteil aus dem zylindrischen Pumpenkörper zwecks leichterer Reinigung herausgehoben werden kann (89).

Die Abhängigkeit der Sauggeschwindigkeit dieser Pumpe vom Druck ist in Abb. 168 Kurve E dargestellt. Abb. 169 zeigt eine dreistufige Quecksilberdiffusionspumpe aus Glas. Dieselbe Pumpe wird auch aus Quarz hergestellt, um die Gefahr der Temperatursprünge herabzusetzen.

Da die Quecksilberdiffusionspumpen erst bei Drucken zwischen 10^{-2} und 10^{-3} Torr das Maximum ihrer Sauggeschwindigkeit erreichen, (Abb. 168 u. 170) während die Förderleistung der rotierenden Pumpen schon bei Drucken von 1 Torr abfällt (Abb. 170), besteht also zwischen diesen beiden Pumpentypen eine erhebliche Lücke in der Sauggeschwindigkeit. Sie wird geschlossen durch die kombinierte Quecksilber-dampfstrahl- und Diffusionspumpe (Abb. 171).

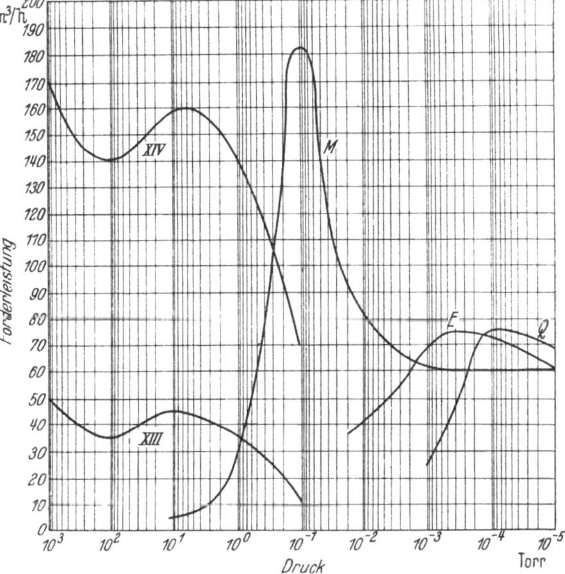

Abb. 169. Dreistufige Queck-silberdiffusionspumpe aus Glas, Modell Hanff & Buest. Sauggeschwindigkeit S = 0,3 l/sec. Vorvakuum 15 Torr.

Abb. 170. Sauggeschwindigkeitskurven verschiedener Pumpen-typen. Kurven XIII und XIV: einstufige rotierende Ölluft-pumpen, Kurve M: kombinierte Quecksilber-Dampfstrahl- und Diffusionspumpe. Kurve E: dreistufige Quecksilber-Dampf-pumpe. Kurve Q: einstufige Öldiffusionspumpe.

Diese Pumpe geht aus der Pumpe in Abb. 137 durch Vermehrung der Zahl der Strahldüsen in den Dampfstrahlstufen hervor. Da die Dampf-strahldüsen bei Drucken von 10^{-2} Torr bis 1 Torr arbeiten, wird durch Vermehrung der Zahl der Strahldüsen die Sauggeschwindigkeit in diesem Gebiet erhöht. Abb. 170 Kurve M zeigt die mit dieser Pumpe erreichte Sauggeschwindigkeit in Abhängigkeit vom Druck. Die Bedeutung der Pumpe besteht vor allem darin, daß bei vielen Vorgängen, wie Hoch-vakuumschmelzen von Metallen, Imprägnierungen usw. gerade im Gebiet zwischen 10^{-1} bis 10^{-3} Torr erhebliche Gasmengen gefördert werden müssen.

Von entscheidendem Einfluß auf das einwandfreie Arbeiten von Diffusionspumpen ist eine ausreichende Kühlung der Kondensations-fläche für den Treibmitteldampf. Abb. 173 zeigt die starke Abhängigkeit der Sauggeschwindigkeit einer Quecksilberdiffusionspumpe von der

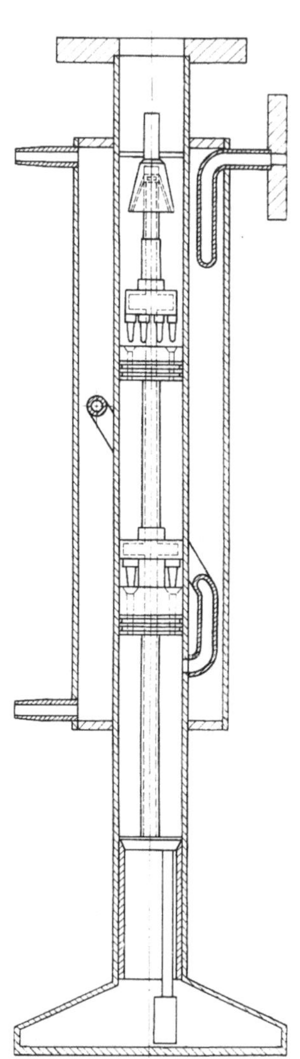

Abb. 171. Kombinierte dreistufige Queck-
silberdampfstrahl- und Diffusionspumpe.
Unten: Quecksilber-Siedegefäß mit flachem
Boden. In der Mitte: Dampfsteigrohr für
den Quecksilberdampf. In der Mitte des
Pumpeninnern, d. h. also innerhalb des Kühlwassermantels, befinden sich übereinander
je 2 Dampfstrahlvorstufen, bestehend aus
unten 2, oben 6 Dampftreibdüsen mit den
dazugehörigen Staudüsen. Oben: hutförmige
Dampfdüse der Diffusionsstufe. Außen: Kühlwassermantel. Rechts oben: Vorvakuumanschluß. In der Mitte oben: Hochvakuumanschluß. Lieferer: Leybold.

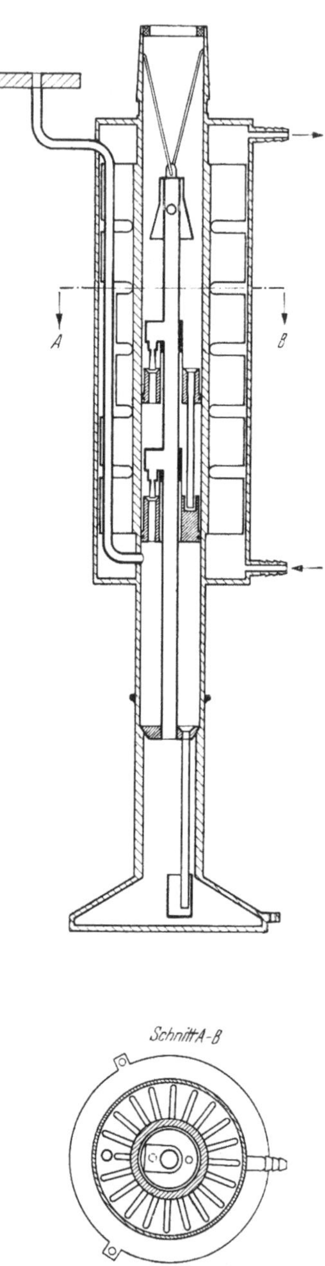

Abb. 172. Dreistufige Quecksilberdampfpumpe
aus Metall (Beschreibung s. Abb. 137). Für Luft-
bzw. Ölkühlung zur Erhöhung des Wärmeüber-
gangs sind an der Kühlfläche Rippen angebracht,
die innerhalb des Kühlmantels liegen. Lieferer:
Leybold.

Kühlwassertemperatur. Kann aus besonderen Gründen, beispielsweise bei Hochspannungsanlagen nicht Wasser als Kühlmittel verwandt werden, so muß infolge des kleineren Wertes für den Wärmeübergang z. B. bei Luft- oder Ölkühlung die Kühlfläche vergrößert werden. Abb. 172 zeigt eine Quecksilberdiffusionspumpe mit Ölkühlung.

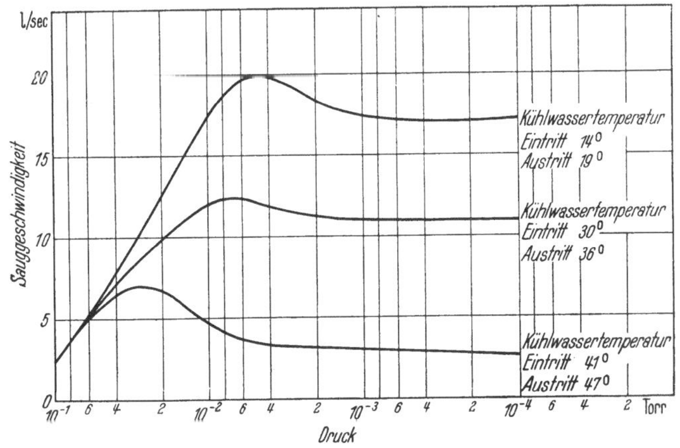

Abb. 173. Sauggeschwindigkeit einer vierstufigen Quecksilberdampfpumpe aus Metall in Abhängigkeit von Druck und Kühlwassertemperatur.

2. Technische Formen von Öldampfpumpen.

Einfache Öldiffusionspumpen ohne Fraktionierung.
Eigenschaften der verschiedenen organischen Treibmittel.
Fraktionsöldiffusionspumpen.
Öldampfstrahlpumpen.
Arbeitsbereiche s. Abb. 90.

α) Einfache Öldiffusionspumpen.

Die Quecksilberdiffusionspumpen haben den großen Vorzug, praktisch unverwüstlich zu sein. Auch ist das Treibmittel Hg als Edelmetall beim Betrieb in der Pumpe keinerlei Veränderungen unterworfen. Demgegenüber steht folgender Nachteil: Da Quecksilber bei Zimmertemperatur einen Dampfdruck von 10^{-3} Torr hat, ist es notwendig, eine mit flüssiger Luft gekühlte Ausfriervorrichtung (Abb. 241—243) in die Leitung zwischen Pumpe und Apparatur einzuschalten, falls man Totaldrucke unter 10^{-3} Torr in der Apparatur erreichen will. Eine solche Ausfriervorrichtung bedingt aber immer eine Drosselung der Sauggeschwindigkeit. Bei den Öldiffusionspumpen entfällt die Notwendigkeit, eine solche Ausfriervorrichtung anzubringen.

Öldiffusionspumpen werden statt mit Quecksilber mit organischen Treibmitteln (Ölen) betrieben, die bei der Temperatur der Kühlfläche flüssig sind und einen möglichst niedrigen Dampfdruck haben. Diese Substanzen sollen vor allem folgende Eigenschaften besitzen:

1. Zur Erreichung hoher Endvakuumwerte sollen sie bei der Temperatur der Kühlfläche einen Dampfdruck von 10^{-6} Torr und darunter haben.

2. Um gegen hohe Vorvakuumdrucke arbeiten zu können, muß der Dampfdruck bei der Temperatur des Siedegefäßes möglichst hoch liegen.

Von der Dampfdruckkurve wird also größte Steilheit gefordert. Wir haben versucht, unter kritischer Wertung der in der Literatur vorliegenden Zahlen und unserer eigenen Messungen in Abbildung 174 die Dampfdruckkurven für einige wichtige Treibmittel zu zeichnen.

3. Sie sollen auch bei höheren Temperaturen chemisch wenig reaktionsfähig und thermisch beständig sein.

Die meisten bisher bekannten organischen Treibmittel für Diffusionspumpen haben jedoch den Nachteil, daß sie bei den in den Siedegefäßen der Pumpen herrschenden hohen Temperaturen (bis zu 200°C) insbesondere bei Anwesenheit von Metallen zu thermischem Zerfall und außerdem bei Anwesenheit von Luftsauerstoff zu Oxydation neigen, wodurch Bestandteile von höherem Dampfdruck entstehen. Die Öldiffusionspumpen erfordern daher ein besseres Vorvaku-

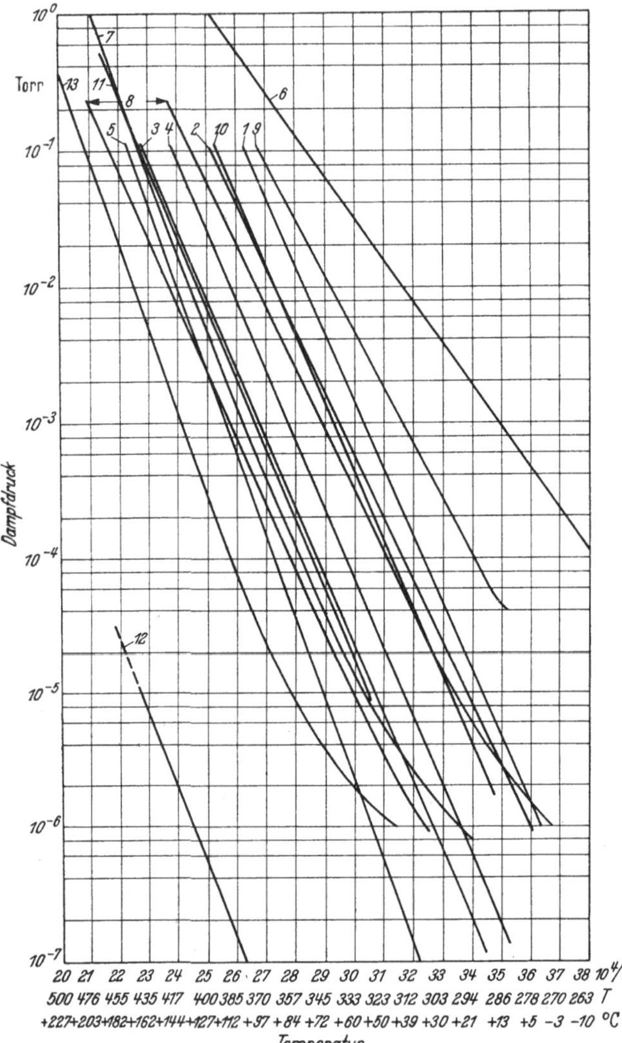

Abb. 174. Dampfdruckkurven von Treibmitteln für Diffusionspumpen. 1 Dibutylphthalat, 2 Amoil, 3 Octoil, 4 Amoil-S, 5 Octoil-S, 6 Quecksilber, 7 Trikresylphosphat, 8 Apiezon-Öl, 9 Narcoil, 10 Arochlor, 11 Litton-Oil, 12 Apiezon-Fett L, 13 Silicon D. C. 703.

um als die Quecksilberdiffusionspumpen, und zwar einstufige Pumpen ein Vorvakuum von 0,05 Torr und mehrstufige von einigen Zehntel Torr.

Der thermische Zerfall der Treibmittel ist außerdem die Ursache für die starke Abhängigkeit des Endvakuums von Öldiffusionspumpen von der Temperatur im Siedegefäß, d. h. von der Heizleistung des Heizkörpers (s. Abb. 175). Mit steigender Heizleistung nimmt zunächst die Vorvakuumbeständigkeit der Pumpen zu und der Endvakuumdruck sinkt. Bei weiterer Zunahme der Heizleistung beginnt aber der

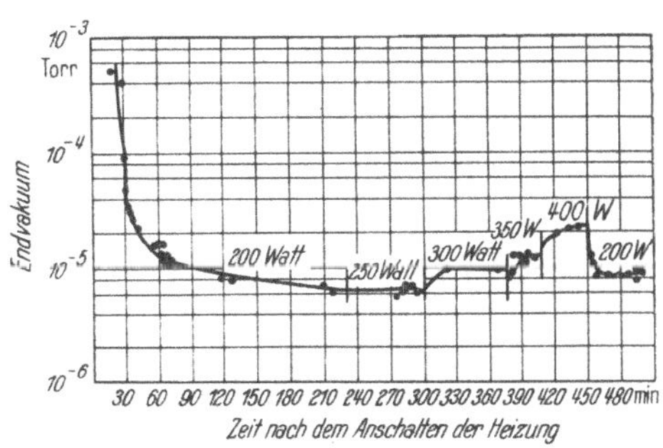

Abb. 175. Endvakuumdrucke einer mit Octoil betriebenen zweistufigen Diffusionspumpe aus Metall (Leybold Modell P) bei verschiedenen Heizleistungen. (Endvakuum gemessen mit dem Molvakuummeter, Vorvakuumpumpe Leybold Modell V.)

thermische Zerfall und der Endvakuumdruck steigt wieder an. Diese Empfindlichkeit der Öldiffusionspumpen gegen Änderungen des Wertes der Heizleistung bedingt, daß die Öldiffusionspumpen im Gegensatz zu den Quecksilberdiffusionspumpen nur mit definierten Heizleistungen, d. h. mit elektrischen Heizkörpern betrieben werden können. Die größere Unempfindlichkeit der Quecksilberdiffusionspumpen insbesondere auf die Heizleistung erlaubt bei diesen auch einen Betrieb mit der undefinierten Gasheizung.

Die organischen Treibmittel nehmen bei längerem Stehen an atmosphärischer Luft große Mengen Gas auf, die beim Anheizen der Pumpe wieder abgegeben werden. Öldiffusionspumpen erfordern also längere Anlaufzeiten bis zur Erreichung des Endvakuums als Quecksilberdiffusionspumpen.

Abb. 176 zeigt eine einstufige Öldiffusionspumpe im Schnitt. Die Sauggeschwindigkeit einer Pumpe dieser Art in Abhängigkeit vom Druck ist in Abb. 168, Kurve Q eingetragen. Man sieht daraus, daß die Öldiffusionspumpen das Maximum ihrer Sauggeschwindigkeit erst bei einem etwa eine

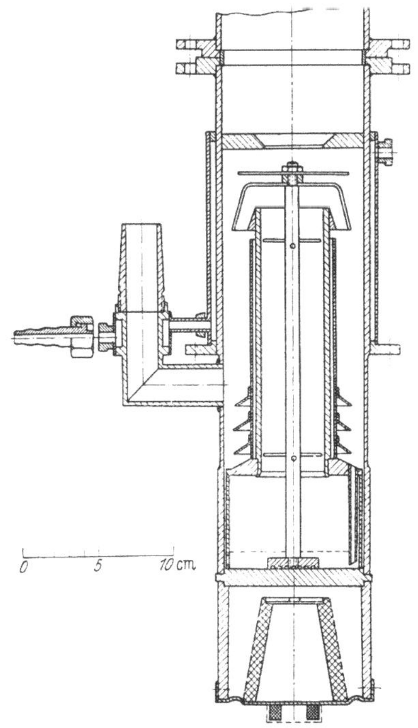

Abb. 176. Einstufige Öldiffusionspumpe aus Metall.

Zehnerpotenz niedrigerem Druck erreichen als die Quecksilberdiffusionspumpen (Kurve E). Durch Reihenschaltung von Öldiffusionspumpen läßt sich dieses Maximum der Sauggeschwindigkeitskurve etwas nach höheren Drucken hin verschieben (s. Abb. 168, P + Q). Ein weiterer Vorteil solcher Öldiffusionspumpenreihen (s. z. B. Abb. 177) besteht darin, daß man mit diesen Pumpenreihen höhere Endvakuumwerte erreicht und gegen höhere Vorvakuumdrucke arbeiten kann als mit Einzelpumpen. Dieses Verhalten rührt daher, daß es sich bei den organischen Treibmitteln (wie wir weiter unten sehen werden) entweder von vornherein nicht um chemisch einheitliche Substanzen handelt, sondern um Gemische verschiedener Körper mit verschiedenem Molekulargewicht und Siedepunkt, oder aber um zwar ursprünglich chemisch einheitliche Körper, die aber immer noch Spuren von Verunreinigungen von der Darstellung her enthalten und deren Einheitlichkeit außerdem durch thermischen Zerfall und Oxydation dauernd gestört wird. In einer Pumpenreihe werden daher die Komponenten mit dem höchsten Dampfdruck allmählich aus der Hochvakuumstufe in die als Vorpumpe dienende Stufe abdestillieren. In der Hochvakuumstufe

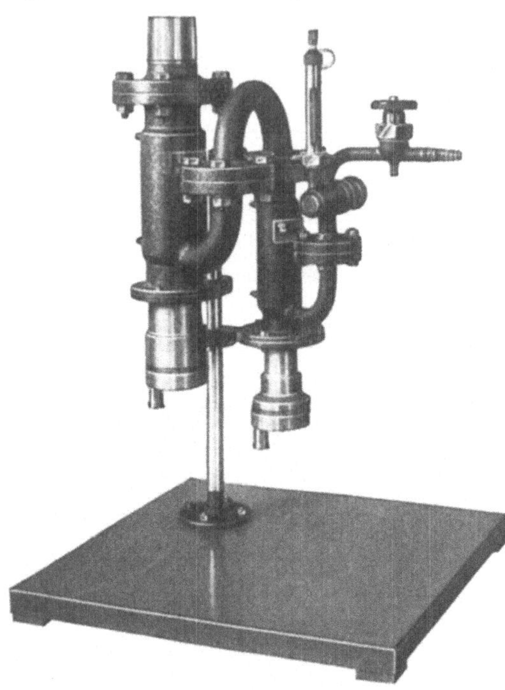

Abb. 177. Öldiffusionspumpenreihe aus Metall (Leybold Modelle P und Q).

verbleiben also nur die Komponenten mit dem niedrigsten Dampfdruck und damit bessert sich der Wert des Endvakuums. Die Oxydationsempfindlichkeit der Treibmittel bedingt, daß ganz allgemein bei Öldiffusionspumpen das Endvakuum um so besser ist, je niedriger der Druck an der Vorvakuumseite gehalten wird. Pumpenreihen sind also Einzelpumpen überlegen, da ja bei einer Pumpenreihe das Vorvakuum der Hochvakuumstufe von einer Diffusionspumpe statt von einer rotierenden Ölluftpumpe herrührt. Da der thermische Zerfall durch die Anwesenheit von Metallen begünstigt wird, erreicht man mit Glaspumpen, insbesondere mit Glaspumpenreihen (s. z. B. Abb. 178) bessere Endvakuumwerte als mit Öldiffusionspumpen aus Metall.

Wie eingangs bei den Öldiffusionspumpen dargelegt wurde, erübrigt sich bei diesen die Einschaltung von mit flüssiger Luft gekühlten Ausfriervorrichtungen zwischen Pumpe und Apparatur. So lassen sich mit den in der Technik üblichen organischen Treibmitteln ohne weiteres Endvakuumdrucke von 10^{-5} Torr und darunter erreichen. Trotz dieses niedrigen Totaldruckes bei den Öldiffusionspumpen ist ohne besondere Vorkehrungsmaßnahmen mit der Anwesenheit von Öldämpfen in der Apparatur und mit einem Ölniederschlag auf den Wänden und gegebenenfalls den Systemteilen der Apparatur zu rechnen. Diese Anwesenheit von Öl in der Apparatur kann beispielsweise zur Vergiftung von Glühelektroden für Elektronenemission oder zu störender Verschmutzung von Oberflächen bei Verspiegelungen führen. Der Ölrücktritt aus der Pumpe in die Apparatur erfolgt einerseits dadurch, daß die Öldampf-

moleküle auf geradem Wege aus dem Dampfstrom unmittelbar in die Apparatur fliegen. Dies läßt sich durch Anbringung von gekühlten Hindernissen (s. Abb. 176 und Abb. 237—240 u. 247) vermeiden. Diese Hindernisse müssen so angeordnet sein, daß sie ohne wesentliche Vergrößerung des Leitungswiderstandes den geraden Weg zwischen der Diffusionsfläche und der Apparatur sperren und daß das an ihnen kondensierte Öl wieder in die Pumpe zurückläuft. Aber auch bei Versperrung des geraden Weges zwischen Düse und Apparatur wird das an den Kühlflächen kondensierte Öl (wenn auch wegen des geringen

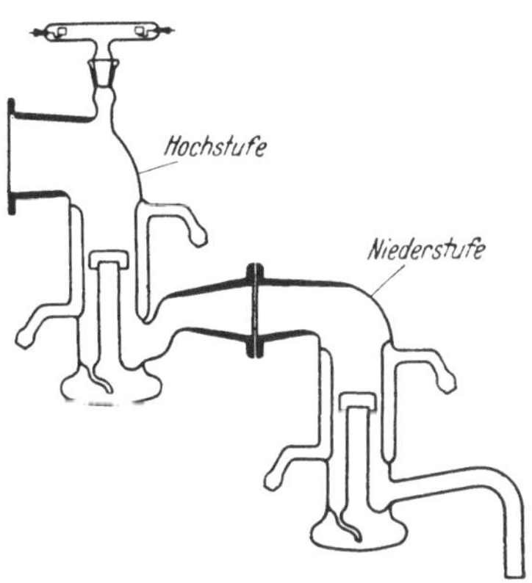

Abb. 178. Öldiffusionspumpenreihe aus Glas,
Lieferer: Schott & Gen.

Dampfdruckes mit sehr kleiner Verdampfungsgeschwindigkeit) wieder verdampfen und durch Diffusion in die Apparatur gelangen. Zur Vermeidung dieser Rückdiffusion sind bisher zwei Wege beschritten worden [vgl. R. S. MORSE (*138*)]. Man kann in dem Diffusionsweg für das Öl glühende Körper anbringen (Abb. 248), an denen die Öldampfmoleküle cracken. Die Crackprodukte haben einen höheren Dampfdruck und werden von der Pumpe abgepumpt. Eine andere Möglichkeit, die Öldampfmoleküle am freien Durchtritt von der Düse zur Apparatur zu hindern, besteht darin (Abb. 249), daß man die Öldampfmoleküle durch Stoß mit einem von einem Glühdraht ausgehenden Elektronen ionisiert und dann durch ein angelegtes elektrisches Feld die Öldampfmolekülionen absaugt und durch Cracken an einem heißen Glühdraht zerstört. Eine weitere Möglichkeit besteht nach KERRIS (*129*) in der Einschaltung von aktiver Kohle zwischen Pumpe und Apparatur. Bei dieser Anordnung dürfte aber eine gewisse Drosselung der Sauggeschwindigkeit unvermeidlich sein.

β) Eigenschaften der verschiedenen organischen Treibmittel.

Nach dem Vorausgegangenen ist die entscheidende Bedeutung, die den Eigenschaften der Treibmittel für das richtige Arbeiten der Öldiffusionspumpen zukommt, klar. In Tabelle 16 sind die wichtigsten Treibmittel für Öldiffusionspumpen zusammengestellt.

Tabelle 16. Organische Treib-

Bezeichnung	Chemische Zusammensetzung	Molekulargewicht	Spezif. Gew. bei 20°C g/cm³
Apiezonöl A Leyboldöl D (G)	} Mineralöl Mischung von Kohlenwasserstoffen		0,87
Apiezonöl B Leyboldöl E (H)		350	0,92
Myvane 20		—	0,853
Butylphthalat	$C_6H_4(COOC_4H_9)_2$	278	1,047
Amoil	Amylphthalat $C_6H_4(COOC_5H_{11})_2$	306	1,019
Octoil	Äthyl-hexyl-phthalat $C_6H_4(COOC_8H_{17})_2$	390	0,980
Butylsebacat	$C_8H_{16}(COOC_4H_9)_2$	314	0,933
Amoil S	Amylsebacat $C_8H_{16}(COOC_5H_{11})_2$	343	0,925
Octoil S	Äthyl-hexyl-sebacat $C_8H_{16}(COOC_8H_{17})_2$	426	0,910
Narcoil Arochlor	} ähnlich Pentachlordiphenyl	326	1,54
Litton Öl	—	—	—
Trikresylphosphat	$PO_4(C_6H_4CH_3)_3$	350	—
K-B-Pumpfluid	—	—	—
Silicone DC 702	R R | | —Si—O—Si—O— | | R R	530	bei 25° C 1,07
Silicone DC 703		570	1,09

Allgemeines.

Die Öldiffusionspumpentreibmittel lassen sich einteilen in *Stoffgemische* und *chemisch einheitliche Substanzen*.

Von den *Stoffgemischen* sind am wichtigsten die Apiezonöle. Hierbei handelt es sich um hochsiedende Mineralölfraktionen mit bei 20° C äußerst geringem Dampfdruck, die nach Burch (*106*) durch Molekulardestillation im Hochvakuum gewonnen werden. Sie werden in England von der Asiatic Petroleum Comp. unter der Bezeichnung Apiezonöl A und B in den Handel gebracht. Seit 1940 stellt die Fa. Leybold diese Öle auch in Deutschland her und vertreibt sie unter den Bezeichnungen Leyboldöl D und E bzw. F, G und H. Die Öle B, E und H haben hiervon den niedrigsten Dampfdruck. Leyboldöl F ist ein Öl speziell für mittel für Diffusionspumpen.

Endvakuum mit Ionisationsmanometer Torr	Bemerkungen und Quellenangabe	Lieferfirmen
2 bis 4 · 10⁻⁵	in einstufigen Metallpumpen 4)	1), 7), 8)
1,5 · 10⁻⁵	4), 6) einstufige Metallpumpen	
4 bis 9 · 10⁻⁶	6), 4) fraktionierende Metallpumpen	1), 7), 8)
1,7 · 10⁻⁶	5) Glaspumpe	
10⁻⁶	11)	2)
2 · 10⁻⁴	4), 5), 12)	2)
4 · 10⁻⁵	2) fraktionierte Pumpen	
7 · 10⁻⁶ bis 8 · 10⁻⁵	5), 11)	2)
4 · 10⁻⁵	6) einstufige Metallpumpe	
1 · 10⁻⁶	6) Glaspumpe	2)
2 · 10⁻⁷	2) Glaspumpe	
1 bis 2 · 10⁻⁵	12), 2)	2)
2 · 10⁻⁶	2), 12)	2)
6 · 10⁻⁶	4) einstufige Pumpen	
2 · 10⁻⁶	4) fraktionierende Metallpumpen	2)
5 · 10⁻⁸	2), 12) fraktionierte Glaspumpen	
3 · 10⁻⁴	4)	
5 · 10⁻⁵	9)	9)
2 · 10⁻⁵	11)	
1,4 · 10⁻⁵	4) einstufige Pumpen	—
6 · 10⁻⁶	4) fraktionierende Pumpen	
4 · 10⁻⁵ bis 2 · 10⁻⁴	5)	7), 10)
5 · 10⁻⁶	6) fraktionierende Pumpen	
10⁻²	2) K-B-Booster	2)
		3)
1 · 10⁻⁷	3) Glaspumpen	3)
5 · 10⁻⁸	3) fraktionierende Glaspumpen	

1) Asiatic Petroleum Co. Ltd., London. — 2) Distillation Products, Inc., Vacuum Equipment Division, Rochester, N.Y. — 3) Dow Corning Corporation, Midland, Michigan. — 4) Dushman, S., Schenectady, N.Y. (General Electric). — 5) Hickman, K. C. D., Rochester, N.Y. (Distillation Products, Inc.). — 6) Jaeckel, R., Köln (E. Leybolds Nachfolger). — 7) E. Leybolds Nachfolger, Köln. — 8) Metropolitan Vickers Electrical Comp., Ltd., Manchester, Engl. — 9) National Research Corp., Vacuum Engineering Division, Boston, Mass.; Cambridge, Mass. — 10) Arthur Pfeiffer, Wetzlar. — 11) Sullivan, H. M., Chicago, Ill. (Central Scientific Company. 12) Yarwood, J., Dagenham (Technical College).

fraktionierende Pumpen. Alle Apiezonöle sind Gemische von zum größten Teil gesättigten Kohlenwasserstoffen.

Bei 20° C feste Paraffine empfiehlt KLUMB (*130*) als Treibmittel für Öldiffusionspumpen.

Chemisch einheitliche Stoffe benutzt Hickman (*121, 122, 120a*) und zwar vor allem die Ester der Phthalsäure mit höheren Alkoholen, z. B. Amyl- Butyl- und Äthyl-Hexyl-Alkohol. Später sind hierzu noch die analogen Ester von aliphatischen zweibasischen Säuren, insbesondere der Sebacinsäure (*112*) getreten. Die Dest. Prod. Inc., Rochester (N.Y.) in USA vertreibt den Äthyl-Hexyl-Ester der Phthalsäure als Octoil und den analogen Ester der Sebacinsäure als Octoil S (s. a. *139a* u. *143c*).

Tabelle 16a.

Bezeichnung	Stockpunkt °C	Flammpunkt °C	Viskosität in Englergraden bei verschiedenen Temperaturen in °C
Leyboldöl D (G)	—3,9	213	$E/_{20} = 8{,}73$, $E/_{50} = 2{,}58$, $E/_{100} = 1{,}36$
Apiezonöl B	—3,9	213	$E/_{20} = 12{,}3$, $E/_{50} = 3{,}16$, $E/_{100} = 1{,}49$
Leyboldöl E (H)	—3,9	292	$E/_{20} = 133{,}5$, $E/_{50} = 17{,}1$, $E/_{100} = 2{,}6$
Silicone DC 702		200	$E/_{20} = 3{,}95$, $E/_{50} = 1{,}58$, $E/_{100} = 0{,}53$
Silicone DC 703		300	$E/_{20} = 7{,}9$, $E/_{50} = 2{,}9$, $E/_{100} = 0{,}79$

Das D.R.P. 629444 (*139*) stellt Ester der Phosphorsäure und Kieselsäure, insbesondere das Trikresylphosphat als Treibmittel für Diffusionspumpen unter Schutz. Halborganische Verbindungen des Siliziums, Silicone (*105, 108, 143d*), die sich durch besonders gute Beständigkeit und hohes Endvakuum auszeichnen sollen, liefert die Dow Corning Corp. Midland, Michigan (USA.). Schließlich sind als Treibmittel noch Narcoil und Litton C — Blears (*103*) — zu nennen. Neuerlich empfiehlt Alexander (*97a, 139b*) auch Glycerin wegen seiner besonders steilen Dampfdruckkurve für den Betrieb von Diffusionspumpen. Die hygroskopischen Eigenschaften des Glycerins sollen nicht stören.

Mit den Apiezonölen erreicht man in Metalldiffusionspumpen Endvakuumdrucke von $3 \cdot 10^{-6}$ Torr[1], obgleich der Dampfdruck[2] der Apiezonöle, des Octoil und Octoil S und der Silicone bei 20° C bei 10^{-7} Torr liegt. Die Dest. Prod. gibt im Gegensatz dazu als äußerste, unter den günstigsten Bedingungen erreichbare Endvakuumwerte, allerdings in Glaspumpen, für Octoil $2 \cdot 10^{-7}$ und für Octoil S $5 \cdot 10^{-8}$ Torr an. Wie wir oben bereits gesehen haben, kommt es eben für das mit Öldiffusionspumpen erreichbare Endvakuum nicht nur auf den Dampfdruck des Treibmittels bei der Temperatur der Kühlfläche, sondern entscheidend auch wegen der Oxydationsempfindlichkeit und der Neigung zu thermischem Zerfall der organischen Treibmittel auf die Betriebsbedingungen, Vorvakuumdruck und Temperatur im Siedegefäß, sowie auf die Pumpenanordnung, ob Einzelpumpe oder Pumpenreihe, ob Metalldiffusionspumpe oder Glasdiffusionspumpe an. Hinzu kommt noch, daß die verschiedenen Autoren ihre Endvakuummessungen mit nicht ohne weiteres miteinander vergleichbaren Meßanordnungen durchgeführt haben. Bedeutung verdient in dieser Hinsicht eine Arbeit von Jaeckel (*128*), der die verschiedenen organischen Treibmittel für Öldiffusions-

---

[1] gemessen mit Molvakuummeter, vergl. auch Tab. 17.
[2] vergl. Abb. 174.

pumpen unter denselben Betriebs- und Meßbedingungen miteinander in Vergleich setzt, sowie Arbeiten von RAY und SENGUPTA (*140, 141, 142*) und BLEARS (*103*). Tab. 17 zeigt eine der JAECKELschen Arbeit ent-

Tabelle 17. Erreichte Endvakuumwerte bei

Pumpenanordnung	Apiezonöl B		Octoil	
	Gemessen mit		Gemessen mit	
	Ionisations-manometer Torr	Molvakuum-meter Torr	Ionisations-manometer Torr	Molvakuum-meter Torr
Metalldiffusionspumpe [1]	$1{,}2 \cdot 10^{-5}$ *	$2 \cdot 10^{-6}$ *	$4 \cdot 10^{-5}$ **	$7 \cdot 10^{-6}$ **
Metalldiffusions-pumpenreihe	$4 \cdot 10^{-6}$			
Glasdiffusions-pumpenreihe [2]	$1{,}7 \cdot 10^{-6}$	$8 \cdot 10^{-7}$	$1{,}1 \cdot 10^{-6}$	$2{,}1 \cdot 10^{-6}$

[1] Zweistufige Öldiffusionspumpe (Leybold, Modell P), Vorvakuumpumpe (Leybold, Modell V).

[2] Heizleistung 300 Watt. Vorvakuumpumpe Leybold, Modell V.

* Heizleistung 450 Watt.

** Heizleistung 250 Watt.

Daß die Messungen mit dem Ionisationsmanometer höhere Druckwerte liefern als die Messungen mit dem Molvakuummeter, rührt daher, daß mit dem Molvakuummeter unmittelbar der Druck gemessen wird, während die Ionisationsmanometermessung nur eine Ionisierbarkeit liefert und der Wirkungsquerschnitt der schweren Dampfmoleküle gegen Stoßionisation durch Elektronen natürlich größer ist als der Wirkungsquerschnitt der Luftmoleküle. Da Ionisationsmanometer und Molvakuummeter mit Luft geeicht wurden, muß also die Ionisationsmanometermessung bei gleichem Öldampfdruck höhere Druckwerte ergeben als die Molvakuummetermessung.

nommene Zahlentafel über die mit Apiezonöl B und Octoil in verschiedenen Pumpenanordnungen erreichbaren Endvakuumwerte und Tab. 18 eine weitere Zahlentafel aus derselben Arbeit, die auch noch andere Treibmittel zum Vergleich heranzieht. Aber nicht nur das Endvakuum,

Tabelle 18. Endvakuumwerte gemessen in Metalldiffusionspumpen mit einem Ionisationsmanometer.

Ölfüllung	Apiezonöl B Leybold-Apiezonöl E	Diamyl-phthalat [1]	Trikresyl-phosphat [2]	Octoil	Maschinenöl (Shell CY 2)
Endvakuum in Torr . .	$1{,}2 \cdot 10^{-5}$	$8 \cdot 10^{-5}$	1 bis $2 \cdot 10^{-4}$	$4 \cdot 10^{-5}$	etwa 10^{-4}

Als Treibmittel für Diffusionspumpen angegeben von:

[1] HICKMANN, K. C. D.: J. Franklin Inst. **221**, 383 (1936).

[2] — J. phys. Chem. **34**, 637 (1930).

sondern auch der Verlauf der Sauggeschwindigkeitskurve einer Pumpe hängt entscheidend vom Treibmittel ab. So erzielt man z. B. mit DC 703 in einer bestimmten Pumpe innerhalb eines weiten Druckbereiches nur die halbe mit Narcoil erreichbare Sauggeschwindigkeit.

Bezüglich der Beständigkeit gegen thermischen Zerfall und Oxydation ist von vornherein zu erwarten, daß die Apiezonöle, bei denen es sich um zum größten Teil gesättigte Kohlenwasserstoffe handelt, in dieser Hinsicht besonders günstig verhalten werden. Beim Octoil und Octoil S aber, den Estern der Phthalsäure und der Sebacinsäure mit höheren Alkoholen ist zu erwarten, daß diese insbesondere in Gegenwart von Wasserdämpfen unter Aufnahme eines Moleküls H_2O verseifen, d. h. wieder in Phthalsäure bzw. Sebacinsäure und Alkohol gespalten werden. Da bei der Evakuierung von Gefäßen infolge der Wasserhaut der Wände stets Wasserdampf vorhanden ist, ist also mit solchen Zersetzungserscheinungen im praktischen Betrieb zu rechnen. Wir werden weiter unten sehen, daß diese auch in erheblichem Maße eintreten. Die Frage der Zersetzung der organischen Treibmittel durch Oxydation und thermischen Zerfall ist nicht nur wesentlich im Hinblick auf die Höhe des zulässigen Vorvakuums und die Möglichkeit des Betriebes nur in Glas- oder auch Metalldiffusionspumpen, sondern vor allem im Hinblick auf die Möglichkeit plötzlicher Lufteinbrüche in die zu evakuierende Apparatur.

Starke Lufteinbrüche.

Es kann beispielsweise vorkommen, daß infolge einer Undichtigkeit in der angeschlossenen Apparatur der Druck plötzlich auf 10 Torr, 400 Torr oder gar Atmosphärendruck ansteigt, und daß diese Undichtigkeit erst in einigen Minuten beseitigt, oder daß die Pumpe erst nach einigen Minuten von der Apparatur abgeschlossen werden kann. Viel-

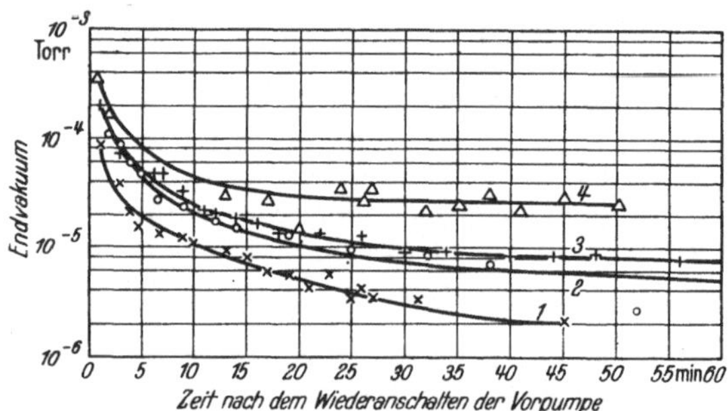

Abb. 179. Wiederanstieg des Endvakuums nach Lufteinbrüchen bei Apiezonöl B in einer zweistufigen Diffusionspumpe aus Metall (Leybold Modell P). (Heizleistung 450 W, Endvakuum gemessen mit Molvakuummeter, Vorvakuumpumpe Leybold Modell V.) Lufteinbrüche: 1 × 10 Torr 10 min, 2 o 420 Torr 2 min, 3 + 760 Torr 2 min, 4 △ 760 Torr 10 min.

fach besteht nun die Meinung, daß durch einen derartigen Lufteinbruch das Öl in der Pumpe verbrennt und damit völlig verdirbt. Dies trifft aber keineswegs zu. Zwar werden bei dem Lufteinbruch durch Oxydation des Öles Produkte mit erheblich höherem Dampfdruck als das ursprüngliche Treibmittel gebildet, diese destillieren aber nach einiger Zeit aus der Pumpe in die Vorvakuumpumpe ab und es tritt auf diese Weise eine Selbstreinigung des Öles in der Pumpe ein. Abb. 179 u. 180 zeigen, wie das Endvakuum nach solchen Lufteinbrüchen bei Apiezonöl und Octoil allmählich wieder ansteigt. Nach spätestens einer Stunde erreicht man danach in allen Fällen wieder Drucke von der Größenordnung 10^{-5} Torr, was für viele praktische Zwecke völlig ausreicht. Aus diesen Abbildungen ist aber außerdem auch noch zu ersehen, daß man in derselben Metalldiffusionspumpenanordnung mit Apiezonöl B ursprünglich Endvakuumdrucke von $2 \cdot 10^{-6}$ erreicht, während man mit Octoil nur bis zu etwa 10^{-5} Torr kommt. Obgleich man also nach den Angaben der Dist. Prod. (s. oben) in Glas-Diffusionspumpen mit Octoil bis zu Endvakuumdrucken von 10^{-7} Torr gelangt, erreicht man mit Octoil in Metalldiffusionspumpen nur Drucke von etwa 10^{-5} Torr. Dieser Unterschied rührt von dem insbesondere in Gegenwart von Metallen starken thermischen Zerfall des Octoils her. Ergänzend zu

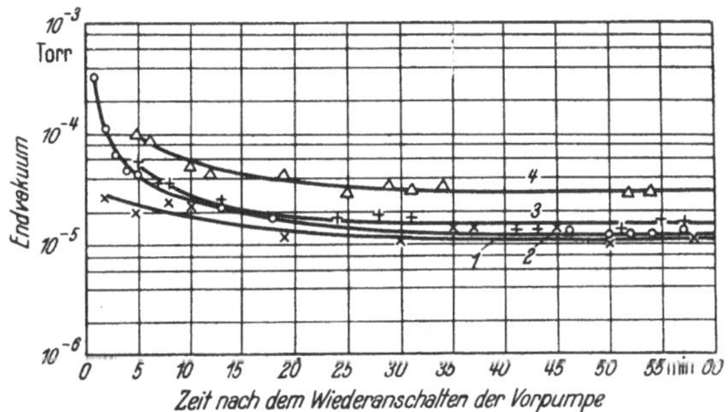

Abb. 180. Wiederanstieg des Endvakuums nach Lufteinbrüchen bei Octoil in einer zweistufigen Diffusionspumpe aus Metall- (Leybold Modell P). (Heizleistung 250, Endvakuum gemessen mit Molvakuummeter, Vorvakuumpumpe Leybold Modell V.) Lufteinbrüche: 1 × 10 Torr 10 min, 2 o 420 Uorr 2 min, 3 + 760 Torr 2 min, 4 △ 760 Torr 10 min.

den Abbildungen ist noch zu sagen, daß bei den Lufteinbrüchen von 10 Torr und 420 Torr nach längerem Pumpen schließlich wieder derselbe Endvakuumwert erreicht wird wie vor dem Lufteinbruch.

Erster Anstieg
des Endvakuums nach starken Lufteinbrüchen.

Für viele Zwecke ist es weniger bedeutungsvoll, welcher Druck nach sehr langen Pumpzeiten schließlich wieder erreicht wird, als die Frage, wie schnell steigt das Vakuum nach einem Lufteinbruch in den ersten Minuten wieder an. Die oben geschilderten Verhältnisse sind wesentlich für große Hochvakuumapparaturen (Destillationsanlagen, Hochspannungsanlagen, Verspiegelungen usw.) bei denen ohnehin lange Pumpzeiten gebraucht werden. Die Verhältnisse in den ersten Minuten sind dagegen wichtig bei schnell verlaufenden Pumpvorgängen, beispielsweise an Pumpautomaten und Pumprechen. Abb. 181 zeigt den ersten Anstieg des Vakuums bei Leyboldöl E in den ersten Minuten nach der Beseitigung des Lufteinbruches.

Gasausbrüche, kleine Lufteinbrüche.

Schließlich ist noch die Frage von Bedeutung: Wie verhalten sich die Öle, wenn der Druck in der Pumpe zwar nicht infolge von Undichtigkeit auf einige Torr und darüber steigt, sondern wenn er beispielsweise durch Gasausbrüche in der Apparatur für kurze Zeit (3 Min.) Werte von 10^{-1} Torr oder 10^{-2} Torr annimmt. Abb. 182 zeigt das Verhalten von Leyboldöl E nach derartigen Gasausbrüchen.

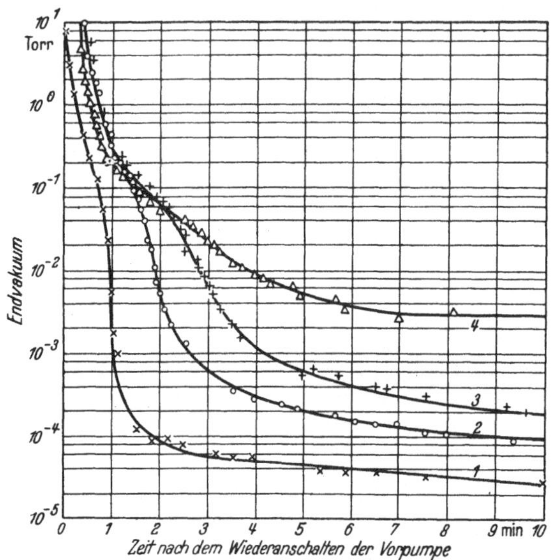

Abb. 181. Anfangsanstieg des Endvakuums nach Lufteinbrüchen bei Leyboldöl E in einer einstufigen Diffusionspumpe aus Metall (Leybold Modell Q). (Heizleistung 320 W: Endvakuum gemessen zwischen 10 und 10^{-3} Torr mit thermoelektrischem Vakuummeter: zwischen 10^{-3} und 10^{-5} Torr mit Molvakuummeter; Vorvakuumpumpe Leybold Modell V.) Lufteinbrüche: 1 × 10 Torr 10 min; 2 o 420 Torr 2 min; 3 + 760 Torr 2 min; 4 △ 760 Torr 10 min.

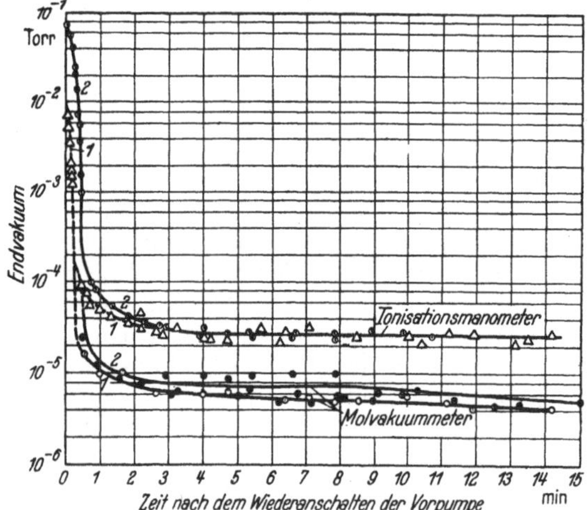

Abb. 182. Wiederanstieg des Endvakuums nach Gasausbrüchen (kleine Lufteinbrüche) bei Leyboldöl E in einer einstufigen Diffusionspumpe aus Metall (Leybold Modell Q). (Heizleistung 320 W; Endvakuum gemessen zwischen 10^{-1} und 10^{-3} Torr mit thermoelektrischem Vakuummeter, zwischen 10^{-3} und 10^{-6} Torr mit Molvakuummeter und Ionisationsmanometer; Vorvakuumpumpe Leybold Modell V.) Gasausbrüche; 1. 10^{-2} Torr 3 min: △ gemessen mit thermoelektrischem Vakuummeter und Ionisationsmanometer, o gemessen mit Molvakuummeter. 2. 10^{-1} Torr 3 min: ⊙ gemessen mit thermoelektrischem Vakuummeter und Ionisationsmanometer, ⊕ gemessen mit Molvakuummeter.

Beständigkeit im Dauerbetrieb, Alterungsbeständigkeit und Wasserdampfbeständigkeit.

Beim Betrieb unter höheren Drucken, beispielsweise 10^{-3} Torr an der Saugseite, werden dauernd nicht unerhebliche Mengen Luft durch die heiße Pumpe gesaugt. Man könnte nun vermuten, daß unter diesen Bedingungen das Öl nach längerer Betriebszeit allmählich oxydiert und damit das Endvakuum verschlechtert wird. Zur Prüfung dieser Frage hat JAECKEL (*128*) an einer mit Apiezonöl B gefüllten Diffusionspumpenreihe aus zwei Metallpumpen durch ein Nadelventil dauernd etwas Luft auf der Saugseite eingelassen, so daß sich dort ein Druck von 10^{-3} Torr einstellte. Dieses Aggregat hat er 300 Stunden in Betrieb gehalten, in gewissen Zeitabständen immer wieder das Endvakuum bei geschlossenem Nadelventil gemessen. Er konnte in den 300 Stunden keine meßbare Verschlechterung des Endvakuums feststellen.

Zur Prüfung der *Alterungsbeständigkeit* wurde in derselben Arbeit eine Metalldiffusionspumpe mit Leyboldöl E beschickt und 8 Wochen in kaltem Zustand unter Atmosphärendruck stehen gelassen. Die Messung des Endvakuums am Ende dieser Zeit ergab keine meßbare Verschlechterung.

Schließlich wurde die *Wasserdampfbeständigkeit* in der Weise geprüft, daß eine Metalldiffusionspumpe mit 48,5 cm³ Apiezonöl B und 1,5 cm³ H_2O beschickt und nach dem Anheizen laufend das Endvakuum gemessen wurde (s. Abb. 183). Nach $6^{1}/_{2}$ Stunden, nachdem offenbar der Wasserdampf vollständig in die Vorpumpe abdestilliert war, wurde das normale Endvakuum für Apiezonöl B in dieser Anordnung von $3 \cdot 10^{-6}$ Torr wieder erreicht. Im Gegensatz zu dieser außerordentlichen Beständigkeit von Apiezonöl gegen größere Mengen von Wasserdampf sogar in Metallpumpen genügte bei Octoil selbst beim Betrieb in Glaspumpen das Hindurchsaugen von Luft mit normalem Feuchtigkeitsgehalt

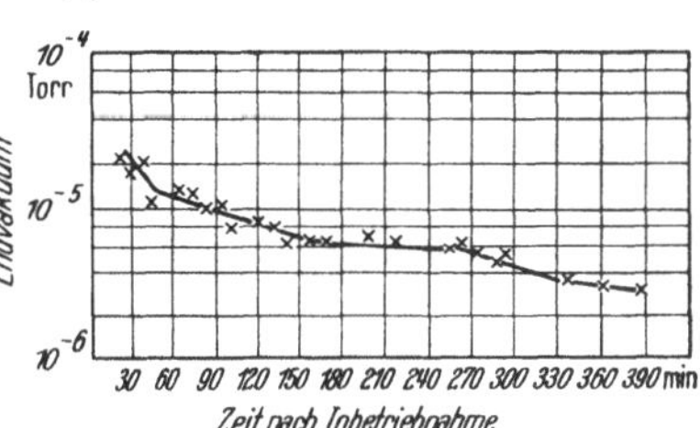

Abb. 183. Zweistufige Öldiffusionspumpe aus Metall (Leybold Modell P) bei Betrieb mit 48,5 cm³ Apiezonöl B und 1,5 cm³ H₂O. (Heizleistung 450 W, Endvakuum gemessen mit Molvakuummeter, Vorvakuumpumpe Leybold Modell V.)

unter einem Druck von einigen 10^{-3} Torr durch die heiße Pumpe, um einen Zerfall des Octoils unter Abscheidung von Phthalsäure-anhydrid-Krystallen zu bewirken. Diese starke Empfindlichkeit des Octoils insbesondere gegen Wasserdampf ist aus der Konstitution dieses Körpers und der dadurch gegebenen Möglichkeit seiner Verseifung, wie wir das oben bereits dargelegt haben, ohne weiteres verständlich.

Im Gegensatz dazu sollen die Silicone außerordentlich oxydationsbeständig und unempfindlich gegen Wasserdampf sein. Man erzielt daher mit ihnen sowohl bei Lufteinbrüchen als auch bei Alterungsversuchen außerordentlich gute Resultate (*105*).

12*

γ) Diffusionspumpen mit Ölfraktionierung.

Die oben beschriebene Überlegenheit der Öldiffusionspumpenreihen gegenüber Einzelpumpen rührt, wie dort näher ausgeführt wurde, von einer Selbstreinigung der Öle durch Destillationsprozesse in der Pumpenanordnung her. HICKMAN (*123, 124*) hat eine mehrstufige Einzelpumpe angegeben, die diese Destillationsprozesse bewußt herbeiführt, indem sie den Ölumlauf in der Pumpe in ganz bestimmter Weise leitet. Er hat damit den zuerst von GAEDE (*115*) ausgesprochenen Gedanken der Selbstreinigung der Öle durch bewußte Züchtung von Destillationsprozessen aufgegriffen. Das Prinzip einer HICKMANSchen Pumpe ist kurz folgendes (s. Abb. 184): Mehrere zwischen Vorvakuum und Hoch-

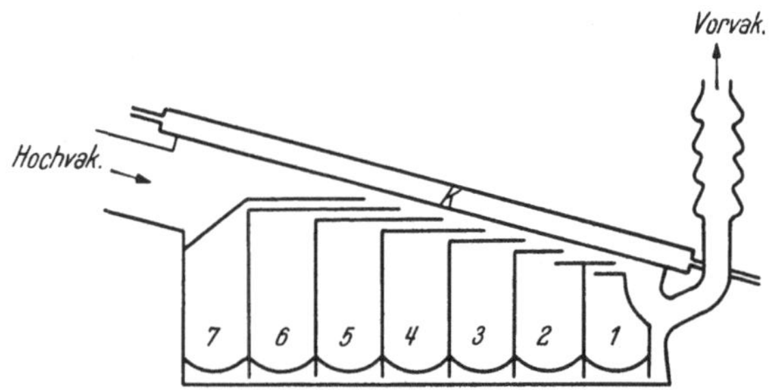

Abb. 184. Mehrstufige fraktionierende Öldiffusionspumpe aus Metall nach HICKMAN.

vakuum liegende hintereinandergeschaltete Düsen erhalten ihren Öldampf aus getrennten Siedegefäßen 1—7, die aber in dem Flüssigkeitsraum miteinander in Verbindung stehen. Das Öl durchläuft zunächst als Flüssigkeit das Siedegefäß 1, der dem Vorvakuum am nächsten gelegenen Stufe. Dort verdampfen die niedrigst siedenden Anteile des Öles und dienen zum Betrieb der ersten Stufe. Das von diesen leichten Teilen befreite Öl gelangt dann in den Flüssigkeitsraum des Siedegefäßes 2 der 2. Stufe. Dort verdampft der etwas höher siedende Anteil des Öles und dient zum Betrieb der zweiten Stufe usw. In die letzte, dem Hochvakuum am nächsten gelegenen Stufe 7 gelangen also nur noch die höchstsiedenden Bestandteile mit dem niedrigsten Dampfdruck. Der Treibdampf aller Stufen 1—7 wird, nachdem er die Düsen durchlaufen hat, an der Kühlfläche K kondensiert und als flüssiges Öl in das Siedegefäß 1 der ersten Stufe zurückgeleitet.

Abb. 185 zeigt eine zweistufige Pumpe nach Art der Abb. 184, bei der aber die Düsen die wohldefinierte Form von Lavaldüsen haben, so daß die Vorgänge in ihnen quantitativ erfaßbar sind.

Eine nach dem Fraktions-Prinzip arbeitende Pumpe in zylindrischer Form haben MALTER und MARCUWITZ (*134*) beschrieben. Bei dieser Pumpe sind die Siedegefäße für die einzelnen Stufen nicht nebeneinander wie in Abb. 185, sondern konzentrisch ineinander und die Düsen der verschiedenen Stufen übereinander (ähnlich wie in Abb. 190) angeordnet. Bei der HICKMANSchen Pumpe nach Abb. 184 werden alle Öldampffraktionen, nachdem sie die Düsen durchlaufen haben und an der Kühlfläche kondensiert sind, wieder in das Siedegefäß 1 der ersten Stufe zurückgeleitet. Dort sind sie dem unmittelbaren Einfluß des Vorvakuums und dadurch der erhöhten Gefahr einer Oxydation ausgesetzt. Um diese Gefahr, insbesondere für das Öl, das in der dem Hochvakuum zunächst gelegenen Düse arbeitet, herabzumindern, sind ver-

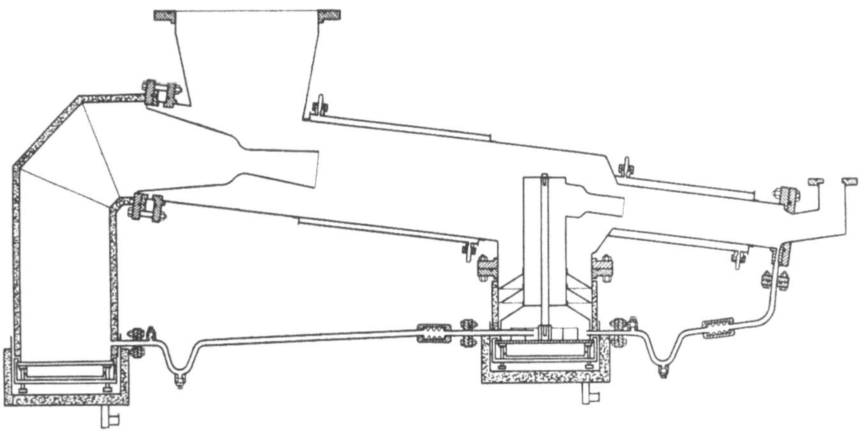

Abb. 185. Zweistufige Ölfraktions-Diffusionspumpe aus Metall, Sauggeschwindigkeit 2000 l/sec, Lieferer: Leybold.

schiedene Modifikationen der HICKMANschen Pumpe beschrieben worden. Sie unterscheiden sich untereinander und von der ursprünglichen HICKMANschen Anordnung dadurch, daß das Öl die einzelnen Stufen in verschiedener Reihenfolge durchläuft. Die einfachste Modifikation besteht darin, daß das Öl, nachdem es in Dampfform eine Düse durchlaufen hat und anschließend kondensiert ist, in das Siedegefäß derselben Stufe zurückgeleitet wird. Diese Art der Ölführung hat nun aber ihrerseits den Nachteil, daß die bei der Verdampfung gebildeten thermischen Zersetzungsprodukte auch jeweils in den Kreislauf zurückgeleitet werden.

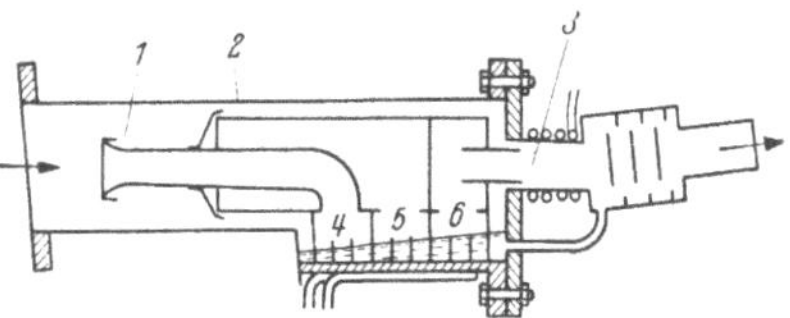

Abb. 186. Dreistufige Ölfraktions-Diffusionspumpe aus Metall nach HICKMAN.

Nach der französischen Patentschrift 838 111 (*111*) wird der Versuch gemacht, diesen Fehler durch fraktionierte Kondensation zu vermeiden. Abb. 186 zeigt eine derartige Pumpe. Der Öldampf soll, nachdem er die Düse der Stufe 1, die dem Hochvakuum am nächsten gelegen ist, durchlaufen hat, unmittelbar nach dem Durchtritt durch diese Düse zum Teil an der gekühlten Außenfläche kondensieren und das kondensierte Öl in das Siedegefäß 4 der Stufe 1 zurückgeleitet werden. Dieser Kondensation sollen vor allem die hochsiedenden also schwerflüchtigen Anteile des Öles unterliegen. Die leichter flüchtigen, also schwerer kondensierbaren Anteile sollen erst später kondensiert werden und dann in die Siedegefäße 5—6 der Vorstufen 2—3 gelangen.

Es bestehen aber berechtigte Zweifel gegen die Wirksamkeit der als
Mechanismus dieser Pumpen angegebenen fraktionierten Kondensation,
da schon fraktionierte Destillationen bekanntlich im Hochvakuum einen
sehr ungünstigen Trennungsgrad aufweisen, und auf Grund einfacher
physikalischer Überlegungen eine fraktionierte Kondensation im Hochvakuum einen noch schlechteren Trennungsgrad haben muß als eine
fraktionierte Destillation.

Abb. 187 zeigt eine Pumpe, bei der der Öldampf aus der Hochvakuumstufe 17 nach seiner Kondensation wieder in das Siedegefäß 6 der vorher-

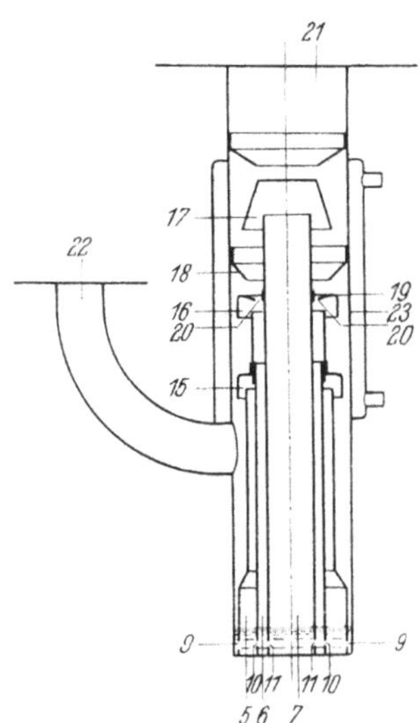

Abb. 187. Dreistufige Ölfraktions-Diffusionspumpe aus Metall
nach JAECKEL. Die Abb. 187 zeigt schematisch einen Schnitt
durch die Pumpe [128]. Bei 21 ist das Hochvakuum und bei
22 das Vorvakuum angeschlossen. Die drei hintereinander-
geschalteten Pumpenstufen 15, 16, 17 erhalten ihren Öldampf
aus getrennten Siederäumen 5, 6, 7. Das an der Kühlfläche 23
kondensierte Öl gelangt durch die Öffnungen 9 zunächst in
das Siedegefäß 5 der ersten Stufe. Dort verdampfen die niedrigsten siedenden Bestandteile des Öles und dienen zum Betrieb der Stufe 15. Das von den leichten Anteilen befreite
Öl gelangt durch die Öffnungen 10 in das Siedegefäß 6 der
zweiten Stufe. Dort verdampfen nun die mittelschweren Anteile des Öles. Der so erzeugte Dampf dient zum Betrieb der
Stufe 16. In das Siedegefäß 7 der Hochvakuumstufe 17 gelangt schließlich durch die Öffnungen 11 nur Öl, das von den
leichten und mittelschweren Fraktionen befreit ist. Die Stufe 17
wird also nur mit den Anteilen des Öles betrieben, die am
höchsten sieden, also den niedrigsten Dampfdruck haben.
Die hochsiedenden, also wertvollsten Ölteile, gelangen nach
Durchlaufen der Düse 17 und Kondensation an der Kühlfläche 23 nicht wieder in das Siedegefäß 5 der ersten Stufe
zurück, sondern sie werden durch das Prallblech 19 in die
Ölrinne 19 geleitet und gelangen dann durch die Öffnungen 20
in das Siedegefäß 6 der zweiten Stufe. Dort verdampfen die
durch thermischen Zerfall und Oxydation gebildeten leichten
und mittelschweren Anteile. Das Siedegefäß 7 der Hoch-
vakuumstoffe erreicht also nach dem Kreislauf wieder nur
die höchstsiedenden Bestandteile.

gehenden Stufe zurückgeleitet wird. Nach JAECKEL (*128*) verdampfen
dort die durch Oxydation und thermischen Zerfall gebildeten Produkte
mit höherem Dampfdruck, und in das Siedegefäß 7 der Hochvakuumstufe gelangen schließlich wieder nur die Anteile mit dem niedrigsten
Dampfdruck. Auch bei dieser Anordnung werden also die in der Hochvakuumstufe zirkulierenden Fraktionen vom Vorvakuum ferngehalten.

Da Metalle den thermischen Zerfall der Öle begünstigen, müssen
Fraktionsöldiffusionspumpen aus Glas (Abb. 188) also noch höhere
Endvakuumwerte liefern als Metallpumpen. Tatsächlich wurden mit
der Pumpe der Abb. 188 die höchsten bisher bei Fraktionsöldiffusionspumpen bekanntgewordenen Vakua erreicht.

Außer dem Erreichen höherer Endvakuumwerte bieten die Pumpen
mit Ölfraktionierung noch weitere Vorteile.

Man kann diese Pumpen nicht nur mit Substanzen betreiben, die
von vornherein einen äußerst niedrigen Dampfdruck haben, sondern es
können auch solche Substanzgemische verwendet werden, wie beispielsweise Maschinenöl, die außer Bestandteilen mit extrem niedrigem
Dampfdruck auch Anteile mit höherem Dampfdruck enthalten. Nachdem, was oben über den Mechanismus der Pumpen mit Ölfraktionierung

gesagt wurde, ist es ohne weiteres klar, daß bei Verwendung derartiger Substanzgemische die höchstsiedenden Anteile zum Betrieb der dem

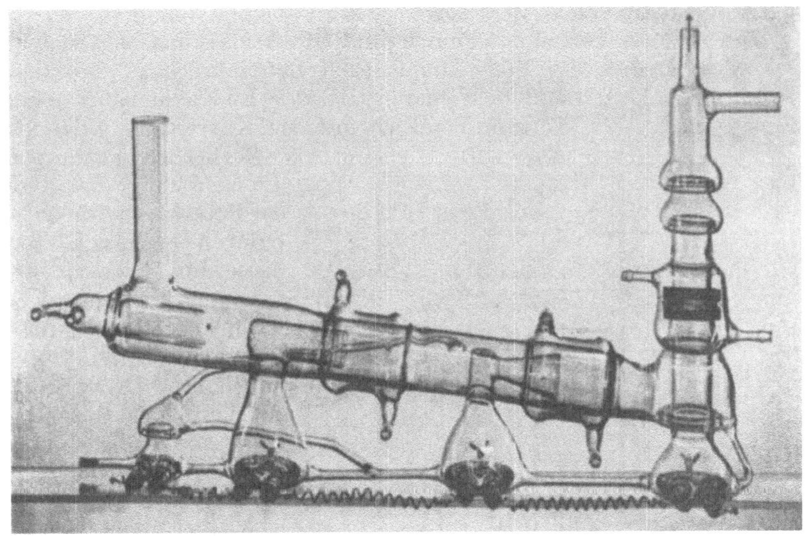

Abb. 188. Dreistufige Ölfraktions-Diffusionspumpe aus Glas. Lieferer: Distillation Products, Rochester.

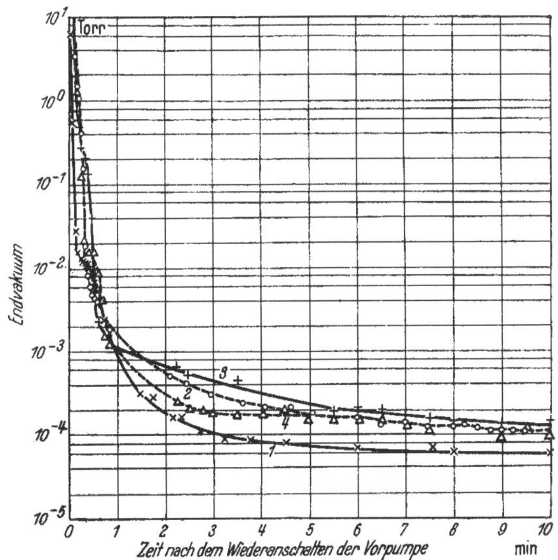

Abb. 189. Anfangsanstieg des Endvakuums nach Lufteinbrüchen bei Leybold-Apiezonöl E in einer dreistufigen Öldiffusionspumpe aus Metall mit getrennten Siedegefäßen und Ölrückführung zur zweiten Stufe (Leybold Modell Q 3). (Heizleistung 420 W; Endvakuum gemessen zwischen 10 und 10^{-3} Torr mit thermoelektrischem Vakuummeter, zwischen 10^{-3} und 10^{-5} Torr mit Ionisationsmanometer; Vorvakuumpumpe Leybold Modell XII.) Lufteinbrüche: 1 × ——— 10 Torr 10 min, 2 ○ ———— 420 Torr 2 min, 3 + ——— 760 Torr 2 min, 4 △ ——— 760 Torr 10 min.

Hochvakuum am nächsten gelegenen Stufen und die niedrig siedenden Anteile zum Betrieb der Vorstufen dienen. So erreicht man beispielsweise mit einer Pumpe nach Abb. 187 bei Betrieb mit Maschinenöl ein Endvakuum von $7 \cdot 10^{-5}$ Torr.

Ein weiterer Vorteil der Pumpen mit Ölfraktionierung liegt in dem schnellen Anstieg des Endvakuums nach Lufteinbrüchen. Beispielsweise zeigt Abb. 189 den Wiederanstieg des Endvakuums in einer Pumpe nach Abb. 187 zum Vergleich mit den Kurven der Abb. 181.

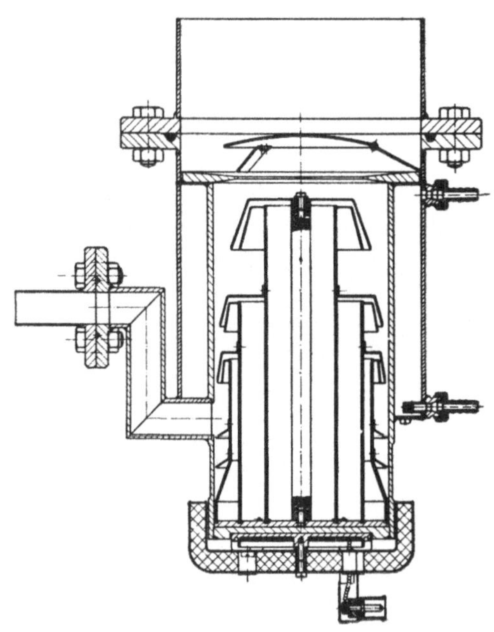

Abb. 190. Dreistufige Ölfraktions-Diffusionspumpe aus Metall, Sauggeschwindigkeit 250 l/sec, Vorvakuum 0,3 Torr. Lieferer: Leybold.

Schließlich kann man die mehrstufige Bauweise der Fraktionsöldiffusionspumpen ausnutzen, um diese für höhere Vorvakuumdrucke einzurichten, insbesondere da in den Vorstufen Ölfraktionen mit hohem Dampfdruck zur Verfügung stehen.

Die mehrstufigen Fraktionsöldiffusionspumpen können außerdem, wie Abb. 168 Kurve Q 3 zeigt, für einen bis zu höheren Drucken reichenden Arbeitsbereich eingerichtet werden, als die einstufigen Öldiffusionspumpen ohne Fraktionierung, insbesondere, wenn man wie in Abb. 190 die Umkehrdüsen durch Anbringung von inneren Leitflächen zu ringförmigen Lavaldüsen ausbildet.

Die Öldiffusionspumpen werden, wie Tab. 20 zeigt, in sehr verschiedenen Größen — angefangen von kleinen Modellen mit einigen l/sc Sauggeschwindigkeit bis zu etwa 20000 l/sec — gebaut.

Die ausführliche Behandlung, die die Öldiffusionspumpen gegenüber den Quecksilberdiffusionspumpen im vorhergehenden erfahren haben, soll keineswegs die Bedeutung der Quecksilberdiffusionspumpen herabsetzen. Sie rührt nur daher, daß die Quecksilberdiffusionspumpen seit Jahrzehnten bekannt sind, während die Öldiffusionspumpen eine neue und stark im Fluß befindliche Entwicklung durchmachen.

δ) Öldampfstrahlpumpen.

In Abb. 170 war gezeigt worden, daß zwischen den Arbeitsbereichen der Quecksilberdiffusionspumpen und der rotierenden Pumpen eine Lücke besteht und daß diese Lücke durch Quecksilberdampfstrahl-

pumpen überbrückt werden kann. Da der Arbeitsbereich bei Öldiffusionspumpen weniger weit nach hohen Drucken zureicht als bei Quecksilberdiffusionspumpen, ist also hier die Lücke besonders groß. Bei
Öldiffusionspumpen besteht also in erhöhtem Maße das Bedürfnis,
durch Zwischenschaltung von Dampfstrahlpumpen den Arbeitsbereich
an den der rotierenden Pumpen anzuschließen.

Bei den Öldampfstrahlpumpen haben wir zu unterscheiden zwischen
dem sog. Boostertyp und den eigentlichen Öldampfstrahlsaugern.

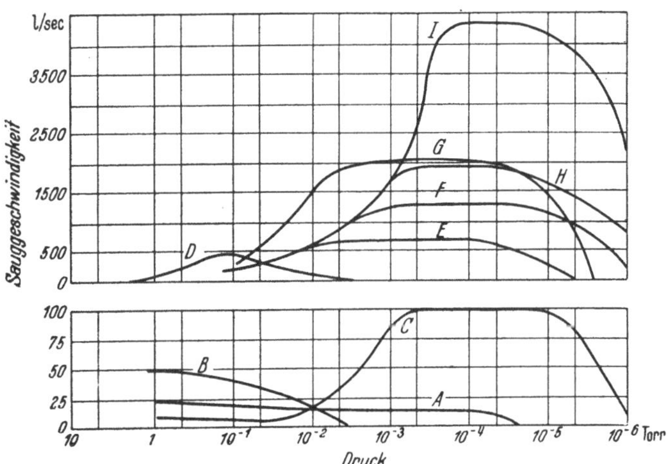

Abb. 191. Sauggeschwindigkeit in Abhängigkeit vom Ansaugdruck bei einigen charakteristischen
Pumpentypen nach MORSE. A Zweistufige Mech. Pumpe, 2 PS/50 cu. ft./min. B Einstufige Mech.
Pumpe, 5 PS/100 cu. ft./min. C Zweistufige Öldiffusionspumpe, 200 W. D Einstufiger Ölinjektor,
6000 W, 6 inch, Type KB 300, Lieferer: Distill. Prod. Rochester N. Y. E Zweistufiger Booster,
4000 W, 6 inch. F Vierstufige Öldiffusionspumpe, 225 W, 8 inch. G Zweistufiger Booster, 6000 W,
10 inch. H Dreistufige Öldiffusionspumpe 2250 W, 10 inch, Type H 10, Lieferer: National Research
Corp., Boston. J Dreistufige Öldiffusionspumpe, 2250 W, 16 inch, Type H 16, Lieferer: National
Research Corp., Boston.

Die von der Dist. Prod. und der Nat. Research herausgebrachten
Booster sind spezielle Typen von Öldiffusionspumpen, bei denen der
Arbeitsbereich infolge erhöhter Heizleistung etwa eine Zehnerpotenz
weiter nach höheren Drucken reicht als bei Öldiffusionspumpen normaler
Bauart. Abb. 191 (Kurven E und G) nach MORSE (*84*) zeigt den charakteristischen Verlauf der Sauggeschwindigkeitskurve bei diesen Boostern
im Vergleich zu normalen Öldiffusionspumpen (Kurven C, F, H, J). Die
Betriebsdaten der verschiedenen Booster sind in Tab. 19 zusammengestellt.

Nach einem grundsätzlich anderen Prinzip als die Booster arbeiten
die eigentlichen *Öldampfstrahlsauger* (vgl. *144a*) (Abb. 192). Ein Öldampfstrahlsauger soll einerseits bei niedrigen Drucken ansaugen und andererseits gegen hohe Vorvakuumdrucke arbeiten; er muß also mit niedrigem
Dampfdruck und hoher Dampfgeschwindigkeit in der Düsenmündung
arbeiten. Als echter Strahlsauger muß er also nach den Ausführungen
über die Theorie der Dampfstrahlpumpen mit einer Treibdampfdüse
mit hohem Expansionsverhältnis, d. h. einer Lavaldüse ausgerüstet sein.

Tabelle 19.

Pumpenart	Type	Stufenzahl	Erforderl. Vorvakuum Torr	Maximum der Sauggeschw. 1/sec
Glas	GB 3	2	1	3 bei 10^{-4} Torr
Metall	VMB 1	2	0,5	1
Metall	VMB 7	2	0,5	7
Metall	MB 100	2	0,3	100 bei 10^{-3} Torr
Metall	MB 200	2	0,4	200 bei 10^{-3} Torr
Metall	B 6	2	0,9	450 bei $1 \cdot 10^{-2}$ Torr
fraktionierende Metall	T 3	3	0,3	350 bei $8 \cdot 10^{-3}$ Torr
				Öldampf-
Ejektor	VKB 150	1	0,4	150 bei 10^{-1} Torr
Ejektor	KB 300*	1	3,5	350 bei 0,1—0,2 Tor

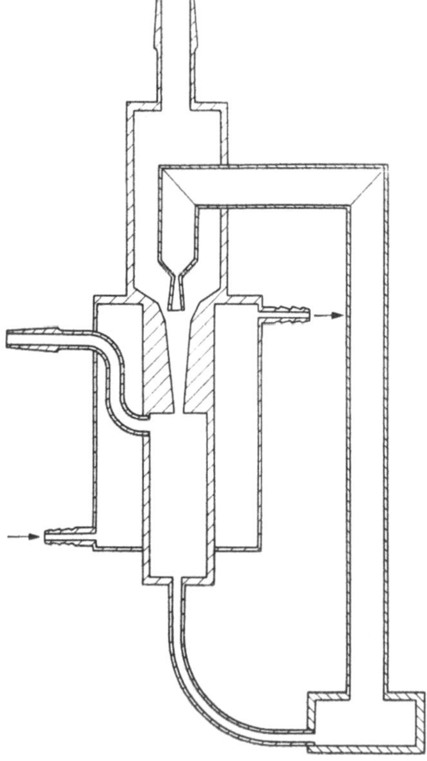

Abb. 192. Schnitt durch einen Öldampfstrahlsauger, schematisch.

Abb. 192 zeigt den Schnitt durch eine solche Pumpe. Das Treibmittel für einen derartigen Sauger muß die Forderungen erfüllen, daß sein Dampfdruck bei 20° C nicht größer ist als 10^{-4} bis 10^{-2} Torr und daß er unterhalb des Zersetzungspunktes Werte von mindestens einigen Torr erreicht. Die Firma Leybold verwendet Trikresylphosphat. Abb. 193 zeigt die Sauggeschwindigkeitskurven eines solchen Öldampfstrahlsaugers in Abhängigkeit von der Heizleistung. Die Kurve für eine niedrige Heizleistung von 300 W hat noch ganz den Charakter der Sauggeschwindigkeitskurve einer Diff sionspumpe. Bei der höchsten Heizleistung von 500 W dagegen erscheint die typische Sauggeschwindigkeitskurve eines echten Strahlsaugers mit einem steilen Maximum (vgl. auch Abb. 170 Kurve M) in einem schmalen Bereich (hier bei 10^{-1} Torr). Den gleichen Charakter hat die Kurve D in Abb. 191 im Vergleich zu den breiten Arbeitsbereichen konstanter Sauggeschwindigkeit bei Öldiffusionspumpen und Boostern, deren Arbeitsbereich nach hohen

---

    * Vgl. Abb. 191 Kurve D.

Booster.

Endvakuum Torr	Treibmittel	Heizleistung Watt	Hersteller
$5 \cdot 10^{-5}$	Butylsebacat	160	Distillation Products
10^{-4}	Butylphthalat	275	Distillation Products
10^{-4}	Butylphthalat	300	Distillation Products
$5 \cdot 10^{-5}$	Butylphthalat, Butylsebacat	500	Distillation Products
$5 \cdot 10^{-5}$	Butylphthalat, Butylsebacat	1100	Distillation Products
$5 \cdot 10^{-5}$	Narcoil	6000	National Research Corp.
$5 \cdot 10^{-5}$	Leyboldöl F	1250	Leybold

strahlsauger.

10^{-3}	Myvane, KB oil	3000	Distillation Products
10^{-2}	KB oil	5-10000	Distillation Products

Drucken nur bis 10^{-3} bzw. 10^{-2} Torr reicht, während bei den Öldampfstrahlpumpen das Maximum bei 10^{-1} Torr liegt. Die charakteristischen
Unterschiede in der Gestalt der Kurven bei Diffusionspumpen und

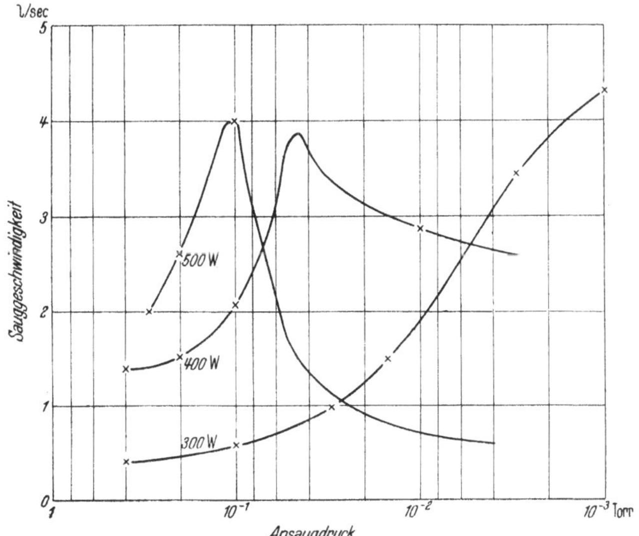

Abb. 193. Sauggeschwindigkeit eines Öldampfstrahlsaugers in Abhängigkeit von Ansaugdruck und Heizleistung.

Strahlsaugern stehen im Einklang mit den Ergebnissen der vorhergehenden beiden Kapitel über Theorie der Dampfstrahlpumpe und Theorie
der Diffusionspumpe.

3. Bemessung von Diffusionspumpen und Auswahl geeigneter Vorvakuumpumpen.

Bei der Festlegung des Wertes der Sauggeschwindigkeit, den eine
Diffusionspumpe für eine bestimmte Anwendung haben muß, steht
man im allgemeinen vor folgender Schwierigkeit: Die Kataloge der

Tabelle 20. Diffusions-

Pumpenart	Stufenzahl	Erforderliches Vorvakuum Torr	Maximum der Sauggeschwindigkeitskurve l/sec
Hg-*Dampfpumpen*			
Hg-Diffusionspumpen			
aus Metall	1	0,1—0,5	bis 200
	mehrstufig	0,5—20	2 bis 1000
aus Glas	1	0,1	1—2,5
	mehrstufig	1,5—15	0,3—50
Kombinierte Diffusions- und Dampfstrahl-Pumpen	3	12—20	12—48
Öl-*Dampfpumpen*			
Öl-Diffusionspumpen ohne Fraktionierung			
aus Metall	1	0,01	20
	2—3	0,05—0,45	50—17000
aus Glas	2 Pumpen in Reihe	0,1	10
Öl-Diffusionspumpen mit Fraktionierung			
aus Metall	mehrstufig	0,1—0,3	2—5000*
aus Glas	2	0,03—0,1	5—20
	3	0,05—0,1	15—25

* Leybold liefert $\leqq$ 2000 l/sec.

Herstellerfirmen für Diffusionspumpen enthalten eine Fülle von Sauggeschwindigkeitsangaben, die von etwa 1 l/sec bei kleinen Glasdiffusionspumpen bis zu 17000 l/sec bei großen Metalldiffusionspumpen reichen (s. Tab. 20). Welcher Wert der Sauggeschwindigkeit ist nun für eine bestimmte Apparatur zu wählen? Bei den rotierenden Ölluftpumpen ist die Auswahl einfacher. Hier genügt es, auf Grund des Gasrauminhaltes der Apparatur die Sauggeschwindigkeit so zu bemessen, daß in einer bestimmten Zeit der gewünschte niedrigere Druck erreicht wird. Bei den Diffusionspumpen ist dieser einfache Weg aber nicht gangbar. Auf S. 199 wird ausgeführt, daß bei Drucken unter 10^{-3} Torr, wie sie insbesondere bei Diffusionspumpen in Frage kommen, bereits mehr Gasmoleküle an den Oberflächen der Gefäßwände adsorbiert sind, als die gesamte Zahl der Moleküle im Gasraum. Die Sauggeschwindigkeit einer Diffusionspumpe muß also so bemessen werden, daß sie bei dem geforderten niedrigeren Druck der Gasabgabe von den Gefäßwänden und den eingebauten Systemteilen das Gleichgewicht hält. Wie groß diese Gasabgabe ist, hängt bei gleichem Flächeninhalt der Oberfläche im Vakuum sehr von den Bedingungen des Einzelfalles ab. So zeigen insbesondere Metalle eine sehr starke Gasabgabe ins Vakuum. Der Wert dieser Gasabgabe läßt sich durch Verwendung von vakuumgeschmolzenen Metallen (s. S. 273) herabsetzen. Zur Verringerung der Gasabgabe ist es ganz allgemein vorteilhaft, die im Vakuum befindlichen Teile einmal möglichst hoch zu erhitzen. Bei zusammengesetzten und Dampfstrahlpumpen.

| Endvakuum | | | Hersteller | |
mit Kühlfalle Torr	ohne Kühlfalle Torr	mit Treibmittel	Deutschland	Ausland
$< 10^{-6}$	10^{-3}	Hg	11)	8)
„	„		11)	1)
„	„		9), 10)	4), 5)
„	„		9), 10)	6), 3)
				2)
„	„		11)	15)
—	$5 \cdot 10^{-6}$	Octoil, Narcoil		4), 7), 5), 12), 14)
—	$8 \cdot 10^{-7}$	Apiezonöl	16)	
	10^{-5}—10^{-6}	div. org. Öle	11)	5), 7), 13), 12), 14), 17)
—	$7 \cdot 10^{-7}$	Octoil	10)	
—	$5 \cdot 10^{-8}$	Octoil S	10)	

1) A. Cacciari, Milano. — 2) Celtiques, Rueil (Frankr.). — 3) Central Scientific Company, Chicago, Ill.; Boston, Mass. — 4) Compagnie Générale de Radiologie, Paris. — 5) Distillation Products, Inc., Vacuum Equipment Division, Rochester, N.Y. — 6) W. Edwards & Comp. (London) Ltd., London. — 7) Officine Galileo, Stabilimento di Firenze, Florenz. — 8) General Electric Company, Schenectady, N.Y. — 9) Hanff & Buest, Berlin. — 10) Labor- und Vacuum-Gesellschaft, Wilhelmshaven. — 11) E. Leybold's Nachfolger, Köln. — 12) Metropolitan Vickers Electrical Comp., Ltd., Manchester, Engl. — 13) Micafil A.-G., Zürich-Altstetten. — 14) National Research Corp., Vacuum Engineering Division, Boston, Mass.; Cambridge, Mass. — 15) Scad, Société de Construction d'Appareils de Laboratoire, Paris. — 16) Schott & Gen., Jena. — 17) Apparatebauanstalt Balzers, Liechtenstein.

Apparaturen mit zahlreichen Verbindungsstellen ist außerdem die Gasabgabe der Gummidichtungen (s. S. 279) an diesen Verbindungsstellen zu berücksichtigen. Schließlich ist noch zu beachten, daß eine Hochvakuumapparatur wohl niemals absolut dicht ist (Über die zulässigen Undichtigkeiten bzw. die untere Grenze der Feststellbarkeit s. S. 76—80 unter „Leckmesser"). Das durch die Undichtigkeiten einströmende Gas ist also zusätzlich von den Pumpen zu fördern. So strömt durch eine Öffnung mit einer Fläche von 0,0003 mm², wie auf S. 86 ausführlich gezeigt wurde, eine Luftmenge von 0,1 g/h in eine Vakuumapparatur ein. Zum Vergleich hiermit ist in Abb. 194 die Sauggeschwindigkeit einer Metalldiffusionsluftpumpe mittlerer Größe in Volumeneinheiten und in Gewichtseinheiten aufgetragen. Man sieht, wie bei Drucken unter 10^{-3} Torr trotz der großen auf das Volumen bezogenen Sauggeschwindigkeit das Gewicht der geförderten Luftmenge allmählich sehr kleine Werte annimmt. So entspricht die durch eine Öffnung von 0,0003 mm² einströmende Luftmenge von 0,1 g/h der vollen Sauggeschwindigkeit der Pumpe bei 10^{-3} Torr. Beim Vorhandensein einer derartigen Undichtigkeit können also von der Pumpe in keinem Fall niedrigere Drucke als 10^{-3} Torr erreicht werden. Nach diesen Andeutungen ist also ohne weiteres klar, daß die Bestimmung des Wertes der Sauggeschwindigkeit einer für eine bestimmte Apparatur erforderlichen Diffusionspumpe sehr stark von den besonderen Bedingungen des Einzelfalles abhängt. Als ganz grober Richtwert kann etwa dienen: Daß zur Aufrechterhaltung eines Druckes von 10^{-5} bis 10^{-4} Torr bei einem Gesamtwert der Oberflächen im Vakuum von 10 m² unter einigermaßen sauberen Bedingungen eine Diffusions-

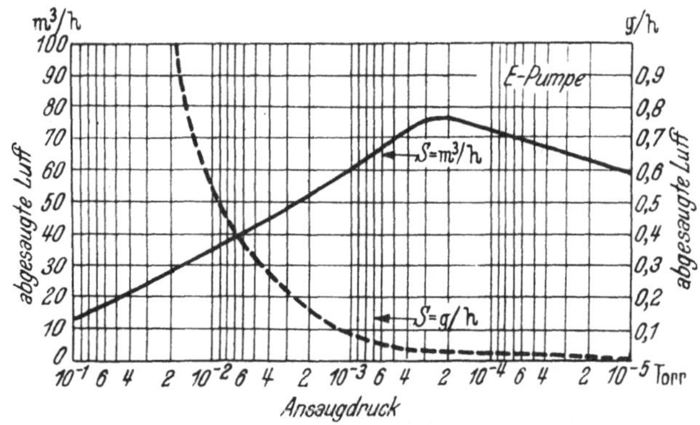

Abb. 194. Sauggeschwindigkeit einer dreistufigen Quecksilberdampfpumpe (Leybold Modell E) in Volumeneinheiten (m³/h) und Gewichtseinheiten (g/h).

pumpe mit einer Sauggeschwindigkeit von 100 l/sec erforderlich ist, falls man Evakuierungszeiten von einigen Stunden zuläßt. Für Evakuierungszeiten von einigen Minuten sind entsprechend 10- bis 100mal größere Sauggeschwindigkeiten erforderlich.

An eine Vorvakuumpumpe zu einer Diffusionspumpe sind vor allem zwei Forderungen zu stellen:

1. Die Vorvakuumpumpe muß ein für die Pumpe ausreichendes Vorvakuum liefern. Wir haben im vorhergehenden Abschnitt bei den einzelnen Diffusionspumpentypen angegeben, welches Vorvakuum jeweils erforderlich ist.

2. Die Sauggeschwindigkeit der Vorvakuumpumpe muß bei den für die Diffusionspumpe zulässigen Vorvakuumdrucken mindestens so groß sein, daß sie die von der Diffusionspumpe anfallenden Gasmengen in g/sec zu fördern vermag. Wir betrachten hierzu zunächst das Diagramm Abb. 195. Hierin sind die Sauggeschwindigkeiten der verschiedenen von der Firma E. Leybolds Nachf. hergestellten Modelle an Diffusionspumpen und rotierenden Ölluftpumpen aufgetragen, und zwar als Abszisse der Druck an der Saugseite der Pumpen und als Ordinate die geförderte Luftmenge in g/sec. Danach kann beispielsweise die Öldiffusionspumpe Modell T 3 eine Gasmenge von $8-10^{-4}$ g/sec wegschaffen und benötigt ein Vorvakuum von 0,3 Torr. Die rotierenden Ölluft-

pumpen Mod. VI und VII können diese Gasmenge bei einem Druck von 0,2 Torr fördern, während die kleineren rotierenden Ölluftpumpen Mod. IV und V erst bei einem höheren Druck, und zwar bei $8 \cdot 10^{-1}$ Torr eine Förderleistung von $8 \cdot 10^{-4}$ g/sec haben. Als Vorvakuumpumpe ist also eine größere rotierende Ölluftpumpe Mod. VII oder VI zu wählen.

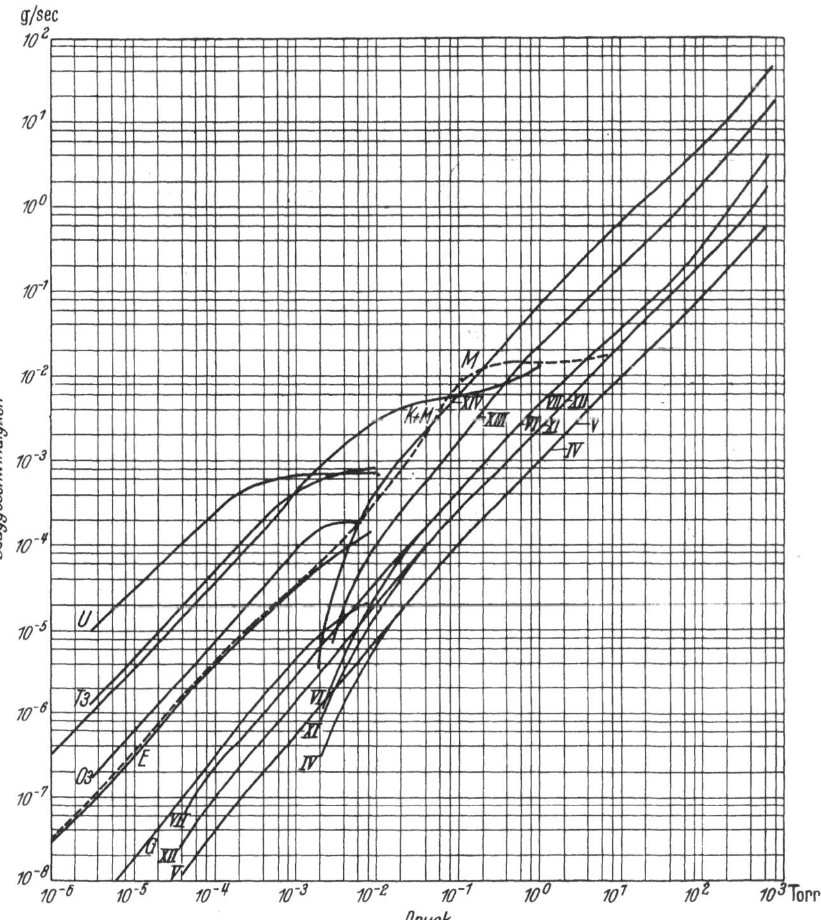

Abb. 195. Sauggeschwindigkeit verschiedener Pumpenmodelle der Firma Leybold in g/sec in Abhängigkeit vom Ansaugdruck.

Zur Auswahl weiterer Kombinationen betrachten wir noch einmal das Diagramm Abb. 195. Eine Pumpe, deren auf das Volumen bezogene Sauggeschwindigkeit in ihrem ganzen Arbeitsbereich konstant wäre, müßte in diesem Diagramm als gerade Linie unter 45° erscheinen. Wie das Diagramm zeigt, erreicht man eine einigermaßen konstante Sauggeschwindigkeit zwischen 10^{-6} Torr und Atmosphärendruck durch Kombination der Quecksilberdiffusions- und Dampfstrahlpumpe Mod. M

mit der einstufigen rotierenden Ölluftpumpe Mod. XIV. Ebenso erreicht
man eine annähernd konstante Sauggeschwindigkeit durch Kombination
der Quecksilberdiffusionspumpe Mod. G normaler Bauart mit einer zweistufigen rotierenden Ölluftpumpe Mod. VII. Im Gegensatz zu diesen
möglichen Kombinationen konstanter Sauggeschwindigkeit bei Quecksilberdiffusionspumpen ist eine Kombination mit konstanter Sauggeschwindigkeit zwischen Öldiffusionspumpen und rotierenden Ölluftpumpen nicht möglich. So würde sich beispielsweise bei Kombination
einer Öldiffusionspumpe Mod. Q 3 selbst mit dem größten Modell der rotierenden Ölluftpumpe Mod. XIV zwischen $2 \cdot 10^{-3}$ Torr und 10^{-2} Torr ein

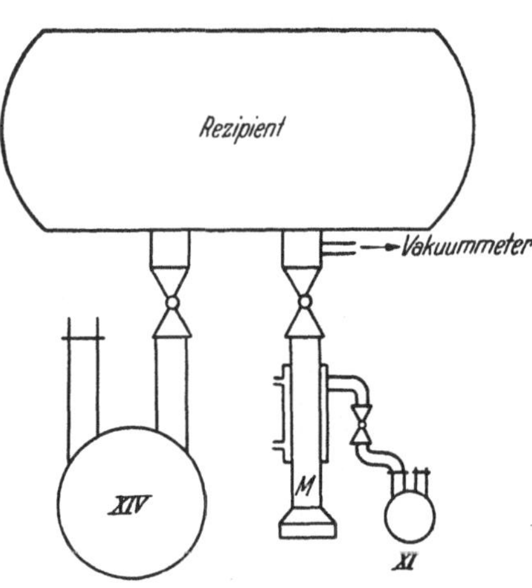

Abb. 196. Parallelbetrieb einer großen rotierenden
Ölluftpumpe Modell XIV zu einer kombinierten
Quecksilberdampfstrahl- und Diffusionspumpe
Modell M mit Vorpumpe Modell XI.

erheblicher Abfall in der Sauggeschwindigkeit ergeben. Dieses
Loch in der Sauggeschwindigkeit zwischen den Öldiffusionspumpen und rotierenden Ölluftpumpen ist ganz allgemein
charakteristisch für die Öldiffusionspumpen und bedingt,
daß man beim Evakuieren einer
Apparatur von höheren Drucken
aus mit einer Kombination aus
einer Öldiffusionspumpe und
einer rotierenden Ölluftpumpe
eine erhebliche Zeit braucht,
um das Gebiet von 10^{-2} bis
10^{-3} Torr zu durchfahren. Da
nun zweistufige rotierende Ölluftpumpen bei Drucken unter
10^{-2} Torr eine größere Sauggeschwindigkeit haben als ein-
stufige rotierende Ölluftpumpen (vgl. die Kurven der Abb. 106), so ist
auch aus diesem Grunde die Wahl einer zweistufigen rotierenden Ölluftpumpe als Vorvakuumpumpe zu einer Öldiffusionspumpe ratsam.
Zweistufige Gasballastpumpen haben außerdem als Vorpumpen zu Öldiffusionspumpen den Vorteil, daß sie auch bei Betrieb mit Gasballast
das erforderliche Vorvakuum liefern und daß dieses durch Feuchtigkeit
nicht beeinträchtigt wird, auch ohne Verwendung von Kühl- oder Ab-
sorptionsmitteln.

Will man Behälter in möglichst kurzer Zeit auf einen niedrigen
Druck evakuieren und kombiniert man aus diesem Grunde eine große
rotierende Ölluftpumpe mit einer Diffusionspumpe, so ist die große
rotierende Ölluftpumpe unmittelbar an den Behälter und die Diffusionspumpe parallel dazu mit einer kleineren rotierenden Ölluftpumpe als
Vorvakuumpumpe anzuschließen (s. beispielsweise die obengenannte
Kombination zwischen der Quecksilberdampfstrahlpumpe Mod. M und
der rotierenden Ölluftpumpe Mod. XIV; s. Abb. 196). In dem Beispiel
würde man zunächst das Ventil über der Diffusionspumpe schließen und
den Rezipienten mit der großen Ölluftpumpe bis auf etwa 0,2 Torr eva-

kuieren. Sodann wäre das Ventil über der großen rotierenden Ölluftpumpe zu schließen und diese abzuschalten und die weitere Evakuierung mit der Diffusionspumpe und der kleineren rotierenden Ölluftpumpe vorzunehmen.

Soll eine Apparatur mit einer Diffusionspumpe längere Zeit nur auf Endvakuumdruck gepumpt werden, so ist es in vielen Fällen vorteilhaft, die Diffusionspumpe nicht dauernd gegen das Vorvakuum einer rotierenden Ölluftpumpe arbeiten zu lassen, sondern auf der Vorvakuumseite einen Behälter als Puffervolumen einzuschalten (s. Abb. 197) und nach Erreichen eines bestimmten niedrigen Druckes an der Vorvakuumseite die rotierende Ölluftpumpe abzuschalten. Hierbei kann es zweckmäßig sein, den Behälter zunächst an der Hochvakuumseite der Diffusionspumpe anzuschließen und ihn erst dann auf die Vorvakuumseite umzuschalten, wenn die rotierende Ölluftpumpe abgeschaltet wird.

4. Wirkungsgrad der Diffusionspumpen.

Im thermodynamischen Sinne sind die Diffusionspumpen Arbeitsmaschinen, die in der Zeiteinheit eine bestimmte Gasmenge vom Ansaugdruck p_1 auf den Vorvakuumdruck p_2 verdichten. Bei solchen Arbeitsmaschinen ist es immer interessant, ihren Wirkungsgrad zu betrachten. Wir haben bei den rotierenden Ölluftpumpen gesehen, daß deren Wirkungsgrad sehr stark von der Größe des Ansaugdruckes p_1 abhängig ist, derart, daß der Wirkungsgrad von

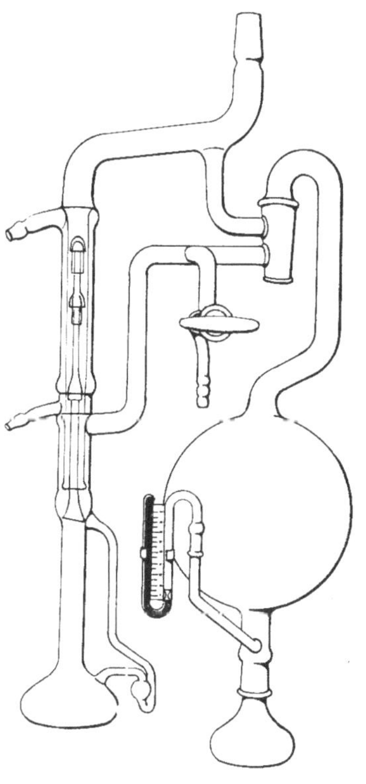

Abb. 197. Dreistufige Quecksilberdiffusionspumpe aus Glas mit Vorvakuumballon. Lieferer: Hanff & Buest.

großen Pumpen bei großen Werten des Ansaugdruckes Werte von 80% erreichen kann, aber bei kleineren Drucken sehr stark abfällt. Wir wollen nun anschließend auch den Wirkungsgrad der Diffusionspumpen betrachten. Zur Verdichtung von einem Mol eines Gases vom Ansaugdruck p_1 auf den Vorvakuumdruck p_2 ist eine Kompressionsarbeit

$$A_{\mathrm{Mol}} = RT \ln \frac{p_2}{p_1} \left[\frac{\mathrm{cal}}{\mathrm{Mol}} \right],$$

zu leisten. Daraus ergibt sich die Kompressionsarbeit für ein Liter des Gases:

$$A_l = \frac{RT}{V} \ln \frac{p_2}{p_1} \left[\frac{\mathrm{cal}}{\mathrm{l}} \right],$$

$V = $ Molvolumen bei T, p_1 .

Beispiel: $p_2 = 10^{-1}$ Torr. $p_1 = 10^{-3}$ Torr.

$$A_l = \frac{2 \cdot 293}{22,4} \cdot \frac{10^{-3}}{760} \, \ln 100 = 1,60 \cdot 10^{-4} \left[\frac{\text{cal}}{l}\right].$$

$$\frac{\text{Saugleistung}}{\text{Watt sec}} = \frac{0,24}{1,60} \cdot 10^4 = 1,5 \cdot 10^3 \left[\frac{l}{\text{Ws}}\right].$$

Dieser Wert ist zu vergleichen mit dem günstigsten experimentellen Wert nach Ho (77) von 0,4 [l/Ws]. Der Wirkungsgrad der Diffusionspumpen hat also einen Wert von $0,4/1,5 \cdot 10^3 \approx 3 \cdot 10^{-4} < 0,1\%$.

Im Hinblick auf diesen kleinen thermodynamischen Wirkungsgrad ist zu bedenken, daß die in eine Diffusionspumpe hineingeschickte Heizleistung primär zur Verdampfung des Treibmittels verwandt wird und daß das sekundlich abgesaugte Gasvolumen nicht größer sein kann als das Dampfvolumen V_1 am Düsenaustritt.

Bei einer Quecksilberdiffusionspumpe mit einem Expansionsverhältnis $V_1/V_0 = 150$ ($V_0 =$ Dampfvolumen im Düseneintritt) ist zur Erzeugung von einem Dampfvolumen $V_1 = 1$ [l/sec] am Düsenaustritt eine Arbeit

$$A = \frac{1}{150} \cdot \frac{p}{760 \cdot 22,4} \, L M \,,$$

$L = 70$ [cal/g] $=$ Verdampfungswärme des Quecksilbers; $M =$ Molekulargewicht; $p =$ Dampfdruck des Quecksilbers im Siedegefäß ~ 130 Torr zu leisten.

$$A = \frac{1}{150} \cdot \frac{130}{760 \cdot 22,4} \cdot 200 \cdot 70 = 0,7 \left[\frac{\text{cal}}{l}\right].$$

$$\frac{\text{Sauggeschwindigkeit}}{\text{Watt sec}} = \frac{0,24}{0,7} = 0,35 \left[\frac{l}{\text{Ws}}\right],$$

bei einem Vorvakuumdruck ≤ 1 Torr.

Dieser Wert der $\dfrac{\text{Saugleistung}}{\text{Watt sec}}$ wird von Ho (77) experimentell auch erreicht.

Literaturverzeichnis.

Mechanische Pumpen.
Deutsche Patente Kl. 27 b u. Kl. 27 c (Gr. 1 bis 6_{03}.

1. AEG., DRP. 591551.
1a. ATM. Z 69—2, Z 69—3, Z 69—4.
2. Brown Boveri, DRP. 430318.
3. DAYTON, B. B.: Ind. Engng. Chem. **40**, 795 (1948).
4. GAEDE, W.: DRP. 442185.
5. — DRP. 471827.
6. — DRP. 602226.
7. — DRP. 702480.
8. — Z. Naturforsch. **2**a, 233 (1947).
9. GEHRTS, A.: Z. techn. Phys. **1**, 61 (1920).
10. JAECKEL, R.: Chem. App. **28**, 129 (1941).
11. E. Leybolds Nachf., DRP. 673497.
12. MARTOS, A.: Chem. App. **23**, 89 (1936).
13. MORSE, R. S.: Electronics **12**, 33 (1939).

14. Oetien, G. W.: Elektrotechn. **2**, 33 (1948).
15. Pfeiffer, A.: DRP. 457305.
16. — DRP. 491066.
17. Stintzing: DRP. 654407.
18. Sullivan, H. M.: Rev. scient. Instr. **19**, 1 (1948).

Molekularluftpumpen.

21. Ecklund, S.: Ark. math.-astron. Fys. A, **27**, Nr. 21 (1940).
22. — Ark. math.-astron. Fys. A, **29**, Nr. 4 (1942).
23. v. Friesen, St.: Rev. scient. Instr. **11**, 362 (1940).
24. Gaede, W.: Ann. Phys. (1) **41**, 337 (1913).
25. Holweck, F.: C. R. **177**, 43 (1923).
26. Kellström, G.: Z. Phys. **41**, 516 (1927).
27. Risch, R.: Schweiz. Arch. **14**, 279 (1948).
28. Siegbahn, M.: Ark. math.-astron. Fys. **30**, B, Nr. 2 (1944).

Technische Thermodynamik.

31. Bošnjakowić, Fr.: Techn. Thermodynamik, Bd. 1. Leipzig: Th. Steinkopff 1935.
32. Flügel, G.: VDI-Forsch. H. 395 (1939).
33. Hütte, 27. Aufl., Bd. 1, S. 581. 1942.
34. Mollier, R.: Neue Tabellen und Diagramme für Wasserdampf. 1932.
35. Schmidt, E.: Einführung in die techn. Thermodynamik. Berlin: Springer 1944.
36. VDI-Dampftafeln. Berlin: Oldenbourg u. Springer 1937.
37. Wiegand, J.: VDI-Forsch. H. 401 (1940).

Dampfstrahlpumpen.
Deutsche Patente KL 27d.

Theorie der Diffusionspumpe.

41. Alexander, P.: J. scient. Instr. **23**, 11 (1946).
42. Copley, M. J., O. C. Simpson, H. M. Tenney u. T. E. Phipps: Rev. scient. Instr. **6**, 265 (1935).
43. Crawford, W. W.: Phys. Rev. **10**, 557 (1917).
44. Dayton, B. B.: Rev. scient. Instr. **11**, 793 (1948).
45. Enskog, D.: Phys. Z. **12**, 5, 33 (1911).
46. Fluke, D.: Rev. scient. Instr. **19**, 665 (1948).
47. Gaede, W.: Ann. Phys. **41**, 289 (1913).
48. — Ann. Phys. **46**, 357 (1915).
49. — Z. techn. Phys. **4**, 337 (1923).
50. Gibson, R. J.: Rev. scient. Instr. **19**, 276 (1948).
51. Jaeckel, R., u. H. J. Schroeder: Z. techn. Phys. **24**, 69 (1943).
52. Jaeckel, R.: Z. Naturforsch. **20**, 666 (1947).
53. Langmuir, J.: Phys. Rev. VI, 8, 48 (1916).
54. — Gen. El. Rev. XIX, 10, 1060 (1916).
55. — Electrican **79**, 13, 579 (1917).
56. Matricon, M.: J. Phys. Rad. (7) **2**, 86 (1931).
57. — J. Phys. Rad. (7), **3**, 127 (1932).
58. Mönch, G.: Phys. Z. **34**, 303 (1933).
59. Molthan, W.: Phys. Z. **26**, 712 (1925).
60. — Z. techn. Phys. **7**, 377, 452 (1926).
61. — Z. techn. Phys. **8**, 80 (1927).
62. Setlow, R.: Rev. scient. Instr. **19**, 533 (1948).
63. Volmer, M.: Ber. dtsch. chem. Ges. **52**, 804 (1919).
64. — Z. angew. Chem. **34**, 149 (1921).
65. Wertenstein, L.: Proc. Cambridge phil. Soc. **23**, 578 (1927).
66. Williams, H. B.: Phys. Rev. **7**, 583 (1916).
67. Witty, R.: J. scient. Instr. **22**, 201 (1945).

Diffusionspumpen (allgemein).

Deutsche Patente KL 27d.

71. BRUNS, B.: J. techn. Phys. **7**, 970 (1937).
72. COLAIACO, A. P., u. P. L. HOPPER: Westinghouse Eng. **6**, 103 (1946).
73. DEMONTRIGNIER, M.: Doc. scient. **8**, 75 (1939).
74. ESTERMANN, J., u. H. T. BYCK: Rev. scient. Instr. **3**, 482 (1932).
75. ESTERMANN, J.: Verh. dtsch. phys. Ges. (3), **14**, 12 (1933).
76. GEHRTS, A.: Z. techn. Phys. **1**, 61 (1920).
77. HO, T. L.: Rev. scient. Instr. **3**, 133 (1932).
78. JOLIBOIS, P.: C. R. **200**, 1020 (1935).
79. KLUMB, H.: Elektrotechn. Z. **37**, 1445 (1936).
80. — Z. techn. Phys. **17**, 201 (1936).
81. KRÖNCKE, H.: Z. phys.-chem. Unterr. **46**, 271 (1933).
82. MARTOS, A.: Chem. App. **20**, 101 (1933).
83. MÖNCH, G.: Phys. Z. **34**, 303 (1933).
84. MORSE, R. S.: Ind. Engng. Chem. **39**, 1064 (1947).
84a. NEUMANN, R.: Electronic Engng. **20**, März, April, Mai 1948.

Quecksilber-Diffusionspumpen.

85. ALEXANDER, P.: J. scient. Instr. **23**, 11 (1946).
85a. — J. scient. Instr. **21**, 216 (1944).
86. AUSIAN: C. R. **192**, 670 (1931).
87. BODDY, L.: Rev. scient. Instr. **5**, 278 (1934).
88. BULL, S. S., u. O. KLEMPERER: J. scient. Instr. **20**, 179 (1943).
88a. CRAWFORD, W. W.: Phys. Rev. **10**, 557 (1917).
89. GAEDE, W.: DRP. 416065.
90. — u. W. H. KEESOM: Z. Instr. **49**, 298 (1929).
91. GEHRTS, A.: Naturwiss. **7**, 983 (1919).
92. KLUMB, H.: Z. techn. Phys. **17**, 201 (1936).
93. LOOSLI u. F. FANSTER: Z. techn. Phys. **4**, 392 (1923).
94. MOLTHAN, W.: Z. Phys. **39**, 1 (1926).
95. MUNCH, R. H.: Science (Lancaster, Pa.) **76**, 170 (1932).
96. STINTZING, H.: Z. techn. Phys. **3**, 369 (1922).
97. — Z. techn. Phys. **5**, 314 (1924).

Öldiffusionspumpen.

Deutsche Patente über Treibmittel KL 23c.

97a. ALEXANDER, P.: J. scient. Instr. **25**, 313 (1948).
98. AMDUR, J.: Rev. scient. Instr. **7**, 395 (1936).
99. VAN ATTA, C. M., u. L. C. VAN ATTA: Bull. amer. phys. Soc. **11**, 7, 9 (1936).
100. — Phys. Rev. **51**, 377 (1937).
101. BAUMGARTNER, H. R., C. A. EXTERMANN, P. C. GUGELOT, P. PREISWERK u. P. SCHERRER: Helvet. phys. Acta **15**, 332 (1942).
102. BEARDEN, J. A.: Rev. scient. Instr. **6**, 276 (1935).
102a. BECKER, J. A., u. E. K. JAYCOX: Rev. scient. Instr. **2**, 773 (1931).
103. BLEARS, J.: Proc. roy. Soc. (A) **188**, 62 (1946).
103a. — Nature **154**, 20 (1944).
104. BRANDENSTEIN u. H. KLUMB: Phys. Z. **33**, 88 (1932).
105. BROWN, G. P.: Rev. scient. Instr. **16**, 316 (1945).
106. BURCH, C. R.: Proc. roy. Soc. **123**, 271 (1929).
107. BYCK, H. T., u. J. ESTERMANN: Phys. Rev. (2), **39**, 553 (1932).
108. COLLINGS, W. R.: Trans. amer. Inst. Chem. Eng. **42**, 455 (1946).
109. CORNOG, R.: Phys. Rev. (2), **57**, 249 (1940).
110. DEMONTRIGNIER, M.: Doc. scient. **8**, 75 (1939).
111. Eastman Kodak Comp.: Franz. Pat. 838111.
112. — Dtsch. Patentanm. E 51030.
113. EDWARDS, H. W.: Rev. scient. Instr. **6**, 145 (1935).
114. — Phys. Rev. (2), **47**, 259 (1935).
115. GAEDE, W.: Z. techn. Phys. **13**, 210 (1932).

116. Gott, W. S.: J. techn. Phys. **6**, 1292 (1936).
117. Henderson, J. E.: Phys. Rev. **45**, 768 (1934).
118. — Rev. scient. Instr. **6**, 66 (1935).
119. — Phys. Rev. **50**, 390 (1936).
120. — Bull. amer. phys. Soc. **11** (1936).
120a. Hickman, K. C. D., J. C. Hecker u. N. D. Embree: Ind. Engng. Chem. **9**, 264 (1937).
121. — u. C. R. Sanford: Rev. scient. Instr. **1**, 140 (1930).
122. — J. phys. Chem. **34**, 637 (1930).
123. Hickman, K. C. D.: J. Franklin Inst. **221**, 215 (1936).
124. — J. Franklin Inst. **221**, 383 (1936).
125. — J. appl. Phys., R. S. J. **11**, 303 (1940).
126. — Nature **156**, 635 (1945).
127. Holtsmark, F., W. Ramm u. S. Westin: Rev. scient. Instr. **8**, 90 (1937).
128. Jaeckel, R.: Z. techn. Phys. **23**, 177 (1942).
129. Kerris, W.: Z. techn. Phys. **16**, 120 (1935).
130. Klumb, H.: Naturwiss. **19**, 612 (1931).
131. —, u. H. O. Glimm: Phys. Z. **34**, 64 (1933).
132. Klumb, H.: DRP. 608296.
133. Lockenwitz, A. E.: Rev. scient. Instr. **8**, 322 (1937).
134. Malter u. Marcuwitz: Rev. scient. Instr. **9**, 92 (1938).
135. Martos, A.: Korrosion **7**, 41 (1932).
136. Matricon, M.: J. Phys. Rad. **10**, 385 (1939).
137. More, K. R., R. F. Humphreys u. W. Watson: Rev. scient. Instr. **8**, 263 (1937).
138. Morse, R. S.: Rev. scient. Instr. **11**, 287 (1940).
139. Patenttreuhandges. f. elektr. Glühlampen: DRP. 629444.
139a. Perry, E. S., u. R. E. Fuguit: Ind. Engng. Chem. **39**, 782 (1947).
139b. Pollard, J., R. W. Sutton u. P. Alexander: J. scient. Instr. **25**, 401 (1948).
140. Ray, K., u. N. P. Sengupta: Nature **155**, 727 (1945).
141. — Nature **156**, 636 (1946).
142. — Indian J. Phys. **19**, 138 (1945).
143. Scinelnikow, Walther, Klesko u. Jamnitzki: J. techn. Phys. **11**, 879 (1941).
143a. Sutton, D. A.: Chem. a. Industr. **22** (1947).
143b. Sykes, C., u. F. E. Bancroft: Chem. Abstr. **32**, 4393 (1938).
143c. Verhoek, F. H., u. A. L. Marshall: J. amer. chem. Soc. **61**, 2737 (1939).
143d. Wilcock, D. F.: J. amer. chem. Soc. **68**, 691 (1946).
144. Witty, R.: J. scient. Instr. **22**, 201 (1945).
144a. Work, L. T., u. V. W. Haedrick: Ind. Engng. Chem. **31**, 464 (1939).
145. Worrell, F. T., u. S. S. Sidhu: Phys. Rev. **59**, 944 (1941).
146. Zabel, R. M.: Rev. scient. Instr. **6**, 54 (1935).

D. Erzeugung, Erhöhung und Aufrechterhaltung des Vakuums ohne Pumpen.

Grenz- oder Endvakuum, der tiefste Druck, den man in einem Rezipienten oder einer Röhre erreichen kann, ist nicht allein abhängig von der Pumpe und deren Treibmittel, sondern hängt wesentlich von der Beschaffenheit der Innenteile der Apparatur, von deren innerer Oberfläche, ab. Auf und in diesen Teilen sind durch Ad- bzw. Absorptionskräfte Gase oder Dämpfe gebunden, welche je nach der Temperatur in den Vakuumraum diffundieren und damit das Grenzvakuum in der Apparatur je nach der Saugleistung der Vakuumpumpe bestimmen. Wir wollen zwischen einem stationären und einem dynamischen Grenzvakuum unterscheiden.

Das dynamische Grenzvakuum ist der Druck im Rezipienten, den man bei angeschlossener Pumpe erreicht, das stationäre Endvakuum der Druck im Rezipienten bzw. in der Röhre, welcher sich in dem von der Pumpe abgetrennten Rezipienten einstellt.

Dynamisches Grenzvakuum. Der dynamische Grenzdruck liegt immer tiefer — bis zu 2 Zehnerpotenzen je nach der Saugleistung der Pumpe und der Beschaffenheit der Wände — als der stationäre Grenzdruck, im besten Falle bei idealer Entgasung und Ausschalten des Dampfdruckes der Treibsubstanzen (s. Abschnitt Dampffallen) konvergieren die beiden Grenzvakuumwerte weitgehend gegeneinander. Das dynamische Grenzvakuum ist bedingt durch das Gleichgewicht zwischen der Zahl der austretenden Gas- und Dampfmoleküle und den von der Pumpe fortgeschafften. Dieses Gleichgewicht hängt außerdem dann natürlich noch von der Temperatur ab.

Stationäres Grenzvakuum. Beim Abtrennen von der Pumpe, also z. B. nach dem Abschmelzen, wird der Druck in dem abgetrennten Teil ansteigen und einem Grenzwert zustreben; dieser stationäre Endzustand hängt im wesentlichen nur von der Temperatur ab. Der Grenzdruck nimmt mit der Temperatur zu.

Das Endvakuum ist etwa mit dem „Dampf"druck über einer Flüssigkeit zu vergleichen. Beim stationären Grenzvakuum stellt sich ein „Sättigungsdruck" über den Adsorptionsflächen ein, der von der Temperatur abhängt; beim dynamischen Grenzvakuum kommt es nicht zum „Sättigungsdruck", da ein Teil des „Dampfdruckes" dauernd durch die Pumpe fortgenommen wird.

Eine wie große Rolle die Wände spielen, geht aus der Tatsache hervor, daß bei einer normalen Rundfunkröhre z. B. auf einer Innenwand von 75 cm² in einer monomolekularen Schicht 500mal mehr Gasmoleküle haften können als bei einem Druck von 10^{-4} Torr im Röhrenvolumen von 40 cm³ vorhanden sind*. Würden diese Moleküle alle in den Vakuumraum der Röhre gelangen, so würde in diesem Beispiel der Druck in der Röhre auf ca. $5 \cdot 10^{-2}$ Torr ansteigen. Dabei wurde noch nicht berücksichtigt, daß eventuell vorhandene Metallelektroden noch viel mehr Gas abgeben können als die Wände.

Um eine solche Druckerhöhung zu verhindern, wendet man nacheinander, gleichzeitig oder auch nur einzeln für sich entgegengesetzte Methoden an:

a) **Entgasen-Desorption.** Man treibt die Gase und Dämpfe unter dauerndem Pumpen durch Erhitzen bis zur höchstzulässigen Temperaturgrenze aus, oder

b) **Ad- und Absorption durch feste Stoffe.** Man bindet sie mit Hilfe der Adsorptionskräfte an besonders zu diesem Zweck ins Vakuum hineingebrachte Adsorptionsmittel, die zuweilen so aktiv sein können, daß Gase ins Innere der Sorbentien eindringen, diffundieren, und dadurch bis zu einer bestimmten Grenze immer wieder ihre Oberfläche für noch nachfolgende Gasteilchen freimachen oder

c) **Dampffallen.** Es werden Vorrichtungen zur Fernhaltung von Dampfmolekülen aus dem Hochvakuumraum beschrieben.

a) Entgasen, Ausheizen oder Desorption**.

Alle Werkstoffe, insbesondere die Metalle, enthalten mehr oder weniger Gase adsorbiert und gelöst; diese Gase lassen sich beim Erhitzen im Vakuum dicht unterhalb des Schmelzpunktes bzw. Erweichungspunktes praktisch vollständig entfernen. Jedoch kann man in den meisten Fällen die Erhitzung nicht so hoch treiben, da bei vielen Werkstoffen schon vorher eine erhebliche Verdampfung des Materials im Vakuum eintritt.

1. Entgasen von Glas.

Glas als Schmelzgut verschiedener chemischer Verbindungen läßt sich selbstverständlich nicht entsprechend so hoch erhitzen wie Metall, da es bereits unterhalb des Erweichungspunktes anfängt, sich chemisch zu zersetzen (*51, 115*). Dies geht auch schon aus dem unregelmäßigen Verlauf der Entgasungskurven in der Abb. 198 hervor, welche die jeweils bei einer bestimmten Temperatur abgegebene Gasmenge anzeigen. Die Meßpunkte der Kurven wurden so erhalten, daß jeweils eine Temperatur bis zum Aufhören der Gasabgabe konstant gehalten wurde. Die dabei

---

* Dies errechnet sich folgendermaßen: Querschnitt eines N_2-Moleküls etwa 10^{-15} cm². Auf Innenwand von 75 cm² sitzen also: $\dfrac{75}{10^{-15}} = 7,5 \cdot 10^{16}$ Moleküle.

Im Gasraum von 40 cm³ sind bei 10^{-4} Torr: $\dfrac{6,06 \cdot 10^{23} \cdot 40}{22\,400 \cdot 760 \cdot 10^{4}} = 1,4 \cdot 10^{14}$ Moleküle vorhanden. Selbst bei einem (höheren) Druck von 10^{-3} Torr sitzen also immer noch 50mal soviel Moleküle auf den Wänden als im Gasraum vorhanden sind.

** Über Erzeugung der erforderlichen Ausheiztemperaturen mit Hilfe von Widerstandsöfen, Hochfrequenzglühsendern und Elektronenbombardement siehe Kap. F. S. 276—277.

abgegebene Gasmenge in mm³ (auf 760 Torr; 0° C reduziert) bei dieser Temperatur wurde dann als Ordinate aufgetragen.

Jedes Glas ist von einer Gas- und Wasserhaut bedeckt, die von seiner Verarbeitung und seiner Lagerung an der Luft herrührt und die mit der Zunahme seiner chemischen Angreifbarkeit bis zu einer Schichtdicke von rund 50 Moleküldurchmessern heranreichen kann.

Die Wasserhaut läßt sich zum größten Teil bei Anwendung von Temperaturen um 350° C entfernen. Steigert man die Temperatur noch weiter, so nimmt vielfach die Gasabgabe wieder zu; das Glas beginnt, sich chemisch zu zersetzen, meist unter Wasserdampfbildung. Es hat also oft keinen Sinn, das Glas zu hoch zu erhitzen. H. C. HAMAKER, H. BRUINING und A. H. W. ATEN jr. (46) berichten, daß eine solche Überhitzung des Glases auf 400° C Oxydkathodenvergiftung verursachen könne, da nämlich nach der Reaktionsgleichung

$$2\,NaCl + SiO_2 + {} + H_2O \rightarrow 2HCl + Na_2SiO_3$$

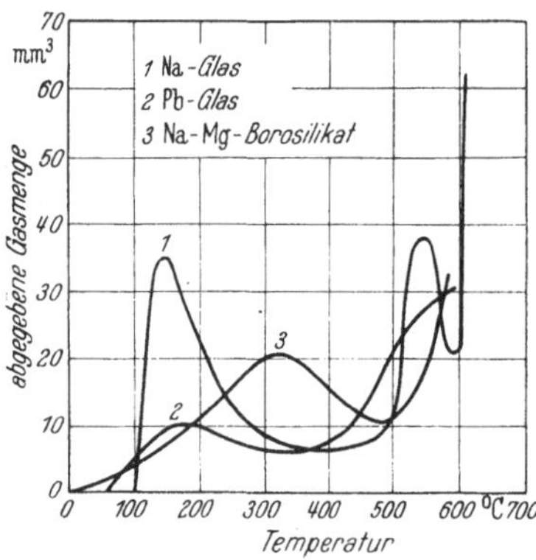

Abb. 198. Gasabgabe einiger Gläser in Abhängigkeit von der Temperatur. Glasoberfläche 350 cm². (R. G. SHERWOOD).

geringe Spuren von Salzsäure entstehen können, die mit den Karbonaten oder Oxden der Kathode vergiftend reagieren. Neben dem Wasserdampf sind auch noch Wasserstoff, Stickstoff und Sauerstoff am bzw. im Glas ad- bzw. absorbiert. Beim Ausheizprozeß diffundieren diese an die Innenoberfläche und verlassen mit dem Wasserdampf das Glas.

Zeitdauer der Entgasung von Glas. Im allgemeinen braucht man zum Entgasen des Glases längere Zeit als bei Metallen, weil man mit der Temperatur aus den angegebenen Gründen nicht so hoch gehen kann. Für die Ausheizzeiten von Gläsern lassen sich keine allgemeinen Angaben machen. Normalerweise genügt für kleinere Röhren eine Zeit von einigen Stunden, währenddessen man die Temperatur für wenige Minuten einige Male auf die höchstzulässige Spitze treibt. Größere Glaskolben, wie z. B. Senderöhren, Gleichrichterröhren, dürfen oft nur langsam (in 1 bis 2 Stunden) hoch geheizt werden und müssen dann bis zu 24 Stunden eine Temperatur von 400° C beibehalten.

Wenn Erhitzung des Glases durch eine Gasflamme erfolgen soll, ist es natürlich wichtig, einen Temperaturindikator zu haben, um eine Erweichung des Glases zu vermeiden. Hierzu hat J. ROTHSTEIN (103) vorgeschlagen, eine geringe Menge Silberchlorid zu dem Glas hinzuzuschmelzen. Die hierdurch erhaltene dünne Oberflächenschicht ist bei normalen Temperaturen weißlich matt, wird aber bei 455° C dunkel glänzend und durchsichtig.

Quarz. Besondere Vorsicht muß man beim Entgasen von Vakuumapparaturen mit Quarzteilen walten lassen, da Quarz schon bei normalen Ausheiz- und Abschmelztemperaturen für gewöhnliche Gase durchlässig

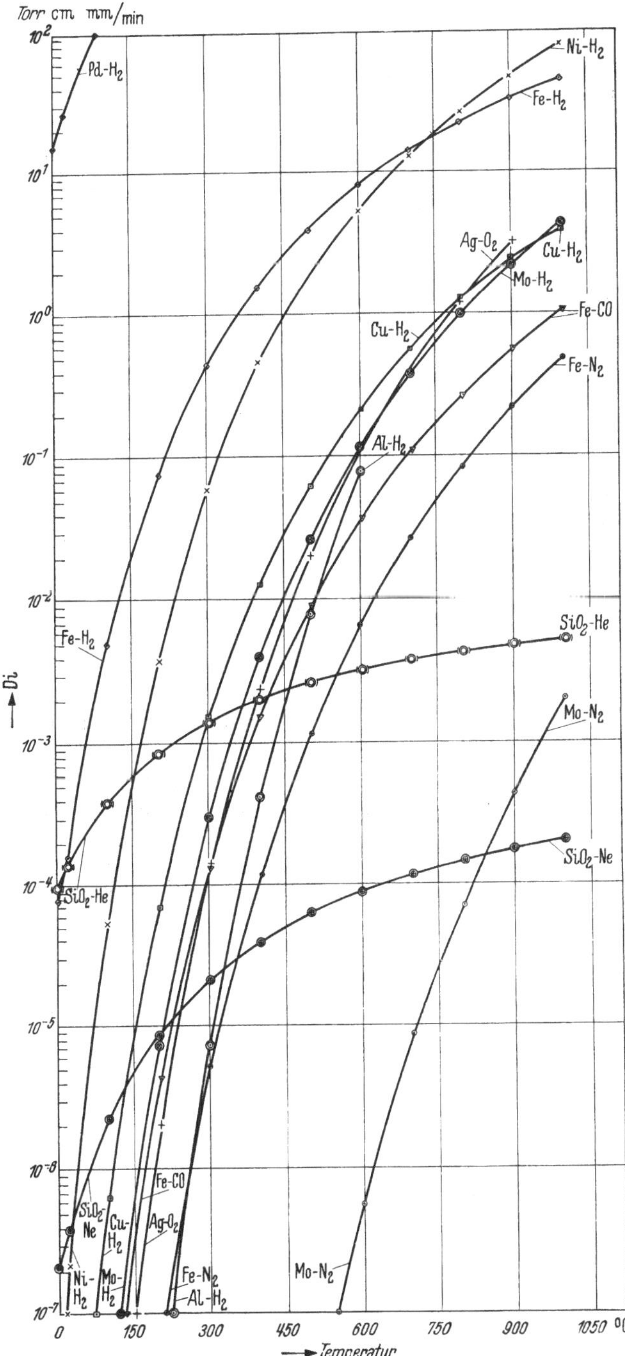

Abb. 199. Gasdurchlässigkeit von Wänden aus verschiedenen Materialien in Abhängigkeit von der Temperatur, dargestellt durch die Funktion $D_i = f(T)$, wobei D_i den Druckanstieg in einem Gefäß von 1 cm³ bei einem Gaseintritt durch 1 cm² der 1 mm starken Wand bedeutet. (H. Schwarz.)

ist, besonders für Wasserstoff (*11*) und noch mehr für Helium (*3,120*) (vgl. Abb. 199, Erklärung zu Abb. 199 s. S. 204 f). Zur Entgasung von Quarz darf man daher auch keinesfalls einen Gasbrenner verwenden. Quarzröhren müssen mit Hilfe eines Kohlelichtbogens von der Vakuumapparatur abgeschmolzen werden, sonst würde sich das Vakuum durch den aus der Gasflamme eindringenden Wasserstoff erheblich verschlechtern. Z. B. würde in einem Quarzrohr von 40 cm³ Vakuumraum beim Abschmelzen in einer Wasserstoffflamme durch die zu 1 cm² angenommene Abschmelzstelle in einer Minute der Druck sich auf rund 10^{-4} Torr erhöht haben.

2. *Entgasen von Metall.*

Verschiedene Zustände der Gasbindung an Metallen.

Gase können hauptsächlich auf vier verschiedene Weisen mit Metallen in Verbindung treten: a) durch Adsorption, b) durch Absorption, c) durch Okklusion, d) durch chemische Verbindung, wobei Ad- und Absorption oft zu einer chemischen Verbindung führen kann.

a) Ein Gas wird vom Metall adsorbiert, wenn es durch Oberflächenkräfte (VAN DER WAALSsche Bindungen oder auch chemische „Oberflächenverbindungen") an der Oberfläche des Metalls festgehalten wird.

b) Unter Absorption versteht man eine Lösung von Gas in Metall, also eine molekulare gleichmäßige Verteilung des Gases im Gitteraufbau des Metalls.

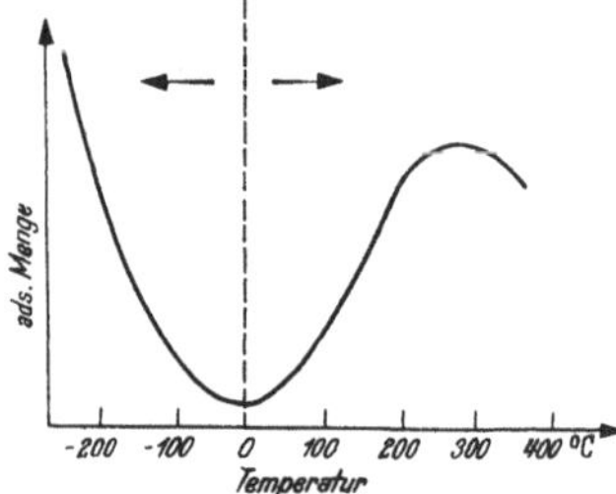

Abb. 200. Schematische Darstellung der Abhängigkeit der adsorbierten Gasmenge von der Temperatur. Unterhalb 0° C vorwiegend VAN DER WAALSsche Adsorption, oberhalb 0° C überwiegend aktivierte Adsorption (chemische Oberflächenverbindung).

c) Ein Gas ist okkludiert, wenn es in makroskopischen Hohlräumen des Metalls eingeschlossen ist.

d) Die Gasbindung an Metall durch eine chemische Verbindung besteht hauptsächlich in der Oxydation an der Oberfläche; dieser Vorgang soll jedoch von den unter a) genannten chemischen „Oberflächenreaktionen" nach LANGMUIR (*69*) unterschieden werden. Bei der chemischen Gasverbindung nach d) wird das Metallatom aus seinem Gitterverband herausgenommen, um mit dem Gas einen neuen Stoff zu bilden, während bei einer Oberflächenreaktion nach a) das Metallatom in seinem Gitteraufbau verbleibt und nur mit einer Oberflächenvalenz mit dem Gasteilchen verbunden ist.

Die reine VAN DER WAALSsche Adsorption nimmt mit zunehmender Temperatur ab, vgl. die schematische Abb. 200, die chemische oder aktivierte Adsorption hingegen nimmt mit der Temperatur zu, sie tritt auch erst oberhalb der Zimmertemperatur in Erscheinung.

Während die physikalische Adsorption also (die VAN DER WAALSsche Adsorption) mit zunehmender Temperatur abnimmt, nimmt die Absorption, d. i. die Lösung des Gases im Metall, im allgemeinen mit der Temperatur zu. Zu einer Lösung von Gas in Metall kommt es nur auf

dem Wege einer Diffusion des Gases von der Oberfläche des Metalls
her in den inneren Gitteraufbau; an der Oberfläche muß es also vorher
adsorbierbar sein. Eine Diffusion ist nur in Richtung des Konzen-
trationsgefälles des betreffenden Gases möglich und nimmt mit der
Temperatur zu. Hieraus erklärt sich auch die Zunahme der *Ab*sorption
mit der Temperatur, wobei natürlich die Abnahme der Adsorption mit
wachsender Temperatur entgegenwirkt, so daß bei Überwiegen des
Temperatureinflusses auf die Adsorption die Absorption auch mit zunehmender Temperatur abnehmen kann.

Der Begriff Absorption beschreibt eigentlich den Endzustand zweier
verschiedener Vorgänge: *Ad*sorption und nachfolgende Diffusion bis zu
einem Gleichgewichtszustand. Auf der anderen Seite ist man sich bei
quantitativen Angaben über die Diffusion nicht immer im klaren, daß
man dabei auch die Grenzflächenvorgänge, insbesondere die Adsorption
selbst berücksichtigen muß, die überhaupt erst das Eindringen des Gases
ins Metall ermöglichen. Angaben von Diffusionskoeffizienten sind daher
kritisch zu betrachten, ob man die Adsorption vernachlässigen kann oder
ob sie eliminiert worden ist.

Je besser ein Gas in einem Metall sich lösen, d. h. diffundieren kann,
um so schneller läßt es sich auch wieder austreiben, wenn man über dem
Metall für ausreichendes Vakuum sorgt. Dieser der Sorption entgegen-
laufende Vorgang der Entgasung nennt man auch Desorption.

Der große Gasgehalt der Metalle rührt hauptsächlich von ihrer Darstellung und vom Schmelzprozeß her. Beim Schmelzen nehmen die
Metalle besonders viel Gas (Wasserstoff, Stickstoff, Sauerstoff, CO und
CO_2) auf. Quantitative Angaben über die gelöste Menge lassen sich nicht
einheitlich machen, da diese je nach der Darstellung des Metalls voneinander abweichen. Daher können auch die Zahlenwerte der Tabelle 21

Tabelle 21. Gasgehalt in handelsüblichen Metallen (Beispiele reinster Proben).

	H_2	CO	CO_2	N_2	SO_2	Gesamtmenge in cm³/100 g Metall (bei 760 Torr und 0° C)
	in % der Gesamtgasmenge					
„Mond"-Nickel[1]	24,7	72,4	2,9	—	—	113
Würfel-Nickel[1]	3,5	90	2,3	4,2	—	482
Elektrolyt-Nickel[1]	78,9	21	0,00	—	—	7,9
Elektrolyt-Kupfer[1] . . .	39,5	49,7	—	—	10,9	8,0
Elektrolyt-Zink[2]	100	—	—	—	—	20—60[4]
Wolfram[3]	geringe Menge	30—40	—	50—60	—	0,05
Molybdän[3]	geringe Menge	30—40	—	50—60	—	0,5
Zinn[1]	47	45	8	—	—	5—12
Aluminium[1]	71,7	15,4	2,5	10,4	—	7,03

[1] Nach W. Hessenbruch: Z. Metallk. *21*, 46 (1929).

[2] Nach Röntgen u. Möller: Metallwirtschaft *11*, 685 (1932) und Burmeister
u. Schloetter: Metallwirtschaft *13*, 115 (1934).

[3] Norton a. Marshall: T. Amer. Inst. Min. Met. Eng. Februar 1932.

[4] Der Gehalt von Wasserstoff im Elektrolytzink ist der Wurzel aus der Stromstärke *J* der Elektrolyse proportional.

nur als Beispiele gewertet werden. Eine kritische Untersuchung von
W. KOCH (66) über Gase in Metallen kommt zu dem Ergebnis, daß die
meisten Messungen einen zu hohen Gasgehalt — bis zu einer Zehnerpotenz — angeben, da dem Metall vom Reinigungsprozeß her trotz sorg-
fältigster Reinigung mit fettlösenden Stoffen immer noch geringe Spuren
von organischen Verbindungen anhaften, die beim Erhitzen einen
größeren Gasgehalt vortäuschen können.

Für temperaturempfindliche Röhrenteile, die nach der Elektroden-
montage nicht mehr hoch genug erhitzt werden können, benutzt man
vakuumgeschmolzenes Material, das also bereits beim Schmelzen im
Vakuum den größten Teil seines Gasgehaltes abgegeben hat und darauf
an Luft nur noch Gas im wesentlichen an der Oberfläche adsorbiert,
vorausgesetzt, daß es an Luft keiner hohen Temperatur mehr ausgesetzt
wird. Vor allen Dingen wird bei vakuumgeschmolzenen Metallen kaum
noch okkludiertes Gas auftreten. Aber auch bei allgemeiner Verwendung von vakuumgeschmolzenem Metall würde der Entgasungsprozeß
wesentlich abgekürzt.

Vorentgasen.

Vor dem endgültigen Einbau der Elektrodenteile in die Röhre ist es
zweckmäßig, diese vorzuentgasen, d. h. die Elektrodenteile werden in
eine gesonderte Hochvakuumapparatur gebracht, wo sie dann möglichst
hoch erhitzt werden. Nach Herausnahme der Metalle nehmen sie in
kaltem Zustand nur noch wenig Gas an der Oberfläche auf; man wird
sie möglichst unter einem reinen wenig aktiven Gas, etwa Stickstoff,
bis zum Einbau in die Röhre aufbewahren. Diese Zeit zwischen Vorentgasen und Einbau ins Vakuum muß man natürlich auf ein Mindestmaß
verkürzen. Um das umständliche Arbeiten im Vakuum zu ersparen,
nimmt man vielfach die Vorentgasung auch in einem Wasserstoffstrom
vor[1], wobei dann auch der Wasserstoff auf Metalloxyde reduzierend
wirkt.

Gasdurchlässigkeit.

Beim Entgasen von Metallröhren ist zu beachten, daß die Metall-
wände bei höheren Temperaturen beträchtliche Mengen von Gas durch-
lassen können. $D_i = f(T)$ stellt in Abb. 199 eine Beziehung dar zwischen
der Wandtemperatur T^0 C als Abszisse und der Durchlässigkeit D_i der
Wand als Ordinate für verschiedene Gase, wobei allerdings die Einheit
der Durchlässigkeit — entgegen der sonst üblichen — so gewählt wurde,
daß eine einfache Multiplikation von D_i mit dem Verhältnis des Teils der
Oberfläche F in cm², der die Temperatur T^0 C hat, und dem Volumen V in
cm³ der evakuierten Röhre unmittelbar den Druckanstieg p_i für die Zeitdauer einer Minute bei einer Wandstärke von 1 mm ergibt; als Außendruck p_a wird 760 Torr angesetzt. Allgemein ergibt sich für den Innen-
druck p_i nach einer Zeit von t Minuten bei einer Wandstärke von d mm
und einem Außendruck von p_a Torr in erster Näherung:

$$p_i = D_i \frac{F \cdot t}{V \cdot d} \cdot \sqrt{\frac{p_a}{760}} \quad \text{(Torr)}. \tag{1}$$

[1] Tantal, Kupfer und Graphit dürfen allerdings nicht im Wasserstoffstrom
vorentgast werden.

Jedoch bedeutet p_i nur dann auch den Druck im Innern der Röhre, wenn vor Beginn des Eindringens das Vakuum so gering war, daß man es gegenüber p_i vernachlässigen kann, und p_i selbst vernachlässigbar klein gegenüber dem Außendruck p_a bleibt.

Für die Funktion $D_i = f(T)$ wurde die Formel nach RICHARDSON (9) angewandt:

$$D_i = A \left(\sqrt{p_a} - \sqrt{p_i} \right) \cdot e^{-\frac{B}{T}}. \tag{2}$$

Darin sind A und B empirisch ermittelte Konstante. Dieser Wert für D_i kann nur dann in die Formel (1) für p_i eingesetzt werden, wenn die Werte für d nicht zu weit über den Millimeterbereich hinausgehen. Nicht exakt wurden die Grenzflächenvorgänge bei der Formel (2) berücksichtigt, um eine unnötige, in den meisten Fällen nicht lohnende Komplizierung der Berechnungen zu vermeiden. Wie aus der Tatsache hervorgeht, daß der Druck in der Formel (2) in eine Wurzel eingeht, wird das hindurch diffundierende Gas zunächst an der Oberfläche in Atome dissoziieren, damit es sich leichter zwischen dem Gitteraufbau des Metalls bewegen kann[1]. Hieraus kann gefolgert werden, daß ionisierte Gasatome noch besser in das Metall eindringen können als einfache Moleküle (44), insbesondere dann, wenn sie zum Metall hin elektrisch beschleunigt werden.

Zeitdauer der Entgasung von Metall.

Die Geschwindigkeit der Metallentgasung im Vakuum hängt hauptsächlich von Art und Menge des Gases und von der Diffusionsgeschwindigkeit und damit auch von der Entgasungstemperatur ab. Je höher die Temperatur liegt, um so schneller kann das Gas dem Konzentrationsgefälle folgend zur Oberfläche wandern und von dort nach Überwindung der Adsorptionskräfte ins Vakuum hinausgelangen, wobei jedoch die Adsorptionskräfte, wenn es sich nicht um eine chemische Verbindung handelt, meist vernachlässigbar klein sind, da man das Entgasen ja stets bei Temperaturen weit oberhalb der Zimmertemperatur vornimmt. Eine theoretische Erfassung der Entgasungsvorgänge (durch Lösung von Diffusionsgleichungen) haben G. EURINGER (34) und J. A. M. VAN LIEMPT (73) mit Erfolg versucht.

Ein Vergleich der Tabelle 21 (Art und Menge des absorbierten Gases) mit den Kurven der Abb. 199 (Diffusionsgeschwindigkeit) gibt uns einen Anhalt über die Zeitdauer einer hinreichenden Entgasung. Abb. 201 stellt in einigen Kurven eine solche rechnerische Verknüpfung dar. Aus den Kurven läßt sich für verschiedene Ausheiztemperaturen T in °C die Zeitdauer in Stunden ablesen, die notwendig ist, um das betreffende Metall in der Form einer 0,1 mm starken Platte bis auf einen Rückstand von $5^0/_0$ des ursprünglich absorbierten Gases zu entgasen. Natürlich können auch hier wieder die erhaltenen Zahlen nur als Anhalt dienen, der jedoch ein Maximum für die Zeiten einer hinreichenden Entgasung darstellt.

---

[1] Diese Annahme könnte durch Messung der Druckabhängigkeit bei Edelgasen geprüft werden.

Für die Entgasung von Eisen sind zwei Kurven eingetragen, von denen die eine Fe-CO für solche Eisensorten zutrifft, die überwiegend Kohlenoxyd enthalten, die andere Fe-N$_2$ für solche, die überwiegend Stickstoff enthalten.

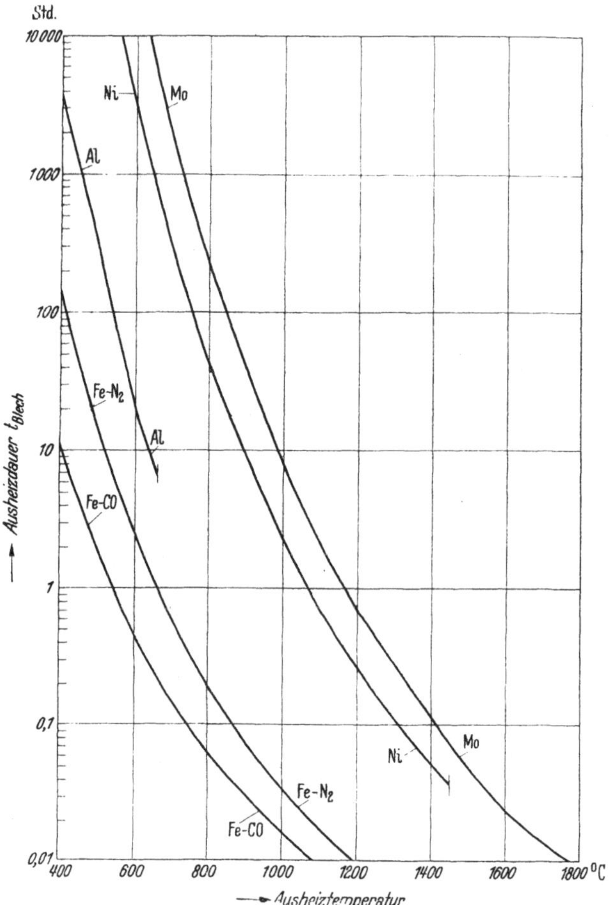

Abb. 201. Ausheizdauer für 0,1 mm starke Bleche in Abhängigkeit von der Ausheiztemperatur bis zu einem Entgasungsgrad von 5 % des ursprünglichen Gasgehaltes. (H. SCHWARZ.)

Nach Formeln, wie sie VAN LIEMPT (73) entwickelt und experimentell bestätigt hat, ergibt sich für die Zeitdauer t in sec bis zur 95%igen Entgasung für Plattenmaterial von der Dicke a in cm:

$$t_{\text{Blech}} = \frac{2\,\pi \cdot a^2}{D}\,, \qquad (3)$$

und für runden Draht vom Durchmesser d in cm:

$$t_{\text{Draht}} = \frac{3\,\pi \cdot d^2}{4 \cdot D}\,, \qquad (4)$$

wobei D den Diffusionskoeffizient in cm$^2 \cdot$ sec^{-1} bedeutet.

Die Entgasungszeiten für Drähte dürften auch leicht aus der Verknüpfung der Formeln (3) und (4) sich ermitteln lassen, indem man Drahtdurchmesser d und Bleckstärke a einfach miteinander vertauscht:

$$t_{\text{Draht}} = \frac{3}{8} \cdot t_{\text{Blech}} \,. \qquad (6)$$

b) Adsorption und Absorption von Gasen durch feste Stoffe bei niedrigen Drucken.

Einiges zur Theorie der Adsorption.

Es soll nicht näher auf die Theorie der Adsorptionskräfte eingegangen werden; es wird vielmehr auf die Literatur (*17, 19, 30, 42, 60, 78, 109, 113, 124*) verwiesen. An dieser Stelle wird nur auf die LANGMUIRsche Adsorptionsisotherme (*68*) (siehe Abbildung 202) aufmerksam gemacht. Diese gibt einen Zusammenhang zwischen der adsorbierten Gasmenge x und dem Druck p bei konstanter Temperatur an.

$$x = a \cdot \frac{b \cdot p}{1 + a \cdot p} \,. \qquad (7)$$

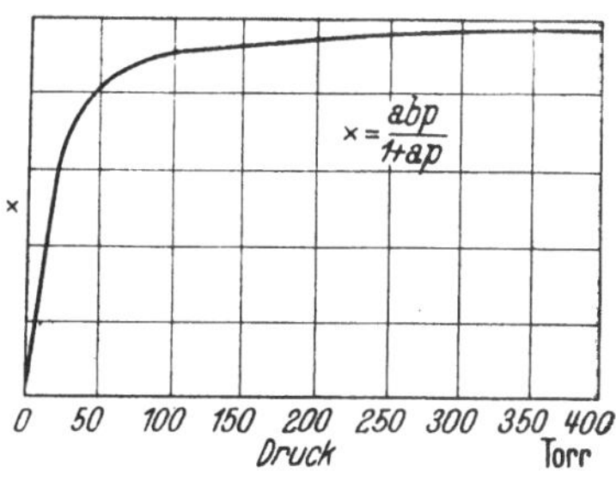

Abb. 202. LANGMUIRsche Adsorptionsisotherme (für ap ≪ 1 linear).

Ihre Herleitung kann auf einfache Weise erfolgen (*31, 68*).

Wie sich auch aus der Abb. 202 ergibt, hat die LANGMUIRsche Adsorptionsisotherme in dieser Form nur bei höheren Drucken Bedeutung. Bei tieferen Drucken, wo $a \cdot p$ klein gegenüber 1 ist, geht sie in die einfache lineare Form über:

$$x \approx a\, b \cdot p.$$

Es soll nur soweit auf die Sorption von Gasen durch feste Körper eingegangen werden, als dies für die Vakuumtechnik besondere Bedeutung hat.

Der Vakuumtechniker hat für besonders intensive Sorbentien die Bezeichnung Getterstoffe oder einfach Getter (nach dem Englischen to get = ergreifen) geprägt, und zwar werden im allgemeinen davon auch nur diejenigen Substanzen mit Getter bezeichnet, welche nach erfolgter Evakuierung durch die Vakuumpumpe und nach dem Ausheizen im Vakuum zum Verdampfen gebracht werden. Physikalisch und chemisch gesehen unterscheidet sich jedoch der Gettervorgang in keiner Weise von den Sorptionserscheinungen im allgemeinen.

Eine eingehende technische Darstellung der Getterstoffe findet man in dem Buche von M. LITTMANN (*75*) und eine zusammenfassende Übersicht über das gesamte Gebiet der Getterstoffe in „Light Metals" (*41*) (Forschung, Patentliteratur, Anbringungsmethoden und Herstellung).

Die große Bedeutung der Getterstoffe für die Hochvakuumtechnik geht aus den drei Tatsachen hervor, daß 1. allein mit Hilfe einer einfachen rotierenden Ölpumpe nur etwa ein Totaldruck von 10^{-2} Torr, jedoch nach Anwendung eines Getter sein Grenzvakuum in der Größenordnung von 10^{-6} Torr in der abgeschmolzenen fertigen Röhre erzielt werden kann, daß 2. Getterwirkung in Verbindung mit einer Hochvakuumpumpe (etwa Diffusionspumpe) in der Vakuumröhre einen unmeßbar kleinen Grenzdruck ($< 10^{-7}$ Torr) hervorrufen kann und daß 3. das Getter auch nach dem Abschmelzen der Röhre wirksam ist, indem es noch beim Betrieb der Röhre austretende Gase bindet. In Abb. 203 ist schematisch der zeitliche Verlauf der Evakuierung mit Getter dargestellt.

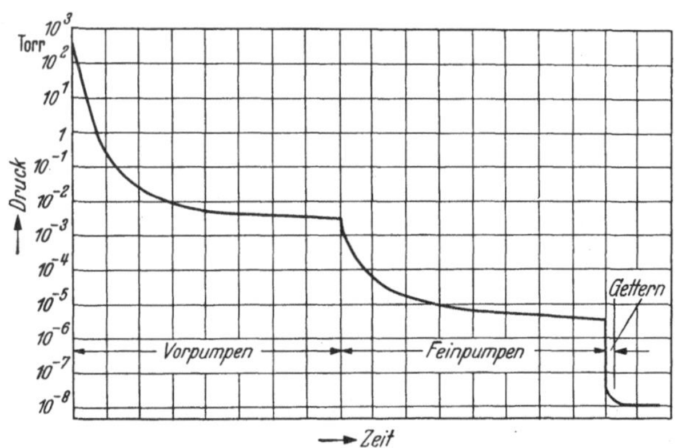

Abb. 203. Schematische Darstellung eines vollständigen Arbeitsspiegels beim Evakuieren eines Gefäßes unter Verwendung von Getterstoffen. (M. LITTMANN).

Als Getterstoffe werden hauptsächlich verwandt: Gelber Phosphor, Aluminium, Magnesium, Calcium, Strontium, „Misch-Metall'' (aktive Bestandteile: Cer und Lanthan), Barium u. a.

1. Sorption von Gasen durch poröse Nichtmetalle.

Als wirksamste nichtmetallische Adsorptionsmittel für Gase und Dämpfe haben sich besonders hergestellte Holzkohle, Kieselsäuregele, Aktiv-Tonerden, Phosphorpentoxyd und CaO (als Trockenmittel, von denen P_2O_5 das weitaus wirksamste ist), sowie gelber Phosphor u. a. erwiesen. Die Aktivität dieser Adsorptionsmittel hängt wesentlich von der Herstellung und Vorbehandlung, der Aktivierung und Entgasung, ab. Die Aktivierungsprozesse — diese beziehen sich auf die ersten drei genannten Adsorptionsmittel — sind in ihren Einzelheiten vielfach Handelsgeheimnisse der Herstellerfirmen[1]. Die Aktivierung bedeutet im wesentlichen eine Auflockerung, eine Vergrößerung der Oberfläche des Adsorptionsmittels.

α) Holzkohle.

Schon im Jahre 1777 beobachtete SCHEELE, daß Holzkohle Gase und Dämpfe zu binden vermag. E. DU BOIS-REYMOND prägte für diese

---

[1] Für Adsorptionskohle: Lurgi, Gesellschaft für Wärmetechnik, Frankfurt a.M.; Merck; I.-G. Farben.

Für Kieselsäuregel: Deutsche Silicagelgesellschaft Dr. v. Lude; Gebr. Herrman, Köln-Bayenthal; I.-G. Farben.

Erscheinung den Namen: Adsorption. Jedoch erlangten die Adsorptionskräfte bei tiefen Drucken erst um die vergangene Jahrhundertwende, als man für die aufkommende Röhrentechnik ein immer besseres Vakuum

Abb. 204. Pulverkohle A (Lurgi) unter dem Übermikroskop (Vergrößerung 43000.1). (TH. SCHOON und H. KLETTE).

benötigte, besondere Bedeutung. Wie man schon bald feststellte, nehmen diese Adsorptionskräfte mit abnehmender Temperatur zu. Und noch heute ist die Adsorption durch stark gekühlte Aktiv-Holzkohle das beste

Abb. 205. Pulverkohle B (Lurgi) unter dem Übermikroskop (Vergrößerung 43000:1. Die Elektronenstrahlen absorbierenden Kryställchen Schwermetalle oder deren Oxyde) sind überall zu erkennen.

Hilfsmittel, um in Verbindung mit einer Hochvakuumpumpe die tiefsten kaum meßbaren Drucke zu erzielen.

Zur Aktivierung der Holzkohle (6) werden verschiedene Verfahren angewandt.

TH. SCHOON und H. KLETTE (*107*) haben Aktivkohlen unter dem
Übermikroskop beobachtet (s. Abb. 204 und 205) und dabei gefunden,
daß die Einzelkrystallite, welche das Netz der Aktivkohle aufbauen,
eine Größe von 20—30 Å haben und daß normalerweise Fremdkörper,
vermutlich Schwermetalle oder deren Oxyde, in das Netzwerk eingebaut
sind, die höchstwahrscheinlich als Trägerkatalysatoren (*108*) bei der Gasbindung wirksam sein werden.

Für die Verwendung bei tiefen Drucken erweist sich Kokosnußkohle
am wirksamsten (*55, 139*).

Abb. 206 stellt ein schematisches Diagramm dar, aus dem die Adsorptionsfähigkeit von 1 cm³ Kokosnußkohle bei etwa —185° C für verschiedene Gase zu ersehen ist. Wegen der Undefiniertheit der Ad-

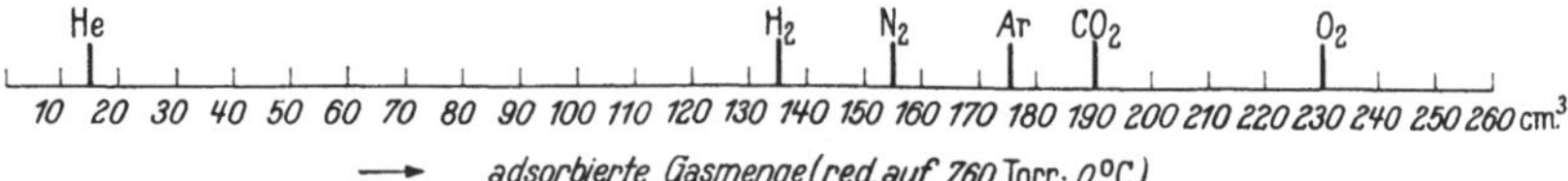

Abb. 206. Absorptionsfähigkeit von 1 cm³ Kokosnuß-Kohle bei ca. —185° C für verschiedene Gase.

sorptionskohle ist die Darstellung nur qualitativ zu werten. Wie unter-
schiedlich die Adsorptionsfähigkeit von Kohle sein kann, ergibt sich
z. B. daraus, daß R. H. Savage (*106*) mit Graphitstaub, den er durch
Abschleifen von Graphitstangen an einer rotierenden Scheibe im Vakuum erhielt, eine 100000-fach stärkere Wasserstoffadsorption erzielte
als mit gewöhnlicher Aktivkohle.

Der Vorgang der Adsorption von Stickstoff und Edelgasen durch
Aktivkohle ist ein rein physikalischer. Da er also von einer VAN DER
WAALSschen Bindung herrührt und damit reversibel ist, läßt sich das
Gas durch Erhitzen quantitativ wieder austreiben. Im Gegensatz dazu
ist die Sauerstoffbindung zum großen Teil chemischer Natur und daher
überwiegend irreversibel. Bei Sauerstoff stellt sich auch kein end-
gültiger Gleichgewichtszustand ein im Gegensatz zu den andern angegebenen Gasen.

Den Vorgang der Sauerstoffadsorption durch Holzkohle kann man
in drei verschiedene meist gleichzeitig verlaufende Prozesse analysieren
(vgl. hierzu Abb. 200):

1. VAN DER WAALSsche Adsorption, die mit steigender Temperatur abnimmt und schnell vor sich geht (abfallender Teil der Kurve in Abb. 200).

2. Chemisch-aktivierte Adsorption, eine langsam ablaufende, keinem
erkennbaren Gleichgewichtszustand zustrebende Gasverbindung bei
Zimmertemperatur und darüber, welche mit zunehmender Temperatur
bis etwa 300° C zunimmt (ansteigender Teil der Kurve in Abb. 200).

3. Eine langsame Diffusion des Gases ins Innere der Kohle hinein.

Der Vorgang 2 zeigt hohe Wärmetönung, etwa das 10—20fache der
des Vorgangs 1 und läßt damit auf eine chemische Oberflächenreaktion
nach LANGMUIR (*69*) schließen. Er tritt auch nur bei solchen Gasen auf,
die mit Kohlenstoff eine chemische Verbindung eingehen können. Die
Oberflächenreaktion kann so weit gehen, daß es sogar zu einer voll-

ständigen chemischen Bindung, etwa zu CO_2 kommt, das jedoch als Gas festgehalten wird.

Um den Sauerstoff wieder aus der Kohle herauszubekommen, muß man unter dauerndem Pumpen stark ausglühen, wobei überwiegend CO_2 frei wird.

Es ist besondere Vorsicht bei der Kühlung der Adsorptionskohle durch flüssige Luft geboten, wenn das Adsorptionsgefäß, das von flüssiger Luft umschlossen wird, zerbrechlich ist, da bekanntlich mit flüssigem Sauerstoff getränkte Holzkohle einen intensiven Sprengstoff

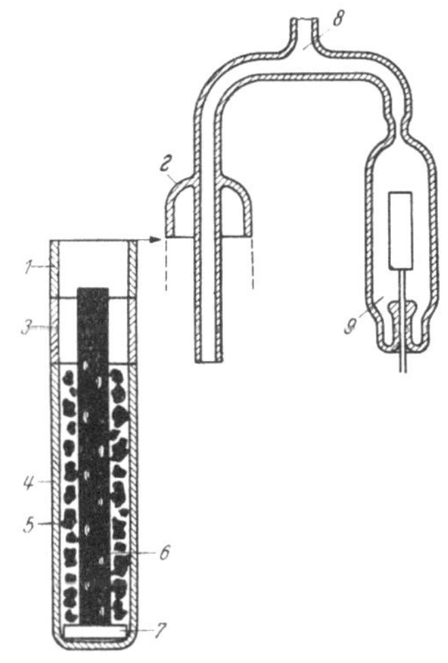

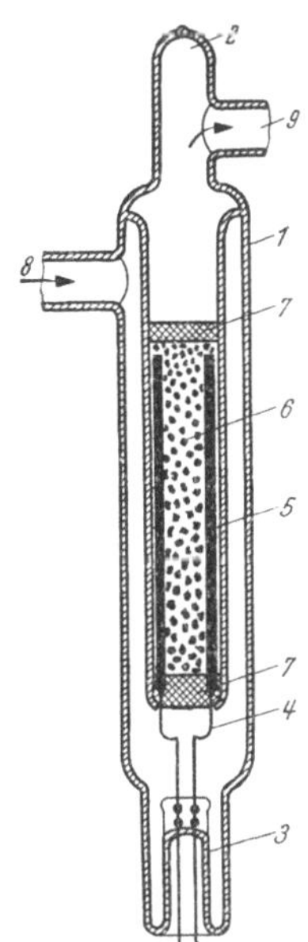

Abb. 207. Absorptionsgefäß aus Metall für Kokosnußkohle: 1 Sivar-Ring zur Verschmelzung mit der Hartglaskappe 2; 3 Invar-Zwischenring als thermischer Widerstand zwischen Einschmelzstelle und gekühltem bzw. geheiztem Absorptionsgefäß 4 aus nahtlosem V2A-Stahl; 5 Kohlefüllung; 6 herausnehmbarer V2A-Stahleinsatz (durchlochter Zylinder mit Haltefuß 7; 8 Pumpleitung; 9 zu evakuierendes Meßrohr. (M. Littmann.)

Abb. 208. Absorptionsgefäß mit direkt durch Joulesche Wärme erhitzter Kohle. 1 Hartglasrohr aus Nonexglas; 2 zugeschmolzener Füllstutzen für die Kohle; 3 Fuß aus Pyrexglas mit zwei eingeschmolzenen Wolframstäben; 4 Molybdänhaltedrähte, eingesteckt in tiefe Löcher der 4 mm dicken Graphitstäbe 5; 6 Kokosnußkohle in Stücken von ca. 2—3 mm ϕ, gepackt zwischen die Graphitstäbe 5, oben und unten abgedeckt durch Glaswollepfropfen 7 aus Pyrexhartglas; 8 Pumpleitung; 9 Leitung zur evakuierten Apparatur. (P. T. Anderson.)

darstellt[1]. M. Littmann (75) hat eine praktische Ausführung eines Kohleadsorptionsgefäßes aus Metall angegeben (Abb. 207), welche die Apparatur und den Experimentierenden vor solchen Explosionen schützt.

P. T. Anderson (4) hat ein Holzkohleadsorptionsgefäß konstruiert (s. Abb. 208), in dem gleich eine Ausglühvorrichtung mittels direktem Stromdurchgang durch die Kokosnußkohle angebracht ist, welche zwischen zwei stromzuführenden Graphitplatten in Form von kleinen Körnern lagert.

---

[1] Daß bei Kieselsäuregel diese Gefahr nicht besteht, spricht vielfach für die Verwendung von Kieselsäuregel anstelle von Holzkohle.

Wegen der umständlichen Handhabung (große Adsorptionsgefäße zur Aufnahme der Holzkohle, flüssige Luft) und der starken Drosselung der Saugleistung u. a. benutzt man das Verfahren trotz der vielen Verbesserungsvorschläge hauptsächlich nur bei wissenschaftlichen Untersuchungen. Ähnlich ist es bei der Verwendung von Kieselsäuregel als Adsorptionsmittel bei tiefen Drucken.

β) Kieselsäuregel (*32, 61*) (oder auch Silikagel genannt).

Kieselsäuregel ist ein Fällungsprodukt, das durch Zersetzung einer wäßrigen Alkalisilikatlösung mit einer Säure entsteht. Nach Auswaschen und Trocknen wird es dann durch Erhitzen an der Luft zur Adsorption aktiviert. Zum Ausheizen im Vakuum darf man jedoch im allgemeinen eine Temperatur von 300° C nicht überschreiten, damit die Poren nicht zusammensintern und dadurch die Oberfläche wieder verkleinert würde. Dies ist natürlich vakuumtechnisch gesehen keine ausreichende Ausheiztemperatur, so daß das Kieselsäuregel nur mit Vorsicht in der Hochvakuumtechnik zur Anwendung gebracht werden kann. Immerhin hat W. KERRIS (*63*) in bezug auf Verbesserung des Grenzvakuums von Öldiffusionspumpen bessere Resultate mit Silikagel als mit aktiver Spezialkohle erzielt.

Die Aufnahmefähigkeit von Silikagel für Wasserstoff ist geringer als bei Aktivkohle, wohingegen die Stickstoffbindung für die beiden Sorbentien gleichwertig zu sein scheint (*139*).

Die Aufnahmefähigkeit von Kieselsäuregel für Wasserdampf nach tiefen Dampfdrucken hin ist nach WACHTER (*136*) ziemlich beschränkt.

Interessant ist bei Wasserdampfsorption von Silikagel die Hysteresisform der Ad- und Desorptions-Isothermen (*25, 92, 98*). In einem gewissen Bereich wird nämlich bei einem bestimmten Dampfdruck weniger Wasserdampf pro Gramm Silikagel adsorbiert, wenn dieser Dampfdruck von niedrigeren Werten her erreicht wird, als desorbiert, wenn dieser von höheren Werten her erreicht wird, was nach PIDGEON (*92*) keinesfalls auf Fehlmessungen an austretender Luft oder anderen Gasen zurückzuführen ist.

γ) Tonerdegel (*67*).

Dieses Adsorptionsmittel kommt bei höheren Drucken in seiner Wirksamkeit dem Kieselsäuregel nahe. Es hat jedoch bisher in der Hochvakuumtechnik kaum Anwendung gefunden. Es dürfte aber für die Hochvakuumtechnik gegenüber dem Silikagel den Vorrang haben, daß es mit höheren Temperaturen ausgeheizt werden kann (500° C und mehr), ohne dabei zusammenzusintern. Es besteht im wesentlichen aus Aluminiumoxyd und wird durch Fällung aus einer wäßrigen Lösung von Aluminiumsalzen mit Ammoniak hergestellt. Das Produkt wird ausgewaschen, getrocknet und bei etwa 400° C zur Adsorptionsaktivierung an Luft erhitzt[1].

---

[1] Wegen der geringen Anwendung befindet sich das Tonerdegel nur spärlich im Handel.

2. Sorption von Gasen in Gegenwart von glühenden Wolframfäden.

I. LANGMUIR (70) fand, daß Gase wie Wasserstoff, Sauerstoff, Stickstoff, Kohlenoxyd, Kohlensäure u. a. mehr oder weniger in Gegenwart von heißem Wolfram durch die nahen Wände der Apparatur adsorbiert werden.

Dieser Vorgang wird damit erklärt, daß die betreffenden Gasmoleküle durch die hohe Temperatur des Wolframs in Atome zerfallen, die wegen ihrer freigewordenen Valenzen teils zur aktivierten Adsorption an der Wand neigen, teils mit dem Wolfram chemisch reagieren und in der Wolframverbindung, die schneller als das reine Wolfram verdampft, sich an den kälteren Wänden niederschlagen. Besonders intensiv tritt dieser Effekt bei Wasserstoff und Sauerstoff auf. Als Beispiel sei die Aufzehrung von Sauerstoff in Abb. 209 in den ausgezeichneten Kurven nach Messungen von I. LANGMUIR wiedergegeben; dabei gilt für die Sauerstoffadsorption der untere Abszissenmaßstab. LANGMUIR verwandte dabei einen Wolframfaden von 54 mm Länge und 0,039 mm Durchmesser. In der Abb. 209 sind Versuche bei verschiedenen Temperaturen von 1470—2520° K in einem Volumen von 1075 cm³ und beim jeweiligen Anfangsdruck von $7,06 \cdot 10^{-3}$ Torr in Kurven aufgetragen, und zwar ist die

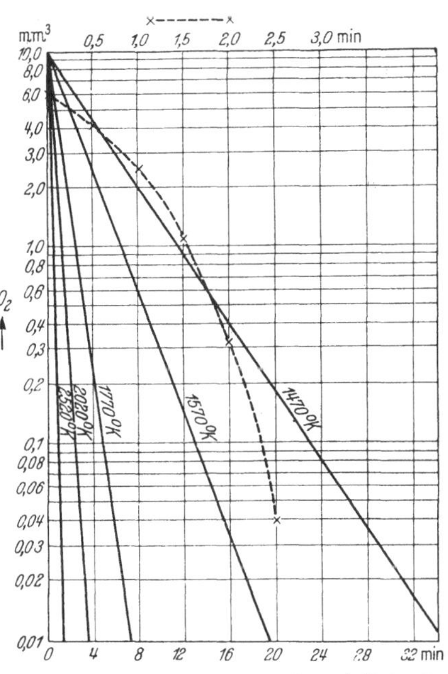

Abb. 209. Aufzehrung von Sauerstoff durch glühendes Wolfram nach J. LANGMUIR und von Wasserstoff (gestrichelte Kurve!) nach H. SCHWARZ. Oberer Abszissenmaßstab gilt nur für die gestrichelte Kurve.

zeitliche Abnahme der Sauerstoffmenge in mm³ bei Normalbedingungen daraus zu erkennen. Die Kurven lassen sich wiedergeben durch die Gleichung:

$$v = v_0 \cdot e^{-\dfrac{k \cdot t \cdot F}{V}}, \tag{8}$$

worin v das Volumen zur Zeit t, v_0 das Anfangsvolumen zur Zeit $t = 0$, k eine Konstante, die nur von der Temperatur abhängt, F die Oberfläche des Heizfadens und V das Volumen der Apparatur bedeuten. Je größer also die Oberfläche F des Wolframs ist, um so intensiver ist die Aufzehrung des Gases. Als Beispiel für Wasserstoff sei eine Messung von H. SCHWARZ (111) in Gegenwart einer 50 mm langen und 0,2 mm starken Wolframkathode angeführt. Das Apparaturvolumen betrug 3000 cm³, der Anfangsdruck $1,55 \cdot 10^{-3}$ Torr, die Fadentemperatur etwa 1800° C.

Im Zusammenhang mit der Wasserstoffaufzehrung soll an dieser Stelle auf den sog. LANGMUIRschen Kreisprozeß hingewiesen werden, der zur allmählichen Zerstörung der Wolframkathode führt. Dieser Prozeß wird schon durch ganz geringe Spuren von Wasserdampf eingeleitet; dieser zerfällt in Gegenwart des heißen Wolframdrahtes in Wasserstoff und Sauerstoff. Den Wasserstoff adsorbiert dann zum größten Teil die Wand, während der Sauerstoff an der Oberfläche des heißen Wolframs sich zu Wolframtrioxyd verbindet. Dieses wiederum dampft schnell von der Wolframoberfläche ab und schlägt sich an der Wandung nieder, wo es durch den adsorbierten Wasserstoff zu reinem Wolfram reduziert wird. Der dabei entstehende Wasserdampf beginnt dann das Spiel an der heißen Wolframoberfläche wieder von neuem usf.

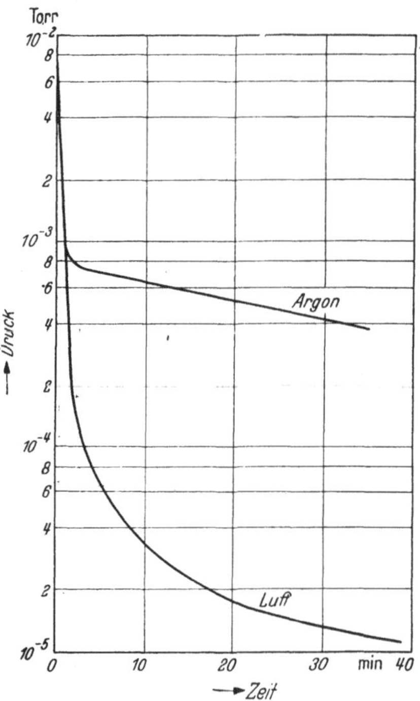

Abb. 210. Phosphorgetterung von Luft und Argon in einer 120-Volt/100-Watt-Wolfram-Hochvakuum-Glühlampe bei Überspannung (144 Volt) in Abhängigkeit von der Zeit. (S. DUSHMAN.)

Durch diese Vorgänge wird die Wolframkathode allmählich abgetragen, und die Wand wird durch den feinverteilten Niederschlag geschwärzt. Außerdem wird durch den ganzen Vorgang eine dauernde Gasabgabe vorgetäuscht.

3. Sorption von Gasen durch verdampfenden Phosphor.

Schon 1894 gelang es MALIGNANI (79), durch Verdampfen von gelbem Phosphor im vorevakuierten Raum Gase und Dämpfe in erheblichen Mengen zu binden. Besonders Wasserdampf, Wasserstoff, Kohlenoxyd und Stickstoff, sowie Quecksilber und Sauerstoff werden durch Phosphorgetterung aus dem Vakuumraum entfernt. Abbildung 210 zeigt die Druckabnahme in einer 100-Watt-Glühlampe bei einer Phosphorgetterung mit einer 20%igen Überbelastung nach Messungen von S. DUSHMAN (33). Die Aufzehrung wird natürlich noch während der ersten Betriebsstunden in der fertigen Glühlampe fortgesetzt, so daß in einer fertigen Glühlampe ein stationäres Grenzvakuum von 10^{-6} Torr bei alleiniger Anwendung einer einfachen rotierenden Ölpumpe erzielt werden kann.

Edelgase werden, wie das Argonbeispiel in der Abb. 210 zeigt, weniger stark aufgezehrt. Dies ist natürlich für Glühlampen belanglos; allerdings ist aus diesen Gründen eine Phosphorgetterung für Elektronenröhren nicht möglich, auch schon deswegen nicht, weil der Phosphor einen zu hohen Sättigungsdampfdruck bei den üblichen Betriebstemperaturen der Röhre hat. Jedoch werden heute immer noch fast alle Glühlampen nach Evakuierung mit einer einfachen rotierenden Pumpe durch Phosphorverdampfung gegettert. Zu diesem Zweck wird meist eine Suspension von Phosphor in Alkohol auf die Zuführungen der Glühwendel aufgespritzt[1] und die Glühlampe mit 20—30% Überbelastung betrieben; dabei verdampft der Phosphor und gleichzeitig zündet eine elektrische Entladung zwischen den Glühdrahtenden. Diese Entladung ist für eine erfolgreiche gute Getterung notwendig, woraus man auf eine stärkere Gasaufnahme durch angeregte oder sogar ionisierte Getteratome schließen kann. Es handelt sich hierbei wenigstens zum Teil um eine elektrische Gasaufzehrung (siehe letzter Abschnitt).

4. Sorption von Gasen durch Metalle.

Wie bereits aus dem Abschnitt „Entgasen, Desorption" hervorgeht, vermögen Metalle vakuumtechnisch gesehen erhebliche Mengen von Gas zu adsorbieren oder auch zu lösen.

Zur Behandlung der Sorptionseigenschaften der Metalle sollen diese in zwei Gruppen a) und b) eingeteilt werden:

a) in solche Metalle, die man im allgemeinen nicht mit dem Namen „Getter" belegt, die aber doch in massiver Form beträchtliche Mengen von Gasen und Dämpfen aufnehmen können;   und

b) in solche Metalle, die der Vakuumtechniker als Getterstoffe benutzt und als solche bezeichnet.

Natürlich ist diese Gruppeneinteilung nicht eindeutig, da man grundsätzlich auch stets die Metalle der Gruppe b) als massive Sorbentien in der Gruppe a) verwenden kann, besonders bei elektrischer Gasaufzehrung (siehe Abschnitt b 5); jedoch pflegt man sie dann nicht mehr als Getterstoffe zu bezeichnen. Der Unterschied zwischen den beiden Gruppen liegt also im allgemeinen nur in der Art der Anwendung; die Getterstoffe gelangen zur Verdampfung, während man die Metalle der Gruppe a) in massiver Form beibehält, da vielfach eine Verdampfung des Metalls etwa wegen einer zu hohen Verdampfungstemperatur nicht so möglich ist wie bei einem typischen Getterstoff. Zuweilen wird in der Literatur überhaupt kein Unterschied gemacht und alle zur Adsorption verwendeten Metalle als Getter bezeichnet. Jedoch soll hier diese Unterscheidung vorgenommen werden, da der Röhrenbauer eben doch mit dem Begriff Getter die bestimmte Vorstellung der technisch möglichen Metallverdampfung im vorevakuierten Raum verbindet. Bei den einzelnen Metallen werden nur solche Metall-Gas-Systeme besprochen, die für die Hochvakuumtechnik als Sorbentien Bedeutung haben.

---

[1] Vielfach gibt man noch sog. „Entfärber" (47), z. B. Calciumfluorid hinzu, um die durch die Verdampfung des Wolframs auftretende Schwärzung der Glaskolbenwand durch Bildung einer lichtdurchlässigen Wolframverbindung herabzusetzen.

In der Gruppe a) werden beschrieben die Metalle: Tantal, Zirkon, Palladium, Silber, Eisen, Kupfer, Nickel, Titan, Molybdän, Thorium; in der Gruppe b): Magnesium, Calcium, Strontium, Thorium, Uran, Misch-Metall, Barium, Zirkon.

Gruppe a).

Vergleiche zu den folgenden Ausführungen die Abb. 211, welche die Wasserstofflöslichkeit einiger Metalle in der Hauptsache nach Messungen von A. SIEVERTS darstellt.

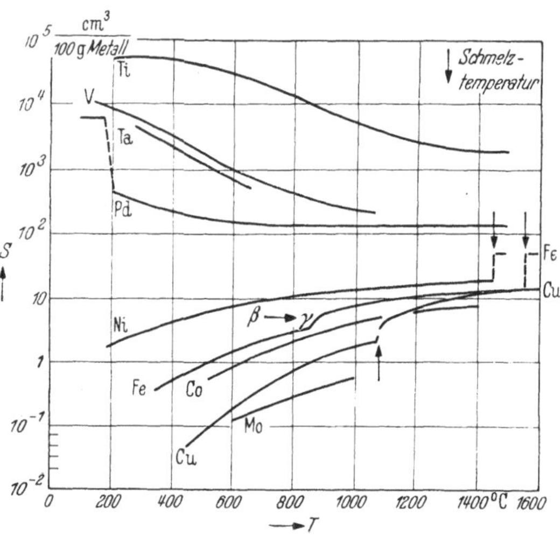

Abb. 211. Wasserstoffaufnahme von Metallen in Abhängigkeit von der Temperatur bei Atmosphärendruck (Gasmenge S in cm³ bezogen auf 760 Torr bei 0° C).

Tantal. Beim Bau von Elektronenröhren, insbesondere von Senderöhren, mit Tantalanoden erfuhr man schon bald, daß Tantal im schwach glühenden Zustand Gase aufnehmen kann (95). Tantal gehört zu den Metallen, deren Gassorptionsvermögen unterhalb der üblichen Glasentgasungstemperaturen im allgemeinen mit der Temperatur zunimmt. Man braucht also keine Gasausbrüche durch Temperaturüberlastung der Tantalanode zu befürchten, wenn sie nicht gerade hell glüht; im Gegenteil ist sogar eine Erhitzung für die Aufrechterhaltung eines guten Vakuums sehr zum Vorteil. Tantal kann bis zum 740fachen seines eigenen Volumens Wasserstoff aufnehmen. Die Gasaufnahme hat nach B. FETKENHEUER und E. CREMER (36) ein Maximum bei 600° C, um nach höheren Temperaturen hin wieder abzunehmen. Jedoch wies D. A. WRIGHT (140) nach, daß die Gasaufnahme des Tantals je nach dem Reinheitsgrad der Metalloberfläche verschiedene Maxima aufweist. Das Tantal ist stets mit einer dünnen Oxydschicht behaftet, die erst bei Temperaturen um 2000° C im Vakuum verschwindet. Ein oxydfreies Tantal zeigt bereits bei 20° C ein Maximum, wie es auch bereits vor WRIGHT A. SIEVERTS (116) für Wasserstoff gefunden hatte. WRIGHT konnte zeigen, daß Tantal mit einem Maximum der Gasaufnahme bei 600° C noch mit einer Oxydhaut belegt war. Hieraus kann man also folgern, daß es nicht unbedingt notwendig ist, Tantal für Anoden extrem rein darstellen zu wollen. Zum Zwecke der Aufrechterhaltung des Vakuums wird das Tantal oft in Form von dünnen Streifen (129) auf die Anode einer Senderöhre aufgebracht, etwa aufgenietet, wobei dann das Tantalblech bei Erhitzung bis zur schwachen Rotglut Gas aufnimmt.

Zirkon. Bereits 1919 fand W. D. Coolidge (*133*) die intensive Gassorption des Zirkon. Er verwandte es in Pulverform, während J. W. Fast (*52, 82, 91*) die massive Form als Stäbchen oder Plättchen in der Nähe einer heißen Kathode vorschlug.

J. W. Fast mißt ein Maximum (40 Atom-% Sauerstoff in 60 Atom-% Zirkon) der Gasaufnahme bei Temperaturen zwischen 300 und 400° C. Jedoch liegt nach neueren Untersuchungen von L. F. Ehrke und Ch. M. Slack (*35*) das Sorptionsmaximum je nach der Gasart verschieden, für Stickstoff über 1530° C, für Sauerstoff um 1100° C, für Wasserstoff um 1000° C. CO_2 wird von Zirkon überhaupt nicht aufgenommen. Wahrscheinlich ist die Diskrepanz zwischen den Angaben von Fast und denen von Ehrke und Slack wiederum wie bei Tantal damit zu erklären, daß das Zirkon bei den Messungen von Fast noch mit einer Oxydschicht bedeckt war und Ehrke und Slack diese durch ihr gründliches Ausheizen im Vakuum entfernt hatten.

Palladium. Palladium nimmt in bezug auf die Sorption von Gasen wegen seiner auffällig großen Wasserstoffaufnahme eine besondere Stellung unter den Metallen ein. Dies war bereits in der Abbildung 209 aus der die andern Metalle weit überschreitenden Wasserstoffdurchlässigkeit zu erkennen; bei 100° C dringt über 10000 bis 100000 mal mehr Wasser-

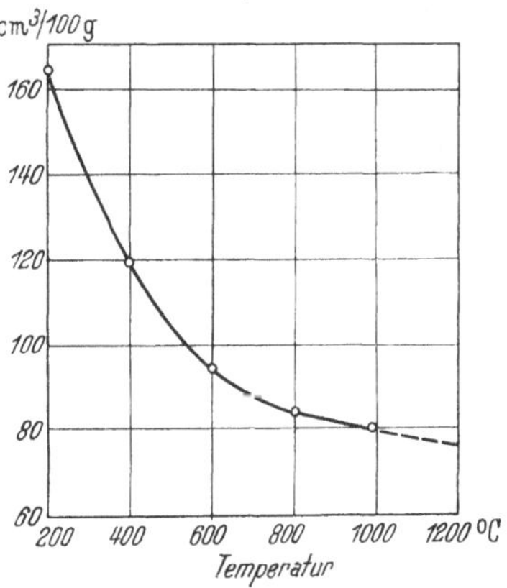

Abb. 212. Wasserstoffaufnahme von Palladium bei 760 Torr (A. Sieverts und Zapf).

stoff durch Palladium als durch die andern Metalle wie Eisen und Nickel. Die Untersuchungen des Systems Palladium-Wasserstoff sind so umfangreich, daß zu ihrem näheren Studium u. a. auf die Bücher in der Literaturangabe (*17, 19, 30, 42, 60, 78, 109, 113, 124*) hingewiesen werden muß. Eine umfangreiche gute Zusammenstellung findet sich in Gmelins Handbuch der Anorganischen Chemie, System-Nr. 2, S. 229, 1927. Bereits Graham (*43*) beobachtete 1867, daß Palladium bei Zimmertemperatur beinahe das 1000 fache seines Volumens an Wasserstoff unter Normalbedingungen (760 Torr, 0° C) aufnehmen kann. Abb. 212 zeigt den genaueren Verlauf der Abhängigkeit der Wasserstoffaufnahme von der Temperatur nach Messungen von Sieverts und Zapf (*117*). Man konnte für Palladium eine charakteristische Temperatur (100° C) angeben, unterhalb welcher es Wasserstoff überwiegend aufnimmt, oberhalb welcher es den Wasserstoff überwiegend abgibt.

Palladium als Einlaßvorrichtung für Wasserstoff. Da die Gasdurchlässigkeit des Palladiums in so intensiver Weise nur bei Wasserstoff und Deuterium beobachtet wurde, gibt diese spezifische Eigenschaft des Palladiums der Vakuumtechnik ein gutes Mittel, reinen Wasserstoff in eine Vakuumapparatur einzulassen, indem man ein einseitig geschlossenes Palladiumröhrchen mit der offenen Seite an ein Palladiumglasrohr und dieses über passende Verbindungsgläser an eine Vakuumapparatur anschmilzt. Erwärmt man z. B. mit einer Alkoholflamme, so dringt reiner Wasserstoff aus der Flamme in die Apparatur ein. Um den Wasserstoffzustrom besser regulieren zu können, sind verschiedene technische Ausführungen in der Literatur angegeben worden (5, 124), die im wesentlichen darauf beruhen, ein Palladiumröhrchen, das sich in einer Wasserstoffatmosphäre, die natürlich keine besondere Reinheit erfordert, etwa durch elektrische Widerstandsheizung auf genau reproduzierbare Temperaturen zu bringen.

Silber. In ähnlicher Weise wie Palladium für Wasserstoff hat Silber für Sauerstoff eine spezifische Durchlässigkeit, wenn auch lange nicht so intensiv. A. SIEVERTS und J. HAGENACKER (118) fanden, daß geschmolzenes Silber etwa das 20fache seines Volumens an Sauerstoff (unter Normalbedingungen für Druck und Temperatur) aufnehmen kann, das sind etwa 200 cm³ pro 100 g Metall. Jedoch nimmt die Löslichkeit des Sauerstoffs so rasch mit der Temperatur bis unter den Schmelzpunkt ab, daß beim Erstarren der überschüssige Sauerstoff „explosionsartig" abgegeben wird, man sagt: das Silber „sprüht". E. W. R. STEACIE und F. M. G. JOHNSON (127) haben die Löslichkeit von Sauerstoff in Silber in Abhängigkeit von der Temperatur bei verschiedenen Sauerstoffdrucken gemessen (s. Abb. 213).

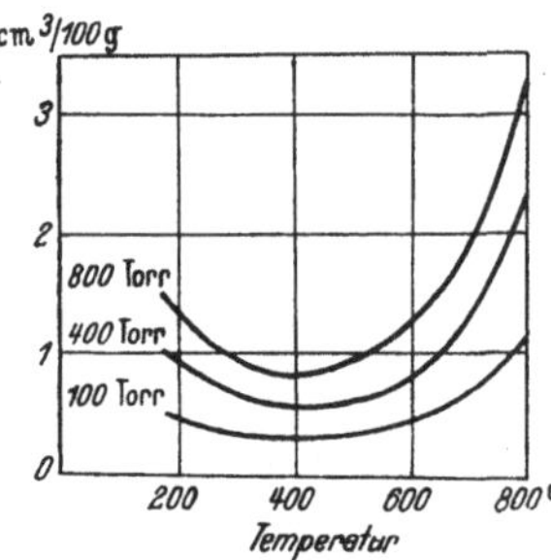

Abb. 213. Löslichkeit von Sauerstoff in Silber bei verschiedenen Drucken. (STEACIE u. JOHNSON.)

Silber als Einlaßvorrichtung für Sauerstoff. Ähnlich wie man reinen Wasserstoff mit Hilfe eines Palladiumröhrchens einlassen kann, ist es möglich, reinen Sauerstoff einfach durch Erwärmen eines Silberröhrchens an Luft ins Vakuum einzuleiten[1].

Eisen. Eisenwände sind insbesondere für Wasserstoff vakuumtechnisch nicht „dicht". Selbst aus einem äußeren Wasserbad, das etwa die Eisenwände eines Gleichrichters kühlen soll, vermag Wasserstoff, der durch geringfügige Korrosion entstanden ist, ins Innere einzudringen (26, 28).

Eisen vermag besonders viel an atomorem Wasserstoff, in statu nascendi, aufzunehmen; dieser kann dann sogar entgegen dem Druckgefälle des molekularen H_2 in ein abgeschlossenes Eisengefäß eindringen. Interessant ist z. B. ein Versuch von P. BARDENHEUER (7), wobei an der Außenseite eines völlig abgeschlossenen Eisenhohlraums elektrolytisch Wasserstoff entwickelt wurde; dieser diffundiert dann durch die Eisenwand in den Hohlraum hinein, wo er sich dann zu molekularem Wasserstoff vereinigt. Die Wasserstoffmoleküle können dann aber nicht mehr zurück, weil sie nicht mehr die Möglichkeit haben, zu dissoziieren. Der Versuch mußte sogar aus Sicherheitsgründen abgebrochen werden, da der Druck im Hohlraum bereits auf 300 atü angestiegen war.

---

[1] Quantitatives entnehme man der entsprechenden Kurve der Abb. 199.

Kupfer. Unterhalb des Schmelzpunktes ist die Löslichkeit von Wasserstoff größer in Eisen als in Kupfer, jedoch steigt die Löslichkeit von Wasserstoff in Kupfer (*13*) beim Schmelzpunkt auf fast das dreifache des Wertes und erreicht darüber angenähert die Löslichkeit in Eisen.

Nickel. Nickel nimmt hauptsächlich Wasserstoff in noch stärkerem Maße als Eisen auf (s. Abb. 211).

Titan. Titan verhält sich ähnlich wie Tantal; seine Wasserstoffaufnahmefähigkeit ist, wie die Abb. 211 zeigt, noch größer als die von Tantal.

Molybdän. Auffällig ist die Absorption von Stickstoff durch Molybdän, so daß man auf eine chemische Verbindung schließen kann. A. SIEVERTS (*119*) hat die Löslichkeit von Stickstoff in Molybdän bei Temperaturen zwischen 950 und 1150° C gemessen; und F. J. NORTON und A. L. MARSHALL (*90*) haben in neuerer Zeit die Löslichkeit im Temperaturintervall von 1200 und 2400° C untersucht. Die Messungen von SIEVERTS sind in Abb. 214 wiedergegeben. Die Ergebnisse von NORTON und MARSHALL weichen sowohl in der Größenordnung als auch im Vorzeichen ihrer Temperaturabhängkeit stark voneinander ab. SIEVERTS findet eine Abnahme der Absorption mit steigender Temperatur, NORTON und MARSHALL eine Zunahme; letztere finden die Löslichkeit bei der An-

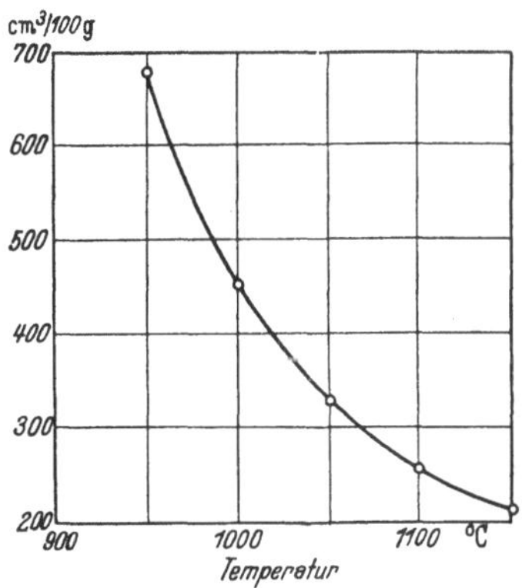

Abb. 214. Löslichkeit von Stickstoff in Molybdän bei 700 Torr (SIEVERTS u. BRUNING).

schlußtemperatur (ca. 1200° C) eine Größenordnung kleiner als ersterer. Die Diskrepanz bei dem Vorzeichen der Temperaturabhängigkeit läßt sich vielleicht gemäß der auf Seite 203 entwickelten Theorie des Einflusses der Oberfläche auf die Absorption erklären, da die Absorption in zwei verschiedene Vorgänge zerlegt werden muß, in 1. Adsorption und 2. Diffusion; erstere nimmt mit der Temperatur ab, letztere mit der Temperatur zu. Ungeklärt bleibt zwar der Unterschied in der Größenordnung: seine Messungen sind in Abb. 214 wiedergegeben.

Thorium. Näheres siehe unter Gruppe b).

Gruppe b): Gettermetalle.

Die Gasaufzehrung durch verdampfendes Metall wurde erstmalig 1883 von FITZGERALD (*38*) bei Magnesium wahrgenommen. Die noch stärkere Getterung durch die anderen Erdalkalidämpfe von Calcium, Barium und Strontium erkannte etwa 20 Jahre darauf F. SODDY (*126*).

Wie bereits hervorgehoben, besteht der Gettervorgang zunächst in der Aufnahme des Gases beim Verdampfen des Gettermetalls, gewissermaßen eine Bindung des Dampfes mit dem Gas und höchstwahrscheinlich sogar ein einfaches „Herandrücken" des Gases an die Wand, wo es dann von dem Niederschlag bedeckt wird und so an einer Rückkehr in den Gasraum gehindert wird. Allerdings soll dann bei sachgemäßer Handhabung der Getterung der entstandene Metallspiegel immer noch für Gase aufnahmefähig sein, um nachträglich beim Betrieb der abgeschmolzenen Vakuumröhre austretende Restgase binden zu können. Diesen Vorgang der Gasaufzehrung nach dem Verdampfen nennt man auch „Kontaktgetterung" im Gegensatz zur „Verdampfungsgetterung". Dies alles stellt an ein technisch brauchbares Getter drei Forderungen:

1. Es muß ebenfalls bei der vakuumtechnischen Vorbehandlung der Röhre mitentgast werden können; das bedeutet aber, daß es die normalen Ausheiztemperaturen (400—500° C) aushalten kann, ohne daß es dabei bereits merklich verdampft.

2. Andererseits darf aber die für eine hinreichende Verdampfungsgeschwindigkeit erforderliche Temperatur nicht zu hoch liegen, damit nicht andere Röhrenbauteile daran Schaden nehmen.

3. Der Sättigungsdampf des Gettermaterials darf bei der Temperatur der Niederschlagsstelle, die gleichzeitig auch im Endzustand die kälteste Stelle in der Röhre ist, während des Betriebs 10^{-6} Torr nicht überschreiten.

Ein Blick auf die Sättigungsdampfdruckkurven in der Abb. 215 und auf die Verdampfungskurven in der Abb. 216 ergibt, daß die Erdalkalien, insbesondere das Barium, sich am besten als Getterstoffe eignen.

Die Verdampfungskurven der Abb. 216 sind nach der Formel für die Verdampfungsmenge

$$G_D = \frac{1}{\sqrt{2 \cdot \pi \cdot k \cdot L}} \cdot p \cdot \sqrt{\frac{M}{T}} \tag{9}$$

berechnet worden. $k =$ BOLTZMANNsche Gaskonstante in erg/° K, $L =$ LOSCHMIDTsche Zahl: Zahl der Moleküle im Mol, $p =$ Druck in dyn cm^{-2}, $M =$ Molekulargewicht und $T =$ Verdampfungstemperatur des Gettermaterials in ° K. Werden die Konstanten mit ihren Zahlenwerten und der Druck in Torr eingesetzt, so ergibt sich

$$G_D = 0{,}0586 \cdot p \sqrt{\frac{M}{T}} \text{ in } [\text{g} \cdot \text{cm}^{-2} \cdot \text{sec}^{-1}] . \tag{9a}$$

Die Formeln 9 und 9a nach LANGMUIR gelten für ideale Verdampfung, d. h. eine Verdampfung, bei der kein einmal verdampftes Molekül wieder auf die Verdampfungsfläche zurückgeworfen wird. Trifft diese Voraussetzung nicht zu, so gilt:

$$G_D = \frac{\tau}{\sqrt{2 \pi k L}} \, p \cdot \sqrt{\frac{M}{T}} . \tag{9b}$$

Darin bedeutet τ den Transmissionskoeffizienten. Er gibt den Bruchteil von allen aus der Metalloberfläche ausgetretenen Dampfmolekülen an, der die angestaute „Dampfwolke" durchstoßen hat. Er liegt also zwischen 0 und 1. Bei den Berechnungen Abb. 216 wurde $\tau = 1$ (wegen des niedrigen Druckes) angenommen.

Über die verschiedenen technischen Verfahren des Einsetzens der z. T. luftempfindlichen Getterstoffe und deren Verdampfung in der

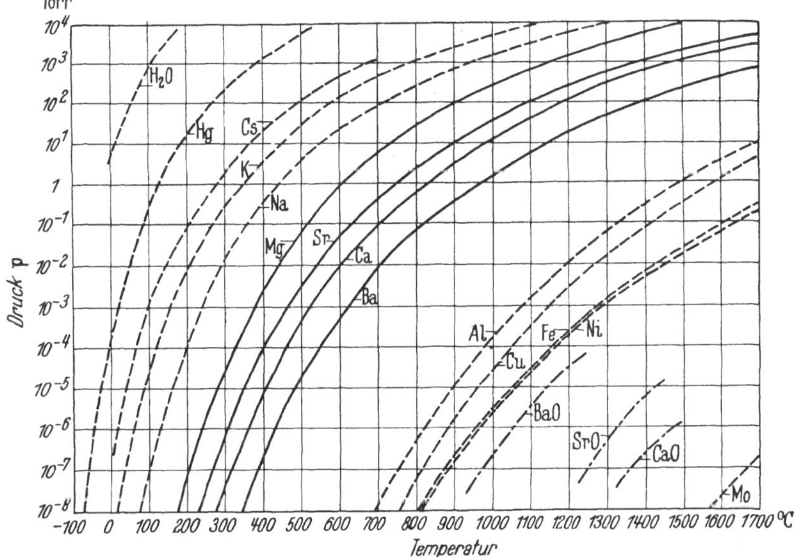

Abb. 215. Sättigungsdampfdruck-Kurven.

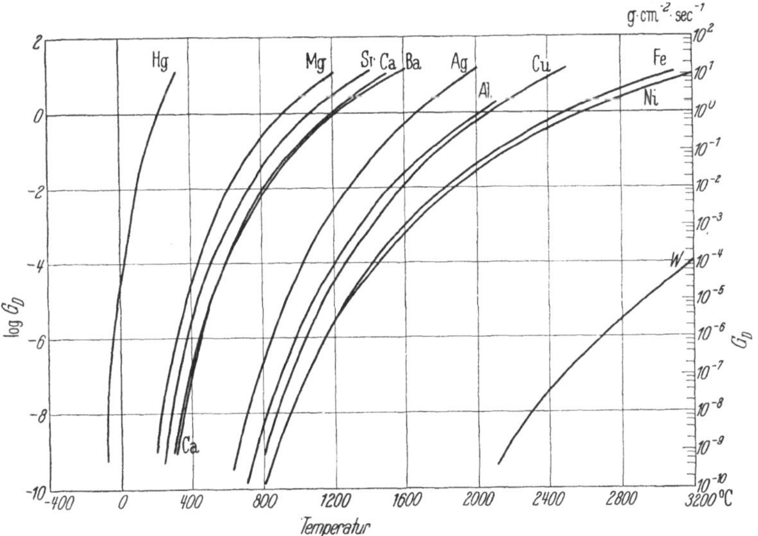

Abb. 216. Temperaturabhängigkeit der sekundlich von 1 cm² 2 Oberfläche abdampfenden Metallmenge G_D (Translationskoeffizient $\tau = 1$ gesetzt).

Vakuumröhre durch direkte Stromwärme, durch Hochfrequenzerhitzung oder auch durch Strahlungswärme lese man in dem bereits genannten Buch von M. LITTMANN (75) nach.

Mischgetter.

In der Technik verwendet man in neuerer Zeit vielfach gesinterte oder Preßmischungen von verschiedenen Gettermaterialien. Solche Mischgetter besitzen neben dem Vorteil der Vereinigung spezifischer Gassorptionsfähigkeiten der einzelnen Metalle auch noch den Vorteil, daß sie 1. luftbeständiger sind und 2. durch die feinverteilte Mischung eine zusammenhängende Krystallisation des niedergeschlagenen Gettermaterials zu einem blanken Spiegel verhindern und die „Dispersität" und damit das Sorptionsvermögen erhöhen. Z. B. werden folgende Mischungen zu Gettern gepreßt:

a) Magnesium, Strontium und Barium,

b) Misch-Metall, hauptsächlich bestehend aus Cer und Lanthan (*134*),

c) 10—20 Atom-% Barium oder Strontium mit 70—80 Atom-% Eisen [Nickel oder Kobalt (*56*)],

d) 30—70 Gewichtsprozente Barium, Strontium oder Calcium und 70—30% Aluminium mit der dreifachen Gewichtsmenge feingepulvertem Titan und Thorium oder beides zusammen (*57*); u. a.

In den USA. hat man noch eine besonders einfache Getterung entwickelt, die unter dem Namen „Batalumgetterung" bekannt ist (*72*). Hierbei werden auf eine durch direkten Stromdurchgang erhitzbare Tantalwendel ähnlich wie bei Bariumoxydkathoden Barium- und Strontiumkarbonat aufgespritzt. Durch zunächst schwache Erhitzung auf 800—1000° C wird das Batalumgetter „formiert", d. h. die Karbonate werden in Oxyde übergeführt; bei weiterer Steigerung der Heizung auf 1200° C werden die Oxyde durch das Tantal zu Barium und Strontium reduziert. Neben dem großen Vorteil dieser Getterungsart, das Barium zu verwenden, ohne es frei als Element der Luft aussetzen zu müssen, und dem der einfachen Herstellungsart, hat dieses Verfahren den Nachteil, daß die Getterung unter besonderer Vorsicht vorgenommen werden muß, denn bei zu rascher „Formierung" reduziert das Tantal bereits das CO_2 zu CO, so daß damit die nachfolgende Reduktion der Erdalkalioxyde weniger wirksam sein kann. Weiterhin besteht die Gefahr, daß das entstandene Tantaloxyd nach längerer Zeit sich zersetzt und damit das Vakuum durch freiwerdenden Sauerstoff wieder verschlechtert.

Aufnahmevermögen der Getter für verschiedene Gase.

Verdampfungsgetterung. Die größte Gasmenge nimmt das Getter während des Verdampfens auf, also während des „Verdampfungsgettern". Das hat verschiedene Gründe:

1. Der Dampf bietet den Gasen und Dämpfen die größte Oberfläche bei gegebener Gettermasse.

2. Es können beim Niederschlagen des Getterdampfes auf die Wand dort größere Gasmengen etwa durch „Bedeckung" eingeschlossen werden.

3. Jede Sorption zeigt einen zeitlichen Verlauf, der mehr oder weniger durch die chemischen Prozesse, die auch dabei mitspielen, einer abklingenden *e*-Funktion folgt; daher wird in den ersten Sekunden auch das meiste Gas von dem Sorbens aufgenommen.

Für den Grund 2 spricht, daß auch Edelgase bei der Getterung
aus dem Gasraum verschwinden, wenn auch lange nicht in solchem
Umfange, da die chemische Sorption natürlich dabei fehlt.

Kontaktgetterung. Nach dem Verdampfen soll der Getterspiegel
auch noch Gase, die etwa während des Betriebs der Röhre auftreten,
binden können. Dies wird bei sachgemäßer Handhabung immer noch
der Fall sein, andernfalls ist das Vakuum schlecht und die Apparatur
war nicht in Ordnung. Man nennt diese
nachträgliche Gasaufnahme auch Kontaktgetterung.

Der aufgedampfte Getterbelag kann
verschiedenes Aussehen haben: er kann
ein völlig blanker Metallspiegel sein oder
auch eine diffus schwarze, eine disperse
Metallschicht darstellen. Die disperse
Schicht wird wegen ihrer größeren Oberfläche eine stärkere Sorptionsfähigkeit
zeigen als die blanke Schicht (bis zu
10—20 fach stärkere Gasaufnahme).

Man hat mit Erfolg versucht, solche
diffusen Schichten mit Absicht herbei-
zuführen. Teilweise gelingt dies, wie
bereits erwähnt, durch Anwendung von
Mischgettern. Ein anderes erfolgreiches
Verfahren (*18*) beruht darauf, daß man
die Getterverdampfung in einer Edelgasatmosphäre von 1—5 Torr vornimmt,
wobei dann durch die Streuung der
Dampfmoleküle an den Edelgasatomen
die gewünschte diffuse Metallschicht
entsteht. Alsdann wird das Edelgas
wieder fortgepumpt und verläßt dabei
auch zum größten Teil die Getterschicht,
während die unedlen Gase haften bleiben und noch weiter aufgenommen
werden.

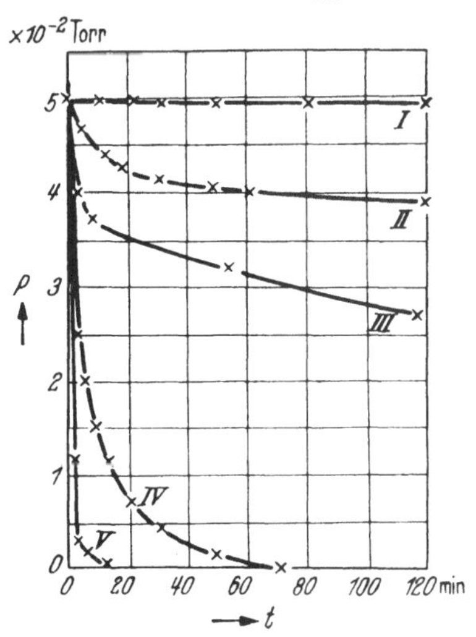

Abb. 217. Adsorption von Stickstoff
durch auf verschiedene Weise hergestellte
Bariumschichten: I. durch entgastes
Barium, das im Hochvakuum verdampft
worden war; II. durch handelsübliches
Barium von guter Qualität, das in einer
Argonatmosphäre von 0,1 Torr verdampft
worden war; III. durch handelsübliches
Barium von guter Qualität, das in einer
Argonatmosphäre von 1,0 Torr verdampft
worden war; IV. durch handelsübliches
Barium von guter Qualität, das in einer
Argonatmosphäre von 5,0 Torr verdampft
worden war; V. durch entgastes Barium,
das in einer Argonatmosphäre von 5,0 Torr
verdampft worden war. (J. E. DE GRAAF
u. H. C. HAMAKER.)

J. E. DE GRAAF und H. C. HAMAKER (*29*) haben die Getterwirkung
von Bariumschichten, welche bei verschiedenen Argondrucken und zum
Vergleich im Hochvakuum aufgedampft waren, untersucht (s. Abb. 217).
Sie fanden dabei ein Maximum für die Geschwindigkeit der Gasaufzehrung beim Verdampfen des Getters in 5 Torr Argon. Es wird sogar
festgestellt, daß ein nichtentgastes Bariumgetter nach der Verdampfung
besser Gas aufnehmen kann als ein vollständig entgastes. Jedoch ist
zumindest eine teilweise Entgasung des in den Handel gebrachten
Bariums zur erfolgreichen Getterung stets erforderlich; bei Röhren mit
Oxydkathoden ist selbstverständlich vor dem Formieren das Getter
möglichst weitgehend zu entgasen, um eine Vergiftung der Kathode
durch nachträglich austretende Gase zu vermeiden.

L. F. Ehrke und Ch. M. Slack (*35*) haben die Gasaufnahme einiger Gettermetalle in den beiden Fällen der blanken und dispersen oder diffusen Kontaktgetterung gemessen; die diffuse Schicht wurde nach dem „Edelgasverfahren" hergestellt. Die Messungen sind in der Tab. 22 wiedergegeben. Sie beziehen sich also nur auf die Kontaktgetterung weitgehend gasfreier Getterschichten, nicht auf die Sorption beim Verdampfungsgettern. Das Verdampfen wurde dabei im höchsten Vakuum nach vorheriger gründlichster Entgasung des Getters, bzw. in einer Edelgasatmosphäre von 1—3 Torr vorgenommen. Die Zahlenwerte der Tabelle geben die Gasmenge in Liter bei 10^{-3} Torr an, die 1 Milligramm des betreffenden Gettermetalls bei Zimmertemperatur bis zur Sättigung aufnimmt. Dabei ist die nach eingetretenem Gleichgewicht sorbierte Gasmenge unabhängig von der Dicke der Getterschicht; diese wirkt sich nur auf die Zeit bis zum Erreichen des endgültigen Gleichgewichtszustands aus. Dies bedeutet, daß die Gase bei dickeren Getterschichten in das Innere der Schicht hineindiffundieren müssen (*99, 100*). Man erkennt aus den Zahlenwerten der Tab. 22, daß eine diffuse Getterschicht bis zu 10—20 mal mehr Gas sorbieren kann als ein blanker Getterspiegel; dies ist besonders bei Barium und dem Mischmetall für Stickstoff und Kohlensäure der Fall. Als geeignetste Getter erscheinen demnach auch Barium und Mischmetall.

Tabelle 22. Gasaufnahme von Getterstoffen bei Kontaktgetterung
[nach L. F. Ehrke u. Ch. M. Slack (*35*)].

Getter	Gasart	Gasaufnahme (GA) in Liter bei 10^{-3} Torr pro mg Gettersubstanz	
		für blanken Getterspiegel	für diffuse Getterschicht
Aluminium.	O_2	7,5	38,6
	N_2, H_2, CO_2	keine GA	keine GA
Magnesium	O_2	20	202
	CO_2	keine GA	nur geringe GA um
	N_2, H_2	keine GA bei Zimmertemperatur	200° C, keine GA bei Zimmertemperatur
Thorium.	O_2	7,45	33,15
	H_2	19,45	53,7
Uran	O_2	10,56	9,26
	H_2	8,9	21,5
„Misch-Metall" (wirksame Bestandteile: Cer und Lanthan)	O_2	21,2	50,9
	H_2	46,1	63,9
	N_2	3,18	16,1
	CO_2	2,2	44,8
Barium	O_2	15,2	45
	H_2	87,5	73,0
	N_2	9,5	36,1
	CO_2	5,21	59,5

Einfluß von Quecksilberdampf. Die Anwesenheit von Quecksilberdampf beeinträchtigt die Getterwirkung außerordentlich stark, bis zur völligen Unwirksamkeit bei Barium. Ja, es wird sogar durch den

Zutritt von Quecksilberdampf der größte Teil des bereits vom Barium-getter aufgenommenen Gases, insbesondere Wasserstoff, wieder abge-geben. Dieser Effekt wird durch eine Amalgamierung des Bariums hervorgerufen.

Wie aus der Tab. 22 hervorgeht, zeigen Thorium und Uran ebenfalls gute Sorptionsfähigkeit; jedoch liegen die Verdampfungstemperaturen für diese Metalle zu hoch. Aber immerhin erwies sich eine Beimischung von Thorium zu andern Getterstoffen etwa zu Barium als gut brauch-bare und wirksame Gettermischung (s. S. 222).

A. L. REIMANN hat während des Gettervorgangs bei Magnesium-Wasserstoff (*99*) und bei Calcium und Barium (*100*) die Getterung beim Durchgang einer elektrischen Entladung untersucht. Dabei wurde die Gasaufnahme intensiver. Die Zahl der aufgezehrten Gasmoleküle konnte aber nicht der Zahl der gebildeten Ionen gleichgesetzt werden, da immer mehr Gas sorbiert wurde, als der Anzahl der entstandenen Ionen entsprach. Hieraus wird dann der Schluß gezogen, daß die Wasser-stoffmoleküle in normale oder auch angeregte Atome und in Atom-ionen zerfallen, wobei dann die Atome besser als die Moleküle aufge-nommen werden. Die erhöhte Sorption durch die Anwesenheit einer elektrischen Entladung führt bereits zum Thema des nächsten Abschnitts.

Die spezifische Eigenschaft der Getterstoffe, unedle Gase in einer um mehrere Größenordnungen stärkeren Wirksamkeit aufzunehmen, kann zur Reinigung von Edelgasen verwandt werden (s. nächster Ab-schnitt).

5. Elektrische Gasaufzehrung.

Wie bereits aus dem bisherigen hervorgeht, wird ein Gas im ato-maren Zustand viel stärker durch feste Körper sorbiert als im mole-kularen (s. z. B. in der Beschreibung des Systems Eisen-Wasserstoff, S. 218). Diese Tatsache läßt die Folgerung zu, daß Gasatome im ange-regten oder sogar ionisierten Zustand noch stärker sorbiert werden, insbesondere noch dann, wenn das ionisierte Gasteilchen einem elektri-schen Potentialgefälle zum Sorbens hin folgen kann. Diese erhöhte Sorption in der elektrischen Entladung wird bereits bei der Phosphor-getterung (s. S. 215) ausgenutzt.

Adsorption im elektrischen Feld. O. BLÜH (*14*) beobachtet auch eine geringe Steigerung der Adsorption von Kohlendioxyd und Schwefel-dioxyd im elektrischen Feld, ohne daß also die Gasmoleküle elektrisch angeregt oder ionisiert werden. Jedoch ist die Steigerung so gering, daß sie selbst bei Feldstärken von 17 000 Volt/cm nur 1% beträgt.

Unter elektrischer Gasaufzehrung soll der Effekt der erhöhten Adsorp-tion durch elektrische Anregung oder Ionisierung der Gasmoleküle oder -atome verstanden werden.

Diese Erscheinung ist schon lange bekannt. Aber zu einer hinreichen-den Deutung der Versuchsergebnisse ist man noch immer nicht gekommen. Bereits 1858 stellte J. PLÜCKER (*96*) die Druckabnahme in einer Geißler-Röhre während des Stromdurchgangs fest. Eine zusammenfassende Darstellung älterer Gasaufzehrungsversuche in einer elektrischen Ent-ladung hat E. PIETSCH (*93*) 1926 gegeben. Diese älteren Versuche

wurden meist bei Drucken oberhalb 10^{-3} Torr durchgeführt und brachten wegen der meist undefinierten Voraussetzungen vielfach einander widersprechende Ergebnisse. Die elektrische Gasaufzehrung soll nach den folgenden drei Gesichtspunkten behandelt werden:
Sorption
α) in Gasentladungen ohne Innenelektroden,
β) in Gasentladungen mit kalten Elektroden im Gasraum,
γ) in Gasentladungen mit Glühkathoden.

α) Gasaufzehrung in elektrischen Entladungen ohne Innenelektroden.

G. MIERDEL (*84*) stellte bei der Untersuchung des elektrodenlosen Ringstromes, d. i. eine Gasentladung in einem hochfrequenten Wechselfeld (10^6 Hertz), eine Druckabnahme bei Wasserstoff (Abb. 218), Stickstoff (Abb. 219) und Luft fest. Jedoch war bei Argon keine Gasaufzehrung zu beobachten. Die Kurven der Abb. 218 und 219 wurden bei verschiedenen Temperaturen aufgenommen, Kurven a bei Zimmertemperatur (20 °C), Kurven b bei Kühlung durch feste Kohlensäure in Äther (—80° C) und Kurven c bei Kühlung mit flüssiger Luft (rund — 180° C). Wurde das Kühlmittel fortgenommen, stieg der Druck wieder an, um aber gleich wieder abzunehmen, wenn die Kühlung wieder

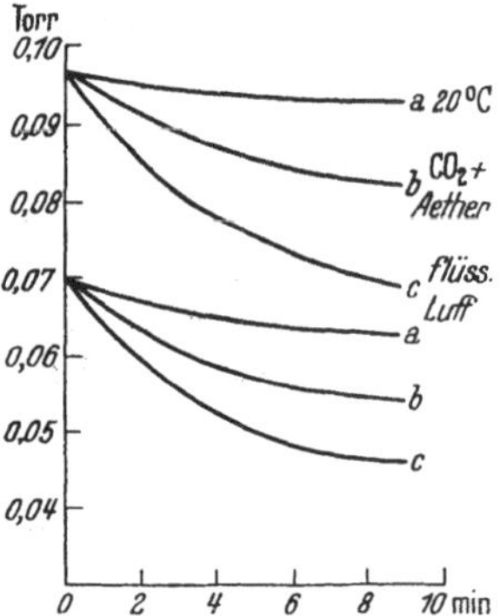

Abb. 218. Zeitlicher Druckabfall in einer elektrodenlosen Ringentladung in Wasserstoff für zwei Anfangsdrucke (G. MIERDEL).

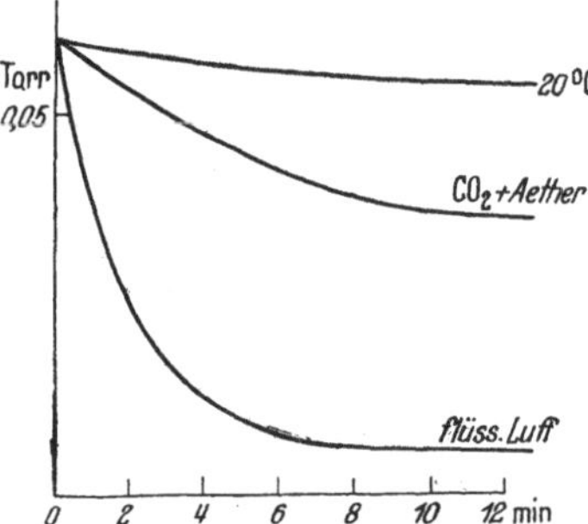

Ab. 219. Zeitliche Druckabnahme in einer elektrodenlosen Ringentladung in Stickstoff (G. MIERDEL).

angebracht wurde, ohne daß jedoch die Ringentladung wieder eingeschaltet wurde. Die hierfür von MIERDEL gegebene Erklärung, daß der bei der vorhergehenden Adsorption gebildete atomare Wasserstoff bis zur zweiten Aufzehrung ohne Ringentladung noch nicht wieder zu molekularem Wasserstoff rekombiniert war, kann nicht aufrecht erhalten werden, da die Lebensdauer des atomaren Wasserstoffs nach BONHOEFFER (*15*) und SENFTLEBEN (*114*) u. a. nur wenige Sekunden beträgt. E. HIEDEMANN (*51*) kommt nach eigenen Versuchen zu dem Ergebnis, daß es bei der Ringentladung zu kondensierbaren Verbindungen zwischen dem Versuchsgas und den Zersetzungsprodukten des vorher über 300° C erhitzten Glases (vgl. hierzu S. 200), in der Hauptsache zu

Siliciumwasserstoffen, kommt. Das wesentliche Ergebnis der Aufzehrungsversuche in der elektrodenlosen Ringentladung war die eindeutige Feststellung, daß eine elektrische Gasaufzehrung nicht notwendig an das Vorhandensein von Metallelektroden geknüpft ist.

β) Gasaufzehrung in elektrischen Gasentladungen mit kalter Kathode.

Es hat keinen Sinn, auf die vielen vielfach einander widersprechenden älteren Gasaufzehrungsversuche in Geißler-Röhren einzugehen, denn das aufgezehrte Gas wurde je nach den z. T. recht unübersehbaren Versuchsbedingungen in der Kathode, in den Glaswänden, in der Anode oder sonst irgendwo — vielleicht sogar manchmal vermeintlich — vorgefunden.

Die Vorgänge bei der Aufzehrung von unedlen Gasen sind so unübersichtlich, da so vielerlei Faktoren, z. T. elektrochemischer Natur, mitspielen, daß man in neuerer Zeit sich bei Versuchen zum Zweck der Deutung des Effekts auf Edelgase

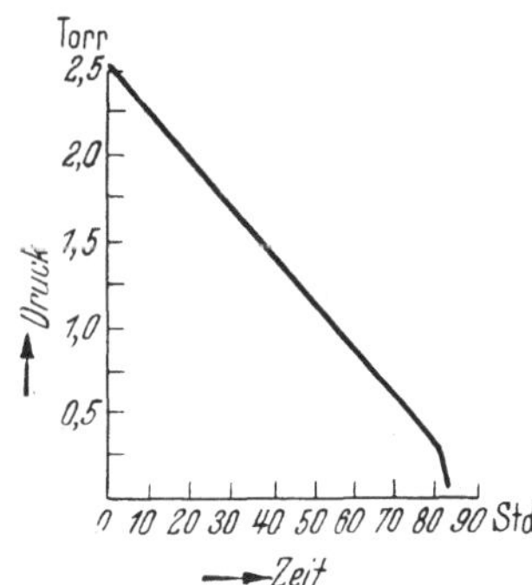

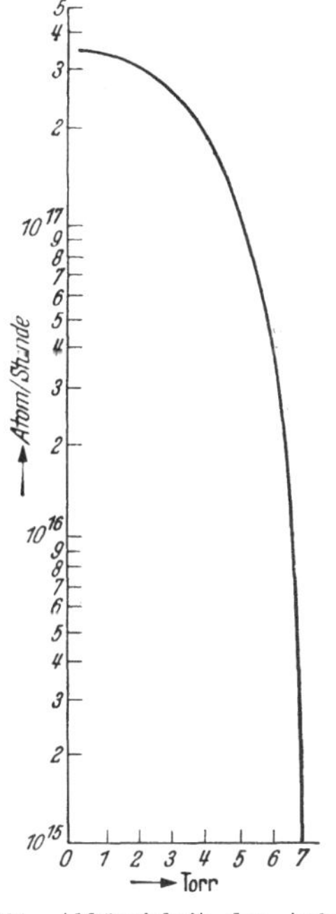

Abb. 220. Druckabnahme einer Neonleuchtröhre bei 100 mA Wechselstrom (ALTERTHUM, LOMPE u. SEELIGER).

Abb. 221. Abhängigkeit der Aufzehrungsgeschwindigkeit vom Gasdruck bei 100 mA Entladungsstromstärke (ALTERTHUM, LOMPE u. SEELIGER).

beschränkt hat. Selbst hierbei ist man noch nicht zu einem klaren Bild des Aufzehrungsvorgangs gekommen.

H. ALTERTHUM, A. LOMPE und R. SEELIGER (1) fanden die elektrisch aufgezehrten Edelgase Neon, Helium und Argon in der kalten zylindrischen Eisenhohlkathode[1]. Als Beispiel ist die elektrische Aufzehrung von Neon in Abb. 220 wiedergegeben, welche die zeitliche Druckabnahme anzeigt. Die Aufzehrungsgeschwindigkeit $\Delta n/\Delta t$, d. h. die Zahl der in der Stunde verschwindenden Gasmoleküle ist unabhängig vom Druck für Ausgangsdrucke unterhalb 3 Torr. Jedoch zeigte die Abb. 221

---

[1] Hohlkathoden wurden gewählt, um stets bei konstantem Kathodenfall arbeiten zu können (bei Neon-Eisen 200 Volt).

eine Abhängigkeit des $\Delta n/\Delta t$ vom Druck oberhalb 3 Torr. $\Delta n\,\Delta t$ nimmt
sehr rasch mit zunehmendem Druck ab. In den untersuchten Grenzen
(20—10 mA) ist die Aufzehrungsgeschwindigkeit proportional der Entladungsstromstärke, und zwar hat $\Delta n/\Delta t$ bei 1,8 Torr für 100 mA den
Wert $3 \cdot 10^{17}$ Atome pro Stunde. Versuche unter Verwendung verschiedenen Kathodenmaterials (Nb, Ta, Al, Ag, Fe, W, Pb, Ni, Cu,
Cr, Mo und Mg) (2) zeigten wohl unterschiedliche Edelgasaufzehrung,
jedoch ließ sich keinerlei Zusammenhang mit irgendeiner Materialeigen-
schaft, wie etwa Kathodenfall, Korngröße o. a. finden. Wiederge-
winnungsversuche ließen auf ein tieferes Eindringen in die Kathode
schließen. ALTERTHUM, LOMPE und SEELIGER sprechen von einem
Hineinschießen der Ionen in die Kathode (Ionenschußtheorie). Jedoch
blieb vorerst die Abhängigkeit der Aufzehrungsgeschwindigkeit vom
Druck bei Drucken oberhalb 3 Torr unvereinbar mit der Ionenschußtheorie. Außerdem hätte man auch irgendeinen Zusammenhang zwischen der Größe des Kathodenfalls und der Aufzehrgeschwindigkeit
finden müssen. Selbst die anfänglich festgestellte Reproduzierbarkeit
der Edelgasaufzehrung bei Eisenkathoden erwies sich als ,,glücklicher
Zufall'' (112, 10), da sogar späterhin bei einem so gut definierten Material
wie Elektrolyteisen kaum reproduzierbare Ergebnisse erzielt werden
konnten. W. BARTHOLOMEYCZYK (10) führt dies darauf zurück, daß
trotz gründlichster Entgasung des Materials beim Ausheizen immer

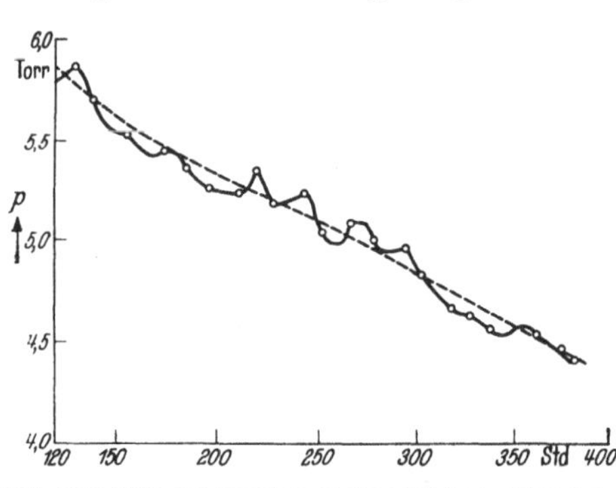

Abb. 222. Mittlerer Druckverlauf und Feinstruktur der
Gasaufzehrung in Hohlkathoden (BARTHOLOMEYCZYK,
FUNK u. SEELIGER).

noch Kohlenstoff auftritt, der
das Oberflächengefüge in seiner Aufzehrungseigenschaft
beeinflußt. Überhaupt haben
weitere Versuche gezeigt, daß
die Aufzehrgeschwindigkeit
von so vielen Parametern
abhängt, daß eine übersicht-
liche Funktion sich gar nicht
aufstellen läßt.

Aus der Abb. 222 ist
zu erkennen, daß die Auf-
zehrgeschwindigkeit dauernd
wechselt, ja sogar negativ
werden kann, d. h. es tritt
wieder Gas aus.

Zur Darstellung der Aufzehrung wäre ein ,,mehrdimensionales Diagramm'' erforderlich. In einem solchen Diagramm müßten enthalten
sein: die Dauer der Aufzehrung vor der Messung, der Druck, die Stromstärke z. Z. der Messung und vor der Messung und andere noch un-
bekannte Parameter. Es ist natürlich nur möglich, ,,Schnitte'' durch
solche Diagramme oder ,,Projektionen'' auf eine Ebene durchzumessen,
z. B. wie es BARTHOLOMEYCZYK getan hat, etwa bei konstantem Anfangsdruck die Abhängigkeit der Gasaufzehrung von der Vorbrennzeit
(s. Abb. 223). Aus dieser Darstellung ergibt sich, daß die Aufzehrgeschwindigkeit mit zunehmender Vorbrennzeit abnimmt und sich

einem Endwert nähert. Dies bedeutet wahrscheinlich, daß nach der Aufnahme einer bestimmten Menge Edelgasatome eine gewisse stationäre Sättigung der aufzehrenden Elektrode eintritt. Auch die Abnahme der Aufzehrgeschwindigkeit bei höheren Drucken läßt sich wohl mit

dem Vorhandensein einer solchen stationären Sättigung erklären, denn wie die sog. „Wechselversuche" von BARTHOLOMEYCZYK (*10*) (s. Abb. 224) zeigen, kann man erreichen, daß auch bei tieferen Drucken die Aufzehrgeschwindigkeit in derselben Weise wie bei höheren Drucken mit abnehmendem Druck gleichmäßig zunimmt.

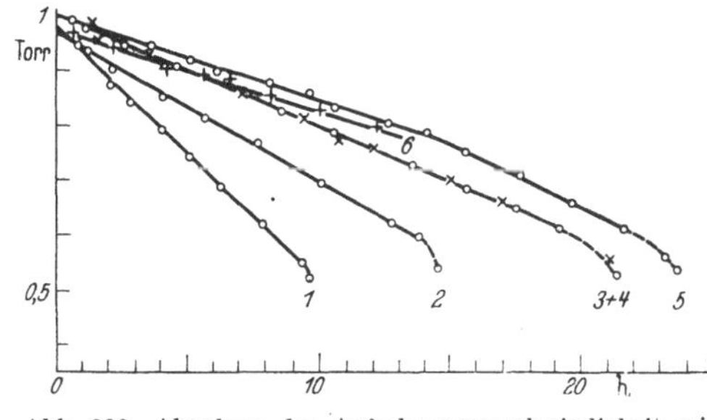

Abb. 223. Abnahme der Aufzehrungsgeschwindigkeit mit der Brennzeit. Die Zahlen geben die Reihenfolge der Versuche an (BARTHOLOMEYCZYK).

Dies wird dadurch erreicht, daß zwei Versuchsrohre, welche an dasselbe Gasvolumen angeschlossen sind, abwechselnd gebrannt wurden, so daß jedes Rohr nur eine halb so große Gasmenge aufnehmen brauchte; die Vorbrennzeit wurde dadurch verkürzt. Weitere

Untersuchungen haben ergeben (*10*), daß der Mechanismus der Gasaufzehrung eng mit der Stromdichteverteilung und der Zerstäubung des Kathodenmaterials gekoppelt ist. Auf der Kathode findet durch Zerstäubung und Bestäubung ein Materialtransport längs der Oberfläche statt; daneben ist in Verbindung mit der inhomogenen, vom Druck abhängigen Stromdichteverteilung in der Hohlkathode ein Einschuß von Edelgasionen in die Kathode festzustellen, und zwar finden sich hauptsächlich diese Gasteilchen in den bestäubten Oberflächenstellen der Kathode wieder. Sie werden aber

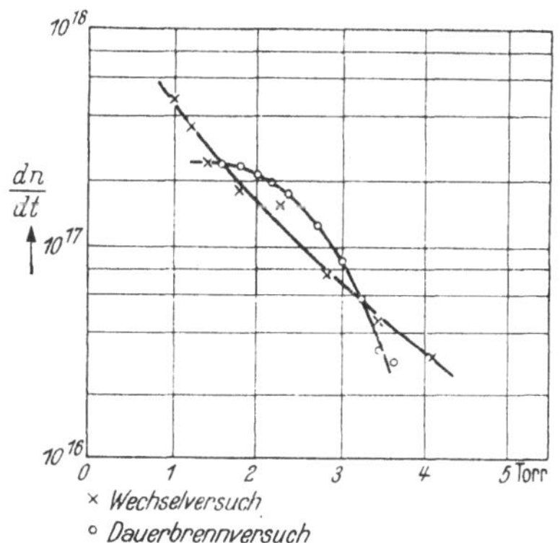

Abb. 224. Abhängigkeit der Aufzehrungsgeschwindigkeit vom Druck beim Dauerversuch u. Wechselversuch (BARTHOLOMEYCZYK).

auch z. T. aus der Kathode durch den Vorgang der Zerstäubung wieder befreit, wodurch die feinen Schwankungen der Aufzehrgeschwindigkeit zu erklären sind (vgl. Abb. 222).

LUMPE und SEELIGER haben versucht (*77*), die Ionenschußtheorie zu erweitern und insbesondere durch Einführung einer sog. Einschußfunktion $f(x)$ einen Anhalt über die Verteilung des Edelgases im Metall zu erlangen. $f(x)$ soll den Bruchteil der auf die Kathode auftreffenden Edelgasteilchen angeben, welcher in der Tiefe x unter der Kathodenoberfläche stecken bleibt. Überlegungen und Schlüsse aus Austreibeversuchen führen die Genannten zu der Annahme einer glockenförmigen

Gestalt der Einschußfunktion, deren schematisches Aussehen in Abbildung 225 wiedergegeben ist[1]. Es ist hieraus zu ersehen, daß die Teilchendichte bis zu einer endlichen Tiefe τ (aus einem Versuch z. B. $\tau = 5 \cdot 10^{-8}$ cm) praktisch Null bleibt, dann aber steil ansteigt und in einer Dicke δ (z. B. $20 \cdot 10^{-8}$ cm) den größten Wert erreicht.

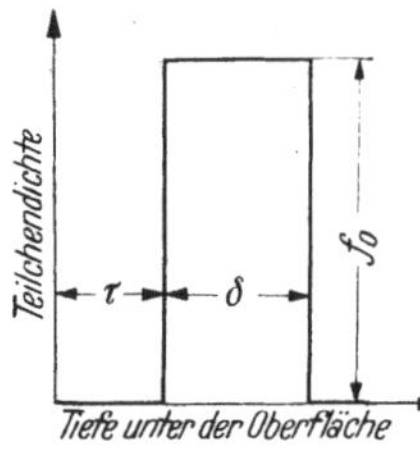

Abb. 225. Einschußfunktion zur elektrischen Gasaufzehrung (schematisch) nach Lumpe u. Seeliger.

G. Mierdel beobachtet (85) in einer ähnlichen Röhre mit Aluminium-Hohlkathode und koaxialem Stab als Anode einen weniger komplizierten Verlauf der elektrischen Aufzehrung von Neon, als R. Seeliger u. Mitarbeiter beschrieben haben. Abb. 226 zeigt die zeitliche Druckabnahme bei einem seiner Versuche, Abb. 227 die Abhängigkeit der Aufzehrgeschwindigkeit von der Entladungsstromstärke. Über mehrere Zehnerpotenzen des Stromes ist die Aufzehrgeschwindigkeit proportional der Stromstärke der Entladung. Der Meßpunkt bei 0,6 μA fällt wahrscheinlich nur wegen der geringen Meßgenauigkeit aus der Geraden heraus.

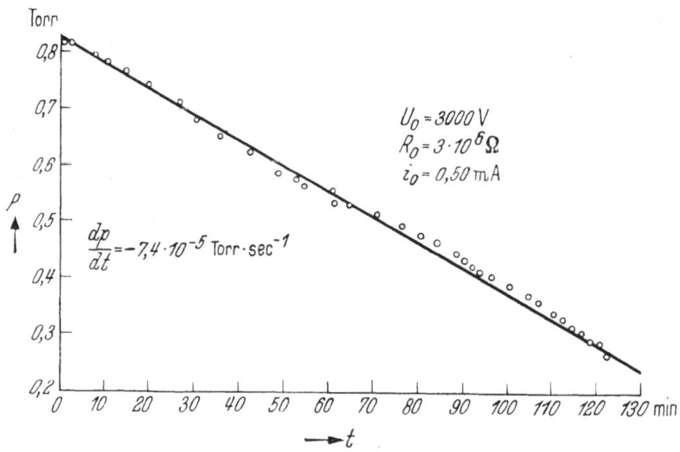

Abb. 226. Zeitlicher Druckabfall in Neon. U_0 konstante Gleichspannung mit festem Vorwiderstand $R_0 \cdot i_0$, der durch das Magnetfeld konstant gehaltene Entladungsstrom (G. Mierdel).

G. Mierdel findet eine viel höhere Eindringwahrscheinlichkeit der Ionen, d. h. der Bruchteil der von den auftreffenden Ionen wirklich eindringenden ist um 2—3 Zehnerpotenzen größer als bei Seeliger u. Mitarbeiter; bei diesen beträgt er 10^{-3} bis 10^{-4}, bei G. Mierdel 0,06. Diese Tatsache erklärt sich wohl aus der viel geringeren Zerstäubung der Aluminium-Kathoden, wodurch nicht mehr so viel Gas durch Abdeckung der Kathodenoberfläche heraustreten kann. Auch stellt Mierdel keine Abhängigkeit der Aufzehrgeschwindigkeit von der Vorbrenn-

---

[1] Quantenmechanischer Effekt des Durchschwingens durch Potentialwall?

zeit fest. Daraus dürfte man also schließen, daß die SEELIGERschen Versuche durch die stärkere Kathodenzerstäubung des Eisens ihre Komplizierung erfahren haben.

Bemerkenswert ist noch die Druckmessung von MIERDEL, welche das Ziel hatte, mit möglichst geringem Ballastvolumen auszukommen, um die Aufzehrzeiten abkürzen zu können. Sie beruht darauf, daß der mit sinkendem Druck abnehmende Entladungsstrom durch ein von der Spule erzeugtes variables Magnetfeld mit zur Rohrachse parallelen Kraftlinien konstant gehalten wird, indem nämlich das Magnet-

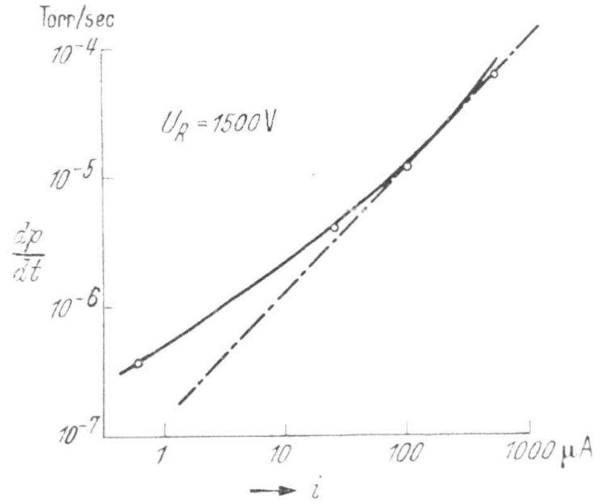

Abb. 227. Stromabhängigkeit der Gasaufzehrung in Neon bei konstantem Kathodenfall $U_R = 1500$ Volt. (G. MIERDEL.)

feld je nach seiner Stärke die Elektronenbahnen verlängert und damit die Ionisierung vergrößert. Dadurch kann man zu jedem Druck eine Magnetfeldstärke zuordnen. Nach einer vorhergehenden Eichung kann also die Aufzehrröhre selbst als Manometer dienen.

Technische Anwendungen der Gasaufzehrung in elektrischen Gasentladungen mit kalter Kathode.

Die bedeutend stärkere elektrische Aufzehrung von unedlen Gasen wird zur Reingung von Edelgasen ausgewertet. VAN VOORHIS, SHENSTONE u. PIKE (135) haben Edelgase in einer elektrischen Entladung mit Kathoden aus Mischmetall (s. S. 208, 222) gereinigt. Das Mischmetall wurde in eine eiserne Form gebracht, die durch Ausheizen im Vakuum oder in Wasserstoff weitgehend entgast wurde. Jedoch werden hierbei auch erhebliche Mengen des zu reinigenden Gases aufgezehrt, vor allem Helium.

Eine einfache Vorrichtung zur Reinigung von Edelgasen und Wasserstoff hat W. WEIZEL angegeben (137) (s. Abb. 228). Durch eine Entladung von 0,5—1,0 A und 380 Volt Wechselspannung zwischen den Magnesiumelektroden A und C (vgl. Abb. 228), lassen sich spektral-

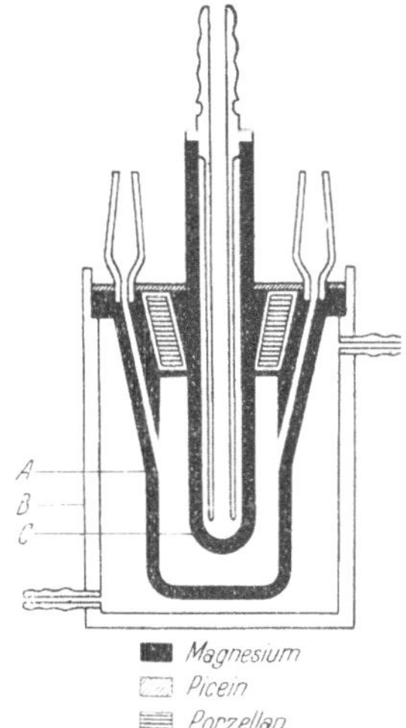

Abb. 228. Schnitt durch einen Edelgasreiniger nach W. WEIZEL.

reine Edelgase erzielen; es ist sogar möglich, ein Gemisch von Argon, Helium und Neon mit bis zu 75% Luft völlig von Stickstoff zu reinigen. Außerdem kann man spektralreinen Wasserstoff aus einfachem Leuchtgas gewinnen; dabei verschwindet CO schon nach einer Minute, Stickstoff nach 10 Minuten. Mit Hilfe einer Diffusionspumpe, die an den Schliffen der Vorrichtung angeschlossen ist, läßt man das zu reinigende Gas durch die Apparatur zirkulieren. Zur Vermeidung einer Überhitzung wird das ganze Entladungsgefäß von außen mit Wasser gekühlt.

γ) Gasaufzehrung in Entladungen mit Glühkathoden.

Die elektrische Gasaufzehrung in Glühkathodenröhren unterscheidet sich von den bisher beschriebenen Aufzehrungsarten in „kalten" Entladungen hauptsächlich darin, daß die verschwundenen Gasteilchen wegen der hohen Temperatur nicht in oder auf der Kathode zu erwarten sind. Die Aufzehrung in Glühkathodenröhren kann gewissermaßen als Fortsetzung nach tieferen Drucken hin angesehen werden, wo also eine hinreichende elektrische Entladung zwischen kalten Elektroden nicht mehr aufrecht erhalten werden kann. Zu den älteren umfangreicheren Untersuchungen sind an dieser Stelle die Versuche von N. R. Campbell und seinen Mitarbeitern (21—24) zu nennen. Sie befassen sich mit der elektrischen Aufzehrung hauptsächlich von Stickstoff, Wasserstoff, Kohlenmonoxyd und Argon bei Drucken bis etwa 10^{-3} Torr herab. Das wesentliche Ergebnis ihrer Untersuchungen ist, daß eine nachweisbare Gasaufzehrung eine starke Ionisierung des Gases voraussetzt* und daß 2. die Aufzehrungsgeschwindigkeit für Argon nur etwa den 10. Teil von der für Stickstoff ausmacht. Einzelheiten zu den vielfach kaum reproduzierbaren Ergebnissen lese man in den Originalarbeiten oder in der Zusammenfassung von E. Pietsch (93) nach.

C. Kenty (62) fand im Zusammenhang mit dem Auftreten von Druckdifferenzen und Druckschwankungen in einer Niederdruckentladung in Quecksilberdampf mit einer Glühkathode eine Aufzehrung von Quecksilberdampf. Die Quecksilberionen werden nach Kenty dabei in die Glaswand hineingeschossen.

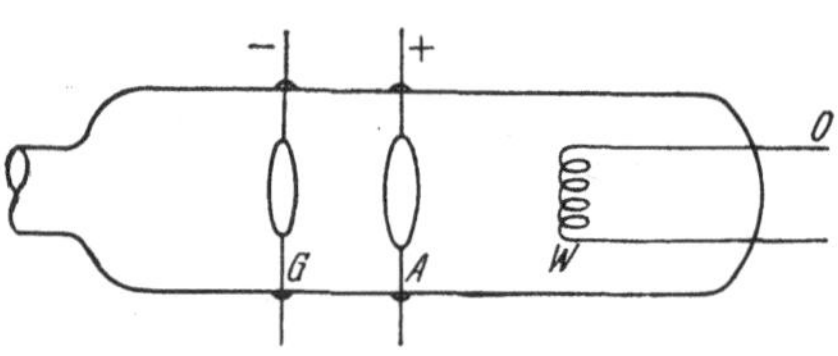

Abb. 229. Versuchsröhre zur elektrischen Gasaufzehrung in einer elektrischen Entladung mit Glühkathode (v. Meyeren; H. Schwarz).

W. von Meyeren (83) konnte noch bei Drucken unter 10^{-4} Torr in einer besonders konstruierten Glühkathodenröhre mit ringförmiger Anode unter Zuhilfenahme eines zur Rohrachse parallelen Magnetfeldes eine intensive elektrische Aufzehrung von Luft, Wasserstoff, Stickstoff, Helium und Argon feststellen. Das benutzte Rohr, das ähnlich dem in der Abb. 229** war, wurde nach Angaben von W. Gaede gebaut und sollte als sehr empfindliches Ionisationsmanometer dienen. Die Empfindlichkeitssteigerung sollte erreicht werden 1. durch die die Elektronenstrahlen fokussierende Wirkung des Magnetfeldes und 2. durch die häufige Pendelung der so in der

---

* Vielleicht ist auch die als Folge der Ionisierung auftretende Dissoziation wesentlich.

** An Stelle der ringförmigen Gegenelektrode G hatte v. Meyeren ein kreisförmiges Netz angebracht.

Rohrachse stark konzentrierten Elektronen innerhalb der Ringanode A. Der auf diese Weise verlängerte Elektronenweg führt zu einer erheblichen Steigerung des Ionenstroms, der an der Elektrode, die gegenüber der Kathode W ein geringes negatives Potential hat, gemessen werden kann. Jedoch erwies sich diese Anordnung wegen der starken Gasaufzehrung als Ionisationsmanometer unbrauchbar. Innerhalb weniger Minuten nahm der Druck in einem Gesamtvolumen von 2,05 Liter z. B. bei Stickstoff von $1 \cdot 10^{-4}$ auf $6 \cdot 10^{-7}$ Torr ab (s. Abbildung 230) und bei Argon von $1 \cdot 10^{-4}$ auf $1 \cdot 10^{-5}$ Torr (s. Abbildung 231). Interessant an der Abb. 231 ist der Druckanstieg bei

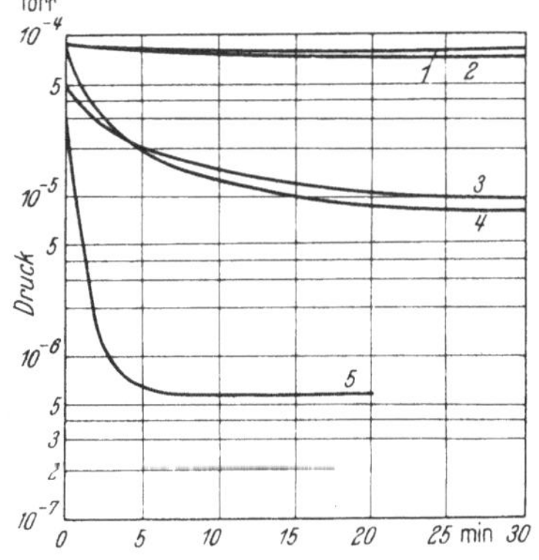

Abb. 230. Gasaufzehrung von Helium, Argon und Stickstoff. Kurve 1: Helium mit Magnetfeld (240 Gauß). Kurve 2: Argon ohne Magnetfeld. Kurve 3: Argon mit Magnetfeld (240 Gauß). Kurve 4: Stickstoff ohne Magnetfeld. Kurve 5: Stickstoff mit Magnetfeld (240 Gauß). Anodenspannung betrug stets 800 Volt (VON MEYEREN).

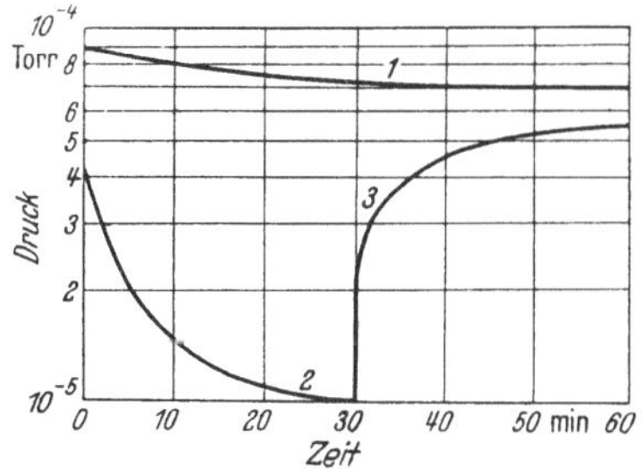

Abb. 231. Aufzehrung und Wiedergabe von Argon. Kurve 1: Aufzehrung ohne Magnetfeld. Kurve 2: Aufzehrung mit Magnetfeld (240 Gauß); nach 30 min wurde das Magnetfeld abgeschaltet; darauf Kurve 3: Wiedergabe des aufgezehrten Gases. Anodenspannung 800 Volt (VON MEYEREN).

Fortnahme des Magnetfeldes; die Elektronen erreichen ohne Magnetfeld in viel größerer Anzahl die Wand und treiben infolge der durch ihren Aufprall freigemachten Wärmeenergie die aufgezehrten Gasteilchen wieder aus, jedoch nicht über die Menge hinaus, die dem Grenzdruck bei der geringen rein elektrischen Gasaufzehrung ohne Magnetfeld (Kurve 1 der Abb. 231) entspricht. Weitere Untersuchungen dieses Gasaufzehrungseffektes durch H. SCHWARZ (*110*) haben gezeigt, daß diese intensive Druckabnahme keine spezifische Eigenschaft des Magnetfeldes ist, sondern daß das Magnetfeld lediglich dazu dient, 1. zu verhindern, daß Elektronen mit großer Geschwindigkeit auf die Wand treffen und 2. die Ionisation zu vergrößern. Als notwendige und hinreichende Bedingung fand SCHWARZ unter der Voraussetzung einer guten Ionisierung in der benutzten Röhre eine negative Wandaufladung. Diese negative Wandaufladung wird erzeugt und aufrechterhalten durch die auftreffenden Elektronen. Diese lösen nämlich Sekundärelektronen aus, deren Zahl bekanntlich von der Zahl und Energie der Primärelektronen abhängt. Die Sekundärelektronenemissionsausbeute δ (d. i. die Zahl der pro Primärelektron ausgelösten Sekundärelektronen) ist außer von der Energie V_p der Primärelektronen auch noch von der Gasbeladung der Wand abhängig. Ist die Zahl der die Wand verlassenden Sekundärelektronen kleiner als die der auftreffenden Primärelektronen (d. h. also ist $\delta < 1$), lädt sich die Wand negativ auf, womit die wesentliche Voraussetzung zur Gasaufzehrung

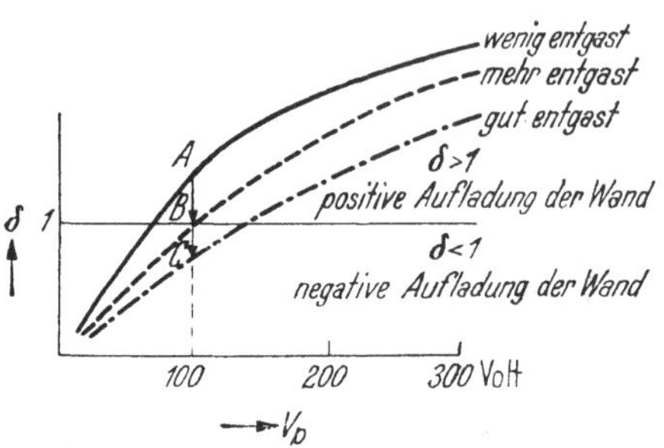

Abb. 232 (nur qualitativ zu werten!). Sekundärelektronenemissionsausbeute δ in Abhängigkeit von der Energie V_p der Primärelektronen bei verschiedenen Zuständen der Glaswand. (δ ist die Zahl der durch ein Primärelektron ausgelösten Sekundärelektronen einschl. der reflektierten Primärelektronen) (H. Schwarz).

gegeben ist. Ist hingegen $\delta > 1$, so lädt sich die Wand positiv auf und eine Gasaufzehrung ist nicht möglich. Sind die elektrischen und vakuumtechnischen Bedingungen derart erfüllt, daß man sich im Gebiet unterhalb $\delta = 1$ (s. Abbildung 232) befindet, so tritt Gasaufzehrung ein. Angenommen, die mittlere Energie der Primärelektronen betrage 100 Volt, so können schon geringe Veränderungen der Gaskonzentration der Oberflächenschichten eine Umladung der Wand verursachen, etwa wenn

man sich längs der Linie A—B—C in dem Kurvenbild der Abb. 232 bewegen würde; in diesem Falle würde die Wand beim Durchschreiten des Punktes B auf negatives Potential umschlagen. Diese Veränderlich-

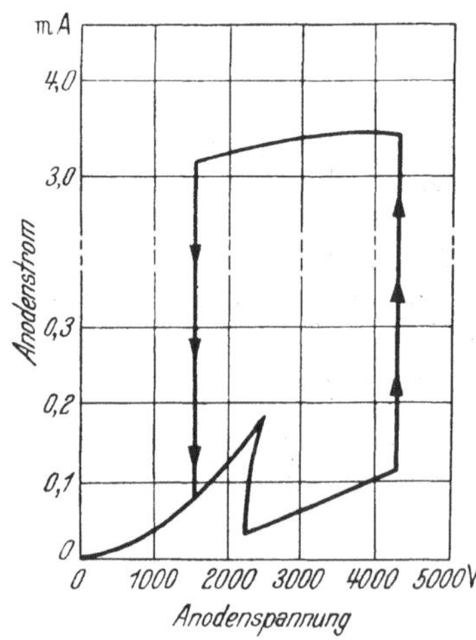

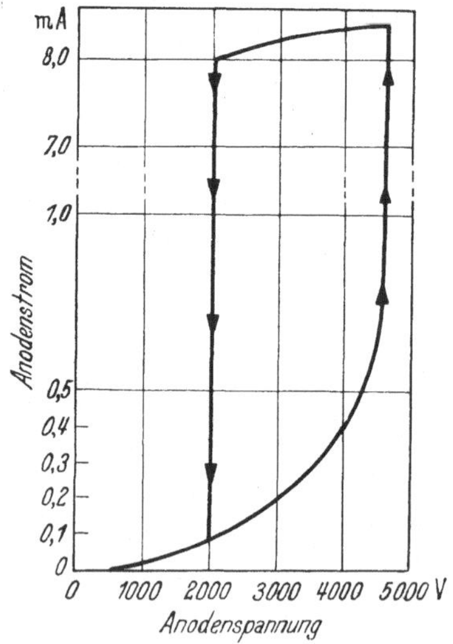

Abb. 233. Stromspannungscharakteristik der Gasaufzehrungsröhre nach Abb. 242 ohne Magnetfeld bei einem Vakuum von $5 \cdot 10^{-7}$ Torr (H. Schwarz).

Abb. 234. Stromspannungscharakteristik der Gasaufzehrungsröhre nach Abb. 242 mit Magnetfeld von 820 Gauß bei einem Vakuum von $5 \cdot 10^{-7}$ Torr (H. Schwarz).

keit des Wandpotentials prägt sich auch in den Stromspannungs-Charakteristiken der Röhre mit und ohne Magnetfeld aus (s. Abb. 233 und 234); bei plötzlicher Umladung der Wand, etwa durch Änderung der Gaskonzentration in der Oberfläche springt der Anodenstrom von niedrigen Werten auf sehr hohe Werte, um dann bei stetiger Erniedrigung der Anodenspannung erst bei tieferem Anodenpotential in den unteren Strombereich herunterzuspringen. Die Stromunterschiede sind so groß, daß die Ordinatenachsen unterbrochen worden sind[1]. Dieser „Elektronenstromsprung" ist allein bedingt durch die Wandladungen, denn er erwies sich als unabhängig vom Druck im Bereich von $2 \cdot 10^{-7}$ bis $2 \cdot 10^{-3}$ Torr. Gasaufzehrung war nur im Zusammenhang mit dem „negativen Elektronenstromsprung" möglich, d. h. also nur dann, wenn der Anodenstrom vom hohen Bereich zum niedrigeren springt und damit eine Umladung der Wand auf negatives Potential erfolgt. Die Gasaufzehrung war dabei so intensiv, daß sich ihre Geschwindigkeit experimentell selbst bei einem Volumen von 5 Liter nicht erfassen ließ; die zur Druckmessung benötigte Zeit betrug mindestens 5 Sekunden. In weniger als 5 Sekunden nahm der Druck von $1 \cdot 10^{-4}$ auf $1 \cdot 10^{-6}$ Torr ab, sowohl mit als auch ohne Magnetfeld. Gelingt es also, ohne Magnetfeld eine hinreichende Ionisation und negative Wandaufladung zu erzielen, so erreicht man eine elektrische Gasaufzehrung bei solch tiefen Drucken in der beschriebenen Röhrenform wahrscheinlich auch ohne Anwendung eines Magnetfeldes.

Gasaufzehrung in normalen Ionisationsmanometerröhren.

Bei der Messung von Molekülstrahlen beobachtete TH. H. JOHNSON (58), daß selbst ein einfaches Ionisationsmanometer Gassorption zeigt.

Eine eingehende kritische Untersuchung der gebräuchlichen Ionisationsmanometertypen auf ihre elektrische Gasaufzehrung hin hat H. SCHWARZ (111) durchgeführt. Insbesondere wurde eine einfache Triode mit zylindrischer Anode, koaxialer Gitterspirale und einem geraden Wolframdraht als Kathode in der Zylinderachse untersucht. Selbst für den Fall, daß der Druck[2] konstant bleibt, nimmt der Meßvorgang in vielen Fällen einen Eingriff in die Gasart vor. Aus der Tatsache heraus, daß das benutzte Vakuummeter[2] den Druck unabhängig von der Gasart mißt, das Ionisationsmanometer hingegen nicht wegen des unterschiedlichen Wirkungsquerschnitts der Ionisierung der verschiedenen Gasarten, lassen sich Rückschlüsse auf die Gasart ziehen. Die Konstante C_1 (s. S. 65) des Ionisationsmanometers gibt also in Verbindung mit der Druckmessung mit Hilfe des genannten Manometers ein Kriterium für die Gasart. In der nachfolgenden Übersicht sind die Werte von C_1 für verschiedene Gasarten bei der benutzten Röhre in Bremsfeldschaltung angegeben.

Gasart	Argon	Stickstoff	Luft
C_1	0,082	0,11	0,10

---

[1] Die Spitze bei 0,2 mA in der Abb. 233 deutet wohl auf den Einsatz einer Hochfrequenzschwingung hin, da es sich ja um Bremsfeldröhren handelt.

[2] Der Druck wurde mit Hilfe eines Radiometervakuummeters nach H. KLUMB und H. SCHWARZ (B 87,) gemessen.

Die auf die Metallteile und die Röhrenwand auftreffenden Ionen „schlagen" dort Gasteilchen heraus und nehmen deren Stelle ein; ein Gasaustausch tritt ein. Als Bestätigung des neben der Druckabnahme gleichlaufend auftretenden Gasaustausches seien zwei Versuchsbeispiele in den Abb. 235 und 236 dargestellt. In Abb. 235 ist der zeitliche Verlauf des Druckes und der der Größe C_1 aufgetragen, wie er bei einer Argonaufzehrung gemessen wurde, nachdem vorher die gut entgaste Röhre mehrfach in einer Stickstoffüllung betrieben worden war. Bei gleichzeitiger Druckabnahme konnte eine

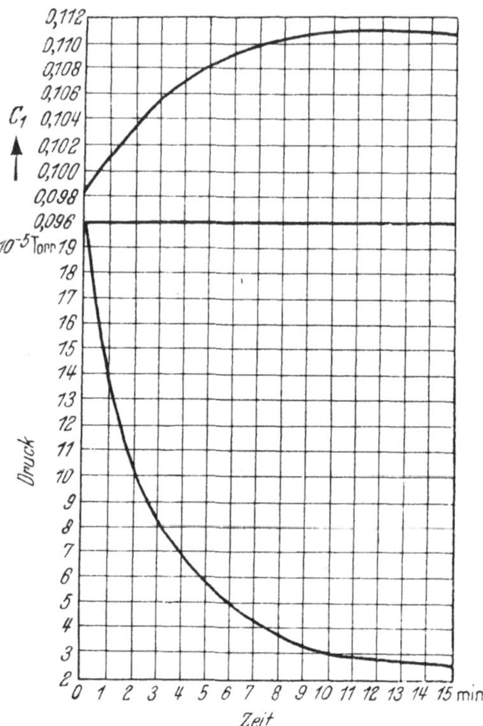

Abb. 235. Elektrische Gasaufzehrung von Argon in einem normalen Ionisationsmanometer nach mehrmaligem Betrieb in Stickstoff C_1 mit Hilfe der Beziehung $p = C_1 \cdot \dfrac{i^+}{i^-}$ aus i^+ und i^- berechnet (H. Schwarz.)

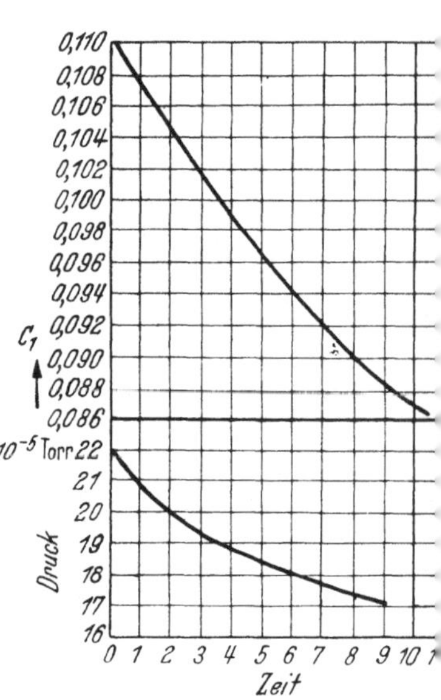

Abb. 236. Elektrische Aufzehrung von Stickstoff in einem normalen Ionisationsmanometer nach mehrmaligem Betrieb in Argon. (H. Schwarz.)

Zunahme von C_1 gemessen werden, und zwar nimmt dabei C_1 zuletzt den Wert für Stickstoff an. Man kann also hieraus auf eine Änderung der Gasart schließen, und zwar muß in diesem Falle Argon den Stickstoff, der von der vorhergehenden Aufzehrung in die Metall- und die Wandoberfläche eingedrungen war, verdrängt haben, so daß der Stickstoff wieder in den Gasraum zurückkehren mußte.

Ein Gegenstück ist der Versuch, der in Abb. 236 dargestellt ist. Nachdem die extrem gut entgaste Röhre mehrfach Argon aufgezehrt hatte, wurden nach einmaligem Einfüllen von Stickstoff die Kurven der Abb. 236 aufgenommen. Die Röhre war schon ziemlich weitgehend mit Argon gesättigt, so daß die Stickstoffaufzehrung nur noch schwach war, jedoch muß Argon aus den Elektroden und den Wänden ausgetreten sein, da die Größe C_1 sich von dem Werte für Stickstoff (0,11) dem Werte für Argon (0,082) nähert*. Aus all diesen Messungen kann gefolgert werden, daß die Fehler der Druckmessung um so größer sind, je besser die Röhre vakuumtechnisch vorbehandelt und je kleiner der Vakuumraum ist. Besondere Vorsicht ist bei der Messung von Grenzvakua von Öldiffusionspumpen geboten, da der Elektronenstrom zur Zersetzung der Öldampfmoleküle (vgl. nächster Abschnitt unter Elektrische Dampffallen) führt, wobei dann Kohlenstoff und abpumpbare, sowie aufzehrbare Gase (insbesondere Wasserstoff) auftreten können. W. KERRIS (63) hat bereits einen derartigen Einfluß auf die Öldampfmoleküle durch das Ionisationsmanometer beobachtet.

c) Dampffallen.

Die für die Diffusionspumpen benutzten Treibmittel haben oft noch einen Sättigungsdampfdruck, der oberhalb des gewünschten Grenzdruckes liegt, insbesondere wird dies fast immer bei den Quecksilberdiffusionspumpen der Fall sein, denn der Sättigungsdampfdruck des Quecksilbers beträgt bei Zimmertemperatur noch $1 \cdot 10^{-3}$ Torr. Dieser Dampfdruck wird sehr wesentlich das Grenzvakuum der Pumpe bestimmen. Um den Dampf vom Hochvakuum fernzuhalten, wendet man geeignete Vorrichtungen an, die man als Dampffallen bezeichnet. Im folgenden sollen solche Vorrichtungen beschrieben werden. Die Beschreibung soll nach einer Einteilung in fünf verschiedene Arten von Dampffallen vorgenommen werden:

1. Mechanische Dampffallen,
2. Kühlfallen ohne zusätzliche Adsorptionsmittel,
3. Kühlfallen mit zusätzlichen Adsorptionsmitteln,
4. Thermische Zersetzungsfallen,
5. Elektrische Dampffallen.

Allen diesen Vorrichtungen ist der Nachteil gemeinsam, daß durch sie die Sauggeschwindigkeit der Pumpe mehr oder weniger stark gedrosselt wird, am wenigsten jedoch durch die thermischen Zersetzungs- und die elektrischen Fallen; diese sind jedoch in ihrer Wirksamkeit den andern unterlegen.

1. Mechanische Dampffallen.

Um einen Dampfstrom ins Hochvakuum zu verhindern oder zumindest abzuschwächen, genügt es bei Öldiffusionspumpen vielfach, einfach ein mechanisches Hindernis in den Weg des Dampfes zu bringen, da bei den tiefen Drucken die Dampfmoleküle geradlinig ins Vakuum eintreten, so daß sie an diesem Hindernis reflektieren oder kondensieren können. Die einfachste Form eines solchen Dampfhindernisses,

---

* Bei den Versuchen der Abb. 235 u. 236 verschiebt sich also in beiden Fällen das Gleichgewicht $(N_2/Ar)_{Gas} : (N/Ar)_{Wand}$. Ein Vergleich mit dem System (Ne/Ar) würde Aufschluß darüber geben, ob die Valenzelektronen für die Lage des Gleichgewichts wesentlich sind.

welches die Sauggeschwindigkeit nicht sonderlich drosselt, besteht einfach aus einem ringförmigen Vorsprung gleich oberhalb der Diffusionsflächen der Hochvakuumpumpen (s. Abb. 176, 187, 190). Eine zweite einfache Form stellt auch die Abb. 237 dar; es handelt sich dabei um einen spiralförmig verschränkten Metallblattstreifen. Eine weitere Form einer gut wirksamen mechanischen Dampffalle stellt Abb. 238 nach

R. S. MORSE (87) dar. Dabei sind eine ganze Reihe konzentrischer Ringe mit nach oben abnehmenden Radien aus Material von guter Wärmeleitung, etwa Aluminium, mit Hilfe von drei Dreiecksstützen gleich über dem Pumpstutzen angebracht worden. Ihr Einbau in eine horizontal-

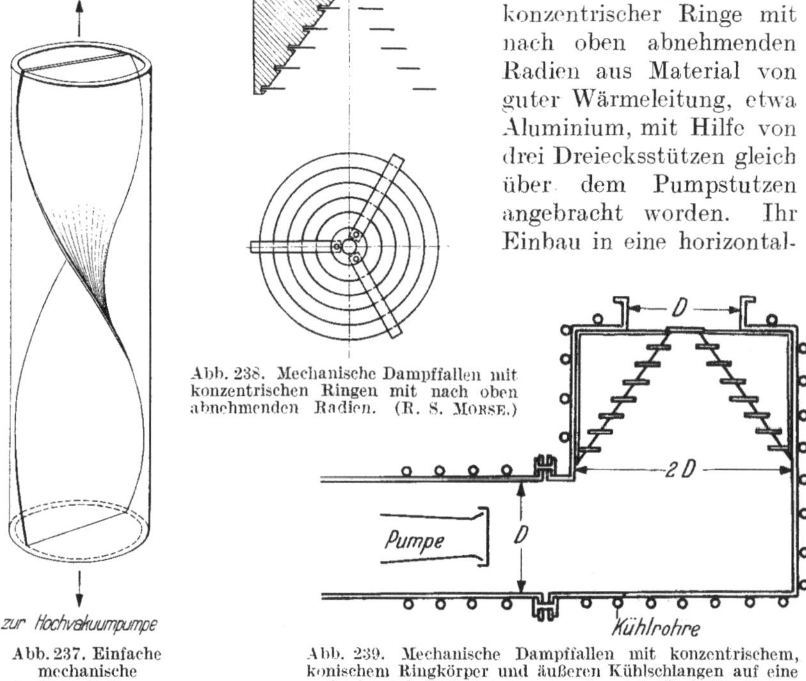

Abb. 238. Mechanische Dampffallen mit konzentrischen Ringen mit nach oben abnehmenden Radien. (R. S. MORSE.)

Abb. 237. Einfache mechanische Dampffalle.

Abb. 239. Mechanische Dampffallen mit konzentrischem, konischem Ringkörper und äußeren Kühlschlangen auf eine horizontale Diffusionspumpe aufgesetzt. (R. S. MORSE.)

liegende Öldiffusionspumpe ist aus Abb. 239 zu ersehen. Eine andere Konstruktion nach D. L. NORTHRUP, C. M. und L. C. VAN ATTA (89) zeigt Abb. 240.

Zur Fernhaltung von Quecksilber benutzt G. FINCH (37) eine Reihe von Zinnstreifen, die er in die Hochvakuumleitung unmittelbar über dem Saugstutzen anbringt. Auch Alkalimetalle in die Hochvakuumleitung gebracht [z. B. Marton (81)] vermögen den Hg-Dampf durch Amalgamierung für manche Fälle ausreichend zu binden. Meistens hat man hierzu Kalium (53, 97) verwandt. Solche Dampffallen haben natürlich den Nachteil, daß das Kalium öfter erneuert werden muß. K. W. HUNTEN, G. A. WOONTON und E. C. LONGHURST (54) haben eine bei Zimmertemperatur flüssige Legierung von Natrium mit 3—5% Kalium benutzt, welche sich immer wieder selbst regeneriert, indem die Kaliumamalgamation zwischen der flüssigen Legierung ins Innere der Masse wandert. Die Verfasser konnten 22 Tage lang eine Vakuumapparatur wiederholt vom Atmophärendruck auf $5 \cdot 10^{-7}$ Torr mit Hilfe einer solchen „Dampffalle" evakuieren.

Die Wirksamkeit der mechanischen Dampffallen kann natürlich durch Kühlung wesentlich erhöht werden, so daß sie auch mit Erfolg für Quecksilberdiffusionspumpen verwandt werden können. Die mechanischen Dampffallen werden dann zu Kühlfallen. K. R. More, R. F. Humphreys und W. W. Watson (86) benutzten eine Kombination

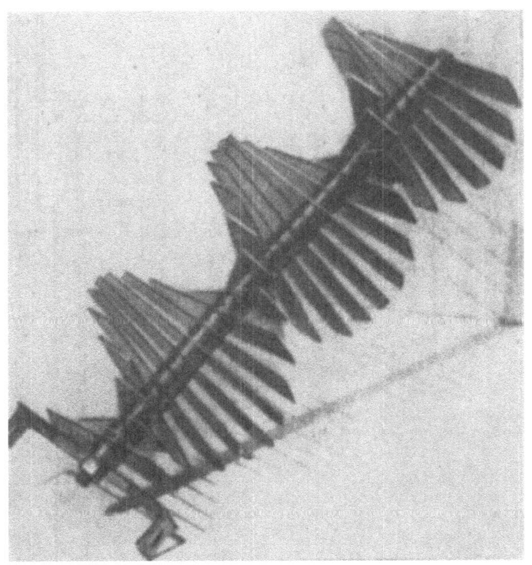

Abb. 240. Mechanische Dampffallen in Wendeltreppenform (D. L. Northrup, C. M. u. L. C. van Atta).

der einfachen mechanischen Dampffalle nach Abb. 237 und der Kühlfalle nach Abb. 243, wobei sich die spiralförmig verschränkten Metallblattstreifen in der Hohlwand um das Kühlgefäß herumwinden.

2. Kühlfallen ohne zusätzliche Adsorptionsmittel.

Die gebräuchlichsten Dampffallen sind die Kühlfallen oder die Ausfrierfallen. Zwischen der Hochvakuumpumpe und dem Rezipienten wird eine Stelle der Leitung auf einer tiefen Temperatur gehalten. Die Dämpfe werden dadurch an dieser Stelle „ausgefroren", d. h. sie kondensieren dort gemäß ihres bei der betreffenden tiefen Temperatur herrschenden Dampfdrucks an den Kühlflächen und können dann im Rezipienten nach eingetretenem Dampfdruckgleichgewicht höchstens einen Grenzdruck in Höhe des der Kühltemperatur entsprechenden Dampfdruckes bewirken (vgl. die Dampfdruckkurven in Abb. 174). Die Kühlstellen haben meist die Form eines U-Rohres oder zweier ineinander gesteckter konzentrischer Rohre (Abb. 241); diese tauchen dann in sog. Dewar-Gefäße (doppelwandige, zum Strahlungsschutz versilberte Gefäße; der Zwischenraum der Doppelwand ist zum Schutz gegen Wärmeleitung evakuiert), die mit Kühlmittel (flüssiger Luft u. a.) gefüllt sind. Als Kühlmittel dienen hauptsächlich flüssige Luft (etwa —180° C) oder feste Kohlensäure in Aceton oder Spiritus gelöst (etwa —80° C). Bei Verwendung der Kohlensäure-Aceton-Kältemischung kann bei frischen Kühlfallen ein Kondensationsverzug des Quecksilbers

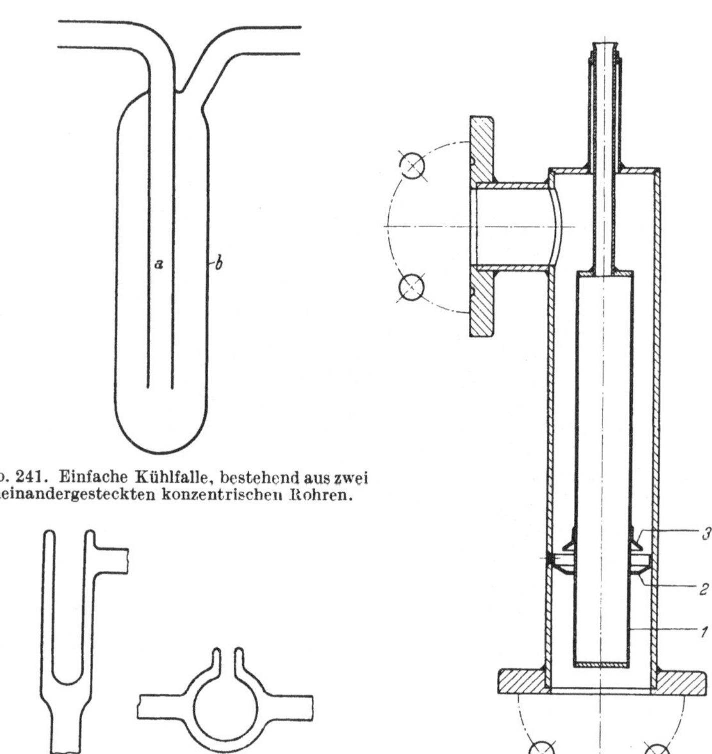

Abb. 241. Einfache Kühlfalle, bestehend aus zwei ineinandergesteckten konzentrischen Rohren.

Abb. 242. Taschenförmige Kühlfalle.

Abb. 243. Kühlfalle aus Metall.

eintreten, so daß der Hg-Dampf trotz der Fallen nicht vom Hochvakuum ferngehalten wird. In einem solchen Falle wird man eine kleine Fläche in der Falle versilbern oder ein paar Metallspäne hineinbringen. Allerdings wird für Dauerbetrieb Kühlung mit flüssiger Luft vor allen anderen Kühlmitteln vorzuziehen sein, da die Dampfmoleküle, die sich an der Grenze des Kühlmittels niedergeschlagen haben, in um so geringerer Anzahl ins Hochvakuum hinein vagabundieren können, je größer das Temperaturgefälle zur Kühlfalle hin ist. Metallkühlfallen haben gegenüber Glaskühlfallen den Vorteil der geringeren Bruchgefahr, den Nachteil des größeren Kühlmittelverbrauchs. So hat beispielsweise eine Ausfriervorrichtung aus Metall (Abb. 243) mit einem Durchmesser der Anschlußstutzen von 65 mm einen Kühlmittelverbrauch von 100 cm³/Std., während eine Ausfriervorrichtung aus Glas (Abb. 242) mit Anschlußstutzen von 50 mm 30 cm³/Std. flüssige Luft benötigt.

Bei den Ausfriervorrichtungen aus Glas nach Abb. 242 wird die von außen in den Vakuumraum hineinführende Ausstülpung mit dem Kühlmittel gefüllt. Der evakuierte Raum um diese Ausstülpung herum dient gleichzeitig als Wärmeschutz für das Kühlmittel.

Grundsätzlich denselben Bau wie die Ausfriervorrichtungen (Abb. 242) zeigt die Ausfriervorrichtung aus Metall (Abb. 243). Der obere lange Hals an der Tasche für die Aufnahme des Kühlmittels dient zur Vergrößerung des Wärmeleitungswiderstandes gegen Verlust des Kühlmittels.

Obgleich die Kühlfallen nach Abb. 241 im allgemeinen einen größeren Strömungswiderstand haben als die Ausfriervorrichtungen nach Abb. 242, werden sie in vielen Fällen diesen vorgezogen, da das gegen Strahlungsverluste verspiegelte Dewargefäß einen geringeren Kühlmittelverbrauch bedingt als die unverspiegelten Kühlfallen nach Abb. 241. Dazu kommt noch, daß die Ausfriervorrichtung nach Abb. 243 einen weniger wirksamen Widerstand gegen vagabundierende Dampfmoleküle, die aus dem Dampfraum in den zu schützenden Raum gelangen können, darstellen als die Kühlfallen Abb. 241. Bei der Metallkühlfalle Abb. 243 sind zur Verhinderung des Durchtritts von Dampfmolekülen Schikanen 2 und 3 angebracht.

Näch längerem Gebrauch einer Kühlfalle wird sich ein kräftiger Quecksilberbelag, vermischt mit allen möglichen anderen kondensierbaren Dämpfen (Wasser u. a.), ausbilden; dieser muß dann durch Ausheizen von Zeit zu Zeit entfernt werden, da durch Überlastung der Falle das Hochvakuum wesentlich verschlechtert wird, wenn die Kühlfalle besonders an den Grenzstellen nicht mehr alle Dämpfe aufnehmen kann. Besondere Beachtung ist der Dimensionierung der Kühlfallen zu schenken, wenn hinter der Kühlfalle ein Vakuummeter angebracht werden soll.

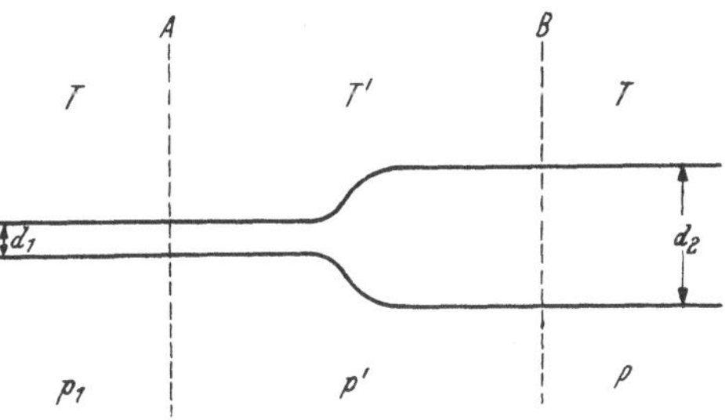

Abb. 244. Schematische Darstellung einer Kühlfalle.
T' Kühltemperatur, T Außentemperatur.

In diesem Falle können dann Fehler entstehen, wenn die Querschnitte an der Austritts- und Eintrittstelle der Kühlfalle verschieden sind. Durch Abb. 244 sei eine Kühlfalle zwischen A und B schematisiert mit dem Eintrittsdurchmesser d_1 und dem Austrittsdurchmesser d_2. Die Kühltemperatur hat den Wert T' und die Außentemperatur den Wert T.

Für $\varLambda \ll d_1$ gilt $p_1 = p' = p_2$.

Für $\varLambda \gg d_2$ gilt

$$\frac{p_1}{p'} = \sqrt{\frac{T}{T'}} \quad \frac{p'}{p_2} = \sqrt{\frac{T'}{T}} \text{ also } \frac{p_1}{p_2} = 1.$$

Im Zwischengebiet $\Lambda \cong d$ ist das Verhältnis p_1/p' und p'/p vom Rohrdurchmesser abhängig, also für $d_1 \neq d_2$ auch $p_1 \neq p_2$. Den hierdurch bedingten Fehler drücken RUSCH und BUNGE (*104*) für koaxiale Kühlfallen (Abb. 241) und Luft durch einen sog. Formfaktor F aus.

$$F = \frac{U_2}{F_2} \cdot \frac{F_1}{U_1} .$$

$U_2 =$ Umfang und $F_2 =$ Durchlaßquerschnitt des äußeren Raumes zwischen den beiden koaxialen Zylindern.

$U_1 =$ Umfang und $F_1 =$ Durchlaßquerschnitt des inneren zylindrischen Rohres.

Abb. 245 zeigt die Abhängigkeit des auftretenden Fehlers vom Formfaktor F. Die Fehler sind im

Abb. 245. Maximaler prozentualer Fehler bei der Druckmessung hinter einer Kühlfalle mit koaxial zylindrischen Rohren (RUSCH u. BUNGE).

allgemeinen kleiner als 10%. Für koaxiale zylindrische Kühlfallen ergibt sich aus dem optimalen Formfaktor

$$F = 1 = \frac{d_1}{d_2 - d_1} \cdot \frac{d_2}{d_1} = 2 .$$

NORTHRUP und VAN ATTA (*89*) haben eine besondere Kühlfalle für Quecksilberdämpfe konstruiert, die nur eine Saugleistungsdrosselung

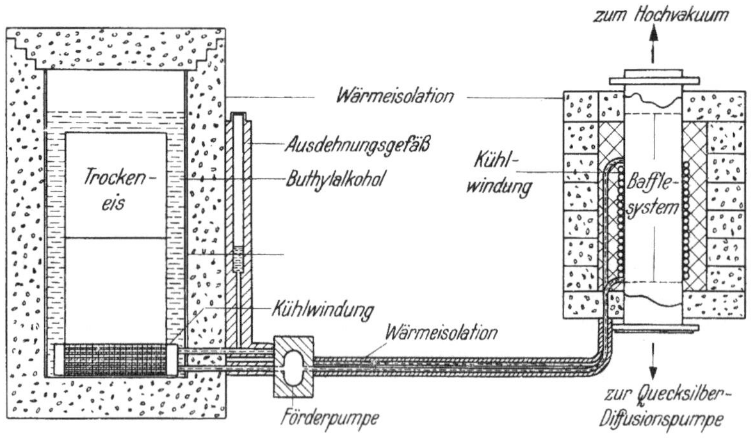

Abb. 246. Kühlsystem mit Butylalkohol betrieben für eine Kühlfalle (nach D. L. NORTHRUP, C. M. u. L. C. VAN ATTA).

um rund 60% verursacht. Es handelt sich hierbei um eine Kombination von einer mechanischen Dampffalle mit einer Kühlfalle (Abb. 246), wie man überhaupt, wie bereits erwähnt, jede mechanische Dampffalle mit einer Kühlfalle kombinieren kann. Unmittelbar auf den Saugflansch der Quecksilberdiffusionspumpe ist ein dünnwandiges Stahlrohrstück aufgesetzt, um das eng anschließend eine Kühlschlange gewunden ist. Durch diese wird eine Kühlflüssigkeit geleitet, die etwa eine Kühlmaschine mit Freon ($C\,Cl\,F_3$) (Siedepunkt etwa $-110°\,C$) in einem dauernden Zirkulationsstrom liefert. In das Stahlrohrstück ist eine mechanische Dampffalle etwa nach Abb. 240 eingesetzt, deren einzelne Lamellen in guten Wärmekontakt mit der Rohrwandung gebracht sind. Mit Hilfe einer solchen Anordnung konnten NORTHRUP u. v. ATTA nach 24-stündigem Pumpen ein Grenzvakuum von $1 \cdot 10^{-5}$ Torr* in einem Volumen von 450 l erzielen, das noch eine Undichtigkeit von $5 \cdot 10^{-6}$ Liter pro Sekunde bei 1 Torr aufwies und durch eine Quecksilberdiffussionspumpe mit einer Sauggeschwindigkeit von 130 Liter pro Sekunde evakuiert wurde. Eine ähnliche Anordnung hat R. S. MORSE (*87*)

für eine Kühlfalle für Öldiffusionspumpen vorgeschlagen (s. Abb. 247), wobei die Kühlleitungen zum Teil unmittelbar im Innern des Vakuumraums verlaufen und dadurch noch eine viel bessere Auffangwirkung für die Dämpfe zeigen.

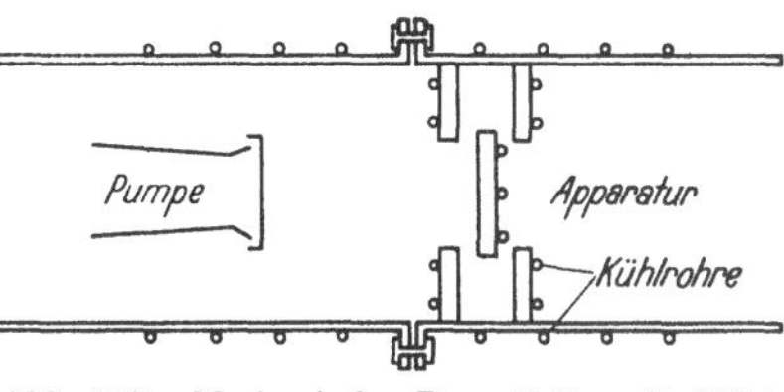

Abb. 247. Mechanische Dampffalle mit Kühlleitungen (nach R. S. MORSE).

Diese neuartigen Kühlfallen haben gegenüber den normalen Kühlfallen von ineinandergesteckten konzentrischen Rohren die Vorteile, daß sie 1. die Sauggeschwindigkeit viel weniger drosseln (bis zum Faktor 5), und 2. sich unabhängig von der manchmal schwer zu beschaffenden flüssigen Luft machen, die außerdem noch wegen des dauernden Verdampfens ständig nachgefüllt werden muß.

Deutscherseits sind noch unveröffentlichte Versuche von H. KLUMB und H. SCHWARZ an ähnlichen Kühlfallen in Verbindung mit einem Boschkühler, der mit Freon betrieben wurde, unternommen worden. Die Zweckmäßigkeit und die genannten Vorteile dieser Art von Dampffallen konnten durchaus bestätigt werden.

3. Kühlfallen mit zusätzlichen Adsorptionsmitteln.
(Vgl. hierzu auch Abschnitt b 1).

Wie bereits im Abschn. b 1 ausgeführt, eignen sich Holzkohle und Silikagel nach vorherigem Ausheizen bei Kühlung etwa in flüssiger Luft besonders gut zur Adsorption von Dämpfen.

Zur Aufnahme von Öldämpfen der Öldiffusionspumpen sind sie erfolgreich von J. A. BECKER und E. K. JAYCOX (*12*), J. E. HENDERSON (*49*) und W. KERRIS (*63*) angewandt worden, jedoch dürften ihre Nachteile darin liegen, daß 1. die Sauggeschwindigkeit enorm gedrosselt wird und 2. daß wegen allmählicher Übersättigung des Adsorptionsmittels dieses entweder ersetzt oder ausgeheizt werden muß. Daher sind technische Ausführungen wohl auch nicht geschaffen worden.

---

* Als Vergleich ist angegeben, daß bei Verwendung von flüssiger Luft $6 \cdot 10^{-7}$ Torr erreicht wurden.

4. Thermische Zersetzungsfallen.

R. S. Morse (*87*) hat eine Anordnung angegeben (s. Abb. 248), bei der durch starke Erhitzung der Heizplatten H die Kohlenwasserstoffe in abpumpbare Gase (Wasserstoff, CO und CO_2) und evtl. festen Kohlenstoff zersetzt werden; der Kohlenstoff scheidet sich ab und kann dann auch noch als Adsorptionsschicht wirken. Etwas Ähnliches hatte bereits C. R. Burch (*20*) vorgeschlagen; in die Vorvakuumleitung brachte er eine Heizplatte, welche durch Zerstörung der für die Hochvakuumpumpe schädlichen niedrig siedenden Öle das Eindringen in die Diffusionspumpe verhindert.

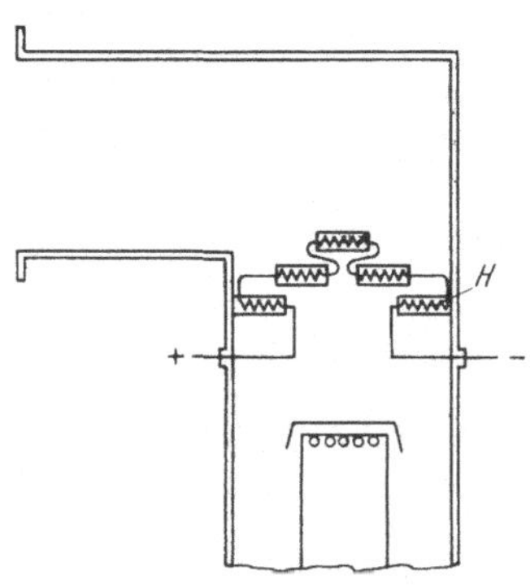

Abb. 248. Thermische Zersetzungsfalle
(nach R. S. Morse).

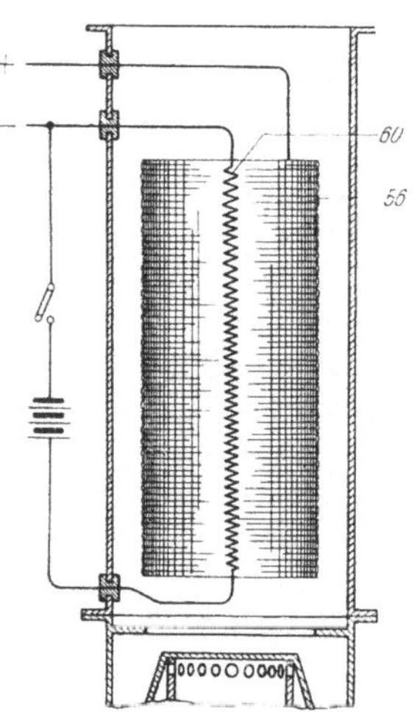

Abb. 249. „Elektrische" Dampffalle.

Elektrische Dampffallen.

Das Prinzip solcher Dampffallen beruht darauf, daß man die Dampfmoleküle in einer Glühkathodenvakuumentladung 1. ionisiert und in ein der Richtung zum Hochvakuum hin entgegengesetztes Potentialgefälle bringt, wodurch dann das Dampfion in seiner Bewegung eine Vorzugsrichtung zur Pumpe hin erhält, oder 2. elektrisch anregt, wodurch ihre Adsorptions- bzw. Kondensationsneigung gesteigert wird, oder 3. durch Elektronenstoß zersetzt (bei Öldiffusionspumpen), so daß wie bei den thermischen Zersetzungsfallen abpumpbare Gase und sich niederschlagender Kohlenstoff entstehen.

Alle drei Möglichkeiten werden meist gleichzeitig auftreten.

Solche elektrische Dampffallen wurden angegeben von H. C. Snook (*125*), C. W. Hansell (*48*) und L. Malter (*80*).

Ein Beispiel einer solchen elektrischen Dampffalle zeigt Abb. 249. Die Glühelektronen, welche von der Wolframkathode (*1*) ausgehen, ionisieren und zersetzen auf ihrem Wege zur Anode, die aus einem Netzzylinder 2 besteht, die Dampfmoleküle (unten Diffusionspumpe, oben Hochvakuum).

Literaturverzeichnis.

1 ALTERTHUM, H., A. LOMPE u. R. SEELIGER: Phys. Z. **37**, 833 (1936); Z. techn. Phys. **17**, 407 (1936). — *2* ALTERTHUM, H., u. A. LOMPE: Z. techn. Phys. **19**, 113, 116 (1938). — *3* ALTY, T.: Phil. Mag. (7) **15**, 1035 (1933). — *4* ANDERSON, P.T.: Rev. Sci. Instr. **8**, 493 (1937). — *5* ANGERER, E. VON: Technische Kunstgriffe bei physikalischen Untersuchungen. S. 92. Braunschweig 1944. — *6* BAILLEUL, G., W. HERBERT u. E. REISEMANN: Aktive Kohle. 2. Aufl. Stuttgart 1936. — *7* BARDENHEUER, P., u. G. THANHEISER: Mitt. K.W.J. Eisenforsch. Düsseldorf **10**, 323 (1928). — *8* BARRER, R. M.: J. chem. Soc. London, (1934) 378. — *9* BARRER, R. M.: Diffusion in and through solids. New York 1941. — *10* BARTHOLOMEYCZYK, W.: Ann. Phys. (5) **42**, 534 (1943). — *11* BAUKLOH, W., u. A. HOFFMANN: Ber. dtsch. keram. Ges. **15**, 424 (1934). — *12* BECKER, J. A., u. E. K. JAYCOX: Rev. Sci. Instr. **2**, 737 (1931). — *13* BEVER, M. B., u. C. F. FLOE: Trans. amer. Inst. Met. Engng. **156**, 149 (1944). — *14* BLÜH, O.: Z. Phys. **107**, 369 (1937). — *15* BONHOEFFER, K. F.: Z. phys. Chem. **113**, 199 (1924). — *16* BORELIUS, G., u. S. LINDBLOM: Ann. Phys. (4) **82**, 201 (1927). — *17* BRATZLER, K.: Adsorption von Gasen und Dämpfen in Laboratorium und Technik. Dresden u. Leipzig 1944. — *18* Brit. Patent 471409 (Philips). 1939. — *19* BRUNAUER, S.: The adsorption of gases and vapors. Vol. I: Physical Adsorption. Princeton (N.J.) 1943. — *20* BURCH, C. R.: Engl. Patent 396205. — *21* CAMPBELL, N. R., u. J. W. H. RYDE: Phil. Mag. (6) **40**, 585 (1920); **41**, 221 (1921). — *22* CAMPBELL, N. R.: Phil. Mag. **41**, 685 (1921); **42**, 227 (1921). — *23* CAMPBELL, N. R., u. WARD: Phil. Mag. **43**, 914 (1922). — *24* CAMPBELL, N. R., u. E. G. NEW: Phil. Mag. **48**, 553 (1924). — *25* COOLIDGE, A. S.: J. amer. chem. Soc. **49**, 708 (1927). — *26* DÄLLENBACH, W., u. E. GERECKE: Elektrotechn. Z. **61**, 705 (1940). — *27* DE BOER, J. H., u. J. D. FAST: Rec. Trav. chim. Pays-Bas **55**, 459 (1936). — *28* DE BOER, J. H., u. J. D. FAST: Rec. Trav. chim. Pays-Bas **58**, 984 (1939). — *29* DE GRAAF, J. E., u. H. C. HAMAKER: Physica **9**, 297 (1942). — *30* DEHLINGER, N.: Chemische Physik der Metalle. Berlin 1939. — *31* DUNKEN, H.: Z. phys. Chem. (A) **187**, 105 (1940). — *32* DUNTZE, R.: Chem. Z. **66**, 196 (1942). — *33* DUSHMAN, S.: Hochvakuumtechnik. S. 205. 1926. — *34* EURINGER, G.: Z. Phys. **96**, 37 (1935). — *35* EHRKE, L. F., u. CH. M. SLACK: J. appl. Phys. **11**, 129 (1940). — *36* FETKENHEUER, B., u. E. CREMER: Siemens-Z. **12**, 168 (1932). — *37* FINCH, G. J.: Erg. exakt. Naturwiss. **16**, 367 (1937). — *38* FITZGERALD: USA-Patent 286916, Mg-Getterung. 1883. — *39* FRANCK, L.: Belg. Patent 443709. 1942. — *40* Franz. Patent 867093 (Telefunken). 1941. — *41* Gettering and getters. In: Light Metals, Januar 1944, S. 34 u. Februar 1944, S. 77. — *42* GMELINS Handbuch der anorganischen Chemie, System Nr. 2, S. 229. 1927. — *43* GRAHAM: J. chem. Soc. London **20**, 270 (1867). — *44* GÜNTHERSCHULZE, A., u. H. BETZ: Z. Phys. **114**, 82 (1939). — *45* HAM, W. R.: J. chem. Phys. **7**, 903 (1939) (H_2Cu). — *46* HAMAKER, H. C., H. BRUINING u. A. H. W. ATEN JR.: Philips Res. Rep. **2**, 171 (1947). — *47* HAMBURGER: Engng. **108**, 365 (1919). — *48* HANSELL, C. W.: USA-Patent 2063249. — *49* HENDERSON, J. E.: Phys. Rev. (2) **45**, 768 (1934). — *50* HESSENBRUCH, W.: Z. Metallkd. **21**, 46 (1929). — *51* HIEDEMANN, E.: Ann. Phys. **8**, 456 (1931). — *52* Holländ. Patent 24989 1931. (Philips). — *53* HUGHES, A. L., u. F. E. POINDEXTER: Phil. Mag. **50**, 423 (1925). — *54* HUNTEN, K. W., G. A. WOONTON u. E. C. LONGHURST: Rev. Sci. Instr. **18**, 842 (1947). — *55* HUSUNG, E.: Z. techn. Phys. **17**, 289 (1936). — *56* Ital. Patent 383299 1940 (Telefunken). . — *57* Ital. Patent 384795, 1940 u. Franz. Patent 867093, 1941 (Telefunken). — *58* JOHNSON, T. H.: Phys. Rev. **31**, 103 (1928). — *59* JOSSEM, E. L.: Rev. Sci. Instr. **11**, 164 (1940) (Helium und Neon durch Quarz). — *60* JOST, W.: Diffusion und chemische Reaktion in festen Stoffen. Dresden u. Leipzig 1937. — *61* KAUSCH, O.: Das Kieselsäuregel und die Bleicherden. Berlin 1927. — *62* KENTY, C.: J. appl. Phys. **9**, 765 (1938). — *63* KERRIS, W.: Z. techn. Phys. **16**, 120 (1935). — *64* KNUDSEN, M.: Ann. Phys. **44**, 525 (1914). — *65* KNUDSEN, M.: Ann. Phys. **31**, 205, 633 (1910). — *66* KOCH, W.: Z. techn. Phys. **15**, 280 (1934). — *67* KRCZIL, F.: Aktive Tonerde, ihre Herstellung und Anwendung. Stuttgart 1938. — *68* LANGMUIR, I.: Phys. Rev. **6**, 79 (1915). — *69* LANGMUIR, I.: Z. anorg. Chem. **85**, 261 (1915). — *70* LANGMUIR, I.: J. amer. chem. Soc. **37**, 115 (1915); J. ind. Eng. Chem. **1**, 348

(1915). — *71* LAROSE, P., u. F. M. G. JOHNSON: J. amer. chem. Soc. **49**, 312 (1927) (Sauerstoff durch Silber). — *72* LEDERER, E. A., u. D. H. WAMSLEY: R.C.A. Rev. **2**, 117 (1937). — *73* LIEMPT, J. A. M. VAN: Rec. Trav. chim. Pays-Bas **57**, 871 (1938). — *74* LINDBLOM, S., u. G. BORELIUS: Ann. Phys. (4) **82**, 201 (1927). — *75* LITTMANN, M.: Getterstoffe. Leipzig 1938. — *76* LOMBARD, V.: C. r. **177**, 116 (1923) (Wasserstoff Nickel). — *77* LUMPE, W., u. R. SEELIGER: Z. Phys. **121**, 546 (1943). — *78* McBAIN, J. W.: The sorption of gases and vapors. Vol. I: Physical adsorption. Princeton (N. J.) 1943. — *79* MALIGNAN: DRP 82 076, 1894; Engl. Patent 15 129, 1894. — *80* MALTER, L.: USA-Patent 2 131 897. — *81* MARTON, L.: Nature **130**, 739 (1932). — *82* Metals, Alloys a. Ores **10**, 1—24 (1937). — *83* MEYEREN, W. VON: Z. Phys. **84**, 531 (1933); **91**, 727 (1934). — *84* MIERDEL, G.: Ann. Phys. (4) **85**, 612 (1928). — *85* MIERDEL, G.: Z. Phys. **122**, 614 (1944). — *86* MORE, K. R., R. F. HUMPHREYS u. W. W. WATSON: Rev. Sci. Instr. **8**, 263 (1937). — *87* MORSE, R. S.: Rev. Sci. Instr. **11**, 277 (1940). — *88* MORSE, R. S.: J. ind. Eng. Chem. **39**, 1064 (1947). — *89* NORTHRUP, D. L., C. M. u. L. C. VAN ATTA: Rev. Sci. Instr. **11**, 207 (1940). — *90* NORTON, F. J., u. A. L. MARSHALL: Trans. amer. Inst. Met. Eng. **156**, 351 (1944). — *91* Philips techn. Rdsch. **3**, 346 (1938). — *92* PIDGEON, L. M.: Canad. J. Res. **10**, 713 (1934). — *93* PIETSCH, E.: Erg. exakt. Naturwiss. **5**, 213-266 (1926). — *94* PIRANI, M.: Z. Elektrochem. **11**, 555 (1911). — *95* PIRANI, M., u. E. LAX: Wiss. Veröff. Siemens **2**, 203 (1922). — *96* PLÜCKER, I.: Pogg. Ann. **105**, 84 (1858). — *97* POINDEXTER, F. E.: J. opt. Soc. Amer. **9**, 629 (1924); Phys. Rev. **28**, 208 (1926). — *98* RAO, K. S.: J. phys. Chem. **45**, 513 (1941). — *99* REIMANN, A. L.: Phil. Mag. (7) **16**, 637 (1933). — *100* REIMANN, A. L.: Phil. Mag. **18**, 1117 (1934). — *101* RICHARDSON, NICOL u. PARNELL: Phil. Mag. **8**, 1 (1904). — *102* RIECHEMEIER, O., u. H. SENFTLEBEN: Phys. Z. **30**, 745 (1931). — *103* ROTHSTEIN, J.: Rev. Ssci. Instr. **18**, 856 (1947). — *104* RUSCH, M., u. O. BUNGE: Z. techn. Phys. **13**, 77 (1932). — *105* RYDER: Elektr. J. **17**, 161 (1920) (Stickstoff→Fe u. Kohlenoxyd→Fe). — *106* SAVAGE, R. H.: J. appl. Phys. **19**, 1 (1948). — *107* SCHOON, TH., u. H. KLETTE: Naturwiss. **29**, 652 (1941). — *108* SCHOON, TH., u. E. BEGER: Z. phys. Chem. **189**, 171 (1941). — *109* SCHWARZ, H.: Sorption von Gasen durch feste Stoffe mit besonderer Berücksichtigung der Metalle. Leipzig: Bibliographisches Institut (im Erscheinen). — *110* SCHWARZ, H.: Z. Phys. **117**, 23 (1940); Z. techn. Phys. **21**, 381 (1940). — *111* SCHWARZ, H.: Z. Phys. **122**, 437 (1944). — *112* SEELIGER, R.: Naturwiss. **30**, 461 (1942). — *113* SEITH, W.: Diffusion in Metallen. Berlin 1939. — *114* SENFTLEBEN, H.: Z. Phys. **33**, 871 (1925). — *115* SHERWOOD, R. G.: J. amer. chem. Soc. **40**, 1645 (1918); Phys. Rev. **12**, 448 (1918). — *116* SIEVERTS, A.: Z. Metallkd. **21**, 37 (1929). — *117* SIEVERTS, A., u. ZAPF: Z. phys. Chem. **174**, 359 (1935). — *118* SIEVERTS, A., u. J. HAGENACKER: Z. phys. Chem. **68**, 115 (1909). — *119* SIEVERTS, A., u. BRUNING: Arch. Eisenhütt. **7**, 641 (1933). — *120* SMITH, P., u. N. W. TAYLOR: J. amer. cer. Soc. **23**, 139 (1940) (Diffusion von Helium durch verschiedene Gläser). — *121* SMITH, D. P.: Z. Phys. **78**, 815 (1932). — *122* SMITHELLS, C. J., u. C. E. RANSLEY: Nature **135**, 548 (1935); **134**, 814 (1934); Proc. roy. Soc. London (A) **150**, 172 (1935); **157**, 292 (1936). — *123* SMITHELLS, C. J.: J. roy. Soc. Arts **86**, 951 (1938). — *124* SMITHELLS, C. J.: Gases and metals. London 1937. — *125* SNOOK, H. C.: USA-Patent 1 501 070. — *126* SODDY, F.: Brit. Patent 17 933 A.D., 1905 Ca-Getterung; Proc. roy. Soc. London **78**, 429 (1907); Brit. Patent 5349 A.D. 1906. — *127* STEACIE, E. W. R., u. F. M. G. JOHNSON: Proc. roy. Soc. London (A) **112**, 542 (1926). — *128* TAYLOR, N. W., u. W. RAST: J. chem. Phys. **6**, 612 (1938). — *129* Telefunkenpatent 1923 DRP 370 292. — *130* Telefunkenpatent 1940 Ital. Patent 383 299. — *131* Telefunkenpatent 1940/41 Ital. Patent 384 795 u. Franz. Patent 867 093. — *132* T'SAI, L. S., u. T. R. HOGNESS: J. phys. Chem. **36**, 2595 (1932) (Helium und Neon→ Quarz). — *133* USA-Patent 1 323 836, 1919 nach S. DUSHMAN: Hochvakuumtechnik. S. 188. Berlin 1926. — *134* USA-Patent 1 720 005, 1929 (Westinghouse). — *135* VOORHIS, C. C. VAN, A. G. SHENSTONE u. E. W. PIKE: Rev. Sci. instr. (N.s.) **5**, 367 (1934). — *136* WACHTER, H.: Chem. Fabr. **14**, 376 (1941). — *137* WEIZEL, W.: Z. techn. Phys. **19**, 146 (1938). — *138* WEYL, W. A.: Res. **1**, 50 (1947). — *139* WINKLER, O.: Z. techn. Phys. **14**, 319 (1933). — *140* WRIGHT, D. A.: Nature **142**, 794 (1938). — *141* WYMAN, L. L.: Trans. amer. J. Met. Eng. **104**, 141 (1933); **111**, 305 (1934); **137**, 291 (1940); Gen. Electr. Rev. **37**, 120 (1934).

E. Vakuum-Verbindungen und -Leitungen.

Für das einwandfreie Arbeiten einer Vakuumapparatur sind wesentlich die sachgemäße Ausführung der Apparatur selber, eine zweckentsprechende Pumpe und eine einwandfreie Verbindung zwischen Pumpe und Apparatur. Die Verbindung muß dicht und im Hinblick auf eine möglichst gute Ausnutzung der Pumpe möglichst kurz und weit sein. Für die Verbindungsleitungen kommen als Werkstoffe vor allem Glas, Quarz, Porzellan und Metallrohre in Frage. Als Metallverbindungen sollen möglichst nur nahtlos gezogene Rohre Verwendung finden. Bei den Verbindungsstellen zwischen den einzelnen Teilen der Leitung ist zu unterscheiden zwischen lösbaren Verbindungen, Flanschen und Schliffen und festen Verbindungen, d. h. Verschmelzungen oder Schweiß- und Lötverbindungen bei Metallteilen.

a) Flansche.

Eine Übersicht über die verschiedenen für Metallverbindungen gebräuchlichen Flanschen findet sich in dem DIN-Blatt 2500. Abb. 250 zeigt beispielsweise 2 Flanschenanschlüsse an einer Quecksilberdiffusionspumpe. Eine Übersicht über die für Vakuumverbindungen bei weitem am gebräuchlichsten glatten Flansche gibt DIN 2572 (s. Tab. VI, Anhang).

Die Abdichtung zwischen Flansch und Gegenflansch kann beispielsweise so erfolgen, daß beide Flansche glatt sind und unter Zwischenlage eines Gummiringes gegeneinandergepreßt werden (Ab-

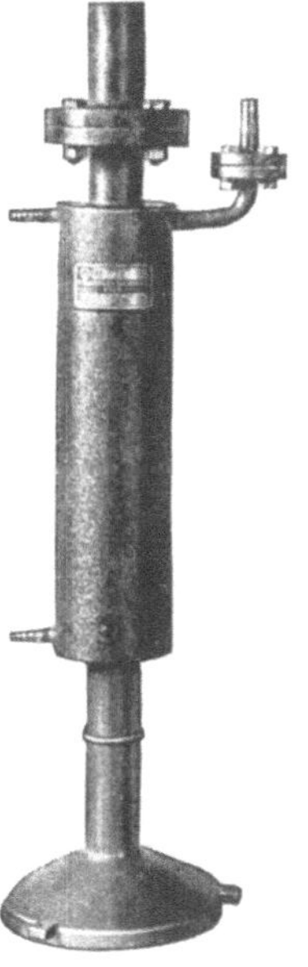

Abb. 250. Quecksilber-Diffusionspumpe Leybold Modell E mit Flanschverbindungen am Hochvakuumanschluß und Vorvakuumanschluß.

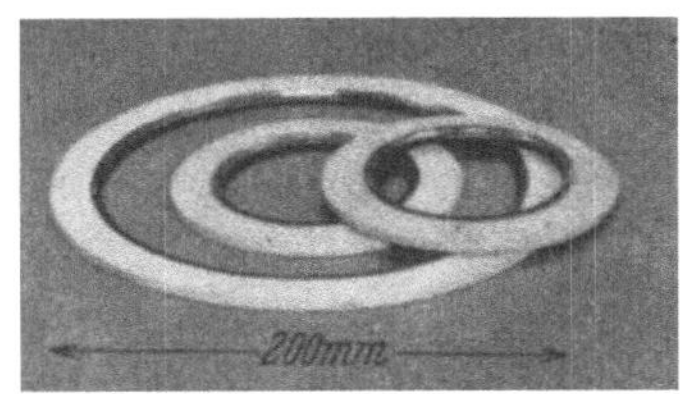

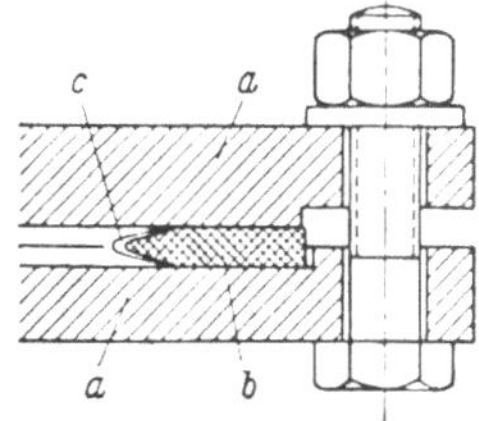

Abb. 251. Verbindungen mittels glatter Flansche nach ESPE-KNOLL.

bildung 251). Statt Flachgummidichtungen verwendet man besser einen Flansch mit Nut und Rundgummidichtung (Abb. 252), wobei dann als Gegenflansch ein glatter Flansch verwendet wird. Dabei fällt dann der Vorteil weg, daß Flansch und Gegenflansch gleich und austauschbar sind.

Die Rundgummidichtungen werden in DIN 2693 behandelt. Abb. 252a—c
zeigen die gebräuchlichsten Nutformen, von denen 252a besonders zu

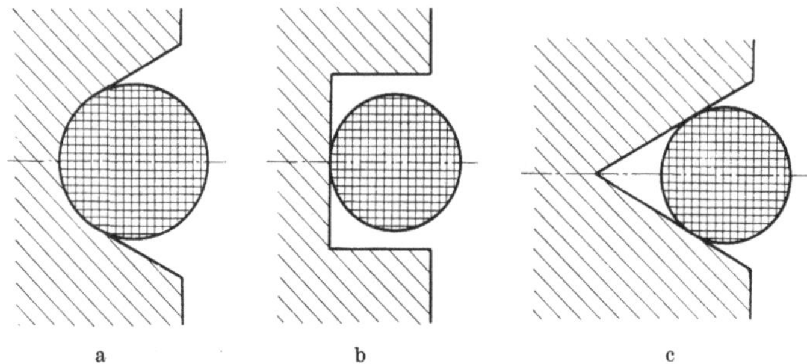

Abb. 252. Flanschverbindung mittels Rundgummi in Nut.

empfehlen ist. Der Querschnitt der Nut wird zweckmäßig so bemessen,
daß bei metallisch aufeinandersitzenden Flanschen mindestens 95% der

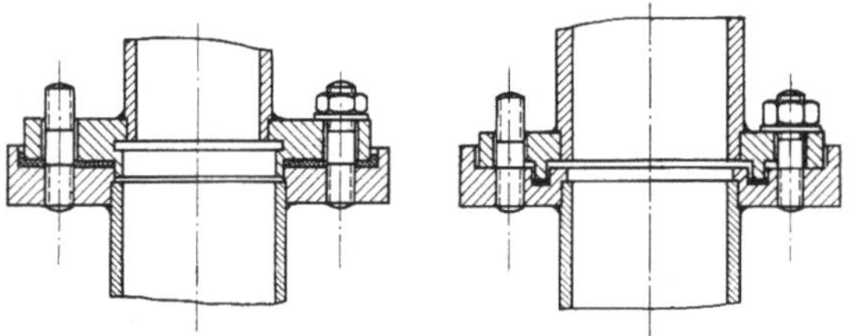

Abb. 253. Flansch mit Nut und Feder nach WESTIN und RAMM.

Nut vom Gummi ausgefüllt wird. Durch das metallische Aufeinander-
sitzen der Flansche wird auch die Gasabgabe des Gummis in den Vakuumraum hinein weitgehend herabgesetzt.

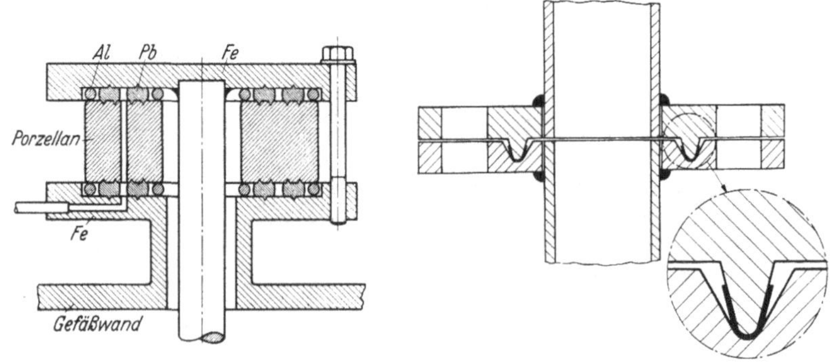

Abb. 254. Flanschabdichtung mittels Blei]
oder Aluminium nach ESPE-KNOLL.

Abb. 255. Flanschabdichtung mit Nut und Feder
und Zwischenlage einer Silberfolie.

Schließlich seien noch Flansche mit Nut und Feder (Abb. 253)
genannt, bei denen die Abdichtung durch einen Flachgummiring in der
Nut erfolgt.

Für Flanschverbindungen, die höhere Temperaturen auszuhalten
haben, verwendet man zur Abdichtung statt Gummi Blei oder Aluminium (Abb. 254). Abb. 255 zeigt eine Flanschverbindung mit Nut
und Feder, bei der die Flansche durch eine Silberfolie gegeneinander
abgedichtet sind.

Abb. 256. Flanschverbindung zwischen Glasröhren nach SIEPER (Chem. Fabr. **11,** 545, 1939).

Die Flachdichtungen werden in DIN 2690, 2691 und 2692 behandelt.
Glas und Porzellanflanschverbindungen erfolgen vielfach in der
Weise, daß die Glas- und Porzellanrohre an ihren Enden zu einem
Flansch konisch erweitert sind (Abb. 256 und 257) und unter Zwischen-
lage eines Dichtungsringes durch zwei Überwurfflansche aus Metall

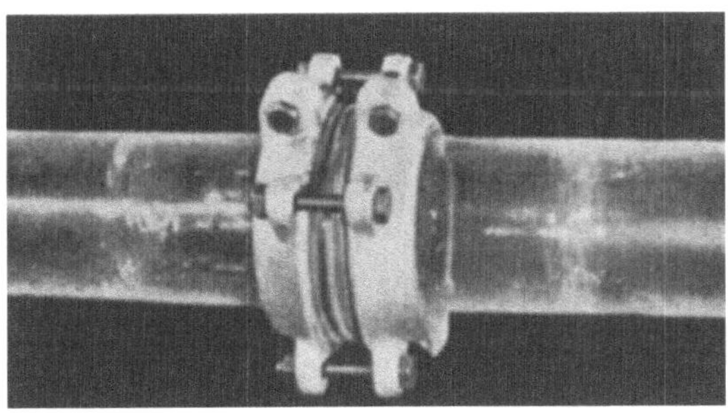

Abb. 257. Flanschverbindung zwischen Glasröhren nach SIEPER (Chem. Fabr. **11,** 545, 1939).

gegeneinandergedrückt werden. Bei einer anderen Art von Glasflansch-
verbindungen sind die Flansche an die Glasrohrenden angeblasen und
werden durch Umfassung mit gebogenen Blattfedern zusammengehalten.

b) Schliffe.

Bei den Schliffverbindungen unterscheiden wir zwischen Kugel-
schliffen und Kegelschliffen.

1. Kugelschliffe.

Abb. 258 zeigt eine Kugelschliffverbindung. Hierbei werden die
beiden konvex bzw. konkav kugelförmig geschliffenen Glasrohrenden
durch ein übergezogenes Hohlkugelstück aus Metall gegeneinander-

gedrückt. Die Dichtung erfolgt durch Fettung der aufeinander-
liegenden kugelförmig geschliffenen Glasteile. Kugelschliffverbindungen

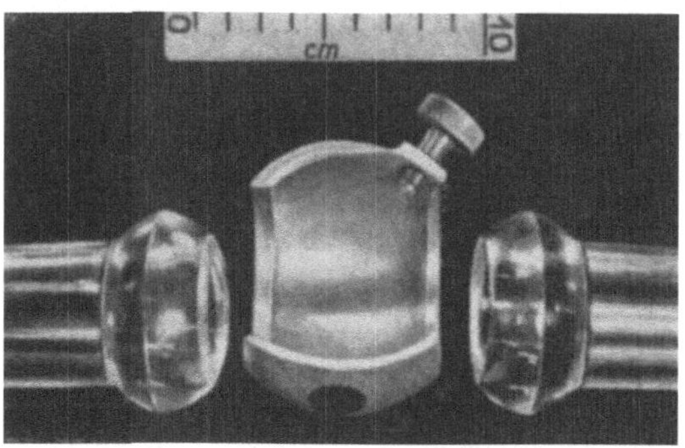

Abb. 258. Kugelschliffverbindung.

haben den Vorteil, daß die beiden aneinandergeschlossenen Rohr-
enden in ihren Achsenrichtungen gegeneinander verstellt werden können.

2. Kegelschliffe.

Hier besteht die Verbindung
aus Kern- und Mantelschliff,
die gefettet ineinandergescho-
ben werden. Diese Schliffe werden behandelt in· den DIN-
Blättern 12240, 12242, 12243,
12248, 12265. Für Hochvakuum-
verbindungen sind die Schliffe

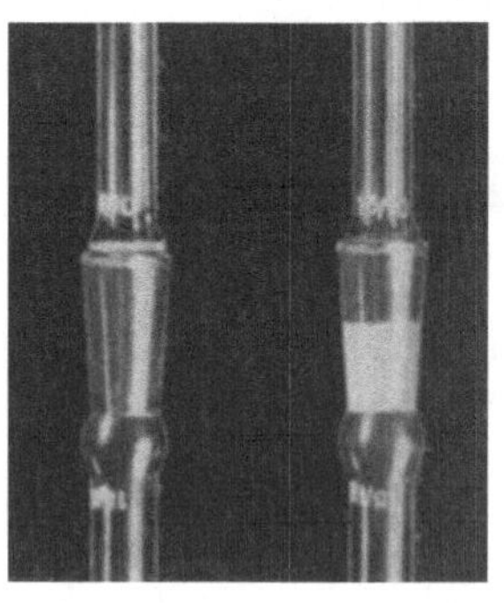

Abb. 259. Fettung einer Schliffverbindung; rechts richtig, links
falsch.

Abb. 260. Verbindung einer Röntgenröhre mit einer
Molekularluftpumpe mittels Tombakschlauch.
(SEEMANN).

nach DIN 12243 (Tab. VII, Anhang) zu empfehlen, und zwar für
kleine Durchmesser bis 50 mm mit einer Steigung 1:10, für größere
Durchmesser mit einer Steigung 1:5.

Schliffe mit einer Steigung 1:10 sind für Durchmesser über 50 mm unbrauchbar, da bei diesen großen Schliffen mit kleiner Steigung die Flächenbelastung bereits so groß ist, daß sie bei Glas die Zerreißfestigkeit überschreiten kann und zu einem Springen der Schliffe führt. Große Schliffe aus anderen Werkstoffen mit der Steigung 1:10 sind ebenfalls unbrauchbar, da sie sich festsetzen. Hochvakuumschliffe sollen nur zur Hälfte gefettet werden (s. Abb. 259), wobei die ungefettete Hälfte als Diffusionsspalt zur Fernhaltung der Fettdämpfe vom Vakuumraum dient.

Bei Glas-Metallschliff-Verbindungen achte man wegen der verschiedenen Ausdehnungskoeffizienten darauf, daß der Kern aus Glas und der Mantel aus Metall besteht.

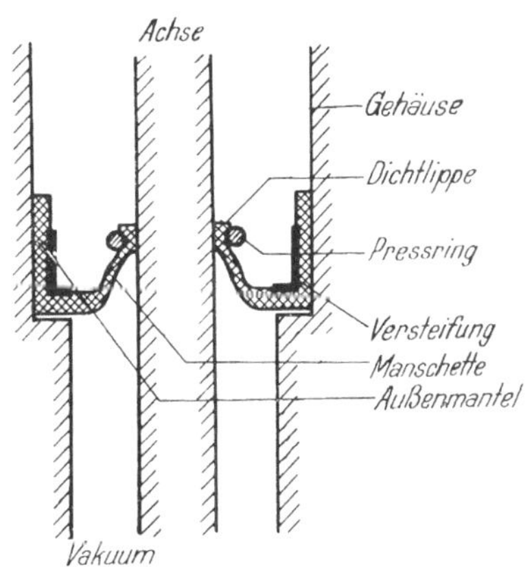

Abb. 261. Federungskörper (obere Hälfte aufgeschnitten).

Abb. 262. Abdichtung einer umlaufenden Achse mittels Simmerring.

Für bewegliche Verbindungen haben die an und für sich brauchbaren Kugelschliffe den Nachteil, daß sie wegen ihrer kleinen Dichtungsfläche leicht undicht werden. Hierfür werden daher vielfach bewegliche Metallrohre (Tombakschläuche) (Abb. 260) für biegsame Verbindungen oder für in der Längsrichtung bewegliche Verbindungen metallische Federungskörper aus Tombak (Abb. 261) verwendet. Diese Metallrohre aus Tombak werden aber auch bei häufigen Bewegungen leicht undicht. Für drehende Bewegungen empfiehlt sich daher die Verwendung von Gummimanschetten (Simmerringe) (Abb. 262). In besonders kritischen Fällen kann diese Manschettendichtung noch durch eine Ölüberlagerung gesichert werden. Auch eine Kette aus rechtwinklig gebogenen Winkelstücken mit Konusschliffen an den Enden der Winkelstücke hat sich für bewegliche Verbindungen gut bewährt.

c) Feste Verbindungen.

Hierunter sollen nicht lösbare Verbindungen in der Hochvakuumleitung verstanden werden, d. h. also Verschmelzungen zwischen zwei

Stücken aus gleichem oder verschiedenem Werkstoff, beispielsweise Glas-Glas- oder Glas-Metallverschmelzungen oder Einschmelzungen von metallischen Stromdurchführungen und schließlich Schweiß- und Lötverbindungen zwischen zwei metallischen Leitungsteilen. Dieses umfangreiche Gebiet können wir hier nur streifen und im übrigen auf das Fachschrifttum verweisen. Zusammenfassende Darstellungen finden sich z. B. in dem Buch von ESPE und KNOLL: Werkstoffkunde der Hochvakuumtechnik (Berlin: Verlag Springer 1936) und in dem Katalog 7080 von Schott und Gen.: Jenaer Sondergläser für die Vakuumtechnik.

1. Verschmelzungen.

Bei Glas-Glasverschmelzungen ist darauf zu achten, daß die Glasstücke, die miteinander verschmolzen werden sollen, in ihrem thermischen Ausdehnungskoeffizienten nicht zu stark voneinander abweichen. Nach ESPE und KNOLL darf der Unterschied im thermischen Ausdehnungskoeffizienten nicht größer als 10% sein. In Tab. 23 sind die wichtigsten Daten für verschiedene Gläser angegeben. Will man Gläser, die stärker in ihrem Ausdehnungskoeffizienten voneinander abweichen, miteinander verschmelzen, so ist die Verwendung von Zwischengläsern erforderlich (s. Abb. 263). Die Daten einiger Zwischengläser, beispielsweise auch für Verschmelzungen mit Quarz oder Porzellan bzw. Keramik, sind in den Tab. 23 und 24 zusammengestellt.

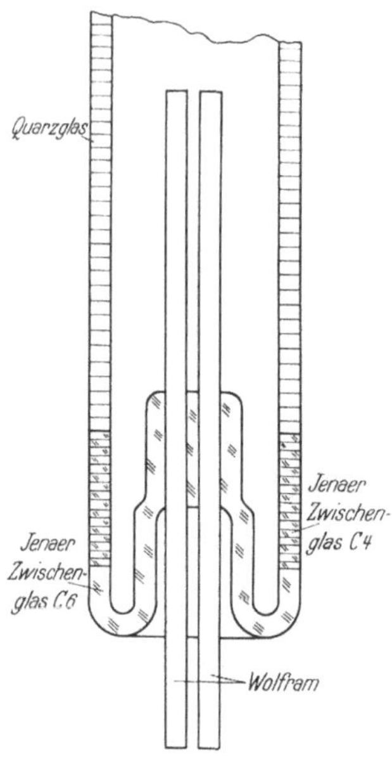

Abb. 263. Verbindung von Gläsern mit verschiedenen Ausdehnungskoeffizienten durch Zwischengläser. (Schott & Gen., Kat. 7080.)

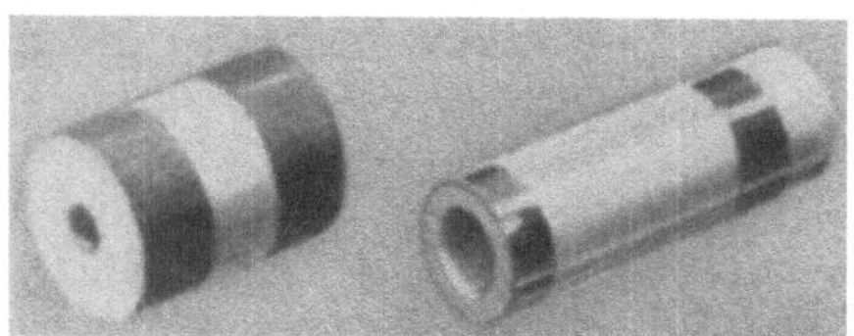

Abb. 264. Verbindung von Metall bzw. Porzellan mit Keramik durch Anlöten der metallisierten Enden des Keramikstückes an das Metall.

Die Verbindung zwischen Porzellan und Metall kann in der Weise erfolgen, daß die Enden des Porzellanstückes metallisiert und das Metall dann daran angelötet wird (Abb. 264).

Tabelle 23. Eigenschaften vakuumtechnisch wichtiger Gläser.
Nach W. Espe und M. Knoll, Werkstoffkunde der Hochvakuumtechnik. Berlin: Springer 1936. (Hersteller: C Corning, F Fischer, G Gundelach, IG. I.G. Farbenindustrie, M Moosbrunner Glasfabr., O Osram, P Putzler, S Sophienhütte, Sch Schott, SOG Sendlinger optische Glaswerke.)

Lieferant	Bezeichnung (d: spez. Gew.)	Transf. Temp. bzw. Strain point (SP) °C	„Erweichungs-" Temp. bzw. Annealing point (AP) °C	$T_{\varkappa 100}$ * °C	Ausdgs.-Koeff. (25—75° C, entspannt) $\alpha \cdot 10^7$	Bemerkungen
			1. Normalgläser (α: 84—100 $\cdot$ 10^{-7}).			
C	Soft-Glas G 1	389 (SP)	425 (AP)		92 (25—325° C)	Für Quetschfüße
F	Platin-Glas	530	≈600		89—93	Entspannungstemperatur 550° C
F	Prima-Glas ($d = 2,45$)	530	≈600		89	Enstpannungstemperatur 570° C (für Laborgeräte)
F	X-Glas	480—510	≈580		95—100	Entspannungstemperatur 500—530° C (für Röntgenkolben)
G	Platin-Glas				87—90	Für Quetschfüße
G	Apparate-Glas	515	550—700	(220)	84	Für Röhren Kolben undPumpapparaturen
M	Apparate-Glas		≈595		92	Ähnlich Osram-Magnesia-Glas
O	M-Glas 31% PbO ($d = 3,12$)	418	≈500	328	86	Für Pumprohre und Tellerrohre
O	Platin-Glas V 301 b	445		366	89	Für Quetschfüße
O	Magnesia-Glas ($d = 2,51$)	495	≈595	156	92	Für Glühlampenkolben
O	T-Glas ($d = 2,54$)	493		281	101	Für Röhren u. Stäbe
O	Apparate-Glas V 584d ($d = 2,58$)	515		273	85	Ähnlich Gundelach-Apparate-Glas
S	Nr. 171		≈575		91	
S	Nr. 3		≈575		87	
Sch	Platin-Glas 397III	488	600—700		87—90	Bleisilikat
SOG	Platin-Glas				89	Bleisilikat

* Vgl. Fußnote folgende Seite.

Tabelle 23 (Fortsetzung).

Lieferant	Bezeichnung (d: spez. Gew.)	Transf. Temp. bzw. Strain point (SP) °C	„Erweichungs-“ Temp. bzw. Annealing point (AP) °C	$T_{\varkappa\,100}$ * °C	Ausdgs.-Koeff. (25—75° C, entspannt) $\alpha \cdot 10^7$	Bemerkungen

2. *Harte Gläser* ($\alpha : 33$—$55 \cdot 10^{-7}$).

Lieferant	Bezeichnung (d: spez. Gew.)	Transf. Temp. bzw. Strain point (SP) °C	„Erweichungs-“ Temp. bzw. Annealing point (AP) °C	$T_{\varkappa\,100}$ °C	Ausdgs.-Koeff. $\alpha \cdot 10^7$	Bemerkungen
C	Clear sealing G 705 A 3	461 (SP)	496 (AP)		46 (25—325° C)	
C	Nonex G 702 P	486 (SP)	521 (AP)		36 (25—325° C)	
C	Pyrex	517 (SP)	561 (AP)	183	33 (25—325° C)	
O	Natriumfestes Glas V 612 e	508			≈55	Für Leuchtröhren
O	Alumoborosilikatglas 424 d	570		215	51	Für Röntgenröhren
O	Wickel-Glas V 195 c	528—540	≈570	194	51	
O	Resisto-Glas	504	≈550	290	49	Für Röhren u. Stäbe
O	Molybdän-Glas V 637 h	≈550	≈585	300	47—48	Für Röhren u. Kolben
O	Wickel-Glas V 756	≈458	≈500 (AP)		48 (20–400° C)	
O	Wolfram-Glas V 619 i	540	≈750	263	40	
O	Wolfram-Glas V 362 a	520		314	39	Für hochbelastete Lampen und Fußrohre
P	Resisto-Glas				54	
Sch	Gleichrichter-Glas		605—700		49	Für Hg-Gleichrichter
Sch	Molybdän-Einschmelz-Glas (1447 III)	528	600—700		49—51	
Sch	Wolfram-Einschmelz-Glas (1646 III)		660—730		41	
Sch	Alkalifreies Glas 665				37	
Sch	Duran (2956 III)	540	≈800	220	34	
Sch	Supremax (2950 III)	720	800—900		33	
SOG	Wolfram-Einschmelz-Glas				39	Für W-Stab-Einschmelzungen

* Vgl. Fußnote folgende Seite.

Tabelle 23 (Fortsetzung).

Lieferant	Bezeichnung (d: spez. Gew.)	Transf. Temp. bzw. Strain point (SP) °C	„Erweichungs-" Temp. bzw. Annealing (point (AP) °C	$T_{\varkappa\,100}$* °C	Ausdgs.-Koeff. (25—75° C, entspannt) $\alpha \cdot 10^7$	Bemerkungen
			3. Gläser für Spezialzwecke.			
C	Thermometer-Glas G 80	530 (SP)	566 (AP)		62 (25—325° C)	Für Thermometer
F	Gege-Eff-Glas	430	505		82—85	Entspannungstemp. 450°C, (f. Thermom.)
F	Chemisches Spezial-Glas 357	540	610		66—72	Entspannungstemperatur ≈560° C; I. hydr. Kl.
F	Lumophor-Glas		≈470		89	
IG	Phosphat-Glas		≈560		88	Für Therapielampenkolben; sehr „kurzes" Glas
O	V 633			141!	>95	Hohe el. Leitfähigkeit
O	Opal-Glas	490		230	92	Fluorkalkzinksilikat, für Lampenkolben
O	UV-Glas V 594	511			89	Für Therapielampenkolben
O	UV-Glas V 619 i	540		263	40	Desgl.
O	Borosilikat-Glas 671			500!		Sehr geringe el. Leitfähigkeit
Sch	Minos-Glas (1650III)		530—610		82	Für Kondensatoren
Sch	Thermometer-Glas (16III)	400—410	610—700	(160)	79	Für Thermometer
Sch	Verbrennungs-Glas (Arsenfrei 1006III)		735—835		57	Für Gasreinigung
Sch	Thermometer-Glas (59III)	430—440	650—730		55	Für Thermometer

* $T_{\varkappa\,100}$ ist diejenige Temperatur eines Glases, bei welcher der spez. elektrische Widerstand den Wert 100 (Megohm · cm) besitzt.

Tabelle 23. (Fortsetzung).

Lieferant	Bezeichnung (d: spez. Gew.)	Transf. Temp. bzw. Strain point (SP) °C	„Erweichungs-“ Temp. bzw. Annealing point (AP) °C	$T_{×100}$ * °C	Ausdgs.-Koeff. (25—75° C, entspannt) $\alpha \cdot 10^7$	Bemerkungen
Sch	Thermometer-Glas (2954III)					Für Thermometer
Sch	Uviol-Glas (1016III)		585—670		55	Für Therapielampenkolben
Sch	Geräte-Glas 20 (2877III)	570	650—765		48	f.chem.Geräte
SOG	Lithium-Glas	425 (?)			114 (0—350° C)	Für Lindemannfenster
SOG	Palladium-Glas				110	Für Pd-Röhrchen-Einschmelzungn.

Lieferant	Bezeichnung	Ausdehnungskoeffizient $\alpha \cdot 10^7$	Transformationstemp. (Tr.T.) bzw. Erweichungstemp. (E.T.) °C		$T_{×100}$ * °C
			4. Zwischengläser (Verbundgläser).		
O	Z 78	78	Tr.T.	≈530	205
O	Z 70	70	,,	≈530	188
O	Z 63	63	,,	≈530	183
O	Z 54	54	,,	≈530	225
S	171	91	E.T.	570	
S	3	87	,,	570	
S	9	78	,,	580	
S	20	73	,,	590	
S	17	56	,,	610	
S	SI-Neutral	51	,,	615	
Sch	VB 25 (1635III)	114	,,	540—600	
Sch	VB 26 (1636III)	108	,,	560—620	
Sch	VB 24 (1634III)	99	,,	585—640	
Sch	VB 23 (1633III)	98	,,	585—640	
Sch	VB 22 (1632III)	92	,,	590—650	
Sch	VB 21 (1631III)	87	,,	595—660	
Sch	VB 20 (1630III)	85	,,	610—665	
Sch	VB 19 (1629III)	81	,,	610—665	
Sch	VB 18 (1627III)	79	,,	610—675	
Sch	VB 17 (1626III)	77	,,	620—680	
Sch	VB 16 (1625III)	75	,,	620—680	
Sch	VB 15 (1621III)	70	,,	620—695	
Sch	VB 13 (1624III)	63	,,	630—700	
Sch	VB 11 (1622III)	59	,,	620—695	
Sch	VB 10 (1620III)	55	,,	620—700	
Sch	VB 9 (1638III)	54	,,	620—700	
Sch	VB 8 (1639III)	48	,,	630—710	
Sch	VB 7 (1640III)	47	,,	630—705	
Sch	VB 6 (1641III)	38	,,	645—710	
Sch	VB 5 (1642III)	34	,,	650—715	
Sch	VB 4	29			
Sch	VB 3	25			
Sch	VB 2	18			
Sch	VB 1	13			

Tabelle 24. Jenaer Zwischengläser.
(Nach Katalog 7080 Schott u. Gen., Jena.)

Zwischen-glas	Ausdehnungs-koeffizient[1] $\alpha \cdot 10^7$ (20—100° C)	Trans-formations-punkt[2] Tg ° C	Zwischen-glas	Ausdehnungs-koeffizient[1] $\alpha \cdot 10^7$ (20—100° C)	Trans-formations-punkt[2] Tg ° C
C 1	8	900	9	37	534
C 2	9	820	10	48	558
C 3	12	760	11	50	514
C 4	15	725	12	61	551
C 5	21	663	13	62	562
C 6	26	640	14	73	555
C 7	30	562	15	73	548
C 8	35	542	16	80	505

[1] In dem hier angegebenen Temperaturintervall von 20—100° C stimmen die Ausdehnungen einiger benachbarter Zwischengläser praktisch überein. Infolge ihrer verschiedenen Temperaturkoeffizienten sind im gesamten Ausdehnungsbereich dagegen größere Unterschiede des mittleren Ausdehnungskoeffizienten vorhanden.

[2] Die Transformationspunkte sind „statisch" gemessen. Die mit 4°/min Heizgeschwindigkeit „dynamisch" gemessenen Transformationspunkte liegen etwa 15—30° höher.

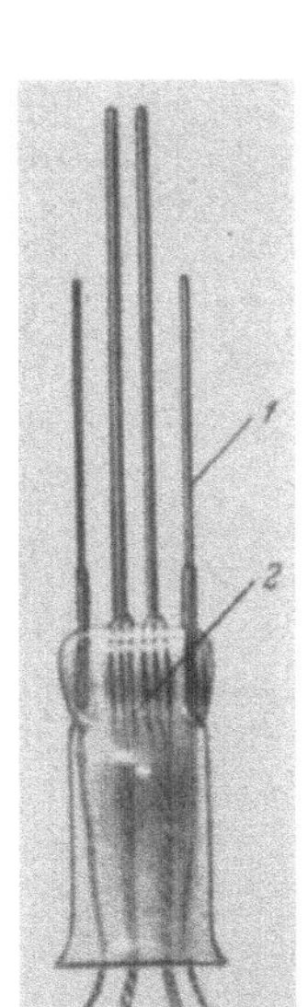

Abb. 265.

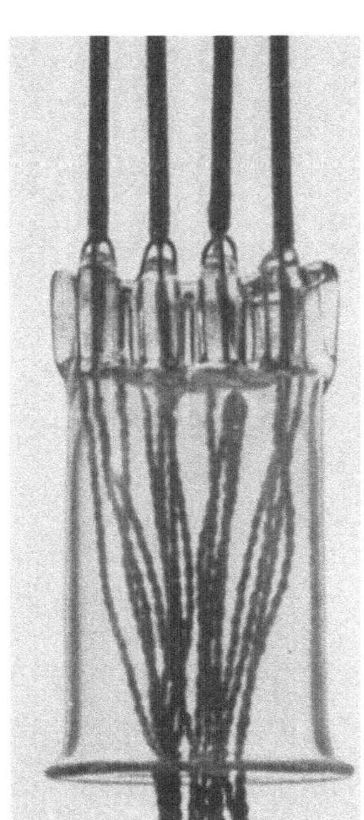

Abb. 266.

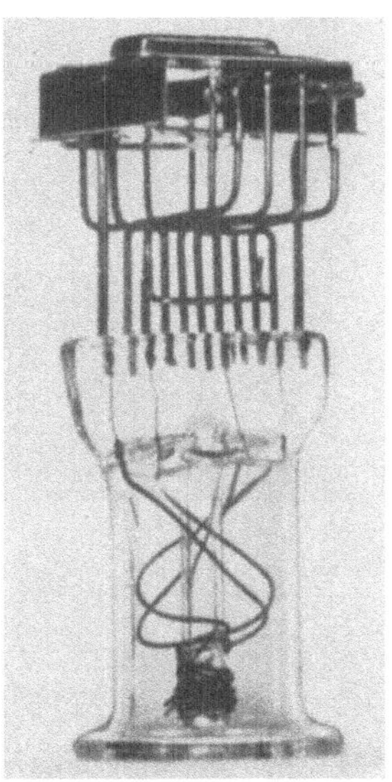

Abb. 267.

Abb. 265, 266 u. 267. Einschmelzung von Metalldrähten in Glasröhre in Form der sog. Quetschfüße (Espe-Knoll).

Jaeckel, Kleinste Drucke.

17

2. Einschmelzung von Stromdurchführungen.

Bei der vakuumdichten Herstellung von metallischen Stromdurchführungen muß darauf geachtet werden, daß sich der thermische Ausdehnungskoeffizient des Einschmelzglases nicht zu sehr von dem Ausdehnungskoeffizienten des Einschmelzmetalles unterscheidet. In Tab. 26 sind die Daten der für einige wichtige Einschmelzmetalle geeigneten Einschmelzgläser zusammengestellt. Abb. 265, 266 und 267 zeigen eine der gebräuchlichsten metallischen Stromdurchführungen durch Glas in Form der sog. Quetschfüße.

Die metallische Stromdurchführung in keramische Werkstoffe kann unter Verwendung geeigneter Zwischengläser zwischen Metall und Keramik erfolgen (Abb. 268). In Tab. 25 sind einige geeignete Kombinationen zwischen Keramik, Metall und Zwischenglas zusammengestellt.

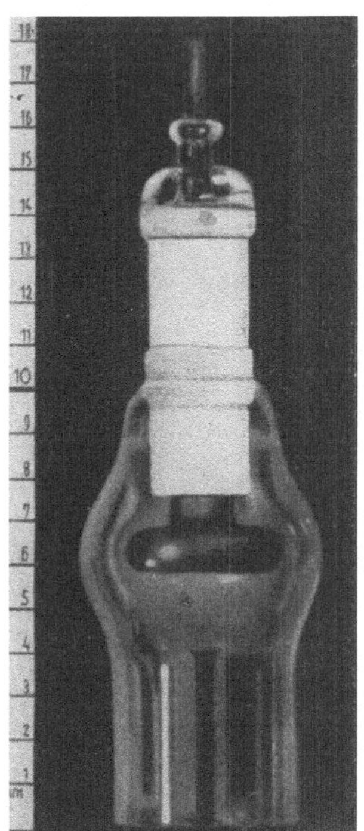

Abb. 268.
Metall-Glas-Keramik-Verschmelzung
(Schott & Gen., Kat. 7080).

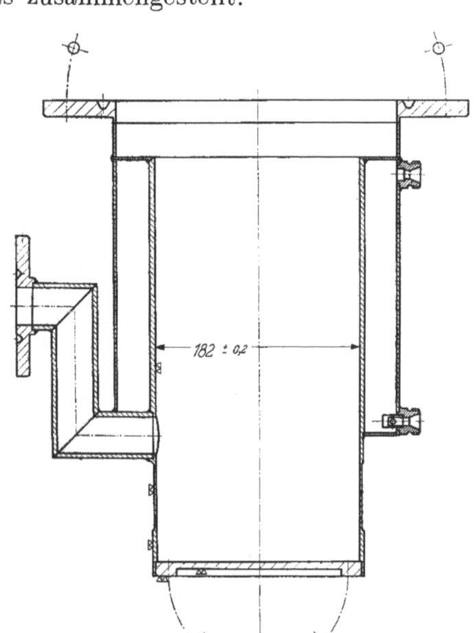

Abb. 269.
Aus gezogenen Rohren und Blechen zusammengeschweißter
Körper einer Öldiffusionspumpe.

3. Schweiß- und Lötverbindungen.

Zur vakuumdichten Verbindung zwischen schweißbaren Metallen wird mit Vorteil die Schweißverbindung gewählt. Abb. 269 zeigt die Schweißkonstruktion eines hochvakuumdichten Körpers aus Eisen. Verbindungen zwischen nichtschweißbaren Metallen müssen durch Weich- oder besser Hartlöten hergestellt werden.

Glasart	Ausdeh-nungskoef-fizient $\alpha \cdot 10^7$ (20—100° C)	Trans-formations-punkt Tg °C[1]	Einschmelzmetall	Drahtdurchmesser	Keramische Werkstoffe
Jenaer Normal-glas 16III	80	530	Platin und Platin-Ersatz-legierungen	bis 1 mm	Steatit T 2, Steatit-Magnesia, Werk Pankow
Jenaer Ein-schmelzblei-glas	81	475	Platin und Platin-Ersatz-legierungen Kupfer-Manteldraht	bis 5 mm	
Jenaer Platin-Einschmelzglas 2962III	80	504	Platin und Platin-Ersatz-legierungen Palladium	alle gebräuchlichen Drahtstärken	Steatit T 2, Steatit-Magnesia, Werk Pankow
Jenaer Geräte-glas 20	48	555	Molybdän	bis 1 mm	Hartporzellan 157/6a, Rosenthal, Selb — Hartpor-zellan Melalith — Steatit-Magnesia, W. Pankow
Jenaer Molybdänglas 1447III	50	515	Molybdän und seine Ersatzlegierungen (Eisen-Nickel-Kobalt)	bis 3 mm	
Jenaer Molybdän-Einschmelzglas 1639III	49	503	Molybdän und seine Ersatzlegierungen	alle gebräuchlichen Drahtstärken	
Jenaer Zwi-schenglas C 6	26	640	Wolfram	bis 0,8 mm	
Jenaer Supremaxglas	33	730	Wolfram	bis 1 mm	Hartporzellane 37, 54, 65 u. 70 Rosenthal, Selb; Hartporzellan Gruppe I a Kloster Veilsdorf; Hartporzellan B.N. Rosenthal, Marktredwitz; Hartporz. Siemens-Schuckert, Werk Neuhaus; Porzellan C Rosenthal, Erkersreuth; Sillimanit 9i und 10a, Europäische Koppers; Sillimanit G. m. b. H., Hamburg
Jenaer Duranglas	37	534	Wolfram	bis 3 mm	
Jenaer Wolfram-Einschmelz-glas 1646III	41	532	Wolfram	alle gebräuchlichen Drahtstärken	Steatit Rosenthal, Erkersreuth; G-Masse Rosenthal, Marktredtwitz; K-Masse Staatl. Porzellanmanufaktur, Berlin
Jenaer Glas 2954III	60	573			Keramische Masse HF 94 b Rosenthal, Selb; Frequents Steatit-Magnesia, Werk Pankow

[1] Die Transformationspunkte sind „statisch" gemessen. Die mit 4°/min Heizgeschwindigkeit „dynamisch" gemessenen Transfor-mationspunkte liegen etwa 15—30° höher.

17*

Tabelle 26. Konstanten
(Nach Katalog 7080

		Maßeinheiten	Platin-Gläser		
			Jenaer Normalglas 16 III	Jenaer Einschmelz-Bleiglas	Jenaer Platin-Einschmelzglas 2962 III
1	Spezifisches Gewicht	g/cm^3	2,58	3,13	2,43
2	Zugfestigkeit	kg/mm^2	11,5		12,5
3	Druckfestigkeit	kg/mm^2	83		80
4	Biegefestigkeit	kg/mm^2	5	4,5	7
5	Schlagbiegefestigkeit	$cm\ kg/cm^2$	2,1		
6	Elastizitätsmodul	kg/mm^2	6600		7400
7	Ritzhärte nach MARTENS	g	54		
8	Linearer thermischer Ausdehnungskoeffizient (20—100° C)	$\alpha\ 10^7$	80	81	80
9	Transformationspunkt[1]	° C	530	475	504
10	Zähigkeitstemperatur	° C	694	630	692
11	Wärmeleitfähigkeit	$\dfrac{cal}{Grad\ cm\ sec} \cdot 10^5$	238	208	254
12	Abschreckfestigkeit	$\Delta\ t/° C$	110	97	125
13	Durchschlagsfestigkeit	KV	37		
14	Dielektrizitätskonstante 800 Hz . .		8,10		
15	$T_\varkappa$ 100	° C	146	340	191
16	Dielektrischer Verlustfaktor, 10^6—10^7 Hz	$tg\ \delta \cdot 10^4$	79	10,5	42

[1] Die Transformationspunkte sind „statisch" gemessen. Die mit 4°/min Heizgeschwindigkeit „dynamisch" gemessenen Transformationspunkte liegen etwa 15—30° höher.

d) Hähne.

1. Konushähne.

Einfache Durchgangshähne nach DIN 12551 bis 12554 als Einweg-, Zweiweg- und Dreiweghähne (s. Abb. v. 270a bis d) eignen sich nur für Vorvakuumleitungen. Im eigentlichen Hochvakuum ist dagegen die Verwendung von Eckhähnen (Abb. 271a) nach DIN 12557 (Tab. VIII Anhang) erforderlich. Die Eckhähne können auch als Zweiweghähne (Abb. 271b) ausgeführt werden. Bei dem Einbau dieser Eckhähne ist darauf zu achten, daß der Hohlraum des Kükens zu demjenigen Teil der Leitung zeigt, der dauernd unter Vakuum steht. Zur Sicherheit können diese Hochvakuumeckhähne auch für Öl- oder Quecksilberüberlagerung (Abb. 272) ausgebildet werden. Abb. 273 zeigt einen Hochvakuumeckhahn und einen Zweiweghahn aus Metall mit Flanschanschlüssen.

der Jenaer Einschmelzgläser.
Schott u. Gen., Jena).

Molybdän-Gläser			Wolfram-Gläser			Weitere Jenaer Sondergläser			
Jenaer Geräteglas 20	Jenaer Molybdänglas 1447III	Jenaer Molybdän-Einschmelzglas 1639III	Jenaer Duranglas	Jenaer Wolfram-Einschmelzglas 1646III	Jenaer Supremaxglas	Jenaer Glas 2954III	Jenaer natriumfestes Glas	Jenaer Molybdän-Uviolglas	Jenaer Schwarz-Uviolglas
2,41	2,50	2,29	2,28	2,34	2,52	2,42	3,21	2,37	2,58
15	12,5	13	10,5		13	13			
91	75		96		95	92			
6	6		6		8	7,5			
2,8			2,8		2,7	2,4			
7500	7300	7300	6750		9050	7600			
57	61		60		59	58			
48	50	49	37	41	33	60	81	53	81
555	515	503	534	532	730	573	545	586	520
775	704	704	769	745	üb. 900	753	680	816	690
279	242	255	261	270	278	257	192		
188	180	181	230	217	207	144		159	
38	37		42			40			
6,10	6,55		4,90		6,00	7,80			
215	186	226	218	259	581	125			
75	66	40	46		18	110			

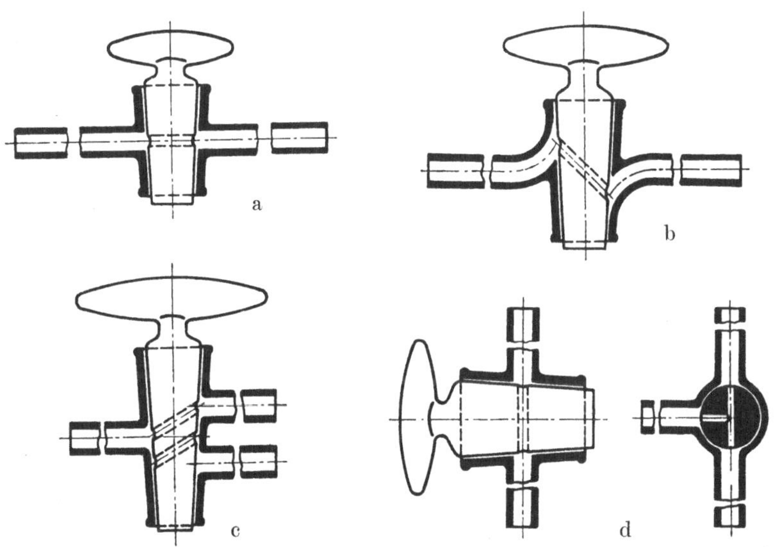

Abb. 270 a—d. Einweg-, Zweiweg- und Dreiweghähne nach DIN 12551, 12552, 12553, 12554.

2. *Flachschieberhähne.*

Für kleine Durchlaßöffnungen kann man Flachschieberhähne verwenden. Abb. 274 zeigt den Schnitt durch und die Ansicht von einem solchen Hahn. Die Abdichtung erfolgt bei dieser Konstruktion zwischen zwei optisch plangeschliffenen Flächen die je zwei Bohrungen tragen und aufeinander drehend gleiten. Bei dieser Konstruktion verwendet man als Dichtungsmittel nicht Fette, wie bei den unter 1 beschriebenen Konushähnen, sondern ein hoch viskoses Öl mit möglichst niedrigem Dampfdruck, z. B. Apiezonöl J.

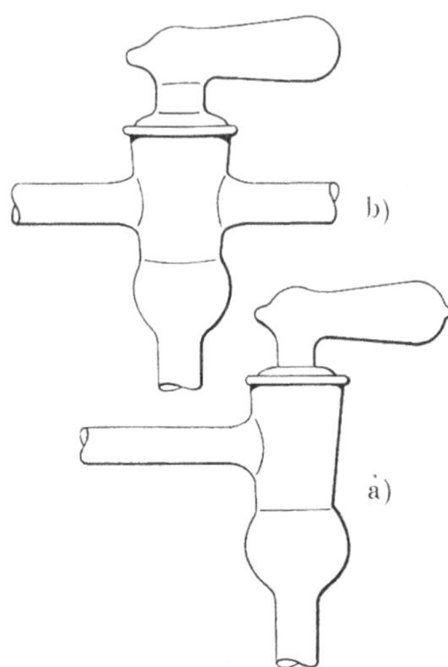

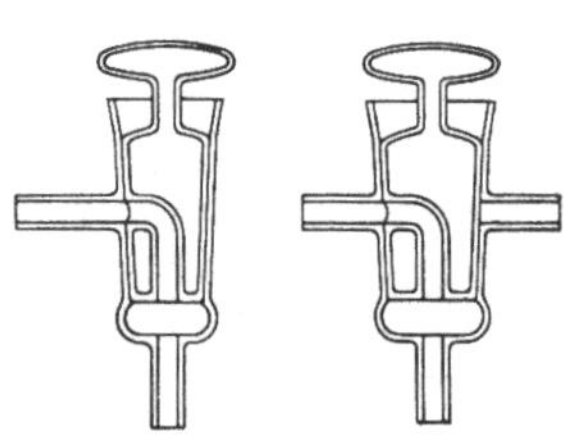

Abb. 271. Hochvakuumeckhahn aus Glas (Hanff & Buest).

Abb. 272. Hochvakuumeckhahn aus Glas für Öl- oder Quecksilberüberlagerung (ESPE-KNOLL).

3. *Zylinderhähne.*

Bei diesen sitzt das Küken statt in einer konischen in einer zylindrischen Bohrung. Abb. 275 zeigt als Beispiel einen Vierwegzylinderhahn

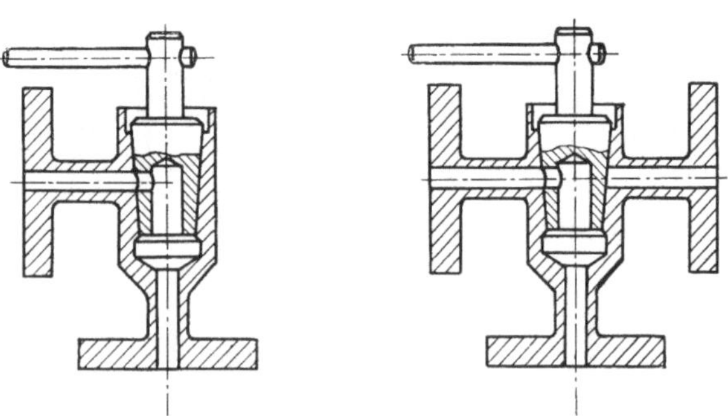

Abb. 273. Hochvakuumeckhahn aus Metall (Leybold).

aus Metall. Die Zylinderhähne müssen zur Abdichtung gut gefettet werden. Sie werden aber leicht undicht, sobald die Fettung nach einiger Betriebszeit nicht mehr sehr reichlich ist.

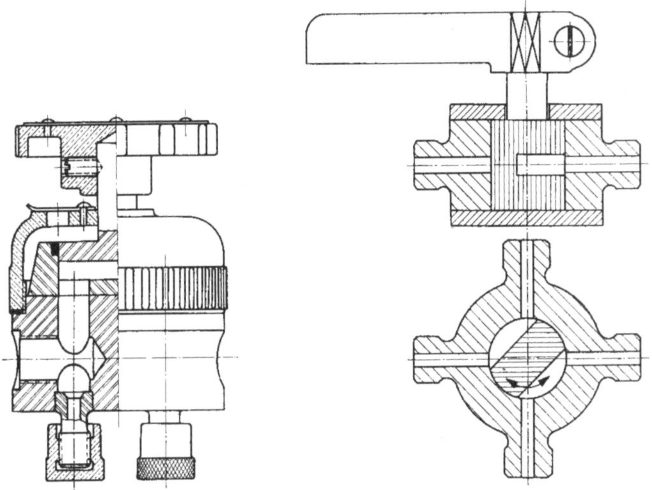

Abb. 274. Flachschieberhahn aus Metall (Audco).   Abb. 275. Vierweg-Zylinderhahn aus Metall

e) Ventile.

1. Absperrventile.

An die bei Hochvakuumleitungen verwendeten Ventile ist vor allem die Forderung zu stellen, daß sie im nichtabgesperrten Zustand den Leitungsquerschnitt möglichst wenig verengen, d. h. also, daß sie einen möglichst kleinen Strömungswiderstand haben. Abb. 276 zeigt ein Hochvakuumplattenventil, bei dem eine mit einem Bunaring zur Abdichtung versehene Platte von außen mittels eines Handrades über ein Hebelsystem gegen den Ventilsitz gedrückt werden kann. Die Abdichtung der beweglichen Teile zur Kraftübertragung in den Vakuumraum erfolgt hier mittels eines Federungskörpers. Die Berechnung des Strömungswiderstandes eines Ventils kann in erster Näherung in der Weise erfolgen, daß zur Berechnung die Formel (8) bzw. (10) für die Öffnung einer sehr dünnen Wand zugrunde gelegt wird und der Widerstand nach dieser Formel für folgende drei Querschnitte angesetzt wird:

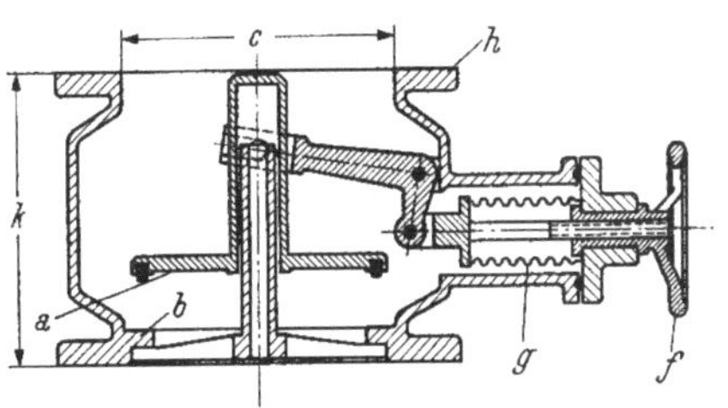

Abb. 276. Plattenventil (Leybold).

1. den Kreisringquerschnitt um die Ventilplatte,
2. den Zylindermantelquerschnitt zwischen Ventilplatte und eigentlicher Ventilöffnung,
3. den Querschnitt der eigentlichen Ventilöffnung
(s. Beispiel 1 u. 3, S. 270).

Eine Ventilkonstruktion, bei der das Ventil im geöffneten Zustand der angeschlossenen Rohrleitung freien Durchgang gibt, zeigen die

Abb. 277 und 278. Bei dem Ventil nach Abb. 278 wird die Ventilplatte in geöffnetem Zustand zur Seite geschwenkt und bei dem Ventil nach Abb. 277 zurückgezogen, so daß in beiden Fällen der Querschnitt

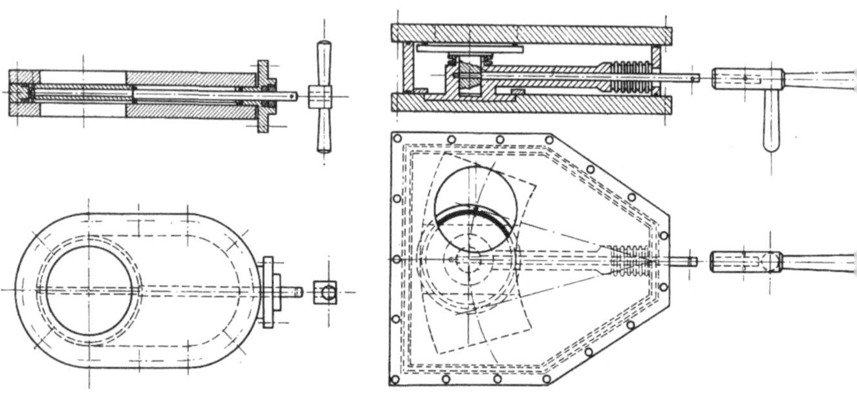

Abb. 277. Schiebeventil nach Geismann (12).   Abb. 278. Schwenkventil nach Geismann (12).

der angeschlossenen Leitung ganz freigegeben wird. Die beiden Ventile nach Abb. 277 und 278 haben außerdem den Vorzug sehr kurzer Bauart und des dadurch bedingten geringen Strömungswiderstandes *(12)*.

Abb. 279. Öldiffusionspumpe mit aufgeflanschtem Plattenventil (Leybold).

Bei Abdichtung der Einführung der beweglichen Teile der Ventile in den Vakuumraum durch Federungskörper macht sich der oben geschilderte Nachteil, daß Federungskörper leicht undicht werden, geltend. Im Sinne der Abb. 262 verwendet man daher auch hier mit Vorteil Gummimanschetten (Simmerringe).

Auf jeden Fall ist bei Ventilen darauf zu achten, daß der Durchgangsquerschnitt des Ventiles nicht kleiner ist als der Anschlußquerschnitt der Pumpe. Das erfordert natürlich ziemlich große Ventilkonstruktionen. Abb. 279 zeigt eine Öldiffusionspumpe mit einer Sauggeschwindigkeit von über 200 l/sec, bei der das oben angeflanschte Ventil mit einer Durchlaßöffnung von 200 mm in seinen Ausmaßen bereits der Pumpe selbst gleichkommt.

2. Gaseinlaßventile.

Hierzu kann man mit Vorteil Nadelventile benutzen, von denen Abb. 280 ein Ausführungsbeispiel zeigt. Zur Feineinstellung dienen zwei gegenläufige Gewinde, deren Stellung an einer Mikrometerschraube abgelesen werden kann.

Zum Gaseinlaß sind auch vielfach sog. Prytzverschlüsse (*41*) gebräuchlich. Bei diesen kann ein gas-, aber nicht quecksilberdurchlässiges Teil aus Keramik mehr oder weniger mit Quecksilber bedeckt werden, wodurch der Gaseintritt reguliert wird.

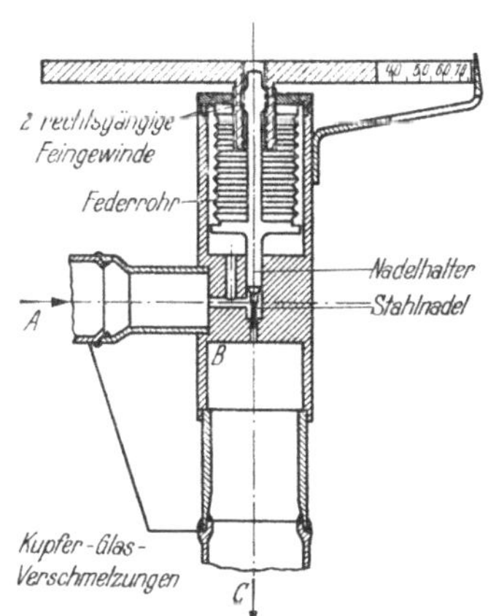

Abb. 280. Nadelventil nach KRIEG (*19*).

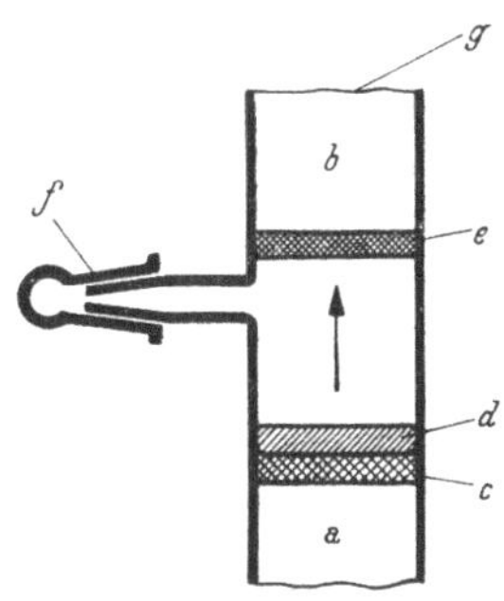

Abb. 281. c, e: für Quecksilber undurchlässige, für Gase aber durchlässige Filterplatten, d: Quecksilber, f: Schliffverbindung zum Einfüllen des Quecksilbers (Schott & Gen.).

3. Rückschlagventile.

Die Verwendung von Filterplatten aus Glas zum Aufbau eines Rückschlagventiles zeigt Abb. 281. Bei dieser Anordnung kann Gas durch die Filterplatte c und das darüber geschichtete Quecksilber d von a aus hindurchtreten, während bei Überdruck in entgegengesetzter Richtung das Gas das Quecksilber auf die Platte c drückt und sich somit selbst den Weg versperrt.

f) Berechnung der Strömungswiderstände von Leitungen.

Im vorhergehenden wurden die wichtigsten Gesichtspunkte bei der technischen Ausführung von Vakuumverbindungen und Leitungen behandelt. Ein ganz wesentliches Merkmal für die Beurteilung einer Vakuumleitung, insbesondere für die Verbindung zwischen Pumpe und Vakuumapparatur ist darüber hinaus der Strömungswiderstand der Leitung. Die grundsätzlichen Formeln über den Strömungswiderstand von verschiedenen Leitungselementen wurden in Kapitel A „Kinetische Gastheorie" auf den S. 11 bis 14 abgeleitet. Danach ist ganz allgemein der Strömungswiderstand einer Leitung um so kleiner, je kürzer und je weiter die Leitung ist. Ein kleiner Strömungswiderstand ist entscheidend dafür, daß die Sauggeschwindigkeit einer Pumpe auch wirklich voll für die Evakuierung der Apparatur ausgenutzt wird. Die Bedeutung einer kurzen und weiten Verbindungsleitung zwischen Pumpe und Apparatur kann nicht hoch genug eingeschätzt werden. Eine zu kurze und zu weite Leitung gibt es nicht. In diesem Punkt werden die meisten Fehler bei Hochvakuumanlagen gemacht. Auf keinen Fall sollte man in der Weite des Leitungsquerschnittes unter den Anschlußquerschnitt der Pumpen heruntergehen. Wenn auch die Verlegung derartig weiter Leitungen manchmal technische Schwierigkeiten bereitet, so machen sich diese jedoch immer bezahlt. Bei einer engen Leitung ist eine Pumpe mit großer Sauggeschwindigkeit in keiner Weise wirksamer als eine kleinere Pumpe. Wir werden dies weiter unten durch einige Zahlenbeispiele belegen.

Zur quantitativen Berechnung der Leitungswiderstände W und der unter Berücksichtigung des Leitungswiderstandes ausnutzbaren Sauggeschwindigkeit der Pumpen gehen wir von den in dem Kap. A. Kinetische Gastheorie abgeleiteten Formeln aus, die sich ganz allgemein auf folgende Form nach Art des Ohmschen Gesetzes bringen lassen:

$$v = \frac{1}{W} \frac{p_1 - p_2}{p} .$$

$W = $ Widerstand der Leitung
$L = 1/W = $ Leitwert der Leitung

für p_1 und $p \gg p_2$, und $p_1 \cong p$ folgt als Grenzwert des Durchflußvolumens $v_{\max} = 1/W$.

1. Formeln und Nomogramme.

Wir wollen die oben abgeleiteten Formeln für den Leitungswiderstand W für verschiedene Drucke und verschiedene Formen der Rohrleitungen noch einmal kurz zusammenstellen und zwar derart, daß wir gleich bestimmte Maßeinheiten einsetzen, um sie für den unmittelbaren praktischen Gebrauch handlicher zu machen.

1. $\Lambda \ll 2\,r;\ l \gg r$ *lange Röhren bei hohen Drucken* (POISSEUILLEsche Strömung)

aus Gl. A/29 folgt

$$W = \frac{8\,\eta}{\pi} \frac{l}{r^4} \frac{2}{p_1 + p_2} \left[\frac{\sec}{\text{cm}^3}\right] \text{ für } p \text{ in } \left[\frac{\text{Dyn}}{\text{cm}^2}\right] . \tag{1}$$

für Luft von 20° C folgt:

$$W = \frac{1}{2,18 \cdot 10^3} \frac{l}{r^4} \frac{2}{p_1 + p_2} \left[\frac{\sec}{\text{cm}^3}\right] \text{ für } p \text{ in } \left[\frac{\text{Dyn}}{\text{cm}^2}\right] . \tag{2}$$

$$W = \frac{1}{2,93 \cdot 10^6} \frac{l}{r^4} \frac{2}{p_1 + p_2} \left[\frac{\sec}{\text{cm}^3}\right] \text{ für } p \text{ in } [\text{Torr}] . \tag{3}$$

r und l in cm.

2. $\Lambda \gg 2\,r;\ l \gg r$ *lange Röhren bei niedrigen Drucken* (Molekularströmung nach KNUDSEN)

aus Gl. A/32 folgt allgemein:

$$W = \frac{1}{1,94 \cdot 10^4} \frac{l\,U}{F^2} \sqrt{\frac{M}{T}} \left[\frac{\sec}{\text{cm}^3}\right] . \tag{4}$$

$F =$ Querschnittsfläche (cm²)
$U =$ Umfang des Querschnittes (cm)
für Luft von 20° C

$$W = \frac{1}{6{,}16 \cdot 10^4} \frac{l\,U}{F^2} \left[\frac{\text{sec}}{\text{cm}^3}\right] ,$$
(5)

für kreisförmigen Querschnitt:

$$W = \frac{1}{3{,}05 \cdot 10^4} \frac{l}{r^3} \sqrt{\frac{M}{T}} \left[\frac{\text{sec}}{\text{cm}^3}\right] .$$
(6)

für Luft von 20° C

$$W = \frac{1}{9{,}7 \cdot 10^4} \frac{l}{r^3} \left[\frac{\text{sec}}{\text{cm}^3}\right] .$$
(7)

3. $\Lambda \gg 2\,r;\ l \ll r$ *Öffnung in dünner Wand bei niedrigen Drucken*

aus Gl. A/33 folgt allgemein:

$$W = \frac{1}{3{,}64 \cdot 10^3} \frac{1}{F} \sqrt{\frac{M}{T}} \left[\frac{\text{sec}}{\text{cm}^3}\right] .$$
(8)

für Luft von 20° C

$$W = \frac{1}{1{,}157 \cdot 10^4} \frac{1}{F} \left[\frac{\text{sec}}{\text{cm}^3}\right] .$$
(9)

für kreisförmigen Querschnitt:

$$W = \frac{1}{1{,}142 \cdot 10^4} \frac{1}{r^2} \sqrt{\frac{M}{T}} \left[\frac{\text{sec}}{\text{cm}^3}\right] ,$$
(10)

für Luft von 20° C

$$W = \frac{1}{3{,}63 \cdot 10^4} \cdot \frac{1}{r^2} \left[\frac{\text{sec}}{\text{cm}^3}\right] .$$
(11)

4. $\Lambda \gg 2\,r;\ l \sim r$ *kurze Rohre bei niedrigen Drucken*

aus Gl. A/35 folgt allgemein:

$$W = \frac{1}{F} \sqrt{\frac{2\pi M}{RT}} \left(\frac{3}{16} l\, \frac{U}{F} + 1\right) \left[\frac{\text{sec}}{\text{cm}^3}\right] ,$$
(12)

für Luft von 20° C

$$W = \frac{1}{1{,}16 \cdot 10^4} \frac{1}{F} \left(\frac{3}{16} l\, \frac{U}{F} + 1\right) \left[\frac{\text{sec}}{\text{cm}^3}\right] ,$$
(13)

für kreisförmigen Querschnitt:

$$W = \frac{\frac{3}{8} \frac{l}{r} + 1}{1{,}142 \cdot 10^4 \cdot r^2} \sqrt{\frac{M}{T}} \left[\frac{\text{sec}}{\text{cm}^3}\right] ,$$
(14)

für Luft von 20° C

$$W = \frac{\frac{3}{8} \frac{l}{r} + 1}{3{,}63 \cdot 10^4\, r^2} \left[\frac{\text{sec}}{\text{cm}^3}\right] .$$
(15)

5. $l \gg r$ lange Rohre im gesamten Druckbereich

aus Gl. A. 36 folgt:

$$W = \frac{l}{r^3} \frac{1}{\dfrac{\pi r}{8 \eta} \dfrac{p_1 + p_2}{2} + \dfrac{8}{3} \sqrt{\dfrac{\pi RT}{2M}}} \quad \left[\frac{\mathrm{sec}}{\mathrm{cm}^3}\right] \text{ für } p \text{ in } \left[\frac{\mathrm{Dyn}}{\mathrm{cm}^2}\right] . \tag{16}$$

für Luft von $20°$ C

$$W = \frac{l}{r^3} \frac{1}{2{,}2 \cdot 10^3 \cdot r \cdot \dfrac{p_1 + p_2}{2} + 9{,}7 \cdot 10^4} \quad \left[\frac{\mathrm{sec}}{\mathrm{cm}^3}\right] \text{ für } p \text{ in } \left[\frac{\mathrm{Dyn}}{\mathrm{cm}^2}\right] . \tag{17}$$

Daraus folgt für den Fall, daß $p_1 - p_2 \ll p_1$ und $p = \dfrac{p_1 + p_2}{2}$

$$W = \frac{l}{r^3} \frac{1}{2{,}2 \cdot 10^3 \, r \, p + 9{,}7 \cdot 10^4} \left[\frac{\mathrm{sec}}{\mathrm{cm}^3}\right] \text{ für } p \text{ in } \left[\frac{\mathrm{Dyn}}{\mathrm{cm}^2}\right] . \tag{18}$$

$$W = \frac{l}{r^3} \frac{1}{2{,}93 \cdot 10^6 \cdot r \cdot p + 9{,}7 \cdot 10^4} \left[\frac{\mathrm{sec}}{\mathrm{cm}^2}\right] \text{ für } p \text{ in } [\mathrm{Torr}]. \tag{19}$$

Zur Vereinfachung wollen wir uns im folgenden bei der Berechnung des Leitungswiderstände auf den Fall beschränken, daß es sich bei dem durch die Leitung strömenden Gas um Luft (von $20°$ C) handelt. Die auf diese Weise berechneten Werte sind dann praktisch auch gültig für alle Gase mit ähnlichem Molekulargewicht. Da der Leitungswiderstand W bei verschiedenen Gasen und hohen Drucken proportional η und sonst proportional $\sqrt{M}$ ist, so hat er also bei Wasserstoff stets kleinere Werte als bei Luft. Die folgenden Berechnungen sind für Wasserstoff nicht gültig, können aber insoweit als Anhalt dienen, als die Leitungswiderstände bei Wasserstoff stets kleiner sind. Zur exakten Berechnung muß auf die Formeln (1), (4), (6), (8), (10), (12), (14), (16) zurückgegriffen werden.

Zur Erleichterung der praktischen Berechnung von Leitungswiderständen sind in Tab. IX die Leitwerte L für verschiedene Rohrradien r und Drucke p für eine Rohrlänge $l = 1$ m zusammengestellt. Außerdem zeigen die Kurven der Abb. I und II die Abhängigkeit des Leitwertes L in l/sec vom Rohrradius r in cm auch bei $l = 1$ m. An jeder Kurve ist der Parameterwert des Druckes in Torr angegeben.

Nachdem man mit Hilfe der Tab. IX oder Abb. I und II den Leitwert L einer Leitung ermittelt hat, kann man weiterhin aus der Sauggeschwindigkeit S_2 einer Pumpe, die am Ende der Leitung wirksame Sauggeschwindigkeit S_1 berechnen, und zwar in folgender Weise:

Nach Formel (19) ist

$$\frac{p v}{p_1 - p_2} = \frac{r^3}{l} \left(2{,}93 \cdot 10^6 \, r p + 9{,}7 \cdot 10^4\right) = L\,(r, l\, p) .$$

Andererseits gilt nach dem Boyle-Mariotteschen Gesetz

$$\frac{p v}{p_1 - p_2} = \frac{p_2 S_2}{p_1 - p_2} .$$

$$p_2 S_2 = p_1 S_1 ; \quad p_1 = p_2 \frac{S_2}{S_1} .$$

Daraus folgt dann weiterhin

$$p_2 S_2 = L (p_1 - p_2) .$$

$$= L \left(\frac{S_2}{S_1} p_2 - p_2 . \right)$$

$$\frac{1}{L} = \frac{1}{S_1} - \frac{1}{S_2}$$

und schließlich als Endformel für den Zusammenhang zwischen am Ende der Leitung wirksamer Sauggeschwindigkeit S_1, Sauggeschwindigkeit der Pumpe S_2 und Leitwert L die Beziehung:

$$S_1 = \frac{1}{1/S_2 + 1/L} . \tag{20}$$

Zur bequemeren Handhabung der Formel (20) ist diese in Abb. III in Form eines Nomogramms wiedergegeben. Bei der praktischen Berechnung einer Leitung kann man beispielsweise so vorgehen, daß man mit Hilfe der Tab. IX oder der Abb. I und II den Leitwert für eine vorgegebene Leitung ermittelt und dann mit Hilfe des Nomogramms der Abb. III feststellt, welche wirksame Sauggeschwindigkeit S_1 bei einer Pumpe mit einer Sauggeschwindigkeit S_2 resultiert, oder welche Sauggeschwindigkeit S_2 der Pumpe für eine gewünschte effektive Saugleistung S_1 erforderlich ist, und schließlich kann man noch bei vorgegebener Pumpgeschwindigkeit S_2 und effektiver Sauggeschwindigkeit S_1 aus dem Nomogramm der Abb. III den Leitwert L ermitteln und zu diesem Leitwert L dann aus der Tab. IX oder den Abb. I und II die zugehörigen Leitungsdimensionen ermitteln.

Für niedrige Drucke, bei denen $\Lambda \gg r$, ist in Formel (19) das erste Glied unter dem Bruchstrich gegen das zweite vernachlässigbar. Damit ergibt sich:

$$L = \frac{r^3}{l} \cdot 9,7 \cdot 10^4 \ [\mathrm{cm^3/sec}] .$$

$$\sim \frac{r^3}{l} \cdot 10^5 \ [\mathrm{cm^3/sec}] = \frac{r^3}{l} \cdot 10^2 \ [\mathrm{l/sec}] .$$

$$L = \frac{r^3}{l} \ [\mathrm{l/sec}] \ [\text{für } l, r \text{ in mm}] . \tag{21}$$

Bei niedrigen Drucken ist also L unabhängig vom Druck und kann in einfacher Weise nach Formel (21) berechnet werden. Dieser Wert kann dann zur weiteren Berechnung in Formel (20) eingesetzt werden, wenn man S_1 und S_2, wie das in den Katalogen der Lieferfirmen üblich ist, in l/sec ansetzt. Dieser einfache Weg der Kombination der Formeln (20) und (21) ist immer gangbar, wenn bei niedrigen Drucken $\Lambda \gg r$, d. h. also bei den meistens üblichen Rohrdurchmessern von einigen Zentimetern bei Drucken unterhalb von 10^{-3} Torr.

Neuerlich hat Harries[66] ein Nomogramm veröffentlicht, das sich in einfacher Weise zur Leitungsberechnung eignet (vergl. auch [65]).

2. Berechnungsbeispiele.

Die Bedeutung der Leitungsabmessungen für die Ausnutzung der Sauggeschwindigkeit einer Pumpe und die Handhabung der Tab. IX und Abb. I, II und III zur Berechnung von L, S_1 und S_2 soll im folgenden an einigen Beispielen erläutert werden.

1. Abb. 282 zeigt eine zusammengesetzte Leitung, die aus Rohrstücken verschiedener Weite und Länge besteht, und bei der außerdem eine Blende eingebaut ist. Grundsätzlich berechnet sich der Widerstand einer zusammengesetzten Leitung durch Addition der Einzelwiderstände. Es gilt also

$$\frac{1}{L} = W = W_1 + W_2 + W_3 + \cdots.$$

Die Widerstände W_1, W_2 und W_4 können für einen Druck von 10^{-3} Torr unmittelbar aus der Tab. IX entnommen werden, wobei darauf zu achten ist, daß die Tabellenwerte für $l = 1$ m gelten. Es ergeben sich also die Werte

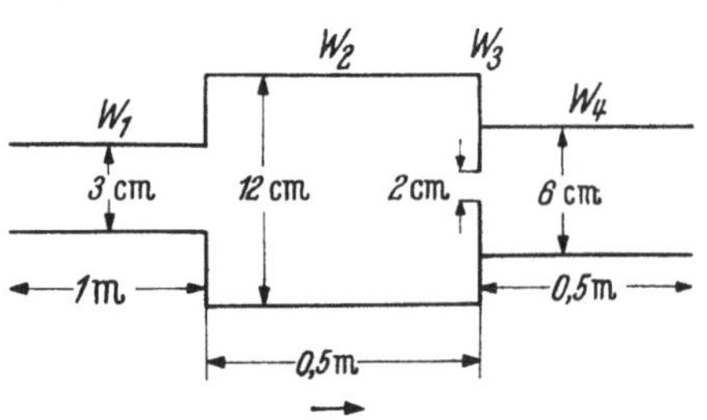

Abb. 282. Zusammengesetzte Leitung aus Stücken verschiedenen Durchmessers und verschiedener Länge mit einer eingebauten Blende; W = Strömungswiderstände der einzelnen Teile.

$$L_1 = 3,42 \ [\text{l/sec}],$$

$$W_1 = \frac{1}{3,42} = 0,29 \ [\text{sec/l}],$$

$$L_2 = 2 \cdot 249 = 498 \ [\text{l/sec}],$$

$$W_2 = \frac{1}{498} = 2 \cdot 10^{-3} \ [\text{sec/l}],$$

$$L_4 = 2 \cdot 28,4 = 56,8 \ [\text{l/sec}],$$

$$W_4 = \frac{1}{56,8} = 1,76 \cdot 10^{-2} \ [\text{sec/l}].$$

Der Widerstand der Blende W_3 errechnet sich nach Formel (11) zu*

$$L_3 = 3,63 \cdot 10^1 \cdot (1)^2 = 3,63 \cdot 10^1 \ [\text{l/sec}],$$

$$W_3 = \frac{1}{L} = \frac{1}{3,63} \cdot 10^{-1} = 0,027 \ [\text{sec/l}].$$

Der Gesamtwiderstand der Leitung hat also den Wert

$$W = 0,29 + 0,002 + 0,027 + 0,018$$

$$= 0,337 \ [\text{sec/l}]$$

und damit den Leitwert

$$L = \frac{1}{W} = \frac{1}{0,337} = 2,97 \ [\text{l/sec}].$$

Nehmen wir an, daß an diese Leitung mit immerhin schon ziemlich weiten Querschnitten eine Quecksilberdiffusionspumpe Leybold Mod. E angeschlossen ist. Diese Pumpe hat bei 10^{-3} Torr eine Sauggeschwindigkeit S_2 von 17 [l/sec], dann ergibt sich aus dem berechneten Wert von $L = 2,97$ [l/sec] und der Pumpgeschwindigkeit $S_2 = 17$ [l/sec] aus Abb. III am Ende der Leitung eine wirksame Sauggeschwindigkeit

---

* Der Lochwiderstand ist beim Übergang weit in eng und bei Verengung zu berücksichtigen.

$S_1 = 2{,}55$ l/sec. Durch die Leitung wird also die Sauggeschwindigkeit der Pumpe um 85% herabgesetzt, d. h. also sehr stark gedrosselt.

2. An eine Leitung von $l = 2$ m und $2\,r = 20$ mm seien einmal eine Quecksilberdiffusionspumpe Leybold Modell G und einmal eine Quecksilberdiffusionspumpe Leybold Modell E angeschlossen. Es soll berechnet werden, wie stark die Sauggeschwindigkeiten der beiden Pumpen bei 10^{-2} und 10^{-3} Torr herabgesetzt werden. Aus den Kurven der Abb. II ergibt sich für die Leitung bei 10^{-2} Torr ein Leitwert $L = 1{,}26/2$ l/sec. Die G-Pumpe hat bei 10^{-2} Torr eine Sauggeschwindigkeit $S_2 = 2$ l/sec. Für die wirksame Sauggeschwindigkeit bei diesem Druck ergibt sich also aus Abb. III $S_1 = 0{,}47$ l/sec oder eine Drosselung von 77%.

Bei 10^{-3} Torr gelten entsprechend

$$L = 0{,}5\ [\text{l/sec}] \quad S_1 = 0{,}4\ [\text{l/sec}] = 0{,}2 \cdot S_2\,.$$

Für die E-Pumpe, die bei 10^{-2} Torr eine Sauggeschwindigkeit von $S_2 = 17$ [l/sec] hat (vergl. auch Abb. 168 Kurve E), entnimmt man der Abb. III bzw. Gl. 20.

$$\text{für } L = 1{,}26/2\ [\text{l/sec}] \ : \ S_1 = 0{,}6\ [\text{l/sec}] = 0{,}04 \cdot S_2\,.$$

Entsprechend gilt für die E-Pumpe bei 10^{-3} Torr

$$\text{mit } L = 0{,}5\ [\text{l/sec}]: \ S_1 = 0{,}48\ [\text{l/sec}] = 0{,}03 \cdot S_2\,.$$

Man sieht also, daß am Ende der Leitung (inbesondere bei 10^{-3} Torr) die E-Pumpe praktisch keine größere Sauggeschwindigkeit erzielt als die G-Pumpe. Die Sauggeschwindigkeit einer großen Pumpe kann also auch nur mit einer entsprechend weiten Leitung ausgenutzt werden. Ist man aus irgendwelchen Gründen gezwungen, engere Leitungen zu verwenden, so hat es keinen Zweck, dadurch größere Pumpleistungen erzwingen zu wollen, daß man Pumpen mit größerer Sauggeschwindigkeit anschließt.

Außerdem sieht man aus diesem Beispiel, daß ganz allgemein bei hohen Drucken die Drosselung durch eine bestimmte Leitung kleiner ist als bei niedrigen.

3. Zur Veranschaulichung der Bedeutung, die kurze und weite Leitungen für die Ausnutzung der Pumpgeschwindigkeit haben, verweisen wir nochmals auf Abb. 279, die eine Öldiffusionspumpe mit einer Sauggeschwindigkeit von 200 l/sec zeigt, bei der das oben angeflanschte Ventil in seinen Abmessungen der Pumpe gleichkommt.

4. Für eine Quecksilberdiffusionspumpe Leybold Modell E, die bei 10^{-3} Torr eine Sauggeschwindigkeit $S_2 = 17$ [l/sec] hat (siehe auch Abb. 168 Kurve E), soll eine Leitung von $l = 50$ cm derart berechnet werden, daß die effektive Sauggeschwindigkeit am Ende der Leitung noch einen Wert von $S_1 = 0{,}6 \cdot S_2 = 10$[l/sec] hat. Zu den Werten von S_1 und S_2 entnehmen wir der Abb. III einen Leitwert $L = 20$ [l/sec]. Einer Länge von 1 m würde also ein Wert von $L/2 = 10$ [l/sec] entsprechen. Damit ergibt sich aus Abb. I bei 10^{-3} Torr und niedrigeren Drucken ein Rohrradius $r = 2{,}15$ cm.

5. Eine Gasballastpumpe Leybold Modell XIII mit Sauggeschwindigkeiten von 9,3 [l/sec] bei 10^{-1} Torr und von 4,2 [l/sec] bei 10^{-2} Torr sei

an eine Leitung von $l = 150$ cm mit einer lichten Weite von $2\,r = 3$ cm angeschlossen. Die wirksamen Sauggeschwindigkeiten S_1 am Ende der Leitung bei 10^{-1} Torr und 10^{-2} Torr sollen berechnet werden. Zunächst entnehmen wir der Tab. IX folgende Leitwerte:

$$\text{Bei } 10^{-1}\,\text{Torr} \quad L = {}^2\!/_3 \cdot 18{,}1 = 12{,}1 \ [\text{l/sec}]\,.$$

$$\text{Bei } 10^{-2}\,\text{Torr} \quad L = {}^2\!/_3 \cdot 4{,}76 = 3{,}18 \ [\text{l/sec}]\,.$$

Die wirksamen Sauggeschwindigkeiten am Ende der Leitung haben also folgende Werte:

$$\text{Bei } 10^{-1}\,\text{Torr} \quad S_1 = 5{,}2 \ [\text{l/sec}] = 0{,}56 \cdot S_2\,.$$

$$\text{Bei } 10^{-2}\,\text{Torr} \quad S_1 = 1{,}8 \ [\text{l/sec}] = 0{,}43 \cdot S_2\,.$$

Die prozentuale Drosselung bei dem höheren Druck von 10^{-1} Torr ist also kleiner als bei dem niedrigen Druck von 10^{-2} Torr in Übereinstimmung mit den Kurven der Abb. 283, von denen Kurve 1 die Sauggeschwindigkeit unmittelbar am Saugstutzen der Gasballastpumpe Modell XIII angibt und Kurve 2 die am Ende einer Leitung von 150 cm Länge und 3,2 cm Durchmesser gemessenen Sauggeschwindigkeiten zeigt.

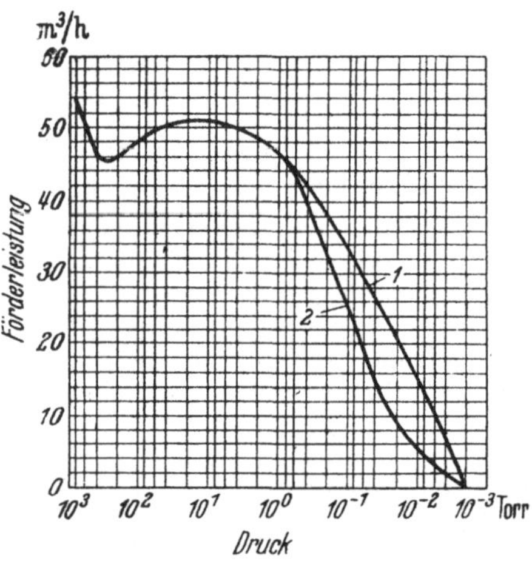

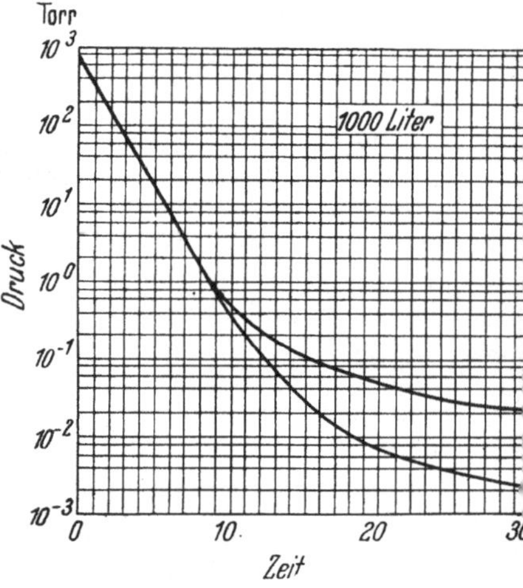

Abb. 283. Förderleistung einer Gasballastpumpe Leybold Modell XIII. Kurve 1: gemessen unmittelbar am Saugstutzen; Kurve 2: gemessen unter Zwischenschaltung einer Leitung von 3,2 cm Durchmesser und 1,5 m Länge.

Abb. 284. Auspumpzeiten für einen 1000-Liter-Behälter mit einer Gasballastpumpe Leybold Modell XIII. Untere Kurve: Verbindungsleitung 7 cm Durchmesser und 1,5 m Länge; obere Kurve: Verbindungsleitung 3,5 cm Durchmesser und 2 m Länge.

6. Abb. 284 zeigt die Evakuierungszeiten eines Behälters mit 1 m³ Rauminhalt mittels einer Gasballastpumpe Modell XIII, einmal über eine weite Leitung von 1,5 m und 7 cm Durchmesser und einmal über eine engere Leitung von 2 m Länge und 3,5 cm Durchmesser. Man sieht, daß bei der engeren Leitung erheblich größere Pumpzeiten infolge der Drosselung der Sauggeschwindigkeit erforderlich sind.

7. Große praktische Bedeutung hat die Drosselung von Pumpgeschwindigkeiten bei Vakuumröhren, die nach dem Pumpprozeß von

der Pumpe abgeschmolzen werden sollen. Zur Ermöglichung dieses Abschmelzvorganges muß zwischen Pumpe und Röhre ein Leitungselement mit stark verengtem Querschnitt, der sog. Pumpstengel eingeschaltet werden. Durch diesen Pumpstengel wird dann aber zwangsläufig die in der Röhre wirksame Pumpgeschwindigkeit sehr stark herabgesetzt.

Als Beispiel betrachten wir einen Pumpstengel von $l = 10$ cm und $2\,r = 2{,}5$ mm, der an eine Quecksilberdiffusionspumpe Leybold Mod. G angeschlossen ist, die bei 10^{-2} Torr eine Sauggeschwindigkeit $S_2 = 2$ [l/sec] hat. Wie groß ist nun die wirksame Sauggeschwindigkeit S_1 in der Röhre? Obgleich im Beispiel bei einem Druck von 10^{-2} Torr gearbeitet wird, kann der Leitwert des Pumpstengels L nach der vereinfachten Formel (21) berechnet werden, da die mittlere freie Weglänge der Gasmoleküle bei 10^{-2} Torr immer noch größer ist als der Durchmesser des Pumpstengels von $2\,r = 2{,}5$ mm. Nach Formel (21) ergibt sich

$$L = \frac{r^3}{l} = \frac{(1{,}25)^3}{100} = 0{,}0195 \ [\text{l/sec}]$$

und damit nach Formel (20) eine in der Röhre wirksame Pumpgeschwindigkeit S_1 von

$$S_1 = \frac{1}{\dfrac{1}{2} + \dfrac{1}{0{,}02}} = 0{,}02 \ [\text{l/sec}].$$

Der so errechnete Wert von S_1 kann nur als erste Näherung betrachtet werden, da bei einer derartig starken Drosselung von 99% im Pumpstengel erheblich höhere Drucke herrschen als der Druck von 10^{-2} Torr am Saugstutzen der Pumpe. S_1 hat also tatsächlich einen größeren Wert. Gemessen wurde $S_1 = 0{,}03$ [l/sec]. Für eine exakte Rechnung wäre aus der in erster Näherung errechneten Drosselung der mittlere Druck im Pumpstengel zu entnehmen und dann für diesen Druck anstatt für einen Druck von 10^{-2} Torr der Leitwert L erneut zu ermitteln usw.

Literaturverzeichnis.

Ventile.

1. ALLWOOD, H. J. S.: J. Sci. Instr. Phys. Ind. **25**, 207 (1948).
1a. BASCONI, C. B.: Rev. Sci. Instr. 8, 171 (1937).
2. BIGG, P. H.: J. Sci. Instr. **13**, 156 (1936).
3. BODENSTEIN, M.: Z. phys. Chem. **7**, 387 (1930).
4. BOGG, W.: J. Sci. Instr. **14**, 412 (1937).
5. BRIMLEY, R. C.: J. Sci. Instr. **14**, 102 (1937).
6. CHILES JR., J. A.: Rev. Sci. Instr. **6**, 202 (1935).
7. CLOW, A. u. C. SHAND: J. Sci. Instr. **16**, 354 (1939).
8. COUNZIE, D. B. u. G. K. GREEN: Rev. Sci. Instr. **12**, 556 (1941).
9. DURAN, F.: Z. Phys. **89**, 143 (1934).
10. EDWARDS, W. L. u. L. R. MAXWELL: Rev. Sci. Instr. **9**, 201 (1938).
11. ELTENTON, G. C.: J. Sci. Instr. **16**, 27 (1939).
11a. GARROD, R. I.: J. Sci. Instr. **19**, 190 (1946).
11b. GARROD, R. I.: J. Sci. Instr. **23**, 191 (1946).
12. GEISMANN, H.: Phys. Z. **44**, 268 (1943).
13. GIBY, J. G.: Phys. Z. **39**, 167 (1938).

14. GOETHALS, G.: Naturwiss. Rdsch. **18**, 18 (1936).
14a. GRIVET, P., u. H. BLATTMANN: Le Vide **1**, 47 (1946).
15. HEIN, F.: Z. angew. Chem. **40**, 864 (1937).
16. KERSTEN, H.: Rev. Sci. Instr. **6**, 175 (1935).
16a. KING, L. D. P.: Rev. Sci. Instr. **19**, 83 (1948).
17. KLOSE, W.: Z. techn. Phys. **12**, 558 (1931).
18. KLOW, A.: J. Sci. Instr. **16**, 354 (1939).
19. KRIEG: Z. tech. Phys. **12**, 314 (1942).
19a. KROHN, R.: Rev. Sci. Instr. **18**, 683 (1947).
19b. KURIE, F. N. D.: Rev. Sci. Instr. **19**, 485 (1948).
20. LANG, R. J.: Rev. Sci. Instr. **10**, 196 (1939).
21. LEWIS, Fr. M.: Ind. Engng. Chem. Anal. **13**, 418 (1941).
21a. LEWIS, I. A. D., u. P. CHIPPENDALE: J. Sci. Instr. Phys. Ind. **25**, 205 (1948).
22. LOBB, J. W. u. J. BELL: J. Sci. Instr. **12**, 14—17 (1935).
22a. LOCKENVITZ, A. E.: Rev. Sci. Instr. **19**, 272 (1948).
23. LOCOENTE DU NOIEY, P.: Science **73**, 530 (1931).
24. LUX, H.: Z. anorg. Chem. **226**, 21 (1935).
24a. McINTOSH, R. O., u. J. W. COLTMAN: Rev. Sci. Instr. **20**, 135 (1949).
25. v. MEYEREN, W.: Z. techn. Phys. **18**, 281 (1937).
26. NARASINSHA MURTHY, G.: J. indian chem. Soc. **11**, 659 (1934).
27. NEVMANN, M. S.: Ind. Engng. Chem. Anal. **12**, 274 (1940).
28. PEDDER, J. S. u. S. BARRETT: J. Sci. Instr. **9**, 26 (1932).
29. RAMBERG, B.: Svensk kem. Tidskr. **48**, 99 (1936).
30. RAMSER, H. u. W. WIBERG: Z. Elektrochem. **36**, 253 (1930).
31. REINOW, N.: J. techn. Phys. (russ.) **8**, 551 (1938).
32. ROLLETT, A.: Ber. dtsch. chem. Ges. **73**, 1023 (1940).
33. ROSE, J. E.: Rev. Sci. Instr. **8**, 130 (1937).
34. RUNGE, K. u. J. V. SLAVIK: Z. techn. Phys. **16**, 272 (1935).
35. SAGGERS, L.: J. Sci. Instr. **12**, 93 (1935).
36. SMITH, R. A.: Rev. Sci. Instr. **11**, 120 (1940).
37. SMYTHE, W. R.: Rev. Sci. Instr. **7**, 435 (1936).
38. SCHULTZE, H.: Chem. Fabr. **13**, 417 (1940).
38a. SPADARO, J. J., H. L. E. VIX u. E. A. GASTROCK: Ind. Engng. Chem. Anal. **18**, 214 (1946).
39. STAFFEHL, H.: Chem. Tzg. **56**, 76 (1932).
40. STALLMANN, F. W. u. P. G. ROUGER: Rev. Sci. Instr. **10**, 242 (1939).
41. STOCK: Z. Elektrochem. **23**, 33 (1917).
41a. TOPANELIAN, E., u. N. D. COGGERSHALL: Rev. Sci. Instr. **17**, 38 (1946).
41b. VAUGHAN, W. E.: Rev. Sci. Instr. **16**, 254 (1945).
42. WILBSON, K. S.: Ind. Engng. Chem. Anal. **10**, 279 (1938).
43. WILLARD, J.: J. amer. chem. Sci. **57**, 2328 (1935).
44. WILSON, J. L.: J. phys. Chem. **35**, 3353 (1931).
45. WOLF, L. u. P. v. RECKEL: Z. Elektrochem. **39**, 143 (1933).

Verbindung von Vakuumteilen.

46. ANSLEY, A. J.: J. Sci. Instr. **13**, 194 (1936).
47. BUGGE, H.: A/S Moss-Glasvaerle, Norwegen NP **63**, 110 (1941).
48. CHRIST, R. H. u. F. B. BROWN: Ind. Engng. Chem. Anal. **11**, 396 (1939).
49. FRIEDRICHS: Chem. Z. **65**, 322 (1941).
49a. GARROD, R. I., u. K. A. GROSS: J. Sci. Instr. **26**, 279 (1949).
50. GEATLEY, N. G.: J. Sci. Instr. **15**, 340 (1938).
51. HULL, A. W. u. E. E. BURGER: Physics **5**, 383 (1934).
52. HULL, A. W., R. W. MOORE u. A. H. DOLL: Gen. Electr. Rev. **42**, 525 (1939).
53. KLUMB, H. u. W. GOHLKE: Glasapparat **20**, 233, 243 (1939).
54. LAUSBER, F.: Elektrotechn. Z. **57**, 517 (1936).
55. MARTIN JUN., G. T.: Rev. Sci. Instr. **11**, 205 (1940).
55a. RETZLOFF, O.: Rev. Sci. Instr. **20**, 324 (1949).
56. SCHMITT, O. H.: Rev. Sci. Instr. (N. S.) **8**, 68 (1937).
56a. TAYLOR, R. C., u. C. W. WARD: Rev. Sci. Instr. **20**, 457 (1949).
56b. WESTIN, S., u. W. RAMM: Kgl. norske Videnskab Selskabs Skr. **1936**, Nr. 9.

Verbindungen (Einschmelzungen).

57. ARCHER, R. M.: J. Sci. Instr. **13**, 161 (1936).
58. BRADFIELD, R. D.: Canad. J. Res. **16**, 76 (1938).
59. BRANDSMA, H. F.: S.A. Ingenieur **49**, 9 (1934).
60. BICE, R. T.: Phys. Rev. **51**, 142 (1937); Rev. Sci. Instr. (N.s.) 8, 209 (1937).
61. BOUGHTON: J. chem. Educ. **13**, 436 (1936).
61a. REDSTON, G. D.: J. Sci. Instr. **23**, 53 (1947).
61b. SCOTT, W. J.: J. Sci. Instr. **23**, 193 (1946).
61c. TRUMP, I. G., u. R. J. v. D. GRAAF: J. appl. Phys. **18/3**, 327 (1947).
61d. WILLIAMS, N. T.: Rev. Sci. Instr. **18**, 6 (1947).

Kittungsmöglichkeiten.

62. FISCHER, E. J.: Feinmech. u. Präzision **47**, 109 (1939).
63. CHUSSNUTDINOW: Nachr. Elektroind. (russ.) 10, (1939).
64. SPOELZORA, H., S. BONMA, R. WALSTRA. L. BOOMSTRA: Holl. Pat. 45, 804/97.

Strömungswiderstand von Leitungen.

65. BROWN, G. P., u. A. DI NARDO: J. appl. Phys. **17**, 802 (1946).
66. HARRIES, W.: Chem. Ing. Techn. **21**, 139 (1949).
67. NORMAND, C. E.: Ind. Engng. Chem. **40**, 783 (1948).

F. Vakuumzubehör.

a) Baustoffe für Hochvakuumapparaturen.

Im Kap. E über Vakuumverbindungen und -leitungen wurden schon kurz einige wichtige Baustoffe für Hochvakuumapparaturen und ihre vakuumtechnischen Eigenschaften erwähnt, insbesondere in ihrer Bedeutung für die Herstellung von Vakuumverbindungen. Hier sollen noch einmal kurz die wesentlichsten Hochvakuumbaustoffe systematisch zusammengestellt werden. Umfassende Zusammenstellungen über alle hochvakuumtechnischen Werkstoffe und ihre Eigenschaften findet man z. B. in „Werkstoffkunde der Hochvakuumtechnik" von W. ESPE und M. KNOLL (Berlin: Springer 1936). Grundsätzlich ist bezüglich der Baustoffe für Hochvakuumapparaturen folgendes zu sagen. Ihre Auswahl und Verarbeitung steht unter ganz anderen Gesichtspunkten wie

Abb. 285. Widerstandsöfen zur Entgasung von Vakuumröhren durch Temperaturerhöhung (ESPE-KNOLL).

in der übrigen Technik. Sie müssen vor allem niedrigen Dampfdruck haben und leicht entgasbar sein. Dazu tritt in vielen Fällen die Forderung der Korrosionsbeständigkeit. Speziell im Bau von Vakuumröhren kommen dazu noch die Forderungen genügender Festigkeit bei hohen Temperaturen und spezielle Forderungen an hohes Isolationsvermögen oder besonders gute Leitfähigkeit.

Gegenüber diesen speziellen Anforderungen an die Baustoffe für die Hochvakuumtechnik spielen die in der übrigen Technik vielfach entscheidenden Gesichtspunkte des Preises und der leichten Bearbeitbarkeit eine untergeordnete Rolle.

Im Hinblick auf die leichte Entgasbarkeit sind Glas, Quarz und Porzellan hochvakuumtechnisch sehr günstige Werkstoffe, zumal sie auch extrem niedrige Dampfdrücke haben. Demgegenüber geben alle Metalle sehr stark Gase aus ihrem Innern oder aus oberflächlichen Adsorptionsschichten ins Vakuum ab.

Zur weitgehenden Entgasung werden daher alle Baustoffe von Hochvakuumapparaturen, insbesondere die Metalle, zunächst im Vakuum auf hohe Temperaturen gebracht, wodurch die Gasabgabe sehr stark beschleunigt wird, so daß sie nachher bei normalen Temperaturen nur noch geringe Gasabgabe zeigen.

Zur Entgasung der Teile werden verschiedene Verfahren angewandt:

Abb. 286. Glühsender zur Entgasung von Metallteilen im Vakuum (ESPE-KNOLL).

1. Man kann die Teile zur Erhitzung in Widerstandsöfen (Abbildung 285) bringen.

2. Metallteile können zwecks Erhitzung in ein hochfrequentes Magnetfeld 10^5 bis 10^6 Hertz gebracht werden. Man benutzt hierfür sog.

Abb. 287. Vakuumröhren mit darübergeschobener Spule zur Erhitzung im Vakuum mittels Glühsender (ESPE-KNOLL).

Glühsender (Abb. 286), die in einer Spule ein Hochfrequenzfeld erzeugen. Die Spule wird dann von Hand über die Röhre gestülpt (Abb. 287), in der die Metallteile entgast werden sollen.

3. Ist in der Röhre, deren Metallteile entgast werden sollen, eine Glühkathode vorhanden, so kann man die Metallteile auch durch Elektronenbombardement bis dicht unter den Schmelzpunkt erhitzen, indem man Elektronenstrom und Beschleunigungsspannung variiert.

Im folgenden eine kurze Übersicht über die wesentlichsten hochvakuumtechnischen Baustoffe:

Glas, Quarz und Porzellan. Geringe Gasabgabe und niedriger Dampfdruck. Oberflächlich adsorbierter Wasserdampf ist durch Erhitzen bis nahe an den Erweichungspunkt zu entfernen.

Eisen (vgl. auch Tab. 27). In gewalzter und gezogener Form vakuumdicht. Nahtlos gezogene Rohre nach DIN 2391 und DIN 2448 werden vor allem für Vakuumleitungen verwandt. Zum Einbau in Röhrensysteme benutzt man im Hinblick auf eine geringe Gasabgabe insbesondere dünne Bleche aus vakuumgeschmolzenem Eisen (Lieferer: Heraeus, Hanau).

Eisen zeigt verhältnismäßig geringe Kathodenzerstäubung.

Bei hohen Forderungen an Korrosionsbeständigkeit verwendet man nichtrostende Stähle, z. B. V 2 A. Bei Verwendung von Eisen ist auf seine Durchlässigkeit gegen atomaren Wasserstoff (s. Kap. D) zu achten.

Kupfer (vgl. Tab. 27). Es ist in gezogener und gewalzter Form vakuumdicht und wird auch als nahtlos gezogenes Rohr zum Bau von Leitungen geliefert. Der Hauptvorteil des Kupfers liegt in der großen Dichtigkeit gegenüber der Diffusion von Gasen. Bedeutungsvoll ist auch die Löslichkeit seiner Oxyde in geschmolzenem Glas für die Herstellung von Glas-Metallverbindungen.

Aluminium (vgl. Tab. 27). Es zeigt sehr geringe Kathodenzerstäubung und ist auch in Form von extrem dünnen gewalzten Folien vakuumdicht. Wegen letzterer Eigenschaft wird es vor allem für dünne Fenster zum Austritt von Elektronen und Röntgenstrahlen aus Vakuumröhren verwendet.

Nickel (vgl. Tab. 27). Es hat insbesondere im Hinblick auf geringe Gasabgabe als vakuumgeschmolzenes Nickel in Form von dünnen Blechen Bedeutung für die Röhrenherstellung.

Silber und Platin (vgl. Tab. 27). Die Edelmetalle Silber und Platin verdienen Beachtung wegen ihrer hohen Korrosionsbeständigkeit. Sie lassen sich ebenso wie Kupfer, Aluminium und Nickel zu dünnen, vakuumdichten Folien auswalzen. Bei der Verwendung von Silber ist wegen seiner Durchlässigkeit für Sauerstoff (s. S. 218 Kap. D) Vorsicht geboten.

Quecksilber. Von den zahlreichen Anwendungen des Quecksilbers in der Hochvakuumtechnik sei nur auf die im Vorhergehenden ausgeführte Verwendung in Vakuummetern und als Treibmittel für Dampfstrahl- und Diffusionspumpen und außerdem auf die Abdichtung von Vakuumverbindungen (Schliffen und Hähnen) durch Überlagerung mit Quecksilber hingewiesen. Die hochvakuumtechnisch schätzenswerten Eigenschaften des Quecksilbers bestehen darin, daß es einerseits bei

Tabelle 27. Vakuumtechnisch wichtige Metalle und ihre kleinsten handelsüblichen Abmessungen.

Material	Form	Abmessungen	Lieferer
Aluminium	Folien	> 0,05 mm Dicke	
	vakuumdichte Folien	0,1—0,001 mm Dicke	
Eisen	Draht	5—0,05 mm ⌀	Heraeus, Hanau
	Bleche	> 0,03 mm Dicke	Heraeus, Hanau
Konstantan	Drähte	> 0,03 mm	Hartmann & Braun
Kupfer	Drähte		
	Folien	> 0,05 mm Dicke	
Nickel	gezogene Drähte	bis 2—0,07 mm ⌀	
	Gewebeband	0,2—0,07 mm ⌀ Breite bis 10 cm	
	Bleche (gezogener Draht, gewalzt)	> 0,05 mm Dicke > 0,2 mm Breite	
	nahtlose Rohre	Außendurchmesser 0,5—2 mm; Wandstärke > 0,05 mm	
Platin	Drähte	bis 0,015 mm ⌀	Heraeus, Hanau; Hartmann & Braun
	Bleche	bis 0,0025 mm Stärke	Heraeus, Hanau
Wollostan	Drähte	bis 0,001 mm ⌀	Heraeus, Hanau; Hartmann & Braun
	Bleche	bis 0,001 mm Stärke	Heraeus, Hanau

normaler Temperatur flüssig ist und andererseits als Edelmetall weitgehend korrosionsbeständig ist und außerdem einen ziemlich niedrigen Dampfdruck ($1,3 \cdot 10^{-3}$ Torr bei 20° C) hat.

Kupferlegierungen. Messing ist wegen seiner mangelhaften Entgasbarkeit für Hochvakuumapparaturen weitgehend ungeeignet, da schon bei 200° C das Zink der Legierung zu verdampfen beginnt. Trotz dieses Nachteils wird für bewegliche Vakuumleitungen vielfach Tombak in Form von Metallschläuchen oder Federungskörpern angewandt.

Kunststoffe und Gummi sind wegen ihrer starken Gasabgabe (5) nur mit Vorsicht zu verwenden. Die starke Gasabgabe rührt hauptsächlich von den als Weichmacher zugesetzten Substanzen her. Da bei der Herstellung von Schläuchen zur Erreichung der Spritzbarkeit besonders viel Weichmacher zugesetzt werden muß, zeigen diese also besonders starke Gasabgabe. Trotzdem kann wegen seiner elastischen Eigenschaften und der leichten Herstellbarkeit von beweglichen Leitungen (dickwandige Vakuumschläuche) auf die Verwendung von Gummi in der Hochvakuumtechnik nicht ganz verzichtet werden. Die häufige Verwendung von Öl bei Vakuumarbeiten (rotierende Ölluftpumpen, Öldiffusionspumpen) läßt in vielen Fällen die Anwendung des ölfesten Perbunans an Stelle anderer Kautschukarten ratsam erscheinen.

b) Fette.

In der Hochvakuumtechnik werden zur Abdichtung von Schliffen und Hähnen verschiedene Fette verwendet. Die Eigenschaften der in Frage kommenden Fette sind in Tab. 28 zusammengestellt.

Seit langem bekannt ist das sog. Ramsayfett, das aus einer Mischung von Paraffin, Vaseline und Naturgummi besteht. Wesentlich niedrigeren Dampfdruck als das Ramsayfett haben die sog. Apiezonfette, die aus Naturvaselinen durch Molekulardestillation (*1, 2, 3*) gewonnen werden. Hochvakuumfette auf Siliconebasis haben in letzter Zeit wegen ihrer hohen Temperaturbeständigkeit Bedeutung gewonnen.

An ein geeignetes Fett für Hochvakuumschliffverbindungen sind vor allem folgende Forderungen zu stellen: Niedriger Dampfdruck, geringe Okklusion von Gasen, passende Konsistenz.

Wie Tab. 28 zeigt, sind die Apiezonfette im Hinblick auf niedrigen Dampfdruck dem Ramsayfett entschieden überlegen. Abb. 288 zeigt, in welcher Art diese niedrigen Dampfdrucke gemessen werden können. In dem Raum II ist eine kleine Drehwaage mit zwei Scheibchen F, die zusammen mit dem Spiegel S an einem Faden aufgehängt sind, derart

Ta-

Stoff	Chemische Zusammensetzung	Molekular-Gewicht	Spez. Gewicht bei 20° C	Dampfdruck in Torr
Ramsay-Fett	Paraffin + Vaseline + Gummi			10^{-4} bei 20° C
Apiezon-Fett M Leybold-Fett P	schwere Kohlenwasserstoffe	650	0,87	frisch $1 \cdot 10^{-5}$ entgast $< 1 \cdot 10^{-8}$
Apiezon-Fett L Leybold-Fett R	schwere Kohlenwasserstoffe	500	0,86	frisch $5 \cdot 10^{-6}$ entgast $< 1 \cdot 10^{-8}$
Apiezon-Fett N Leybold-Fett S	schwere Kohlenwasserstoffe + Gummi	900	0,86	frisch $< 10^{-3}$ entgast $< 1 \cdot 10^{-8}$
Hochvakuumfette	Silicone	—	—	—
Weiches Apiezon-Wachs Q	Vaseline + ölhaltige Substanzen mit mineralischen Füllstoffen	—	> 1	10^{-4}
Leybold-Wachs V (weich)	„	—	> 1	10^{-4}
Hartes Apiezon-Wachs W		—	> 1	10^{-3} bei 180° C
Picein		—		3—$4 \cdot 10^{-4}$ bei 20° C
Weißer Siegellack		—		10^{-3} bei 20° C
Glyptal-Lack	Kondensationsprodukt aus Glycerin und Phthalsäure	—		$\sim 2 \cdot 10^{-4}$
Khotinsky-Zement		—		$2 \cdot 10^{-3}$

angebracht, daß ein Scheibchen dem Kanal K gegenübersteht, der seinerseits zu dem Raum I führt, in dem sich die Substanz befindet, deren Dampfdruck gemessen werden soll. Die aus Kanal K austretenden Moleküle treffen auf das Scheibchen F, erzeugen eine Drehung des Spiegels S, die somit ein Maß für den Dampfdruck darstellt. Aus dem Raum II werden Gase und Dämpfe dauernd durch die bei P angeschlossene Hochvakuumpumpe abgesaugt. Die Dampfdrucke der Fette in Abhängigkeit von der Temperatur sind von MEYER (*6*) sowie von SEYDEL (*9*) gemessen worden. Abb. 289 zeigt (oberer Kurvenast), daß sowohl Ramsayfett als auch Apiezonfett in frischem Zustand zunächst einen höheren Dampfdruck zeigen als später in entgastem Zustand. Dies rührt daher, daß bei der Ent-

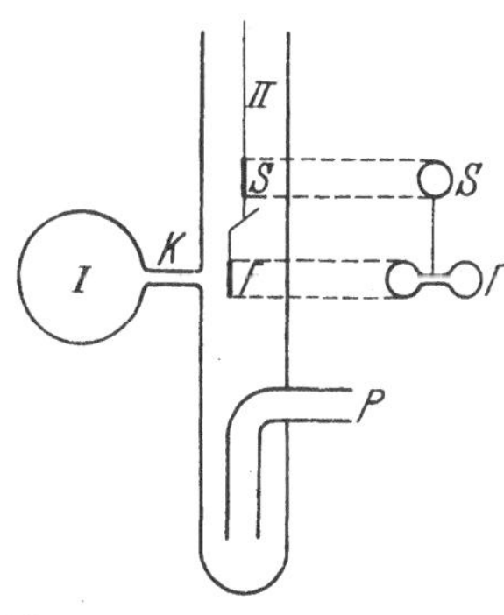

Abb. 288. Vakuum-Drehwaage zur Bestimmung kleiner Dampfdrucke.

gasung okkludierte Gase und leichtflüchtige Zersetzungsprodukte der Fette abgegeben werden. Die Kurven der Abb. 289 sind so zu verstehen,

belle 28.

Maximale Arbeitstemp.	Erweichungspunkt	Tropfpunkt	Verwendungszweck	Lösungsmittel
25°—30° C			Schliffe und Hähne	Benzin, Benzol
25° C		55° C	Schliffe	Benzin, Benzol
30° C		45° C	Schliffe und Hähne	Benzin, Benzol
30° C			Schliffe und Hähne	Benzin, Benzol
200° C	—	> 300° C	Schliffe und Hähne	—
30° C	60° C		ungeschliffene Verbindungen	Benzin, Benzol, Terpentin
30° C				
80° C	100° C			schwer löslich
60° C	80° C			Benzin, Benzol, Terpentinöl
80° C	100° C			Alkohol
200° C				
50° C	60°—80° C			

daß zunächst bei steigender Temperatur der Druck gemessen wurde und
daß dann nach Erreichung einer bestimmten Höchsttemperatur das Fett
wieder abgekühlt und bei fallender Temperatur wiederum der Druck
für das nunmehr entgaste Fett bestimmt wurde (unterer Kurvenast).
Mit der Beobachtung, daß Apiezonfette insbesondere in entgastem Zustand gegenüber dem Ramsayfett einen um einige Zehnerpotenzen
niedrigeren Dampfdruck haben, stimmt die Feststellung von ESPE und
KROCZEK (4) überein, daß Oxydkathoden in Apparaturen, die mit Apie-
zonfetten gedichtet sind, in viel geringerem Maße durch Vergiftung
gefährdet sind als bei Ramsayfett. Da Oxydkathoden schon durch
Spuren von Öl- und Fett-
dämpfen in ihrer Emissions-
fähigkeit stark herabgesetzt
werden, ist also gerade ihre
Vergiftung ein sehr emp-
findlicher Test auf geringe
Mengen ins Hochvakuum
diffundierter Dämpfe. Ganz
wird sich die Vergiftung
natürlich niemals vermei-
den lassen, da selbst bei den
niedrigsten Dampfdrucken
doch immer noch Spuren
von Dämpfen durch Dif-
fusion ins Hochvakuum
gelangen.

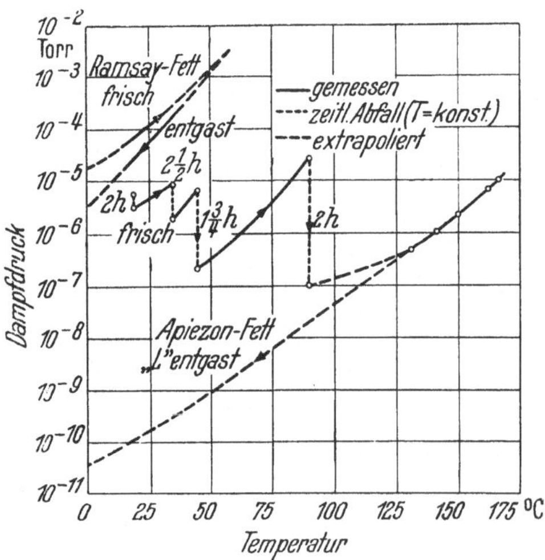

Abb. 289. Dampfdrucke von Vakuumfetten in Abhängigkeit von der Temperatur vor und nach der Entgasung
[nach MEYER (6)].

Noch wesentlicher fast
als die Dampfdruckeigen-
schaften sind die Kon-
sistenzeigenschaften der
Fette. Sie sollen bei Zimmer-
temperatur keine zu hohe Viskosität haben, damit Schliffe und Hähne
sich noch leicht drehen lassen, die Viskosität darf andererseits aber auch
nicht zu niedrig sein, da sonst die Fette durch den äußeren Atmosphärendruck aus der Schliffverbindung herausgedrückt werden. Man geht
daher bei der Herstellung von Naturvaselinen aus, die eine salbenartige
amorphe Verteilung von Paraffin und Ölen von großer Zähigkeit darstellen. Diese Verteilung läßt sich mit physikalischen Mitteln kaum noch
trennen und verleiht den Fetten die geforderten Viskositätseigenschaften.
Fette richtiger Mischung und Konsistenz sollen auch nach tagelangem
Stehen auf einem porösen Tonscherben noch einen fettig glänzenden
Fleck zurück- und sich zu langen Fäden auseinanderziehen lassen. Die
Apiezonfette zeigen diese Eigenschaften in hervorragendem Maße, während diese bei den Ramsayfetten durch Gummizusatz erzwungen werden.
Ein mit einem guten Fett geschmierter Hahn soll sich nach möglichst
vielen Umdrehungen noch ebenso leicht drehen lassen als zu Anfang.
Außerdem soll der Hahn nach zahlreichen Umdrehungen beim Ausein-
andernehmen nicht trocken sein, sondern noch eine gut fettig glänzende

Dichtungsschicht zeigen. Abb. 290 zeigt[1] einen Vergleich zwischen den Viskositätseigenschaften verschiedener Fette, der in der Weise durchgeführt wurde, daß an einem Hahn bei langsamen Umdrehungen das erforderliche Drehmoment gemessen wurde. Da dieses Drehmoment im Idealfall konstant sein müßte, ergibt sich folgendes: Ramsayfett weich ist für Hähne ganz ungeeignet. Besser geeignet sind die Leybold Apiezonfette S und P und ganz besonders das Leybold Apiezonfett R.

Mit Fetten gedichtete Schliffe und Hähne dürfen im allgemeinen nicht wesentlich über Zimmertemperatur erwärmt werden (s. Tab. 28 unter „Maximale Arbeitstemperatur"), da sie sonst undicht werden. In dieser Hinsicht zeigt sich die starke Überlegenheit der Siliconefette. Auch bei sehr niedrigen Temperaturen (flüssige Luft) werden fettgedichtete Verbindungen undicht, da bei den niedrigen Temperaturen die Fette spröde werden.

c) Wachse, Kitte und Lacke.

Zur Abdichtung von unbearbeiteten Verbindungsstellen in Hochvakuumapparaturen dienen die weichen Apiezonwachse.

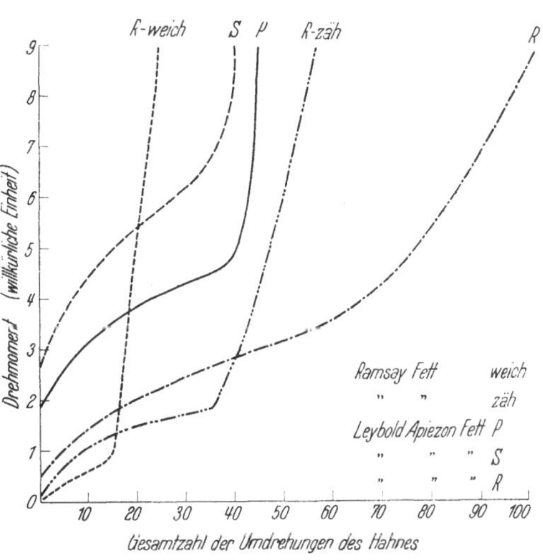

Abb. 290. Zunahme des erforderlichen Drehmomentes beim Drehen eines gefetteten Vakuumhahnes für verschiedene Fettsorten (nach TIMM).

Sie haben eine Konsistenz ähnlich Plastiline oder Knetwachs, lassen sich bei Zimmertemperatur verarbeiten und gestatten immerhin das Arbeiten bis zu Temperaturen von 60°.

Für höhere Temperaturen und bei Zimmertemperatur starre Verbindungen verwendet man Picein nach WALTER (11), hartes Apiezonwachs und weißen Siegellack. Weißer Siegellack hat einen höheren Erweichungspunkt als Picein, ist jedoch bei Zimmertemperatur schon wesentlich spröder und neigt stärker zu Haarrissen. Das harte Apiezonwachs verbindet den hohen Erweichungspunkt des weißen Siegellacks mit geringerer Sprödigkeit bei Zimmertemperatur.

Bei der Durchführung von Kittungen mit den letztgenannten drei Substanzen ist darauf zu achten, daß nicht nur der Kitt, sondern auch die Unterlage gut erwärmt wird, so daß der Kitt auf der Unterlage verläuft (s. Abb. 291). Risse und Löcher an der Kittoberfläche sind mit einer kleinen Gasflamme zu schließen, stellenweise Überhitzung des Kittes erzeugt Verbrennung und damit Undichtigkeit.

---

[1] Nach unveröffentlichten Messungen von TIMM, Ammoniaklabor. Oppau der I.G.

An Stelle der letztgenannten drei Substanzen werden in den USA. vielfach sog. Khotinsky-Zemente (*12*) verwendet, deren wichtigste Daten in Tab. 28 angegeben sind. Für Dichtungen, die auch höhere Temperaturen aushalten sollen, hat man mit Erfolg Silberchlorid (Schmelzpunkt 450—500° C) angewandt.

Zur Erzeugung eines weichen Wachses empfiehlt RENNINGER (*7*) eine Mischung von Apiezonhartwachs und Apiezonfett. Diese Mischung läßt sich auch bei Zimmertemperatur verarbeiten und in ihren Eigenschaften, Konsistenz und Erweichungspunkt beliebig zwischen ihren beiden Komponenten einstellen.

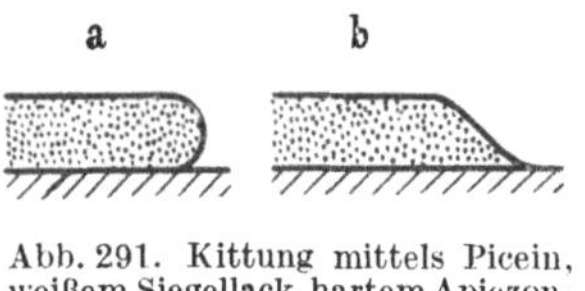

Abb. 291. Kittung mittels Picein, weißem Siegellack, hartem Apiezon-Wachs; b) richtig, a) falsch.

Zur Beseitigung von kleinen Undichtigkeiten, Haarrissen, porösen Stellen in Gußteilen und an Schweißstellen verwendet man Dichtungslacke. Hierfür sind besonders Glyptallacke, Kondensate von Phthalsäure und Glycerin, die in Deutschland unter dem Namen Alkydale vertrieben werden, geeignet. Sie haben bei Zimmertemperatur einen ziemlich niedrigen Dampfdruck und vertragen auch höhere Temperaturen, die bis zu 200° reichen können. An weiteren Kitten sind zu nennen: „Desmodur" der Farbenfabr. Bayer, Leverkusen, und „Araldit" der Ciba, Basel.

Literaturverzeichnis.

1. BURCH, C. R.: Nature **122**, 729 (1928).
2. BURCH, C. R.: Proc. roy. Soc. **123**, 271 (1929).
3. BURCH, SYKES, C. R.: J. Inst. Electr. Eng. **77**, 129 (1935).
4. ESPE, W. u. J. KROCZEK: Z. tech. Phys. **13**, 443 (1932).
5. JAECKEL, R. u. E. KAMMERER: Z. tech. Phys. **23**. 85 (1942).
6. MEYER, H.: Z. Phys. **67**, 264 (1931).
7. RENNINGER, M.: Z. Instr.kde **58**, 286 (1938).
8. SAGER, T. P. u. H. C. KENNEDY: J. Phys. **1**, 352 (1931).
9. SEYDEL: Z. tech. Phys. **16**, 107 (1935).
10. WAGNER, G.: Österr. chem. Ztg. **43**, 229 (1940).
11. WALTER: Ann. Phys. **18**, 860 (1905).
12. ZABEL, R.: Rev. sci. instr. **4**, 233 (1933).

Anhang.

Tabellen und Nomogramme von allgemeiner Bedeutung.

Tabelle I.

Gas	Molekulargewicht M	Gewicht des Normal-liters	Mittlere freie Weglänge bei 20°C und 1 Torr Λ	Λ_∞ bei 1 Torr	Gaskinetischer Wirkungsradius bei 20°C a	a_∞	Verdoppelungstemperatur T_v	Koeffizient der inneren Reibung bei 20°C η	Wärmeleitfähigkeit bei 0°C λ
		g	cm	cm	cm	cm	°K	$\frac{g}{sec \cdot cm}$	$\frac{cal}{sec \cdot cm \cdot °K}$
H_2	2,016	0,08987	$8,81 \cdot 10^{-3}$	$10,56 \cdot 10^{-3}$	$1,35 \cdot 10^{-8}$	$1,21 \cdot 10^{-8}$	76	$0,88 \cdot 10^{-4}$	$4,19 \cdot 10^{-4}$
N_2	28,016	1,2507	4,5	6,1	1,85	1,60	112	1,75	0,57
O_2	32	1,4290	4,82	6,87	1,8	1,48	132	2,03	0,58
Luft	28,8	1,2928	4,56		1,84		113	1,81	0,576
He	4,003	0,1786	13,32	16,0	1,13	0,97	79	1,96	3,43
Ne	20,183	0,9002	9,4	11,19	1,35	1,23	56	3,10	1,09
A	39,944	1,7838	4,73	7,03	1,7	1,43	169	2,22	0,39
Kr	83,7	3,708	3,63	5,96	2,15	1,68	142	2,46	0,21
X	131,3	5,845	2,62	4,87	2,5	1,78	252	2,26	0,12
Hg	200,61	—	2,2 [1]	9,5 [1]	2,84	1,34 [1]	942 [1]	2,28 [1]	~0,12
H_2O (Dampf) . .	18,016	—	2,96 [1]	9,5 [1]	2,5	1,34 [1]	600 [1]	8,80 [1]	—
CO	28,010	1,2504	4,48	6,02	1,9	1,38	100	1,77	0,53
CO_2	44,010	0,9768	2,96	5,7	2,4	1,73	273	1,47	0,34
HCl	36,465	1,6392	3,24	7,22	2,3	1,54	360	1,43	—
SO_2	64,06	2,9267	~2,3	—	2,7	—	—	~1,3	0,2
Cl_2	70,914	3,214	~2,2	—	2,75	—	—	~1,4	0,19
C_2H_5OH . . .	46,068	—	~1,65	—	3,2	—	—	—	0,33
NH_3	17,032	0,7708	~3,4	—	2,2	—	—	~1,0	0,52
Apiezonöl E (Dampf)	340		~0,7 [1]	—	5	—	—	—	—

[1] Abgeschätzte oder extrapolierte Werte.

BOLTZMANNsche Konstante	$k = R/N = 1{,}371 \cdot 10^{-16}$ [erg/° K].
Allgemeine Gaskonstante	$R = 83{,}15 \cdot 10^6$ [erg/° K $\cdot$ Mol].
LOSCHMIDTsche Zahl	$N = 6{,}06 \cdot 10^{23}$ [Moleküle/pro Mol].

Molvolumen eines idealen Gases
bei 760 Torr und 0° C $\quad v_{Mol} = 22412$ [cm³].
Gasdichte bei 0° C und 1 Torr $\quad n = 3{,}55 \cdot 10^{16}$ [Molekül/ecm³].

$$\Lambda = \frac{1}{\sqrt{2}\,\pi\,(2a)^2 n} = \frac{\Lambda_\infty}{1 + \dfrac{T_v}{T}} \;;\; a_\infty^2 = \frac{a^2}{1 + \dfrac{T_v}{T}}$$

$$\eta = \frac{n\bar{c}}{3}\,\Lambda m .$$

$$\lambda = \frac{n\bar{c}}{3}\,\Lambda\,\frac{C_v}{N} = \eta\,\frac{C_v}{M} .$$

Tabelle II. Druckeinheiten

$$\% \text{ Vakuum} = \frac{760 - p_{\text{Torr}}}{760} \cdot 100;$$

	Torr	dyn/cm²	Millibar	Bar
1 Torr = 1 mm Quecksilbersäule	1	$1,33322 \cdot 10^3$	$1,33322$	$1,33322 \cdot 10^{-3}$
1 dyn/cm² = 1 Mikrobar (μb)	$0,75006 \cdot 10^{-3}$	1	10^{-3}	10^{-6}
1 Millibar (mb) = 10^3 dyn/cm²	$0,75006$	10^3	1	10^{-3}
1 Bar (b) = 10^6 dyn/cm²	$750,06$	10^6	10^3	1
1 kg/m² $\approx$ 1 mm Wassersäule	$0,73556 \cdot 10^{-1}$	$0,980665 \cdot 10^2$	$0,980665 \cdot 10^{-1}$	$0,980665 \cdot 10^{-4}$
1 kg/cm² = 1 at	$735,56$	$0,980665 \cdot 10^6$	$0,980665 \cdot 10^3$	$0,980665$
1 Atm. = 760 Torr	760	$1,01325 \cdot 10^6$	$1,01325 \cdot 10^3$	$1,01325$
1 lb per sq. inch (Engl. Pfund/Quadrat-Zoll)	$5,1715 \cdot 10^1$	$0,68948 \cdot 10^5$	$0,68948 \cdot 10^2$	$0,68948 \cdot 10^{-1}$
1 mikron (μ) = $1 \cdot 10^{-3}$ Torr	10^{-3}	$1,33322$	$1,33322 \cdot 10^{-3}$	$1,33322 \cdot 10^{-6}$
1 inch of mercury (Engl. Zoll Quecksilbersäule)	$25,400$	$0,33864 \cdot 10^5$	$0,33864 \cdot 10^2$	$0,33864 \cdot 10^{-1}$

Umrechnungstabellen für je zwei Druckeinheiten

Tabelle III.

	0	1	2	3	4
0	0	$0,75006 \cdot 10^{-3}$	$0,15001 \cdot 10^{-2}$	$0,22502 \cdot 10^{-2}$	$0,30003 \cdot 10^{-2}$
10	$0,75006 \cdot 10^{-2}$	$0,82507 \cdot 10^{-2}$	$0,90007 \cdot 10^{-2}$	$0,97508 \cdot 10^{-2}$	$1,0501 \cdot 10^{-2}$
20	$1,5901 \cdot 10^{-2}$	$1,5751 \cdot 10^{-2}$	$1,6501 \cdot 10^{-2}$	$1,7251 \cdot 10^{-2}$	$1,8002 \cdot 10^{-2}$
30	$0,22502 \cdot 10^{-1}$	$0,23252 \cdot 10^{-1}$	$0,24002 \cdot 10^{-1}$	$0,24752 \cdot 10^{-1}$	$0,25502 \cdot 10^{-1}$
40	$0,30003 \cdot 10^{-1}$	$0,30753 \cdot 10^{-1}$	$0,31503 \cdot 10^{-1}$	$0,32253 \cdot 10^{-1}$	$0,33003 \cdot 10^{-1}$
50	$0,37503 \cdot 10^{-1}$	$0,38253 \cdot 10^{-1}$	$0,39003 \cdot 10^{-1}$	$0,39753 \cdot 10^{-1}$	$0,40503 \cdot 10^{-1}$
60	$0,45004 \cdot 10^{-1}$	$0,45754 \cdot 10^{-1}$	$0,46504 \cdot 10^{-1}$	$0,47254 \cdot 10^{-1}$	$0,48004 \cdot 10^{-1}$
70	$0,52504 \cdot 10^{-1}$	$0,53254 \cdot 10^{-1}$	$0,54005 \cdot 10^{-1}$	$0,54755 \cdot 10^{-1}$	$0,55505 \cdot 10^{-1}$
80	$0,60005 \cdot 10^{-1}$	$0,60755 \cdot 10^{-1}$	$0,61505 \cdot 10^{-1}$	$0,62255 \cdot 10^{-1}$	$0,63005 \cdot 10^{-1}$
90	$0,67506 \cdot 10^{-1}$	$0,68256 \cdot 10^{-1}$	$0,69006 \cdot 10^{-1}$	$0,69756 \cdot 10^{-1}$	$0,70506 \cdot 10^{-1}$
100	$0,75006 \cdot 10^{-1}$	$0,75756 \cdot 10^{-1}$	$0,76506 \cdot 10^{-1}$	$0,77256 \cdot 10^{-1}$	$0,78006 \cdot 10^{-1}$

Tabelle IV.

	0	1	2	3	4
0	0	$1,3332 \cdot 10^3$	$0,26665 \cdot 10^4$	$0,39997 \cdot 10^4$	$0,53329 \cdot 10^4$
10	$1,3332 \cdot 10^4$	$1,4666 \cdot 10^4$	$1,5999 \cdot 10^4$	$1,7332 \cdot 10^4$	$1,8665 \cdot 10^4$
20	$0,26665 \cdot 10^5$	$0,27998 \cdot 10^5$	$0,29331 \cdot 10^5$	$0,30664 \cdot 10^5$	$0,31997 \cdot 10^5$
30	$0,39997 \cdot 10^5$	$0,41330 \cdot 10^5$	$0,42663 \cdot 10^5$	$0,43996 \cdot 10^5$	$0,45330 \cdot 10^5$
40	$0,53329 \cdot 10^5$	$0,54662 \cdot 10^5$	$0,55995 \cdot 10^5$	$0,57329 \cdot 10^5$	$0,58662 \cdot 10^5$
50	$0,66661 \cdot 10^5$	$0,67994 \cdot 10^5$	$0,69328 \cdot 10^5$	$0,70661 \cdot 10^5$	$0,71994 \cdot 10^5$
60	$0,79993 \cdot 10^5$	$0,81327 \cdot 10^5$	$0,82660 \cdot 10^5$	$0,83993 \cdot 10^5$	$0,85326 \cdot 10^5$
70	$0,93326 \cdot 10^5$	$0,94659 \cdot 10^5$	$0,95992 \cdot 10^5$	$0,97325 \cdot 10^5$	$0,98659 \cdot 10^5$
80	$1,0666 \cdot 10^5$	$1,0799 \cdot 10^5$	$1,0932 \cdot 10^5$	$1,1066 \cdot 10^5$	$1,1199 \cdot 10^5$
90	$1,1999 \cdot 10^5$	$1,2132 \cdot 10^5$	$1,2266 \cdot 10^5$	$1,2399 \cdot 10^5$	$1,2532 \cdot 10^5$
100	$1,3332 \cdot 10^5$	$1,3466 \cdot 10^5$	$1,3599 \cdot 10^5$	$1,3732 \cdot 10^5$	$1,3866 \cdot 10^5$

(siehe auch DIN 1314).

$$p_{\text{Torr}} = 760 \left(1 - \frac{\%\,\text{Vakuum}}{100}\right).$$

kg/m² (mm WS)	kg/cm² (at)	Atm (760 Torr)	lb per sq. inch	mikron (μ)	inch of mercury
13,5951	$1,35951 \cdot 10^{-3}$	$1,31579 \cdot 10^{-3}$	$1,9337 \cdot 10^{-2}$	10^3	$3,9370 \cdot 10^{-2}$
$1,01972 \cdot 10^{-2}$	$1,01972 \cdot 10^{-6}$	$0,98692 \cdot 10^{-6}$	$1,4503 \cdot 10^{-5}$	0,75006	$2,9530 \cdot 10^{-5}$
10,1972	$1,01972 \cdot 10^{-3}$	$0,98692 \cdot 10^{-3}$	$1,4503 \cdot 10^{-2}$	$0,75006 \cdot 10^3$	$2,9530 \cdot 10^{-2}$
$1,01972 \cdot 10^4$	1,01972	0,98692	$1,4503 \cdot 10^1$	$0,75006 \cdot 10^6$	$2,9530 \cdot 10^1$
1	10^{-4}	$0,96784 \cdot 10^{-4}$	$1,4223 \cdot 10^{-3}$	$0,73556 \cdot 10^2$	$2,8959 \cdot 10^{-3}$
10^4	1	0,96784	$1,4223 \cdot 10^1$	$0,73556 \cdot 10^6$	$2,8959 \cdot 10^1$
$1,03323 \cdot 10^4$	1,03323	1	$1,4695 \cdot 10^1$	$0,760 \cdot 10^6$	$2,9921 \cdot 10^1$
$0,70307 \cdot 10^3$	$0,70307 \cdot 10^{-1}$	$0,68046 \cdot 10^{-1}$	1	$5,1715 \cdot 10^4$	2,0360
$1,35951 \cdot 10^{-2}$	$1,35951 \cdot 10^{-6}$	$1,31579 \cdot 10^{-6}$	$1,9337 \cdot 10^{-5}$	1	$3,9370 \cdot 10^{-5}$
$1,34532 \cdot 10^3$	$0,34532 \cdot 10^{-1}$	$0,33421 \cdot 10^{-1}$	0,49115	$2,5400 \cdot 10^4$	1

in einander siehe Hütte Bd. 1, Anhang.

dyn/cm² in Torr.

5	6	7	8	9
$0,37503 \cdot 10^{-2}$	$0,45004 \cdot 10^{-2}$	$0,52504 \cdot 10^{-2}$	$0,60006 \cdot 10^{-2}$	$0,67506 \cdot 10^{-2}$
$1,1251 \;\cdot 10^{-2}$	$1,2001 \;\cdot 10^{-2}$	$1,2751 \;\cdot 10^{-2}$	$1,3501 \;\cdot 10^{-2}$	$1,4251 \;\cdot 10^{-2}$
$1,8752 \;\cdot 10^{-2}$	$1,9502 \;\cdot 10^{-2}$	$0,20252 \cdot 10^{-1}$	$0,21002 \cdot 10^{-1}$	$0,21752 \cdot 10^{-1}$
$0,26252 \cdot 10^{-1}$	$0,27002 \cdot 10^{-1}$	$0,27752 \cdot 10^{-1}$	$0,28502 \cdot 10^{-1}$	$0,29252 \cdot 10^{-1}$
$0,33753 \cdot 10^{-1}$	$0,34503 \cdot 10^{-1}$	$0,35253 \cdot 10^{-1}$	$0,36003 \cdot 10^{-1}$	$0,36753 \cdot 10^{-1}$
$0,41253 \cdot 10^{-1}$	$0,42004 \cdot 10^{-1}$	$0,42754 \cdot 10^{-1}$	$0,43504 \cdot 10^{-1}$	$0,44254 \cdot 10^{-1}$
$0,48754 \cdot 10^{-1}$	$0,49504 \cdot 10^{-1}$	$0,50254 \cdot 10^{-1}$	$0,51004 \cdot 10^{-1}$	$0,51754 \cdot 10^{-1}$
$0,56255 \cdot 10^{-1}$	$0,57005 \cdot 10^{-1}$	$0,57755 \cdot 10^{-1}$	$0,58505 \cdot 10^{-1}$	$0,59255 \cdot 10^{-1}$
$0,63755 \cdot 10^{-1}$	$0,64505 \cdot 10^{-1}$	$0,65255 \cdot 10^{-1}$	$0,66006 \cdot 10^{-1}$	$0,66756 \cdot 10^{-1}$
$0,71256 \cdot 10^{-1}$	$0,72006 \cdot 10^{-1}$	$0,72756 \cdot 10^{-1}$	$0,73506 \cdot 10^{-1}$	$0,74256 \cdot 10^{-1}$
$0,78757 \cdot 10^{-1}$	$0,79507 \cdot 10^{-1}$	$0,80257 \cdot 10^{-1}$	$0,81007 \cdot 10^{-1}$	$0,81757 \cdot 10^{-1}$

Torr in dyn/cm².

5	6	7	8	9
$0,66661 \cdot 10^4$	$0,79993 \cdot 10^4$	$0,93326 \cdot 10^4$	$1,0666 \;\cdot 10^4$	$1,1999 \;\cdot 10^4$
$1,9998 \;\cdot 10^4$	$0,21332 \cdot 10^5$	$0,22665 \cdot 10^5$	$0,23998 \cdot 10^5$	$0,25331 \cdot 10^5$
$0,33331 \cdot 10^5$	$0,34664 \cdot 10^5$	$0,35997 \cdot 10^5$	$0,37330 \cdot 10^5$	$0,38664 \cdot 10^5$
$0,46663 \cdot 10^5$	$0,47996 \cdot 10^5$	$0,49329 \cdot 10^5$	$0,50663 \cdot 10^5$	$0,51996 \cdot 10^5$
$0,59995 \cdot 10^5$	$0,61328 \cdot 10^5$	$0,62662 \cdot 10^5$	$0,63995 \cdot 10^5$	$0,65328 \cdot 10^5$
$0,73327 \cdot 10^5$	$0,74661 \cdot 10^5$	$0,75994 \cdot 10^5$	$0,77327 \cdot 10^5$	$0,78660 \cdot 10^5$
$0,86660 \cdot 10^5$	$0,87993 \cdot 10^5$	$0,89326 \cdot 10^5$	$0,90659 \cdot 10^5$	$0,91993 \cdot 10^5$
$0,99992 \cdot 10^5$	$1,0133 \;\cdot 10^5$	$1,0266 \;\cdot 10^5$	$1,0399 \;\cdot 10^5$	$1,0533 \;\cdot 10^5$
$1,1332 \;\cdot 10^5$	$1,1466 \;\cdot 10^5$	$1,1599 \;\cdot 10^5$	$1,1732 \;\cdot 10^5$	$1,1866 \;\cdot 10^5$
$1,2666 \;\cdot 10^5$	$1,2799 \;\cdot 10^5$	$1,2932 \;\cdot 10^5$	$1,3066 \;\cdot 10^5$	$1,3199 \;\cdot 10^5$
$1,3999 \;\cdot 10^5$	$1,4132 \;\cdot 10^5$	$1,4266 \;\cdot 10^5$	$1,4399 \;\cdot 10^5$	$1,4532 \;\cdot 10^5$

Tabelle V. Umrechnung von Engler-Graden in Werte der kinematischen Zähigkeit, in Redwood- und in Saybold-Sekundenzahlen.

Dynamische Zähigkeit η.

Einheit im absoluten Maßsystem: dyn s/cm^2 = g+/cms = 1 Poise (P).

$^1/_{100}$ Poise = 1 Centipoise (cP); $^1/_{10}{}^6$ Poise = 1 Mikropoise (μP), für Wasser von 20,2° = 1 cP, für Rüböl von 20° = 1 P.

Einheit im technischen Maßsystem: kg s/m^2.

Es verhalten sich die Zahlenwerte von η abs/η techn wie 1/98,1 = 0,0102 oder

Kinematische Zähigkeit $v = \eta/\varrho$ (ϱ = Dichte).

Einheit im absoluten Maßsystem: cm^2/s = 1 Stok (St).

$^1/_{100}$ Stok = 1 Centistok (cSt); $^1/_{1000}$ Stok = 1 Millistok (mSt).

Einheit im technischen Maßsystem m^2/s.

Es verhalten sich die Zahlenwerte von $v$abs/$v$techn wie $^1/_{10}{}^4$.

Kinematische Zähigkeit abs. E cm^2/s	Engler-Grade E	Engl. Redwood[1] Sekundenzahl R	Amerikanische[1] Saybold-Sekundenzahl G
0,010	1,00	29,2	31,1
0,018	1,10	30,5	32,9
0,028	1,20	32,8	35,6
0,039	1,30	35,4	38,8
0,050	1,40	38,2	42,1
0,0625	1,50	41,4	46,0
0,0745	1,60	44,9	49,6
0,085	1,70	48,2	53,8
0,096	1,80	51,0	57,8
0,107	1,90	54,5	62,1
0,118	2,00	57,9	66,3
0,128	2,10	61,1	70,0
0,138	2,20	64,5	73,6
0,148	2,30	67,8	77,2
0,157	2,40	70,8	81,2
0,166	2,50	73,7	85,2

Für Werte über 7 E gilt: $v = 0,076$ E; $R = 29,2$ E; $G = 34,5$ E.

[1] VOGEL kommt zu etwas abweichenden Zahlen. siehe Z. ang. Chem. **35**, 561 (1932); Öl u. Kohle **12**, 835 (1936) u. **13**, 153 (1937).

Tabelle VI. Glatte Flansche nach DIN 2572.

Maße in mm

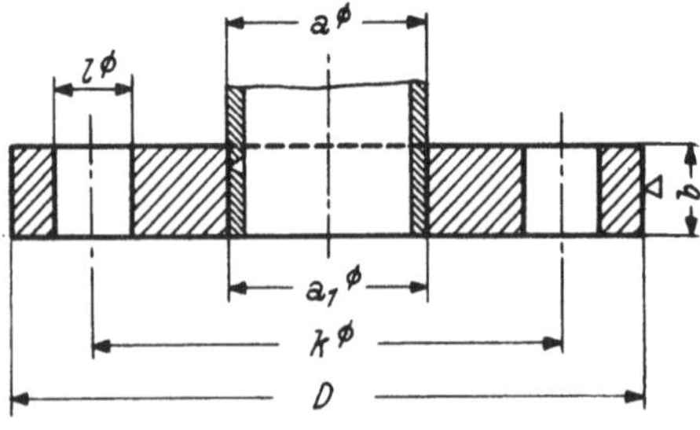

a Dichtfläche unbearbeitet b Dichtfläche bearbeitet

Bezeichnung eines glatten Flansches Ausführung A für Nennweite 100:
Glatter Flansch. A 100 DIN 2572.

Zu Tabelle VI. Glatte Flansche nach DIN 2572.

Nennweite	Rohr Außendurchmesser	Rohr Bohrung	Flansch Durchmesser	Flansch Dicke	Flansch Lochkreisdurchmesser	Schrauben Anzahl	Schrauben Gewinde	Schrauben Lochdurchmesser	Gewicht [2] eines Flansches
NW	a	a_1	D	b	k			l	kg
10	14	14,5	75	8	50	4	M 10	11,5	0,242
15	18	18,5	80	8	55	4	M 10	11,5	0,273
20	25	25,5	90	10	65	4	M 10	11,5	0,428
25	30	30,5	100	10	75	4	M 10	11,5	0,528
32	38	38,5	120	10	90	4	$^1/_2''$	15	0,742
40	44,5	45	130	10	100	4	$^1/_2''$	15	0,862
50	57	57,5	140	12	110	4	$^1/_2''$	15	1,14
(60)	70	70,5	150	12	120	4	$^1/_2''$	15	1,24
70	76	76,5	160	12	130	4	$^1/_2''$	15	1,40
80	89	89,5	190	14	150	4	$^5/_8''$	18	2,32
(90)	102	102,5	200	14	160	4	$^5/_8''$	18	2,44
100	108	108,5	210	14	170	4 [1]	$^5/_8''$	18	2,68
(110)	121	121,5	220	14	180	8	$^5/_8''$	18	2,68
125	133	133,5	240	14	200	8	$^5/_8''$	18	3,21
(140)	152	152,5	255	14	215	8	$^5/_8''$	18	3,38
150	159	159,5	265	14	225	8	$^5/_8''$	18	3,65
(160)	171	172	275	16	235	8	$^5/_8''$	18	4,29
(175)	191	192	295	16	255	8	$^5/_8''$	18	4,70
200	216	217	320	16	280	8	$^5/_8''$	18	5,20
(225)	241	242	345	18	305	8	$^5/_8''$	18	6,42
250	267	268	375	20	335	12	$^5/_8''$	18	8,00
(275)	292	293	400	22	360	12	$^5/_8''$	18	9,53
300	318	319	440	22	395	12	$^3/_4''$	22	11,6
(325)	343	344	465	22	420	12	$^3/_4''$	22	12,5
350	368	369	490	22	445	12	$^3/_4''$	22	13,3
(375)	394	395	515	22	470	16	$^3/_4''$	22	13,7
400	419	420	540	22	495	16	$^3/_4''$	22	14,6
450	470	471	595	22	550	16	$^3/_4''$	22	16,9
500	521	522	645	22	600	20	$^3/_4''$	22	18,2

Eingeklammerte Größen möglichst vermeiden.
[1] Für Ölleitungen werden 8 Schrauben empfohlen.
Die Art der Flanschbefestigung (durch Hartlötung, Gasschmelz- oder elektrische Schweißung) ist freigestellt.
Werkstoff (nach Wahl des Herstellers): St 00 ... oder St 37 ...
[2] Gerechnet mit 7,85 kg/dm³.
Flansche, Übersicht siehe DIN 2500. — Schrauben siehe DIN 2507. — Dichtungen nach DIN 2690.

Beispiele für die Ausführung der Flanschbefestigung:

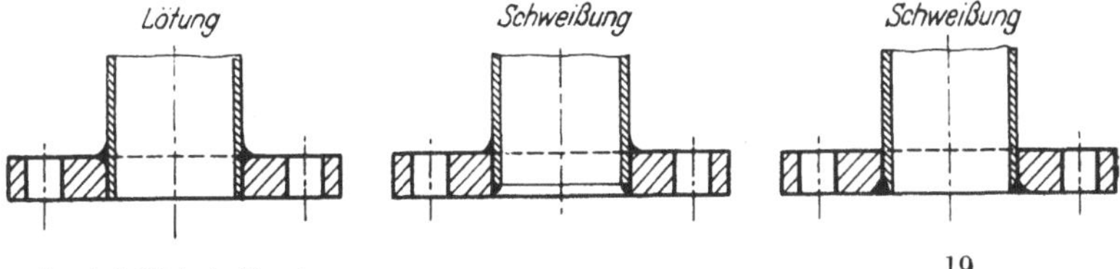

Tabelle VII. Hochvakuum-Normschliffe (austauschbar) nach Dechema-
Normblatt DIN 12243.

Die Hochvakuumschliffe sind für Drücke unter 0,01 Torr bestimmt. Sie dürfen
nur an vakuumtechnischen Geräten wie Vakuumpumpen, Vakuummetern usw. angebracht und als Schliffstücke geliefert werden. Für alle sonstigen Laboratoriums-
geräte sind die Schliffe nach DIN 12242 bestimmt.

A Kegel 1 : 10   B Kegel 1 : 5
Einstellwinkel: 2° 52′ ± 1′   Einstellwinkel: 5° 43′ ± 1′

Maße in mm.

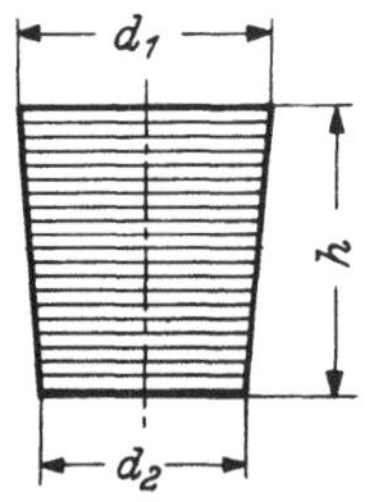

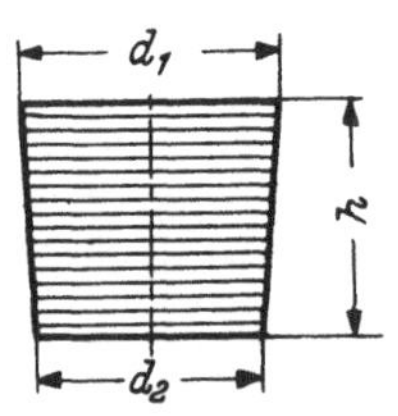

Bezeichnung eines Hochvakuum-Normschliffs
L (besonders lang) von Kegel 1:10 und größtem
Durchmesser $d_1 = 29$ mm:

Hochvakuum-Normschliff NS 29 L DIN 12243.

Bezeichnung eines Hochvakuum-Normschliffs
vom Kegel 1:5 und größtem Durchmesser
$d_1 = 90$ mm:

Hochvakuum-Normschliff NS 90 1:5 DIN 12243.

A Kegel 1:10.

Bezeichnung		12,5	14,5	19	29	45
Größter Durchmesser	d_1	12,5 ±0,1	14,5 ±0,1	19 ±0,2	29 ±0,2	45 ±0,1
Höhe	h	32,5 ±3	35 ±3	38 ±4	42 ±4	50 ±5
Kleinster Durchmesser[1] $\approx d_2$		9,25	11	15,2	24,8	40

B Kegel 1:5.

Bezeichnung		60	75	90
Größter Durchmesser	d_1	60 ±0,1	75 ±0,1	90 ±0,1
Höhe	h	50 ±5	65 ±6	75 ±7
Kleinster Durchmesser[1] $\approx d_2$		50	62	75

[1] d_2 ergibt sich aus d_1, h und dem Kegel 1:10 bzw. 1:5.

Normschliffe (gewöhnliche Länge) austauschbar, Kegel 1:10, siehe DIN 12242.

Schliffe und Schliff-Verbindungen, Erläuterungen, siehe DIN 12240.

Tabelle VIII. Hochvakuumhähne nach Dechema-Normblatt DIN 12557.

Maße in mm.

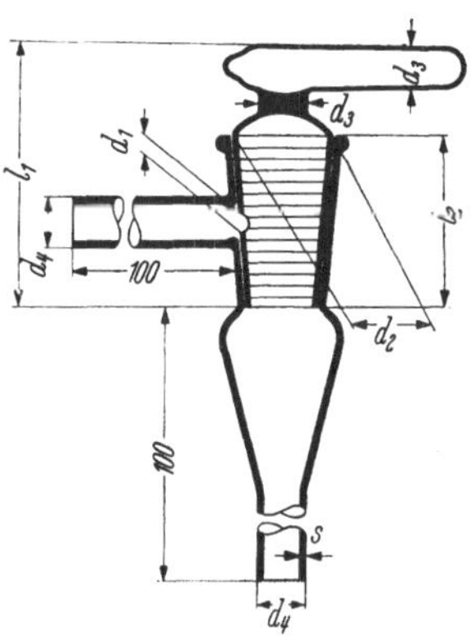

Bezeichnung eines Hochvakuumhahnes mit d_1 = 8 mm Bohrung:
Hochvakuumhahn 8 DIN 125 57.

			Kegel 1:10		Kegel 1:5		
	Bohrung Nennmaß	d_1	**6** ± 1	**8** ± 2	**12** ± 2	**20** ± 3	**35** ± 4
	Länge	$\approx l_1$	60	85	100	125	165
Küken	Mantellänge	$\approx l_2$	40	50	70	80	100
	Größter Durchmesser	d_2	20 ± 1	30 ± 2	40 ± 3	50 ± 3	75 ± 4
	Griff- und Hals- Durchmesser	$\approx d_3$	10	14	20	25	35
Ansatz- rohre	Durchmesser außen	d_4*	9,25 $\pm 0,5$	11 $\pm 0,75$	15,2 ± 1	25 $\pm 1,5$	40 ± 2
	Wanddicke	s	1,25 $\pm 0,25$	1,5 $\pm 0,25$	2 $\pm 0,5$	2,5 $\pm 0,5$	2,5 $\pm 0,5$

* d_4 entspricht dem kleinsten Durchmesser der Hochvakuum-Normschliffe 12,5, 14,5, 19, 29, 45 DIN 12243.

Ausführung: Kükenhals voll, Küken eingeschliffen, mit Vakuumfett gefettet vakuumdicht für Drücke unter 0,01 Torr. Länge des Kükengriffes 1 bis 1,5 der Mantellänge. Die Form der Erweiterung des Rohres am unteren Hahnende ist nicht zahlenmäßig festgelegt.

Einweghähne, Bohrung senkrecht zur Achse, siehe DIN 12551. — Zweiweg-hähne, Bohrung schräg zur Achse, siehe DIN 12552. — Zweiweghähne siehe DIN 12553. — Dreiweghähne siehe DIN 12554. — Schwanzhähne siehe DIN 12555.

Tabelle IX. Leitwert L in Abhängigkeit von Druck (p) und Rohrradius (r).

$$L = \frac{r^3}{l} \cdot (2{,}93 \cdot 10^3\, rp + 9{,}7 \cdot 10^1\, [\text{l/sec}]\ \text{für}\ l = 1\ \text{m}$$

$\dfrac{r\,[\text{cm}]}{p\,[\text{Torr}]}$	0,5	1	1,5	2	2,5	3	3,5	4	5	6	7	8	9	10
1	1,84	30,27	151,6	476	1159	2480	4327	7566						
$8 \cdot 10^{-1}$	1,59	24,37	121,9	384	931	1925	3468	6065						
$6 \cdot 10^{-1}$	1,22	18,57	92,3	289	702	1450	2627	4590						
$4 \cdot 10^{-1}$	0,86	12,69	62,6	194	480	977	1762	3050						
$2 \cdot 10^{-1}$	0,49	6,83	32,9	104	244	501	991	1559	3775					
$1 \cdot 10^{-1}$	0,30	3,90	18,1	54,7	129	263	462	826	1955					
$8 \cdot 10^{-2}$	0,267	3,31	15,14	45,3	106,7	216	376	669	1588	3245	5940			
$6 \cdot 10^{-2}$	0,231	2,73	12,18	35,9	83,9	169	292	515	1220	2490	4560			
$4 \cdot 10^{-2}$	0,195	2,14	9,21	26,4	61,7	121	205	362	855	1730	3140	5500		
$2 \cdot 10^{-2}$	0,158	1,55	6,24	16,2	38,1	73,4	128	213	487	960	1740	2900		
$1 \cdot 10^{-2}$	0,140	1,26	4,76	12,4	26,6	49,9	75,3	137	304	589	1085	1692	2630	
$8 \cdot 10^{-3}$	0,136	1,204	4,46	11,5	24,3	45,3	66,6	122,8	268	514	888	1454	2240	3310
$6 \cdot 10^{-3}$	0,132	1,146	4,16	10,3	22,0	40,4	58,2	107,4	232	438	751	1240	1820	2730
$4 \cdot 10^{-3}$	0,128	1,087	3,87	9,64	19,8	35,8	49,6	71,9	194	361	609	999	1140	2140
$2 \cdot 10^{-3}$	0,124	1,029	3,57	8,71	17,5	30,9	41,9	77	158	285	473	737	1107	1556
$1 \cdot 10^{-3}$	0,123	0,999	3,42	8,23	16,3	28,4	36,6	695	139	249	402	618	897	1263

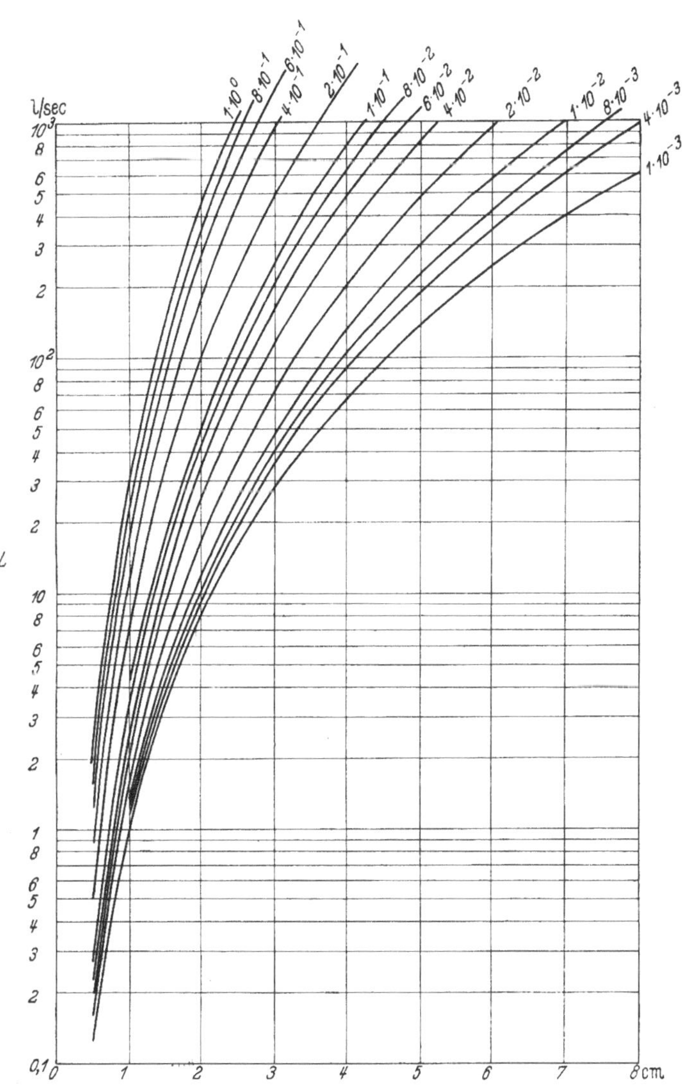

Abb. 1. Leitwert *L* für 1 m lange Leitungen in Abhängigkeit vom Rohrradius (*r*) bei verschiedenen Drucken (in Torr).

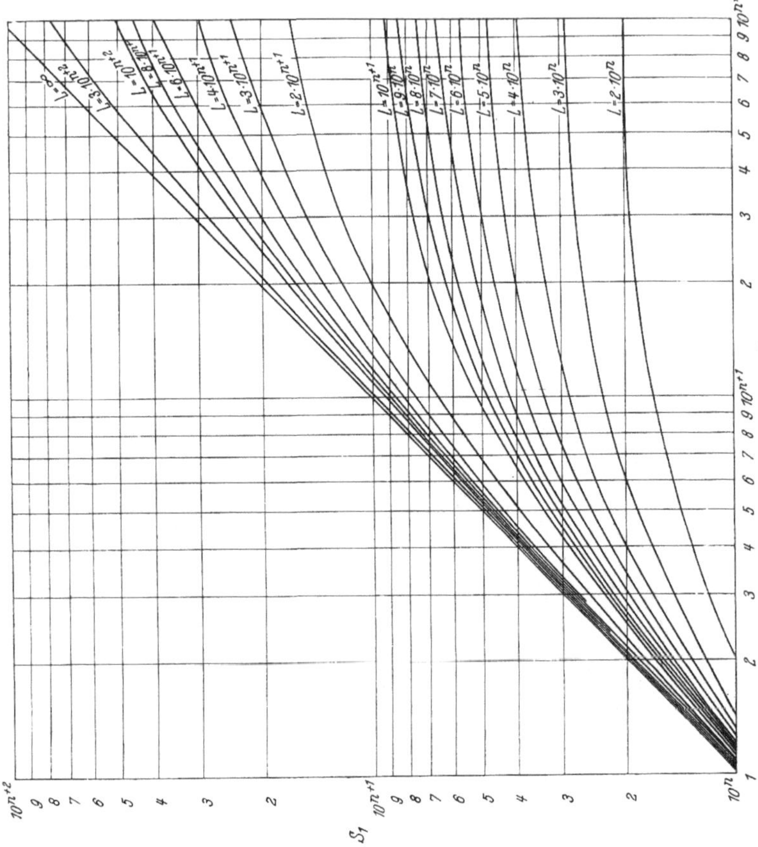

Abb. 3.

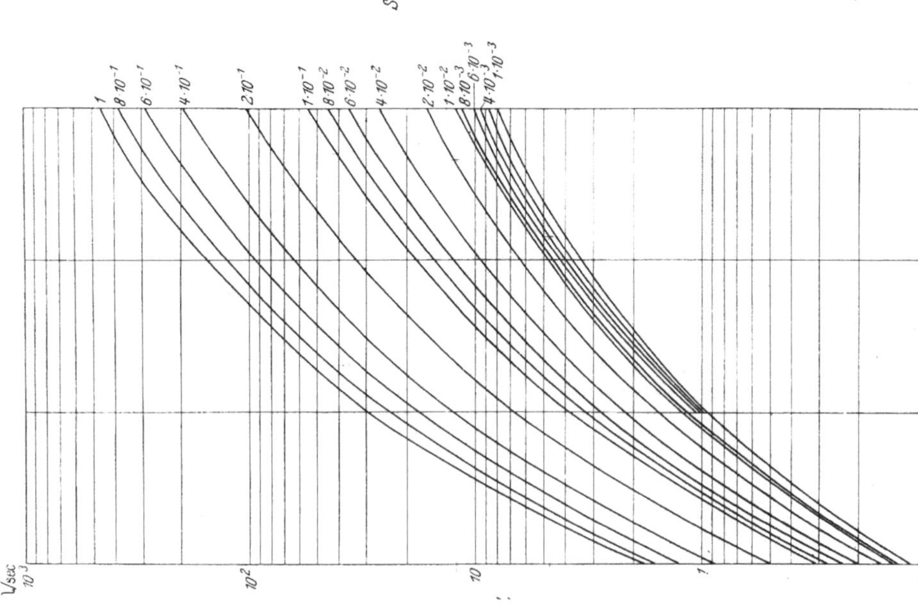

Abb. 2. Leitwert L für 1 m lange Leitungen in Abhängigkeit vom Rohrradius (r) bei verschiedenen Drucken (in Torr).

Sachregister.